"十四五"时期国家重点出版物出版专项规划项目
国家科学技术学术著作出版基金资助出版
电化学科学与工程技术丛书 总主编 孙世刚

扫描探针电化学

陈立桅 陈琪 文锐 等 编著

科学出版社
北京

内 容 简 介

扫描探针显微镜是从微观层面研究电化学界面的一类重要工具。本书全面涵盖了各类应用于电化学领域的扫描探针显微术的工作原理、发展历程及其科学价值。本书的出版旨在推动电化学与扫描探针显微术两个领域的融合与发展。

本书不仅适用于电化学相关专业的高年级本科生、研究生及研究人员了解扫描探针显微术在电化学界面研究中的作用，而且可以为扫描探针显微术领域的研究人员推动方法学的创新发展提供参考。

图书在版编目（CIP）数据

扫描探针电化学 / 陈立桅等编著. -- 北京：科学出版社，2024. 9. -- （电化学科学与工程技术丛书 / 孙世刚总主编）. -- ISBN 978-7-03-079409-3

Ⅰ. O646

中国国家版本馆 CIP 数据核字第 2024NT0586 号

责任编辑：李明楠 / 责任校对：杜子昂
责任印制：吴兆东 / 封面设计：蓝正设计

科学出版社 出版
北京东黄城根北街 16 号
邮政编码：100717
http://www.sciencep.com

三河市春园印刷有限公司印刷
科学出版社发行 各地新华书店经销

*

2024 年 9 月第 一 版　开本：720×1000　1/16
2025 年 1 月第二次印刷　印张：19 3/4
字数：398 000
定价：150.00 元
（如有印装质量问题，我社负责调换）

丛书编委会

总 主 编：孙世刚

副总主编：田中群　万立骏　陈　军　赵天寿　李景虹

编　　委：(按姓氏汉语拼音排序)

陈　军　李景虹　林海波　孙世刚

田中群　万立骏　夏兴华　夏永姚

邢　巍　詹东平　张新波　赵天寿

庄　林

丛 书 序

  电化学是研究电能与化学能以及电能与物质之间相互转化及其规律的学科。电化学既是基础学科又是工程技术学科。电化学在新能源、新材料、先进制造、环境保护和生物医学技术等方面具有独到的优势，已广泛应用于化工、冶金、机械、电子、航空、航天、轻工、仪器仪表等众多工程技术领域。随着社会和经济的不断发展，能源资源短缺和环境污染问题日益突出，对电化学解决重大科学与工程技术问题的需求愈来愈迫切，特别是实现我国"碳达峰"和"碳中和"的目标更是要求电化学学科做出积极的贡献。

  与国际电化学学科同步，近年来我国电化学也处于一个新的黄金时期，得到了快速发展。一方面电化学的研究体系和研究深度不断拓展，另一方面与能源科学、生命科学、环境科学、材料科学、信息科学、物理科学、工程科学等诸多学科的交叉不断加深，从而推动了电化学研究方法不断创新和电化学基础理论研究日趋深入。

  电化学能源包含一次能源（一次电池、直接燃料电池等）和二次能源（二次电池、氢燃料电池等）。电化学能量转换[从燃料（氢气、甲醇、乙醇等分子或化合物）的化学能到电能，或者从电能到分子或化合物中的化学能]不受热力学卡诺循环的限制，电化学能量储存（把电能储存在电池、超级电容器、燃料分子中）方便灵活。电化学能源形式不仅可以是一种大规模的能源系统，同时也可以是易于携带的能源装置，因此在移动电器、信息通信、交通运输、电力系统、航空航天、武器装备等与日常生活密切相关的领域和国防领域中得到了广泛的应用。尤其在化石能源日趋减少、环境污染日益严重的今天，电化学能源以其高效率、无污染的特点，在化石能源优化清洁利用、可再生能源开发、电动交通、节能减排等人类社会可持续发展的重大领域中发挥着越来越重要的作用。

  当前，先进制造和工业的国际竞争日趋激烈。电化学在生物技术、环境治理、材料（有机分子）绿色合成、材料的腐蚀和防护等工业中的重要作用愈发突出，特别是在微纳加工和高端电子制造等新兴工业中不可或缺。电子信息产业微型化过程的核心是集成电路（芯片）制造，电子电镀是其中的关键技术之一。电子电镀通过电化学还原金属离子制备功能性镀层实现电子产品的制造。包括导电性镀层、钎焊性镀层、信息载体镀层、电磁屏蔽镀层、电子功能性镀层、电子构件防护性镀层及其他电子功能性镀层等。电子电镀是目前唯一能够实现纳米级电子逻辑互连和微纳结构制造加工成形的技术方法，在芯片制造（大马士革金属互连）、微纳机电系统（MEMS）加工、器件封装和集成等高端电子制造中发挥重要作用。

近年来，我国在电化学基础理论、电化学能量转换与储存、生物和环境电化学、电化学微纳加工、高端电子制造电子电镀、电化学绿色合成、腐蚀和防护电化学以及电化学工业各个领域取得了一批优秀的科技创新成果，其中不乏引领性重大科技成就。为了系统展示我国电化学科技工作者的优秀研究成果，彰显我国科学家的整体科研实力，同时阐述学科发展前沿，科学出版社组织出版了"电化学科学与工程技术"丛书。丛书旨在进一步提升我国电化学领域的国际影响力，并使更多的年轻研究人员获取系统完整的知识，从而推动我国电化学科学和工程技术的深入发展。

"电化学科学与工程技术丛书"由我国活跃在科研第一线的中国科学院院士、国家杰出青年科学基金获得者、教育部高层次人才、国家"万人计划"领军人才和相关学科领域的学术带头人等中青年科学家撰写。全套丛书涵盖电化学基础理论、电化学能量转换与储存、工业和应用电化学三个部分，由 17 个分册组成。各个分册都凝聚了主编和著作者们在电化学相关领域的深厚科学研究积累和精心组织撰写的辛勤劳动结晶。因此，这套丛书的出版将对推动我国电化学学科的进一步深入发展起到积极作用，同时为电化学和相关学科的科技工作者开展进一步的深入科学研究和科技创新提供知识体系支撑，以及为相关专业师生们的学习提供重要参考。

这套丛书得以出版，首先感谢丛书编委会的鼎力支持和对各个分册主题的精心筛选，感谢各个分册的主编和著作者们的精心组织和撰写；丛书的出版被列入"十四五"时期国家重点出版物出版专项规划项目，部分分册得到了国家科学技术学术著作出版基金的资助，这是丛书编委会的上层设计和科学出版社积极推进执行共同努力的成果，在此感谢科学出版社的大力支持。

如前所述，电化学是当前发展最快的学科之一，与各个学科特别是新兴学科的交叉日益广泛深入，突破性研究成果和科技创新发明不断涌现。虽然这套丛书包含了电化学的重要内容和主要进展，但难免仍然存在疏漏之处，若读者不吝予以指正，将不胜感激。

孙世刚
2022 年夏于厦门大学芙蓉园

前　言

"如何在微观层面测量界面现象"是 2021 年 *Science* 期刊于 2021 年提出的世界 125 个前沿科学问题之一。在微观层面测量电化学界面结构和过程等，就是这个问题的重要表现，对于准确理解电化学反应机理机制至关重要。扫描探针显微术具有非常高的空间分辨率，是一类重要的谱学电化学表征技术。近年来随着探针构型、驱动方式和功能成像模式等的不断创新发展，其在电化学界面研究中发挥出越来越重要的作用。与此同时，电化学领域的迅猛发展也给扫描探针显微术提出了更多的需求和挑战。

本书以扫描探针显微术与电化学两个学科方向的发展为背景，介绍了扫描探针显微术的基本原理及其在电化学界面研究中的最新进展，并对其未来发展方向进行了展望。第 1 章介绍了扫描隧道显微术和原子力显微术的发展简史，形貌测量原理，以及力学、电学、化学等各种功能成像模式测量原理。第 2 章介绍了扫描电化学微探针技术，包括扫描电化学显微术、扫描微电极技术、扫描离子电导显微术、扫描电化学电解池显微术等的测量原理及应用。第 3 章介绍了面向固体中电子、离子输运动力学研究的各种静态、动态扫描探针显微术的测量原理。第 4 章介绍了扫描探针显微术在电催化剂、膜电极等结构演化研究中的应用。第 5 章介绍了扫描探针显微术在锂离子电池、锂金属电池、锂硫电池、锂氧电池等储能电化学界面研究中的应用。第 6 章介绍了扫描探针显微术在光电化学材料和器件界面研究中的应用，包括解析分子发光和能量转移过程、光催化反应机理，以及太阳能电池载流子输运机制等。第 7 章介绍了生物体系专用的扫描探针显微术及其在核酸、蛋白质和酶、细胞、微组织、细菌生物膜等体系研究中的应用。第 8 章介绍了扫描探针显微术在微纳加工中的应用，包括增材制造和减材制造两大类。

本书内容具有高度学科交叉、融合研究前沿的特点，我们非常有幸邀请到了来自国内七家单位的多位扫描探针电化学领域的资深专家和年轻学者共同完成这一非常具有挑战性的工作。第 1 章和第 6 章由中国科学院苏州纳米技术与纳米仿生研究所陈琪研究员、王文元博士、赖君奇博士共同撰写；第 2 章由厦门大学林昌健教授和詹东平教授、西安交通大学李菲教授、中国科学院大连化学物理研究所张国辉副研究员共同撰写；第 3 章由中国科学院深圳先进技术研究院张杰副研究员、李文豪共同撰写；第 4 章由中国科学院化学研究所王栋研究员、王翔博士共同撰写；第 5 章由中国科学院化学研究所文锐研究员、沈珍珍博士共同撰写；第 7 章由西安交通大学李菲教授、周彦助理教授、刘禹霖博士、赵宇翔博士等共同撰写；第 8 章由厦门大学詹东平教授、韩联欢助理教授和许瀚涛博士共同撰写。全书由上海交通大学陈立桅教授策划，并由陈立桅、陈琪、文锐对全书进行审稿与统稿。在此诚挚地感谢各位学者的辛勤付出。

  本书篇幅有限，不一定能展现扫描探针电化学领域的全貌。同时，由于我们水平有限，难免存在疏漏，敬请读者批评指正。

编著者

2024 年 5 月

目　录

第1章　引言 ··········1
1.1　扫描探针显微术发展简史 ··········1
1.2　扫描探针显微术形貌成像 ··········2
1.2.1　扫描隧道显微镜 ··········2
1.2.2　原子力显微镜 ··········3
1.3　扫描探针显微术功能成像 ··········5
1.3.1　力学功能成像 ··········5
1.3.2　电学功能成像 ··········6
1.3.3　化学功能成像 ··········8
1.4　总结与展望 ··········10
参考文献 ··········11

第2章　扫描电化学微探针原理及应用 ··········13
2.1　扫描电化学显微术（SECM） ··········13
2.1.1　SECM 工作模式 ··········13
2.1.2　SECM 仪器 ··········17
2.1.3　SECM 应用 ··········19
2.2　垂直（Z方向）扫描微电极技术（VSMET） ··········22
2.2.1　VSMET 微电极 ··········23
2.2.2　VSMET 测试系统 ··········25
2.2.3　VSMET 电位/电流分布测试 ··········26
2.2.4　VSMET 电位分布测量 ··········27
2.2.5　局部电场对 VSMET 电位分布的影响 ··········30
2.2.6　VSMET 的应用 ··········32
2.3　扫描离子电导显微术（SICM） ··········36
2.3.1　工作原理和工作模式 ··········36
2.3.2　仪器组成 ··········39
2.3.3　SICM 应用 ··········40
2.4　扫描电化学电解池显微术（SECCM） ··········51

		2.4.1	SECCM 技术基本原理	51
		2.4.2	位置反馈及工作模式	52
		2.4.3	应用	54
	2.5	总结与展望		60
	参考文献			61
第3章	扫描探针显微术对固体中电子及离子输运行为的表征应用			72
	3.1	固体中电子及离子输运行为的研究表征需求		72
		3.1.1	传统能源器件中的电子及离子动力学行为表征方法	72
		3.1.2	基于扫描探针显微术的电子及离子动力学行为表征方法	74
	3.2	基于扫描探针显微镜的固体中电子输运行为表征方法		75
		3.2.1	基于光调制方法的扫描开尔文探针显微术	76
		3.2.2	时间分辨静电力显微术的电子输运行为表征应用	81
		3.2.3	纳秒级时间分辨扫描探针显微术的电子输运行为表征应用	86
	3.3	基于扫描探针显微镜的固体中离子输运行为表征方法		91
		3.3.1	导电原子力显微镜交流阻抗成像技术介绍	92
		3.3.2	导电原子力显微镜交流阻抗成像技术的表征应用	93
		3.3.3	电化学张力显微术原理介绍及空间表征应用	95
		3.3.4	电化学张力显微术的时域谱成像表征应用	98
		3.3.5	时间分辨静电力显微术的离子输运行为表征应用	99
	3.4	总结与展望		102
	参考文献			103
第4章	扫描探针显微术在电催化中的应用			108
	4.1	电化学扫描探针显微术		108
	4.2	电催化反应与电催化剂		109
		4.2.1	电催化反应	109
		4.2.2	电催化剂	111
		4.2.3	金属卟啉/酞菁类电催化模型体系的研究	112
	4.3	电化学扫描隧道显微术在电催化研究中的应用		115
		4.3.1	模型体系的构建	115
		4.3.2	电催化剂结构的表征	119
		4.3.3	电催化过程的研究	124
	4.4	膜电极的结构与演化		128
	4.5	总结与展望		130
	参考文献			132

第5章 扫描探针显微术在储能电化学中的应用 ·········· 143
5.1 背景 ·········· 143
5.1.1 储能电化学过程中的表界面问题 ·········· 143
5.1.2 电化学扫描探针显微术在储能电化学的应用 ·········· 146
5.2 锂离子/锂金属电池界面过程 ·········· 147
5.2.1 石墨负极过程 ·········· 148
5.2.2 硅负极过程 ·········· 153
5.2.3 锂负极过程 ·········· 156
5.2.4 正极过程 ·········· 164
5.3 锂硫电池正极-电解液界面转化反应过程 ·········· 165
5.3.1 正极转化反应过程 ·········· 167
5.3.2 界面优化和调控机制 ·········· 170
5.3.3 催化电极界面研究 ·········· 172
5.4 锂氧电池正极-电解液界面电化学过程 ·········· 175
5.4.1 氧气正极转化反应过程 ·········· 176
5.4.2 电解液添加剂介导界面反应机制 ·········· 179
5.4.3 催化电极界面反应机制 ·········· 181
5.5 固态金属锂电池界面演化与失效机理 ·········· 182
5.5.1 正极-电解质界面演化 ·········· 184
5.5.2 负极-电解质界面演化 ·········· 186
5.5.3 固态电解质动态演化 ·········· 188
5.6 总结与展望 ·········· 191
参考文献 ·········· 192

第6章 扫描探针显微术在光电化学中的应用 ·········· 203
6.1 背景 ·········· 203
6.2 分子发光和能量转移 ·········· 203
6.2.1 单分子本征发光特性 ·········· 203
6.2.2 分子聚集体中的能量转移 ·········· 210
6.3 光催化反应 ·········· 214
6.3.1 单晶表面分子的光催化过程 ·········· 214
6.3.2 纳米材料表界面的光催化过程 ·········· 218
6.4 太阳能电池 ·········· 222
6.4.1 太阳能电池中的载流子动力学 ·········· 222
6.4.2 太阳能电池中的界面能带结构 ·········· 224
6.5 总结与展望 ·········· 227

参考文献 227

第7章 扫描探针显微术在生物体系中的应用 232
7.1 背景 232
7.2 生物体系专用的扫描探针显微术 232
7.2.1 生物体系 AFM 233
7.2.2 生物体系 SECM 234
7.2.3 生物体系 SICM 234
7.3 扫描探针显微术在生物体系中的研究应用 235
7.3.1 核酸研究 235
7.3.2 蛋白质和酶的表征 241
7.3.3 细胞研究 247
7.3.4 微组织表征 263
7.3.5 细菌生物膜的研究 267
7.4 总结与展望 274
参考文献 277

第8章 扫描探针显微术在微纳加工中的应用 292
8.1 背景 292
8.2 增材制造 293
8.2.1 扫描微电解池技术 293
8.2.2 扫描电化学显微术 295
8.3 减材制造 296
8.3.1 超短电势脉冲技术 296
8.3.2 约束刻蚀剂层技术 297
8.4 总结与展望 300
参考文献 300

第1章 引　　言

1.1　扫描探针显微术发展简史

显微技术是人类打开通往微观世界大门的钥匙。1665 年，英国科学家 Robert Hooke 设计制造了首架光学显微镜，其放大倍数为 40~140 倍，Hooke 利用它首次观察到了植物细胞，开启了人们探索微观世界的历程。但是，19 世纪末，德国物理学家 Ernst Abbe 指出，光学显微镜受限于光的衍射效应，分辨率极限约为光波长的一半，这极大地限制了人类对微观世界的深入探索。

进入 20 世纪，爱因斯坦首次提出了波粒二象性光量子假说。随后，美国物理学家 Clinton Davisson 和英国物理学家 George Thomson 分别独立通过电子衍射实验证实了高速电子的波动性。电子经加速可以获得非常小的波长，表明通过电子束显微突破光学分辨极限具有可行性。1931 年，德国物理学家 Ernst Ruska 与其博士导师 Max Knoll 共同研制出了世界上第一台透射电子显微镜（TEM）。1952 年，英国工程师 Charles Oatley 制造出了第一台扫描电子显微镜（SEM）。电子显微镜的发明为人类观察微观世界开辟了新途径。因此，1986 年诺贝尔物理学奖之一授予了设计第一台电子显微镜的 Ernst Ruska。

与此同时，1986 年诺贝尔物理学奖还授予了德国物理学家 Gerd Binnig 和瑞士物理学家 Heinrich Rohrer，以表彰他们设计并制造了第一台扫描隧道显微镜（STM）。1981 年，当时还在 IBM 公司苏黎世研究所的 Gerd Binnig 和 Heinrich Rohrer 基于量子隧穿效应研发了扫描隧道显微镜（STM）[1]，并通过尖锐的金属探针实现了导电样品的原子级分辨成像。1986 年，Gerd Binnig 和瑞士物理学家 Christoph Gerber、美国斯坦福大学 Calvin Quate 教授又合作研制出了基于原子间相互作用力的原子力显微镜（AFM）[2]，通过尖锐的金刚石探针实现了绝缘样品的显微成像。STM 和 AFM 等扫描探针技术的出现和不断发展，成功实现了人们观察并操纵物质表面原子、分子的梦想。本书将系统地介绍扫描探针技术原理及其在生物电化学、电催化、光电化学、储能电化学和化学微纳制造等领域的应用。

1.2 扫描探针显微术形貌成像

1.2.1 扫描隧道显微镜

STM 的工作原理是基于量子理论中的隧穿效应，即当粒子的动能不足以越过能量势垒时，粒子仍然有一定的概率可以直接穿过势垒。量子隧穿的概率与势垒的大小和势场在空间的分布有关。对于导电针尖-真空势垒-导电样品的体系 [见图 1.1（a）]，电子作为微观粒子表现出显著的量子隧穿效应。当针尖逐渐靠近导电样品表面时（通常<1nm），在探针和样品之间施加偏压，电子会穿过针尖与样品之间的势垒产生隧道电流。将在不同位置检测到的隧道电流经过一系列的处理变换，即可显示样品表面的形貌。

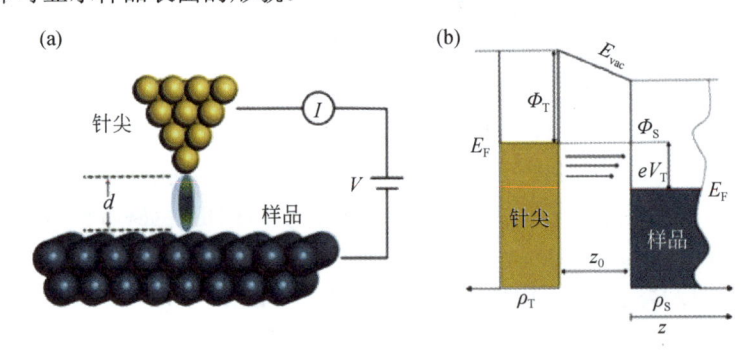

图 1.1 （a）STM 系统结构示意图；(b) STM 的工作原理示意图

图 1.1（b）为 STM 的工作原理示意图，将针尖和样品之间的真空结简化成一维势垒模型，我们假设探针的电子态密度为恒定值，且仅考虑弹性隧穿过程，即可将隧道电流 I 的表达式近似为：

$$I \propto \exp\left[-2d\sqrt{\frac{2m}{\hbar^2}\left(\Phi - \frac{e|V|}{2}\right)}\right] \qquad (1-1)$$

其中，d 是探针与样品之间的距离，m 是电子质量，$\hbar$ 是约化普朗克常数，Φ 为针尖功函数 Φ_T 和样品功函数 Φ_S 的平均值，V 是加在探针和样品之间的偏压。

隧道电流 I 对距离 d 非常敏感，当针尖在原子级平整的表面扫描时，针尖和样品之间的距离每减小 0.1nm，隧道电流就增加一个数量级。因此，STM 的横向分辨率最高约为 0.1nm，而垂直分辨率可以达到 0.01nm，实现原子级的空间分辨。

如图 1.2 所示，STM 的工作模式有两种，分别是恒流模式和恒高模式。其中恒流模式 [见图 1.2（a）] 是指在扫描过程中，通过反馈电路调节探针与样品表面之间的距离（z），以维持恒定的隧道电流值，并获得样品形貌起伏特征。恒高模式［见图1.2（b）］是指在扫描过程中，反馈系统被关闭，维持探针在恒定的高度，记录隧道电流 I 的变化，获得样品表面的电流成像。

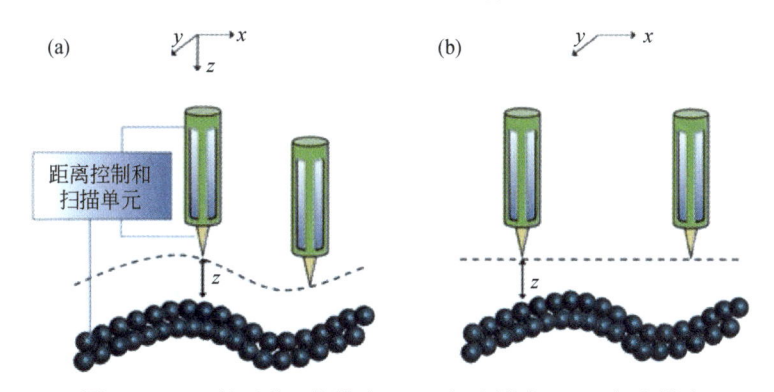

图 1.2　STM 的两种工作模式：（a）恒流模式；（b）恒高模式

STM 技术的出现和不断发展，使得人们可以在实空间中观察到单个的原子，甚至可以利用探针直接操纵表面的原子或分子。1983 年 Gerd Binnig 和 Heinrich Rohrer 等[3]利用 STM 首次获得了 Si(111)-7×7 表面的原子分辨像。尽管 Si(111) 表面的 7×7 重构已经被低能电子衍射（LEED）实验证实，但 STM 首次从实空间直接观察到了表面结构，准确定位了表面每一个 Si 原子的位置，并且清楚地证明了表面 *p3m1* 的对称性，而不是之前认为的 *p6mm* 对称性，该结果证实了 STM 技术在实空间成像上的巨大潜力。对于 STM 的原子操纵，1993 年 Michael F. Crommie 等[4]利用 STM 针尖操纵了 Cu(111) 表面的铁原子，用 48 个铁原子围成量子围栏，使人们得以绘制出量子围栏中 Cu(111) 的电子态密度在实空间中的图像。

除了成像功能，STM 探针还可以用于诱导表面的分子反应。侯建国团队[5]利用 STM 探针对 Au(111) 表面的单个酞菁钴（CoPc）分子进行了化学修饰。实验结果显示，在探针上施加一定的偏置电压，可以诱导 CoPc 分子外层的 8 个氢原子脱附，剩余的分子与 Au(111) 衬底形成稳定的化学键合。在新的人造分子的中心，Co 离子的电子态在费米面上出现一共振峰。通过理论计算得知，该共振峰出现的原因是，人造分子与 Au(111) 衬底的化学键合使得中心 Co 离子的自旋性质发生改变，从而产生了电子自旋极化输运特性中的近藤效应。

1.2.2　原子力显微镜

STM 技术利用针尖与样品之间的隧道电流作为探测信号，因此 STM 研究的样品局限于导体或半导体，对于绝缘体则无能为力。Gerd Binnig 等[2]继 STM 后又发明了可以表征绝缘样品的原子力显微镜（AFM）技术，大大弥补了 STM 在研究对象上的局限性。AFM 利用了一个前端固定有尖锐针尖的微小悬臂梁来探测与样品表面的原子间作用力。悬臂梁在受力时会发生弯曲并引起背面激光反射方向的偏转，通过反馈电路调节探针与样品表面之间的距离（z）维持恒定的激光偏转，即可以获得样品表面的形貌起伏。由于原子间的相互作用力很强又相对局域，因此 AFM 可以在 Z 方向获得很高的分辨率。AFM 工作原理如图 1.3 所示。

图 1.3　AFM 工作原理示意图

AFM 的工作模式有三种，接触模式、非接触模式和轻敲模式。接触模式工作在原子间作用力的排斥力区间，在整个扫描成像过程中，探针尖端始终与样品表面保持接触。接触模式虽然能获得较高的分辨率，但针尖滑动过程中可能发生磨损并破坏样品。非接触模式工作在原子间作用力的吸引力区间，在整个扫描过程中针尖都不与样品接触，避免了针尖磨损和样品破坏。但由于探针和样品之间距离较远，该模式的分辨率较低。轻敲模式的工作距离介于接触模式和非接触模式之间，扫描过程中探针以其共振频率振荡，针尖仅在每一个振荡周期很短时间内接触样品表面，因此该模式能在保持较高分辨率的同时有效避免样品损伤。

AFM 常用的力传感器是硅悬臂，由于其弹性系数较低，需要较大的振幅才能稳定工作。这样就使得探针与样品间的距离较远，难以获得原子级分辨率。为了得到更高的分辨率，需要减小悬臂的振幅，增加短程力的占比并减小长程力的贡献。Franz J. Giessibl 等[6]在 1996 年发明的 q-Plus AFM 技术，能够在非常小的悬臂振幅下稳定成像，实现了原子级分辨率。q-Plus AFM 技术能够实现非常高的分辨率，其核心是引入的 q-Plus 传感器。该传感器选用了高弹性常数（～1800N·m^{-1}）的石英音叉代替传统 AFM 探针的硅悬臂，可以在非常小的振幅（<100pm）下探测针尖与样品间的相互作用力。除此之外，q-Plus 传感器还具有以下三个优势：

①q-Plus 传感器使用的是导电的金属探针，可以同时实现 AFM 和 STM 成像，获得更丰富的样品信息；②石英音叉是压电晶体，其振动时会产生和振幅成比例的压电信号，适用于极低温工作环境；③相比于传统硅悬臂 AFM 探针，q-Plus 传感器体积较大，易于操作或集成其他功能。

2009 年，IBM 公司苏黎世研究所实验室的 Leo Gross 等[7]首次利用 q-Plus AFM 技术获得了吸附在 Cu(111)表面的并五苯分子的原子分辨图像［见图 1.4（a）］。由于并五苯分子与 Cu(111)衬底间的电子态发生耦合，其分子轨道发生扭曲和展宽，即使在 CO 探针获得的 STM 图像中，整个并五苯分子仍然呈现均一的亮度。而对于 q-Plus AFM 成像，同样使用 CO 探针则可以清楚地看到并五苯分子中由碳原子组成的五个六元环以及延伸出的 C—H 键。q-Plus AFM 技术除了能够分辨分子的原子结构，还能用于研究化学键键级。2012 年，Leo Gross 等又利用该技术识别了六苯并蒄分子和 C_{60} 分子的 C—C 键。2013 年，裘晓辉等[8]进一步利用 q-plus AFM 技术研究了 Cu(111)衬底表面吸附的 8-羟基喹啉分子，首次实现了分子间氢键的成像［见图 1.4（b）］。在这个工作基础上，2015 年，Meyer 等[9]利用该技术表征了 Ag(111)衬底表面的全氟对苯乙炔撑聚合物的分子组装结构，并发现了 C—F 键与 F 原子之间形成的类卤键结构，证明了 F 原子与 F 原子间的卤键存在。

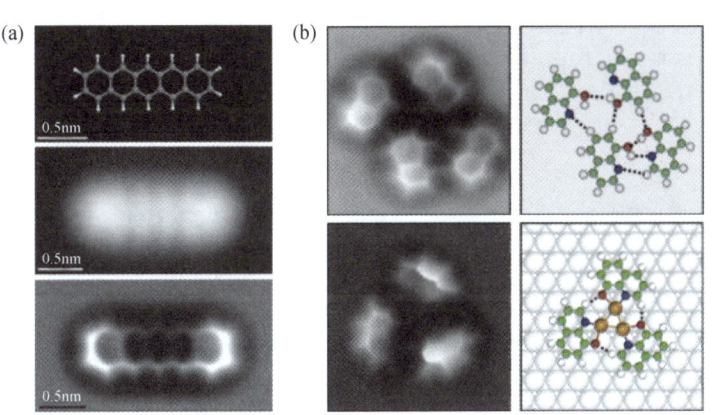

图 1.4 （a）q-Plus AFM 测量的并五苯分子内化学键的高分辨图像[7]；（b）q-Plus AFM 测量的 8-羟基喹啉分子间的化学键高分辨图像与相应的结构模型[8]

1.3 扫描探针显微术功能成像

1.3.1 力学功能成像

扫描探针显微术不仅能够实现表面形貌的高分辨测量，而且通过探针逼近样品过程中悬臂弯曲程度或者振幅、相位、频率等变化，能够获取样品的杨氏模量和黏附力等力学特性。

力曲线是最常用的力学特性测量手段,是记录探针偏转信号随探针-样品距离变化的曲线[见图1.5（a）][10]。探针在逐渐逼近样品表面的过程中,两者的原子间相互作用力会由长程吸引力逐渐转变为短程排斥力。短程排斥力会引起探针偏转与样品表面弹性形变,而此二者的相对大小由探针力常数和样品微区杨氏模量所决定。因此,力曲线通过探测探针偏转和样品表面弹性形变并结合探针力常数,可以解析样品微区的杨氏模量。

虽然逐点采集力曲线能够获取样品力学特性的空间分布,但费时费力,难以推广。Othmar Marti团队[11]在形貌扫描的同时对压电陶瓷施加低频交流电压（1～10kHz）,并测量该频率下的探针偏转信号。探针偏转信号在每个低频振动周期内会达到一次极大值,其对应于探针-样品排斥力。在探针偏转信号达到极大值前的时段记录其随时间的变化,并结合探针-样品距离随时间的变化,即能获得该位点的力曲线。探测力学特性的频率远低于探针一阶共振频,所以并不会与形貌扫描产生串扰。因此,该技术有效减小了悬臂振幅变化的弛豫时间,实现了在快速形貌扫描的同时表征样品微区的杨氏模量。Roger Proksch等[12]则在形貌扫描的同时对压电陶瓷施加对应于二阶共振频的交流电压,并通过探测二阶共振频的频移信号分析样品微区杨氏模量等力学特性[见图1.5（b）]。利用探针在二阶共振频下更高的品质因子和力常数,可大幅度提升频移信号随探针-样品间的排斥力梯度变化的灵敏度。

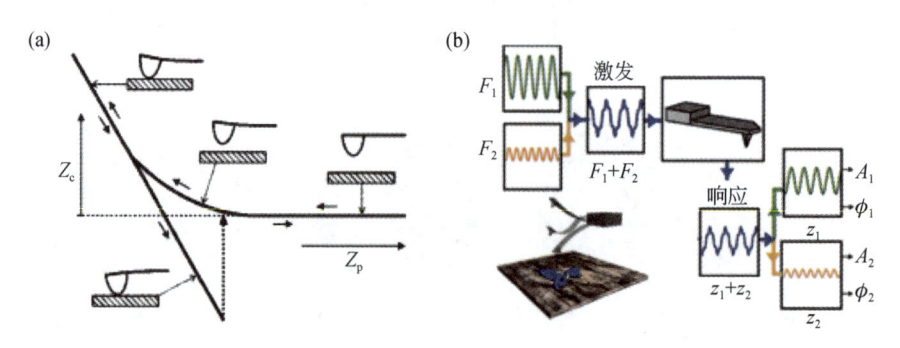

图1.5 （a）力曲线测量原理示意图[10];（b）利用二阶共振频移信号测量力学特性的示意图[12]

1.3.2 电学功能成像

扫描探针显微术通过在探针和样品之间施加直流或者交流电压,能够探测样品的电学特性,包括导带、价带和费米能级等能带结构,以及介电常数、电导率、导电类型等输运性质。

基于STM的谱学表征模式（STS）可以获得电流及与电流相关的电学信号[13],

包括电子态、振动态等。在测量过程中关闭反馈回路（开环模式），保持针尖与样品间的距离不变并记录隧道电流 I 随偏压 V 的变化关系，即 I/V 曲线，可以获得样品的金属性或半导体性等特征。与此同时，使用锁相放大器叠加正弦调制信号 ΔV，并测量电流信号产生的 ΔI 响应，利用 $\mathrm{d}I/\mathrm{d}V$ 信号则可以获得给定偏压下的样品电子态密度 [见图 1.6（a）]。在测量过程中打开反馈电路（闭环模式），维持隧穿电流恒定并记录针尖与样品距离随偏压的变化关系，即 $\mathrm{d}Z/\mathrm{d}V$ 谱，可以获得样品表面的局域功函数等信息[14]。

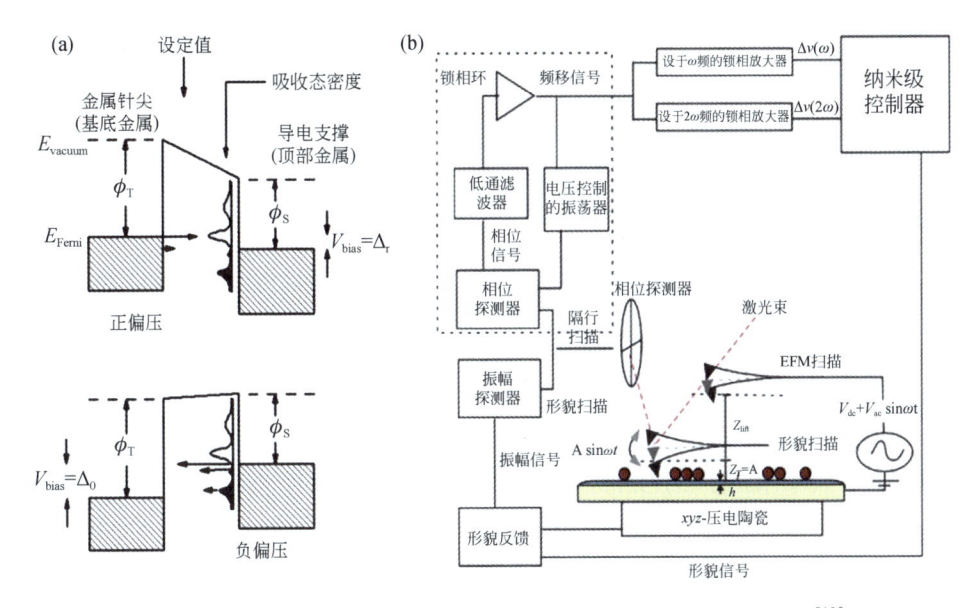

图 1.6 （a）STM 于正/负偏压下分别通过未占据/占据轨道测量隧穿电流信号[13]；（b）EFM 测量静电力的线路原理图[19]

基于 AFM 探针与样品接触的电学成像模式主要有导电原子力显微术（C-AFM）、扫描电容显微术（SCM）、扫描微波阻抗显微术（SMIM）等。C-AFM 在扫描过程中于针尖施加直流电压并探测电流的大小，能够获取样品的电导率[15]。当样品表面有绝缘层时，SCM 在扫描过程中施加交流电压于针尖并同时检测电容变化，可以获取样品的介电特性、掺杂分布和导电类型[16]。SMIM 在扫描过程中施加频率~GHz 的交流电压于针尖，并利用装载传输线的微波探针检测反射的微波辐射信号[17]。通过解调器分离微波信号中的同相和反相组分，可转换得到介电特性的实部与虚部（对应阻抗与容抗），并以此解析样品的电导率和介电常数。

基于 AFM 的接触式电学功能成像虽然能够获取样品的电学特性，但难以避免测量过程中针尖或者样品的磨损。静电力显微术（EFM）通过在针尖-样品之间施加直流或者交流电压测量长程静电力，无须针尖-样品接触即可实现样品电学性质的测量［见图 1.6（b）］。当探针-样品之间施加直流电压时，机械振动的振幅或相位会随着直流电压的变化而改变，分别对应于样品表面静电荷或者偶极子对针尖的静电作用力或力梯度[18]。当探针-样品之间施加交流电压时，探针振幅或相位在 1 倍频或者 2 倍频的分量，分别被用作扫描开尔文探针显微术（SKPM）和介电力显微术（DFM）。此时在探针-样品之间同时施加直流电压，SKPM 和 DFM 振幅会随直流电压的变化而改变[19, 20]。使用开尔文控制器最小化 SKPM 信号，即可通过直流电压数值读取样品表面电势。DFM 信号来源于针尖交流电压诱导的样品载流子极化，其强度随着正电压增大表明样品导电类型为 n 型，随着负电压增大表明样品导电类型为 p 型。

1.3.3 化学功能成像

基于扫描探针技术的化学表征技术为科学家分析表界面物质及化学结构的空间分布提供了有力的工具。STM 和 AFM 技术分别通过隧穿电流和探针-样品间的相互作用力的变化来获取表面信息，从原理上不具备化学表征能力，但通过某些特殊的模式可以实现样品表面的化学成分分析。STM 技术可以通过非弹性电子散射谱（IETS）来探测样品表面分子的振动。当样品表面分子振动时，除了出现共振隧穿过程，还会伴随产生非弹性隧穿过程。非弹性隧穿过程会提供额外的隧穿通道，从而引起电流的微小变化，相应地会在 dI/dV 谱中产生新的台阶，并在 d^2I/dV^2 谱（IETS）中出现一个峰。因此 IETS 反映了表面分子的振动态，可以用于识别表面物种。基于 AFM 的化学力显微术（CFM）[21]利用由特殊官能团修饰的探针与样品表面化学物质的官能团相互接触，通过检测两者相互作用力的变化，可视化样品表面官能团的空间分布。在超高真空环境下，通过对 q-Plus AFM 探针进行 CO 等分子修饰，可以实现化学键的高分辨成像[7, 8]。虽然上述技术可以识别表面物种，但适用场合有限。近场光学技术结合扫描探针技术的高空间分辨率和光谱技术的化学识别能力，能够打破衍射极限，实现高分辨化学成像。

基于扫描探针的纳米红外光谱（nano-IR）技术，能够获得纳米级化学分辨率，并用于分子的基团、化学键类型和位置等信息的空间分辨研究。为此开发了三种技术：光热诱导共振（PTIR）技术[22]，光诱导力显微术（PiFM）[23]和红外无孔径近场扫描光学显微术（IR-aNSOM）[24, 25]（见图 1.7）。以上技术都需要将可调谐的红外激光精确聚焦到针尖下方的样品上。其中 PTIR 主要是利用光热诱导响应来实现红外光谱的测量。当脉冲激光激发至样品时，样品会产生热膨胀，在激光脉冲的间隔期间，样品热膨胀消失。样品的热膨胀会导致其与探针间相互作用力的变化从而迫使探针悬臂振动。对于不同的官能团，其红外吸收的特征波长不同，所产生的热膨胀变化也不同，因此我们可以通过测定探针悬臂的振幅变化，来表征探针下方样品表面区域的红外吸收情况，进而分析出样品表面的化学基团或组分在空间上的分布。PiFM 的工作原理与 PTIR 类似，当脉冲激光激发至样品表面时，样品吸收特定波长的激发光后会与探针尖端形成偶极与偶极的相互作用，从而产生吸引力，并引起探针悬臂的振动。通过检测悬臂振幅的变化，即可获得针尖下方样品区域的红外吸收信息。IR-aNSOM 的测量不依赖于针尖振动，而是利用点光源扫描样品表面，再从远场检测样品表面散射的红外光。由于针尖增强效应，散射信号来自针尖下方的样品区域。因此，可以通过扫描样品表面来获得具有空间分辨的红外图像。

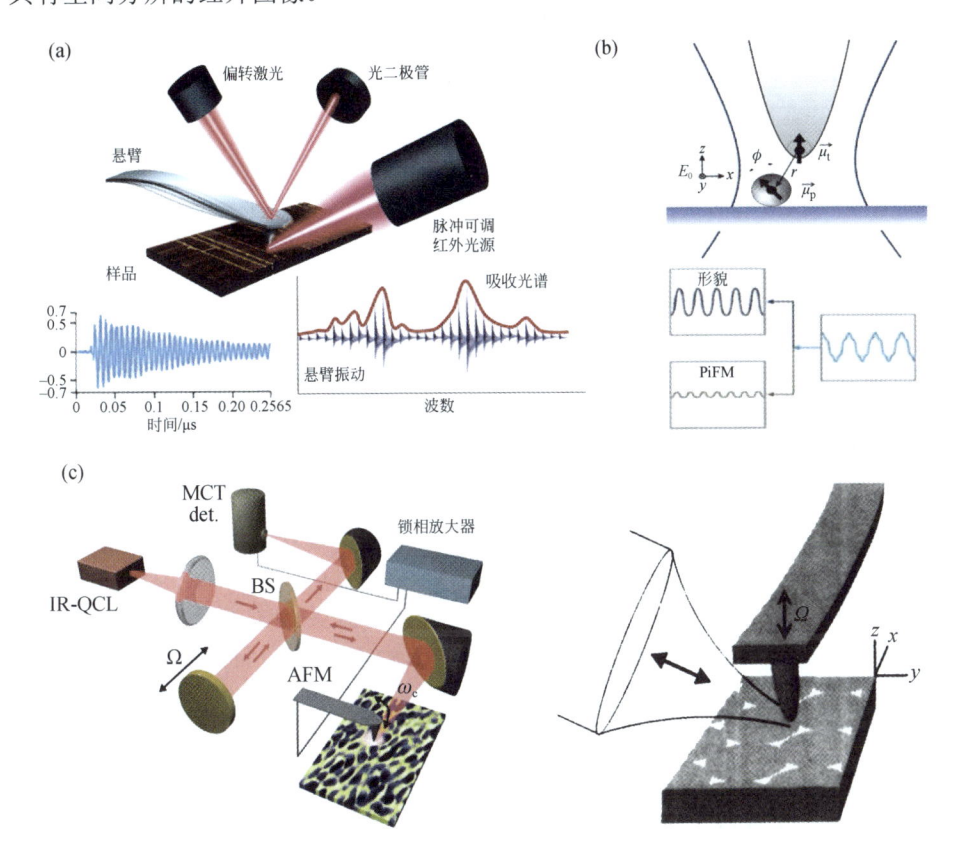

图 1.7 （a）PTIR 技术测量原理图[22]；（b）PiFM 技术测量原理图[23]；（c）IR-aNSOM 技术测量原理图[25]

针尖增强拉曼光谱（TERS）[26, 27]技术是一种将扫描探针技术与拉曼光谱技术相结合的光谱显微表征技术，主要是利用针尖处的局域电磁场增强，特别是金属探针与金属衬底所形成的纳腔等离激元场的高度局域增强效应，来探测针尖下方局域化学基团的拉曼散射信号。与常规拉曼测量的信号相比，TERS 的增强因子

一般可以达到 $10^6 \sim 10^{12}$ 水平,其空间分辨率最高可以达到 0.15nm 左右[27]。

针尖增强荧光（TEPL）光谱[28]技术利用纳米结构将光局域在几个纳米的范围内,使得纳米结构周围电磁场的强度大幅度增强。当单个分子处于其中时,其荧光吸收和发射过程都会被极大增强,使得单分子检测成为可能,实现了亚纳米（~0.8nm）分辨的单分子光致发光成像[28]。由于 STM 测量中需要使用导电衬底,分子和金属之间的电荷转移和能量转移会导致非辐射过程被放大,限制了 TEPL 技术的空间分辨率。为了得到分子的本征荧光,需要引入脱耦合层来隔绝分子与金属衬底之间的直接电子转移,以避免分子荧光猝灭和远场背景噪声的干扰。

针尖诱导发光（STML）[29]是利用 STM 中高度局域的隧穿电子来激发等离激元或样品的电子空穴对,进而收集远场的光谱信息的技术。该技术不仅可以利用 STM 的高空间分辨能力直接获得分子的实空间几何结构特征与电子态信息,还可以利用高度局域化的隧穿电子激发单个分子,结合纳腔等离激元场的增强效应,获得亚分子尺度分辨的单分子的局域光学响应信息。从不同研究对象的光学响应中,可以得到有关样品原子结构、能级排列、光学跃迁等丰富的信息。

1.4 总结与展望

扫描探针显微术从 20 世纪 80 年代发展至今,不仅将形貌空间分辨率大幅提高至亚原子尺度,而且建立了力学、电学和化学等一系列功能成像模式,对于电化学科学与技术领域的发展起到了巨大的推动作用。

电化学在微纳电子、光电子、能源、显示与传感等功能器件领域扮演着日益重要的角色。随着此类功能器件小型化、集成化的发展趋势,丰富的电化学表界面成为影响器件性能的重要因素。发挥扫描探针技术高空间分辨率和功能成像模式丰富等优势,准确研究功能器件电化学表界面性质,对于推动源头创新具有重要的指导意义。然而,过去基于扫描探针的研究多是针对功能器件中核心功能材料本身电化学表界面性质的非原位、原位表征。在实际器件工况下,功能材料之间不仅有电子波函数的交叠,而且可能发生复杂多变的物质传递。因此,发展适用于功能器件工况下电化学表界面性质研究的扫描探针显微术至关重要:一方面,应对功能器件中电化学表界面复杂的工况演化过程需要有足够高的分辨率,包括空间和时间两个层面;另一方面,电化学表界面结构和组成复杂多变,准确辨识需要足够高的检测灵敏度。如何发展兼具高分辨率和高检测灵敏度的工况扫描探针技术极具挑战,其中不仅需要测量原理的创新、科研装备的创制,而且还涉及人工智能（AI）等新的科学研究范式的引入。

参 考 文 献

[1] Binnig G, Rohrer H, Gerber C, et al. Surface studies by scanning tunneling microscopy [J]. Phys Rev Lett, 1982, 49: 57.

[2] Binnig G, Quate C F, Gerber C. Atomic force microscope [J]. Phys Rev Lett, 1986, 56: 930-933.

[3] Binnig G, Rohrer H, Gerber C, et al. 7 × 7 reconstruction on Si(111) resolved in real space [J]. Phys Rev Lett, 1983, 50: 120.

[4] Crommie M F, Lutz C P, Eigler D M. Confinement of electrons to quantum corrals on a metal surfce [J]. Science, 1993, 262: 218-220.

[5] Zhao A, Li Q, Chen L, et al. Controlling the Kondo effect of an adsorbed magnetic ion through its chemical bonding [J]. Science, 2005, 309: 1542-1544.

[6] Giessibl F J. High-speed force sensor for force microscopy and profilometry utilizing a quartz tuning fork [J]. Appl Phys Lett, 1998, 73: 3956-3958.

[7] Gross L, Mohn F, Moll N, et al. The chemical structure of a molecule resolved by atomic force microscopy [J]. Science, 2009, 325: 1110-1114.

[8] Zhang J, Chen P, Yuan B, et al. Real-space identification of intermolecular bonding with atomic force microscopy [J]. Science, 2013, 342: 611-614.

[9] Kawai S, Sadeghi A, Xu F, et al. Extended halogen bonding between fully fluorinated aromatic molecules [J]. ACS Nano, 2015, 9: 2574-2583.

[10] Cappella B, Dietler G. Force-distance curves by atomic force microscopy [J]. Surf Sci Rep, 1999, 34: 1-104.

[11] Rosa-Zeiser A, Weilandt E, Hild S, et al. The simultaneous measurement of elastic, electrostatic and adhesive properties by scanning force microscopy: Pulsed-force mode operation [J]. Meas Sci Technol, 1997, 8: 1333-1338.

[12] Garcia R, Proksch R. Nanomechanical mapping of soft matter by bimodal force microscopy [J]. Eur Polym J, 2013, 49: 1897-1906.

[13] Kano S, Tada T, Majima Y. Nanoparticle characterization based on STM and STS [J]. Chem Soc Rev, 2015, 44: 970-987.

[14] Dougherty D B, Maksymovych P, Lee J, et al. Tunneling spectroscopy of stark-shifted image potential states on Cu and Au surfaces [J]. Phys Rev B, 2007, 76.

[15] Groves C, Reid O G, Ginger D S. Heterogeneity in polymer solar cells: Local morphology and performance in organic photovoltaics studied with scanning probe microscopy [J]. ACC Chem Res, 2010, 43: 612-620.

[16] Barrett R C, Quate C F. Charge storage in a nitride-oxide-silicon medium by scanning capacitance microscopy [J]. J Appl Phys, 1991, 70: 2725-2733.

[17] Lai K, Kundhikanjana W, Kelly M, et al. Modeling and characterization of a cantilever-based near-field scanning microwave impedance microscope[J]. Rev Sci Instrum, 2008, 79: 063703.

[18] Qi G, Yang Y, Yan H, et al. Quantifying surface charge density by using an electric force microscope with a referential structure [J]. J Phys Chem C 2009, 113: 204-207.

[19] Cherniavskaya O, Chen L, Weng V, et al. Quantitative noncontact electrostatic force imaging of nanocrystal polarizability [J]. J Phys Chem B, 2003, 107: 1525-1531.

[20] Chen X, Lai J, Shen Y, et al. Functional scanning force microscopy for energy nanodevices[J]. Adv Mater, 2018, 30: e1802490.

[21] Frisbie C D, Rozsnyai L, Noy F A, et al. Functional group imaging by chemical force microscopy [J]. Science, 1994, 265: 2071-2074.

[22] Dazzi A, Prater C B. AFM-IR: Technology and applications in nanoscale infrared spectroscopy and chemical imaging [J]. Chem Rev, 2017, 117: 5146-5173.

[23] Jahng J, Fishman D A, Park S, et al. Linear and nonlinear optical spectroscopy at the nanoscale with photoinduced force microscopy [J]. ACC Chem Res, 2015, 48: 2671-2679.

[24] Knoll B, Keilmann F. Enhanced dielectric contrast in scattering-type scanning near-field optical microscopy [J]. Opt Commun, 2000, 182: 321-328.

[25] Pollard B, Muller E A, Hinrichs K, et al. Vibrational nano-spectroscopic imaging correlating structure with intermolecular coupling and dynamics [J]. Nat Commun, 2014, 5: 3587.

[26] Zhang R, Zhang Y, Dong Z C, et al. Chemical mapping of a single molecule by plasmon-enhanced Raman scattering [J]. Nature, 2013, 498: 82-86.

[27] Zhang Y, Yang B, Ghafoor A, et al. Visually constructing the chemical structure of a single molecule by scanning Raman picoscopy [J]. Nat Sci Rev, 2019, 6: 1169-1175.

[28] Yang B, Chen G, Ghafoor A, et al. Sub-nanometre resolution in single-molecule photoluminescence imaging [J]. Nat Photonics, 2020, 14: 693-699.

[29] Zhang Y, Luo Y, Zhang Y, et al. Visualizing coherent intermolecular dipole-dipole coupling in real space [J]. Nature, 2016, 531: 623-627.

第 2 章　扫描电化学微探针原理及应用

2.1　扫描电化学显微术（SECM）

扫描电化学显微术（scanning electrochemical microscopy，SECM）是随着微电极技术的发展而衍生出来的电化学扫描探针技术。SECM 以超微电极（直径＜25μm）为扫描探针，具有较高的时间和空间分辨率，可以得到基底表面局域的电流、电势和阻抗等电化学信息，反映基底表面的局域化学活性（不局限于电化学反应）。早在 1972 年 SECM 的雏形就已见诸报道[1]，但是，美国得克萨斯州大学奥斯汀分校 Bard 教授于 20 世纪 80 年代后期系统地建立了 SECM 的理论和仪器方法，使之成为一种重要的电化学研究方法，几乎覆盖电化学的全研究领域，包括电极过程动力学、电化学成像、表面微图案化、电分析化学、组合电化学等。读者欲深入学习和理解 SECM，可以参阅文献 [2]；关于超微电极的基础理论、制备和实验表征，请参阅文献 [3]。

2.1.1　SECM 工作模式

1. 反馈模式

作为一种高时空分辨的电化学仪器方法，SECM 可以测量超微电极探针（以下简称探针）和基底之间电化学信息，得到探针逼近基底过程的渐进曲线，这种工作模式叫作反馈模式。通过数学建模和数值分析，可以得到相关反应动力学的参数和基底电化学反应活性的图像。如图 2.1（a）所示，当探针远离基底时，探针和基底之间没有信息反馈，此时探针上的电流为其在本体溶液中的稳态极限扩散电流（i_{ss}）。当探针逼近基底到一定的距离，探针表面的球形扩散场受到基底的阻碍，此时探针电流（i_{tip}）会产生两种情况：①正反馈：电活性分子（例如 R）在探针电极表面的产物（O）扩散至基底，并在基底表面发生反应（不一定是电化学反应！）回到其初始态（R），便在探针和基底之间形成一个物质传递的循环，相当于增大了探针表面反应物的流量，于是探针的电流响应就会大于其在本体溶液中的稳态极限扩散电流，得到正反馈渐进曲线 [图 2.1（b）]。②负反馈：如果基底是惰性的，基底的空间位阻就会使到达探针的电活性物质的流量减小，于是，随着探针和基底间距的减小，电流下降越来越严重，得到负反馈渐进曲线 [图 2.1（c）]。③竞争反馈：如果基底具有化学反应活性，且探针和基底的反应是竞争关系，此时的反馈曲线就会呈现出更严重的"负反馈"，称为竞争反馈[图2.1(d)]。以上三种模式对应的渐进曲线如图2.1（e）所示。

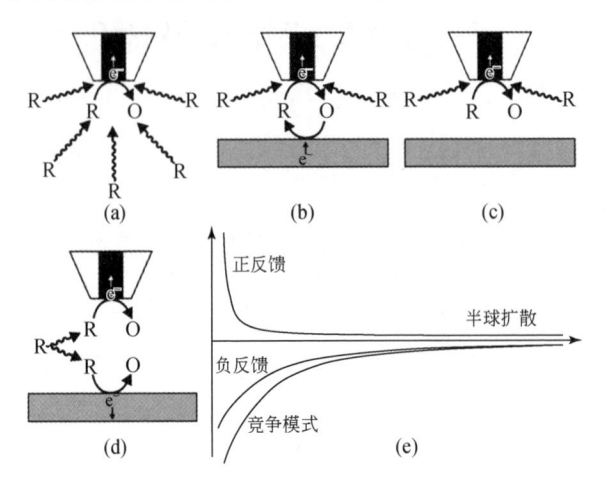

图2.1　(a)本体溶液中的半球扩散；(b)在导电基底上的正反馈（反馈扩散）；(c)在绝缘基底上的负反馈（受阻扩散）；(d)竞争模式；(e)各模式对应的渐进曲线[4]

需要指出的是，对于一个特定的体系，基底发生反应使产物（R）回到初始态（O），且处于极限扩散状态下得到的渐进曲线是正反馈的上限，基底完全不具备化学反应活性而纯由空间位阻引起的渐进曲线是负反馈的极限，而竞争反馈的渐进曲线则可能会落在负反馈的极限之下。反馈的强弱取决于探针和基底之间通信的强弱（即电极过程速率控制步骤的快慢）和空间位阻（RG：包括包封层在内的探针尖端的总半径和电极材料半径的比值）。渐进曲线反映的是基底的（电）化学反应活性，或者是惰性基底的传质抑制作用。因此，建立研究体系探针-基底限域空间内的传质传荷模型，对实验得到的渐进曲线进行数值拟合，便可以得到相关的反应动力学参数。

估算：设定电活性物种的扩散系数（D）是$10^{-5} cm^2 \cdot s^{-1}$，如果探针-基底间距（$d$）为1μm，传质速率为$0.1 cm \cdot s^{-1}$（$D/d$）；如果$d$为10nm，传质速率为$10 cm \cdot s^{-1}$。可见，如果SECM仪器的定位反馈机制和空间分辨率有保障，探针电极的尺寸越小，探针-基底间距越小，则可以测得的动力学速率的上限便越大。需要特别指出的是，在具体的实验过程中，一定要处理好探针和基底，保持电解池体系的洁净度，确保探针呈现优良的电化学伏安行为。一般地，在导电性良好的基底（石墨，或者铂、金等金属及合金）上，采用25μm直径的超微电极，对于经典氧化还原物种（六氨合钌、二茂铁及其衍生物），归一化的电流反馈（i_T/i_{ss}）应该达到8.0以上。这是SECM研究者必须要掌握的实验技能，须通过基础实验积累经验，否则，在研究复杂体系时，数据重现性和置信度都很低。

2. 产生/收集模式

通过双恒电位仪，探针电极和基底电极构成一个反馈体系。通过探针电极收集基底电极的产物，称为基底产生/针尖收集（SG/TC）模式［图 2.2（a）］；通过基底电极收集探针电极的产物，称为针尖产生/基底收集（TG/SC）模式［图 2.2（b）］。产生/收集模式可以帮助测定基底或探针电极上的反应中间体，从而判断反应机理并获取相关的动力学参数。

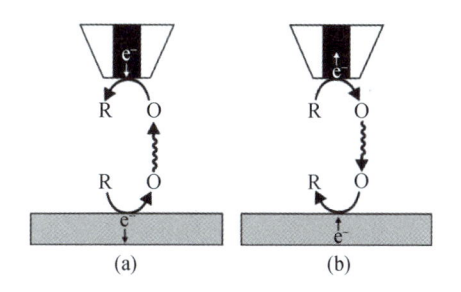

图 2.2　(a) 基底产生/针尖收集（SG/TC）模式；(b) 针尖产生/基底收集（TG/SC）模式[4]

一般地，由于基底电极的尺寸远远大于探针电极，TG/SC 模式的收集效率可以达到 100%，亦即探针电流和基底电流的比值（i_T/i_S）接近于 1。如果探针电极反应的产物具有反应活性，在传输至基底的过程中发生偶联反应，那么收集效率就是探针-基底间距的函数，由相应的工作曲线可以得到相关偶联反应的动力学参数。例如，本课题组在约束刻蚀剂层技术中采用的 TG/SC 模式，通过收集效率和归一化距离的工作曲线，获得了约束反应的动力学速率[5]，如图 2.3 所示。

在 SG/TC 模式中，探针电流指示的是基底的过程。在探针逼近的过程中，渐近曲线反应的是基底电极产物在 Z 方向上的分布。如果固定探针-基底间距，做横向扫描，则可以发现基底表面的"活性区域"。这些在电催化剂的催化性能和单细胞的生理病理活性的研究中十分重要。一般地，SG/TC 模式的探针电流和基底

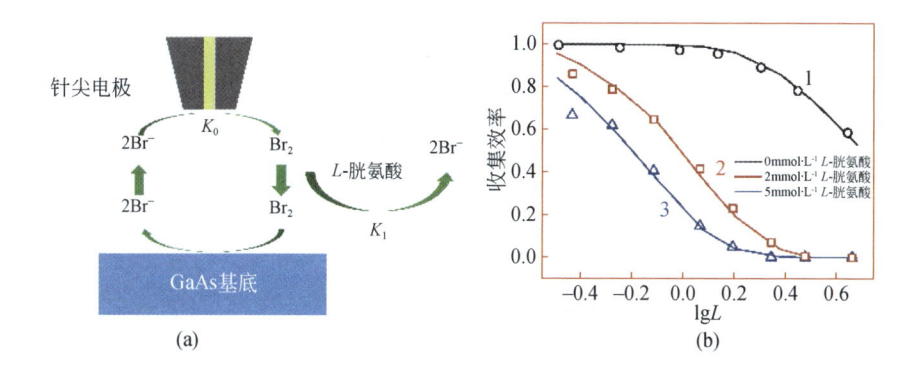

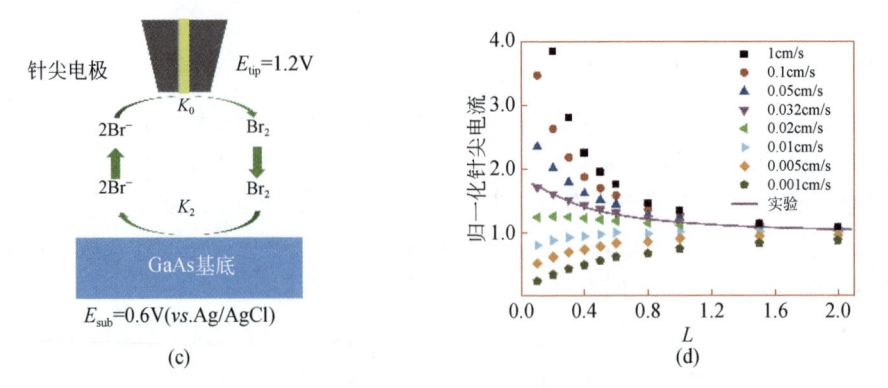

图2.3 约束刻蚀体系动力学的 SECM 研究[5]。(a) Br_2/L-胱氨酸约束反应体系的 TG/SC 原理；(b) 不同 L-胱氨酸浓度条件下的收集效率曲线；(c) Br_2 与 GaAs 刻蚀反应的电流反馈原理；(d) 刻蚀反应中不同 Br_2 的消耗速率常数条件下的电流反馈曲线（点图为有限元模拟曲线，线图为实验曲线）

电流的比值（i_T/i_S）小于 1，亦即收集效率很低，需要用经典的氧化还原电对予以校正。

还有一种特殊的产生/收集模式——表面诊断模式（SI-SECM），用于研究基底表面的吸附物种[6]。例如，图 2.4 所示，令探针处于开路，对基底施加一定电压，在基底表面预吸附表面活性物种 A。令基底处于开路并对探针施加电压，探针上的反应产物扩散到基底表面，与吸附物种 A 反应，形成正反馈。由于活性物种 A 持续消耗，反馈强度削弱，直到耗尽。SI-SECM 作为一种瞬态反馈模式，可用于定量分析基底表面吸附物种，检测反应中间物，有利于揭示电催化剂的表面催化机制。

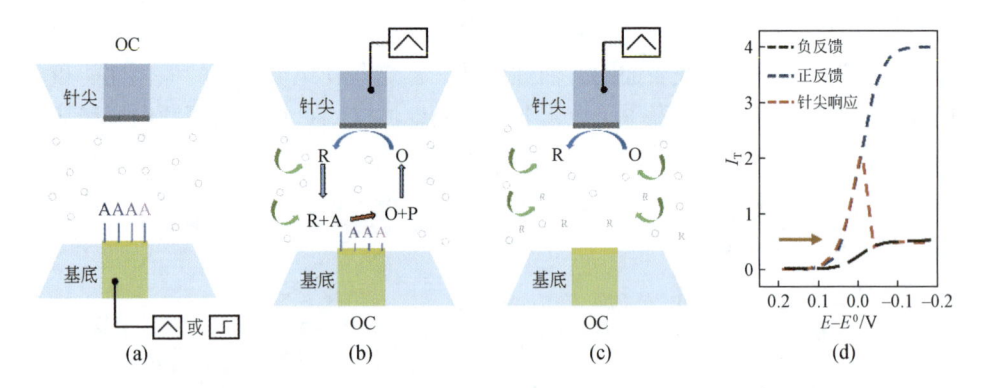

图2.4 表面诊断模式的原理图[6]。(a) 活性物种 A 吸附在基底表面；(b) 探针与基底表面吸附物种反应产生正反馈；(c) 由于吸附物种的消耗反馈减弱；(d) SI-SECM 的探针响应

3. 成像模式

作为高时空分辨的扫描探针技术，SECM 也具有成像功能。区别于其他扫描探针技术，SECM 可以获得基底的电化学或者化学反应活性。由于探针必须和基底形成可以测量的电流反馈信号，一方面，探针的尺寸不可能太小；另一方面，基底和探针之间电活性物种的扩散场降低了 SECM 的空间分辨率。只有当二者的扩散场发生重叠时，才会产生电流反馈，所以，SECM 成像分辨率一般比其物理图像低。即使是采用扫描隧道显微镜（STM）和原子力显微镜（AFM）的组合针尖模式，即 STM 和 AFM 的针尖同时也是 SECM 的探针电极，其空间分辨率也远未达到 STM 和 AFM 的水平。此外，成像精度还与扫描速度和针尖-基底距离有关。近年来，有研究者试图通过图像处理的方法得到更为精确的 SECM 图像。然而，由于没有考虑探针和基底的传荷速率、探针-基底间距以及其间的传质过程、成像扫描速度等因素，仅通过图像处理方法，虽然一定程度上能够提升 SECM 成像精度，却不具备普适性[7]。希望将来有人在 SECM 成像的图像处理方面取得进展，提高（电）化学图像和物理图像之间的可比对性，这对捕捉电催化活性位点、揭示材料的构效关系等是非常重要的。成像模式可以和组合电化学相结合，快速筛选和优化催化剂的组分[8]。

SECM 成像一般采用等高模式，实验上很难区分反馈信号的强弱是由几何形状的高低起伏引起的，还是由基底反应活性的差异引起的。因此，研究者们也曾开发出各种"等距离"模式，例如隧道电流、原子力、剪切力等距离反馈模式，大幅提高了 SECM 成像的空间分辨率。而采用探针电极的恒电流模式，也会出现与等高模式同样的"区分度"问题。因此，要想得到精准的图像，精准的定位机制是非常重要的，而这也增加了仪器研发的难度。

2.1.2 SECM 仪器

SECM 仪器主要包括：三维定位和位移系统、双恒电位仪和超微电极探针。双恒电位仪和超微电极探针主要执行电化学调控和测量，这里不再介绍，本节主要讲述 SECM 的三维定位和位移系统，以期读者了解仪器的运行原理，或为高分辨 SECM 仪器研发提供参考。

三维位移系统用于控制探针的移动，确保探针在 Z 轴上逼近基底，获得渐近曲线；或进行二维扫描（等高模式）或者三维扫描（等距离模式）成像。微米级的分辨率采用步进电机，若需要更高的精度，则在相应的维度增加压电陶瓷马达。通过微-纳米精度的联动，实现高空间分辨率。

对于 SECM 而言，定位反馈机制难度更大，它决定探针-基底的间距。一般 SECM 是通过拟合完全负反馈或完全正反馈情况下的渐近曲线而得到一个间距的零点。更精确的定位，由于采用兼具电化学测量和定位反馈的双功能探针，一方面增大了探针制备的难度，另一方面增大了仪器软硬件成本，导致现有商品化 SECM 仪器很难推广。比较常见的定位机制有：

1）原子力（atomic force） AFM 适用于各种导电和非导电样品，具有原子级的超高分辨率。将 AFM 与 SECM 联用，可以实现探针-基底间距的高精度控制[9]。该技术的关键是制备兼具 SECM-AFM 双功能的探针，不仅要使常规的 AFM 导电化，而且需要高质量高精确度的包封，需要使用特殊的微纳制造技术。尽管近年来该技术得到大力发展，但是，低成本、高质量、高稳定性的探针制备技术仍是巨大挑战。

2）剪切力（shear force） 剪切力定位反馈是从近场扫描光学显微镜发展而来的，当探针非常靠近基底时，探针的水平振动振幅会衰减，基于阻尼的距离依赖性，可以恒定地控制探针-基底间距在百纳米的量级。根据振动阻尼的测量方式，可分为光学检测[10]、压电检测[11]、音叉检测[12]等。剪切力定位原理是共振，既要让探针电极振动，又要检测其振幅和频率。因此，探针电极必须小且轻，这无疑增加了探针电极制备的难度。

3）接触力（contact force） 虽然 AFM 具有高分辨率、非破坏性、高稳定性的优点，但是其造价高，扫描范围小。本课题组借鉴 AFM 力闭环控制原理，提出了接触力反馈机制[13]。通过可编程信号源给压电陶瓷施加一定频率的正弦电压信号，驱动柔性铰链上连接的探针以一定振幅接触基底表面。由于基底表面的形貌变化，会出现不同程度的振幅变化。检测元件-电容传感器记录振幅变化，并将测量值与预设值进行比较，反馈到执行元件-压电促动器，由压电促动器带动柔性铰链及探针进行探针-基底调节，完成对样品表面的检测。与剪切力定位技术相比，微力反馈机制设备简单、灵敏度好，其信号反馈不对电化学测量产生干扰，可以实现纳米空间的精确定位。

4）离子电导（ionic conductance） 扫描离子电导显微术（SICM）中，SICM 探针内充满电解质溶液，插入 Ag/AgCl 参比电极，在通道内外的两根 Ag/AgCl 电极之间施加电压，测定离子迁移电流。当探针靠近基底时，流经纳米管口的离子迁移因空间位阻受到抑制。离子迁移电流具有距离相关性，用以控制探针-基底间距[14]。与 SECM 联用时，关键在于 SECM-SICM 多通道探针的制备。SICM 确定探针-基底间距，SECM 则测量电化学信息。

定位机制是 SECM 的核心关键技术。选择合适的定位机制，辅之以超微电极的微纳制备技术，对于提高 SECM 的仪器性能至关重要。除了双功能探针技术，还有一种方法，通过精密定位技术（如 AFM）对基底的局部区域进行物理成像，将物理形貌数据预存起来，然后让 SECM 探针行走相应的轨迹，实现精确的扫描成像。

2.1.3 SECM 应用

SECM 问世以来，经过几代研究者四十多年的努力，几乎已经应用于电化学的全部领域，其中最重要的应用就是研究电极过程动力学，包括简单电极过程和各种复杂电极过程。这里需要掌握相关的数学建模和数值分析方法，有兴趣的读者可以参阅笔者在孙世刚教授等著的《电化学测量原理和方法》第 12 章及附录的教学视频。本书已有专门章节论述 SECM 的应用，这里只简单介绍 SECM 在电极过程动力学和电化学扫描成像中的应用。

1. 电极过程动力学

对于一个氧化还原反应：

$$\text{Ox} + ne \longrightarrow \text{Re} \tag{2-1}$$

控制合适的实验条件，可忽略对流和电迁移对传质的贡献，且认为超微电极能快速建立稳态传质，则由 Fick 第二定律所描述的二维轴对称坐标系（R, Z）下的稳态扩散传质方程为：

$$\frac{\partial C_i}{\partial t} = D_i \left(\frac{\partial^2 C_i}{\partial R^2} + \frac{1}{R}\frac{\partial C_i}{\partial R} + \frac{\partial^2 C_i}{\partial Z^2} \right) = 0 \tag{2-2}$$

其中，C_i（mol·cm^{-3}）和 D_i（cm^2·s^{-1}）分别为溶液物的浓度和扩散系数。针尖逼近基底过程的求解域几何模型如图 2.5 所示，其中 a 为金属电极丝半径；r_{sub} 为基底半径；r_{glass} 为包封层半径，可以根据实际表征获得的针尖 RG 值确定；d 为针尖与基底之间的距离。图中数字所代表的各物理边界的边界条件如下：

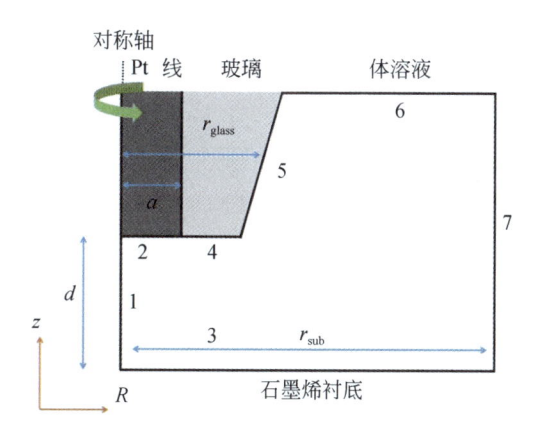

图 2.5 二维轴对称坐标系下 SECM 求解域几何模型

边界 1、4、5 为对称/绝缘边界，所有物种在该边界上没有垂直于该边界的法向流量：

$$\nabla C_{Re} \cdot \vec{n} = 0, \nabla C_{Ox} \cdot \vec{n} = 0 \tag{2-3}$$

其中，$\vec{n}$ 为向内的垂直于边界的单位矢量。

边界 2 为针尖金属表面，在 SECM 电流反馈模式中一般控制为极限扩散条件下的氧化还原反应，以氧化反应为例：

$$C_{Re} = 0, \ C_{Ox} = C_{Re}^* \tag{2-4}$$

其中，C_{Re}^* 为还原态的本体浓度。

边界 6 和 7 为无穷远处的本体溶液，所有物种的浓度均等于其本体浓度：

$$C_{Re} = C_{Re}^*, \ C_{Ox} = 0 \tag{2-5}$$

边界 3 为基底表面，当基底具有电化学活性时，由 Butler-Volmer 方程所控制的流量为：

$$D_{Re}\frac{\partial C_{Re}}{\partial Z} = k_{b,s}C_{Ox} - k_{f,s}C_{Re} \tag{2-6}$$

$$D_{Ox}\frac{\partial C_{Ox}}{\partial Z} = k_{f,s}C_{Re} - k_{b,s}C_{Ox} \tag{2-7}$$

对于可逆基底电子转移动力学，$k_{f,s} = k^0 \exp[(1-\alpha)(E_s - E^{0'})nF/RT]$，$k_{b,s} = k^0 \exp[-\alpha(E_s - E^{0'})nF/RT]$。对于不可逆基底电子转移动力学，$k_{b,s} = k^0 \exp[-\alpha(E_s - E^{0'})nF/RT]$，$k_{f,s} = 0$。其中，$k^0$ 为标准电子转移速率常数，R 为理想气体常数（8.314 J·mol^{-1}·K^{-1}），T 为实验温度（298.15 K），n 为电子转移数，α 为电荷传递系数，$E^{0'}$ 为形式电位，E_s 为基底电位。当基底不具有电化学活性时（绝缘或惰性表面），则边界 3 设置为与边界 4，5 一样的绝缘对称边界，用以模拟完全负反馈。

通过积分针尖表面氧化还原物种的法向流量可得针尖电流：

$$i_{tip} = \int_0^a nFD_{Re}\frac{\partial C_{Re}}{\partial Z} 2\pi R dR \tag{2-8}$$

通常用归一化电流 i_{tip}/i_{ss} 表示针尖电流，其中 i_{ss} 为针尖无穷远时的稳态极限扩散电流，$i_{ss} = \gamma nFaC_{Re}^*$，$\gamma$ 为与电极 RG 值有关的系数[15]。

很多数学软件都可以用于数值解析，例如 COMSOL Multiphysics（COMSOL AB，瑞典）的稀溶液物质传递模块或电分析模块均可通过求解上述边界条件下的扩散方程实现 SECM 电流反馈过程的模拟计算[16]。利用上述模型，笔者模拟不同活性基底（不同 k^0）的针尖电流，得到的反馈曲线如图 2.6 所示。当基底电子转移动力学足够快至基底完全由扩散过程控制时，其最大电流反馈曲线对应极限正反馈。当基底为绝缘体，其电子转移速率为零时，其对应最小电流反馈曲线为极限负反馈。通过求解不同实验条件下的边界条件和扩散方程，还可以实现耦合吸脱附、均相化学反应、界面腐蚀等复杂过程的电流反馈曲线。

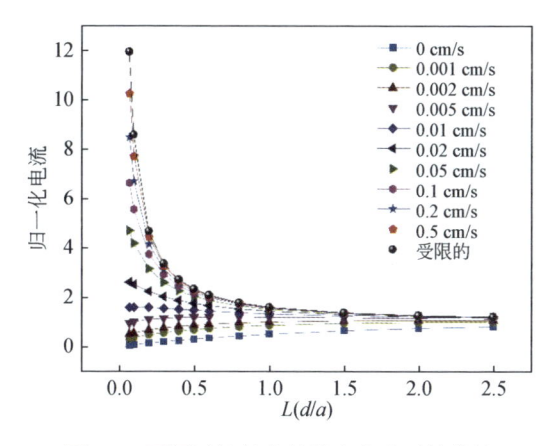

图 2.6　不同活性基底的针尖电流反馈曲线

a=12.5μm，D=1×10^{-5}cm^2·s^{-1}，$E_s - E^{0'}$ =20mV，α=0.5，C^*_{Re}=1mM（1mM=1mmol·L^{-1}）

2. SECM 成像

与组合电化学相结合，SECM 可以实现高通量的电化学成像，用于电催化剂和光电催化剂的快速筛选和优化。如果催化剂的形貌、晶型和组分可控，则可以快速评估其构效关系。笔者曾经采用等离子体改性的方法，可控地调节单层石墨烯的 sp^3 缺陷密度，通过 Raman 成像表征其缺陷密度，通过 SECM 渐近曲线和成像技术表征其电子转移速率，结合理论计算，揭示了单层石墨烯 sp^3 缺陷密度与电子转移性能之间的构效关系，为石墨烯在能源电化学领域的应用提供了理论支持 [图 2.7（a）、(b) 和 (c)][16]。笔者还发展了光电催化剂阵列的制备方法，大幅提高了扫描光电化学显微术成像的信噪比，实现了光电催化剂的高通量筛选和优化，并研究了具有特定构型的光电催化剂的构效关系 [图 2.7（d）和 (e)][8, 17]。

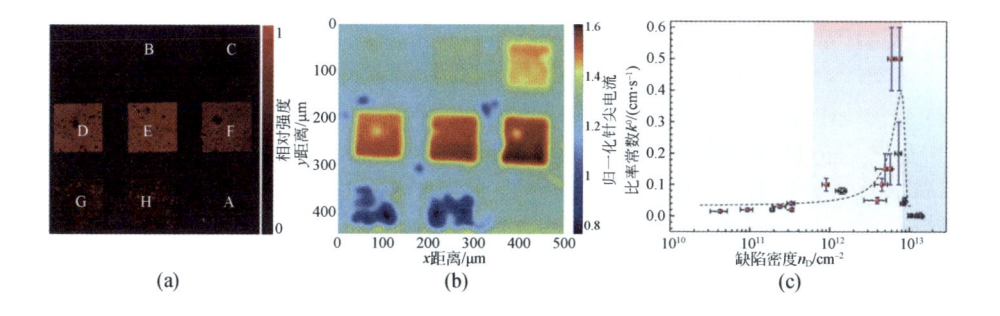

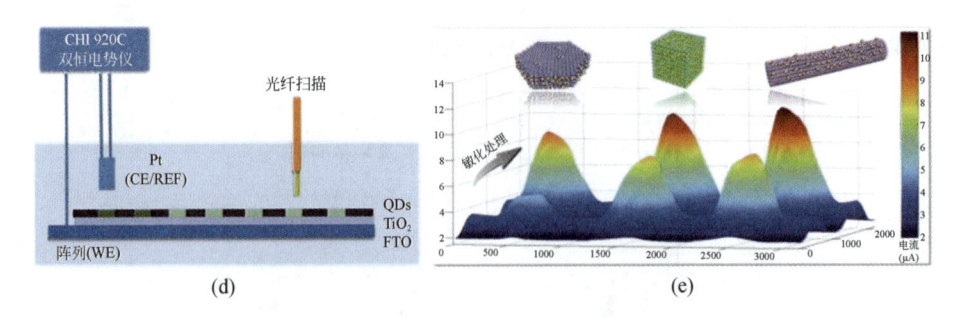

图 2.7 （a）缺陷石墨烯的 D 带拉曼成像；（b）缺陷石墨烯的 SECM 成像；（c）标准电子转移速率常数与缺陷密度的关系[16]；（d）掩膜法实现高通量筛选催化剂的 SECM 装置示意图[8]；（e）不同晶面结构赤铁矿的 SECM 光电流成像[17]

2.2 垂直（Z 方向）扫描微电极技术（VSMET）

空间分辨电化学研究方法已成为当前国际上的一个研究热点和前沿。近年来，在国内外已推出多款扫描电化学工作站商品化科学仪器，包括扫描开尔文探针（scanning Kelvin probe，SKP）、局部电化学阻抗谱（localized electrochemical impedance spectroscopy，LEIS）、扫描电化学显微术（scanning electrochemical microscopy，SECM）、扫描振动电极技术（scanning vibration electrode technique，SVET）、扫描参比电极技术（scanning reference electrode technique，SRET）、扫描微电极技术（scanning micro electrode technique，SMET）及扫描电化学池显微术（scanning electrochemical cell microscopy，SECCM）等[18]。这些技术均采用扫描电化学微电极，通过对电极表面 X-Y 二维方向的扫描，测量电极/溶液界面电场分布（电位分布和电流密度分布），由此可原位检测电极表面或电极/溶液界面的电化学不均一性，指示金属电极表面二维方向的微区电化学活性点位置和活性大小，跟踪活性点变化过程及影响因素。扫描微电极技术特别适合于研究多种形式的局部腐蚀，如点腐蚀的发生、发展过程机理，缝隙腐蚀的消长，应力腐蚀开裂的前驱电位效应，焊缝腐蚀行为，缓蚀机理及材料耐局部腐蚀的评测等，能够获得采用一般传统电化学方法及其他技术难以得到的重要信息[19-21]。在 SMET 基础上，又发展了多种复合型扫描微电极探针，包括复合型扫描微参比电极、复合型扫描微 Cl^- 电极、复合型扫描微 pH 电极等，实现了在腐蚀电化学现场测量金属/溶液界面电流密度分布及有关局部腐蚀过程的重要化学物种的二维分布，获得更多研究信息，扩展研究体系，提高测量分辨度，有利于直接跟踪金属/溶液界面微化学环境的不均一性及其与材料表面局部腐蚀破坏过程的内在关系，综合研究金属局部腐蚀破坏过程机理[22-33]。

垂直扫描微电极技术（vertical scanning microelectrode technique，VSMET）是基于扫描微电极技术（SMET）发展而来的，扫描电化学微探针测量原理是基于电极表面电化学反应的差异而产生的电场分布，该电场分布的特征是：①电化学场分布密切依赖于电极表面的电化学反应；②电化学电场通常仅存在于靠近电极表面的溶液相中，因此电化学微探针尖端必须逼近电极表面扫描测量；③电化学电场呈三维空间矢量分布。大部分的扫描电化学测量均在恒定扫描探针尖端与电极表面距离条件下，通过扫描测量 X-Y 方向不同位点的电场分布而获得二维方向空间分辨电化学信息。实际上，也可以通过固（选）定 X-Y 位点，扫描测量垂直（Z 方向）不同位点的电场分布而获得电极表面法向空间分辨电化学信息。电极表面法向空间分辨的电化学信息对于进一步认识电极双电层结构、局部腐蚀发生发展机制、电化学沉积孔内深度行为及能源体系多孔电极孔内电场分布与电极行为关系等复杂体系电化学研究至关重要。

林昌健等应用 ECSTM 辅助 SMET 测试系统研究，发现在金属电极局部电化学活性点位置的电场分布和参与反应的物质浓度，与非活性点处存在显著差异，不同活性点之间也存在差异[34, 35]。利用垂直扫描微电极技术（VSMET）原位监测局部电化学发生发展过程中垂向上的电化学信号分布，进而获得电化学活性点位置局域传质和传荷相关信息，对深入了解局部电化学反应机理具有重要的意义。具体体现在：

（1）应用自行研制的 ECSTM/SMET 测试系统，不仅可测量电极表面 X-Y 二维方向的电位分布、电流密度分布、氯离子分布及 pH 分布等微区电化学信息，而且还可进行电极表面不同位点 Z 方向高空间分辨的扫描，原位测量微区垂向上的电化学分布信号，进而获得电化学活性点位置局域传质和传荷相关信息。

（2）测量结果表明，在局部腐蚀活性点位置，Z 方向的电位分布和电活性物质浓度分布与腐蚀点的电化学活性密切相关，当 Pt-Ir 探针离电极表面较远（>50μm）时，所测电位主要由溶液中的氧化还原物质浓度分布贡献，当探针靠近电极表面（<50μm）时，电位主要决定于电极表面局部腐蚀所形成的电场分布。

（3）基于 SMET/STM 联用系统具有的高空间分辨度、测量速度快、探针多维扫描精准可控，可自动选址表面活性位点，进而跟踪监测其 Z 方向电位分布、电活性物质浓度分布，有望进一步发展成为研究微区腐蚀、深孔电沉积、能源体系多孔电极及双电层结构等极富挑战的电化学复杂体系的一种有力工具。

2.2.1　VSMET 微电极

电化学反应通常发生在固相电极材料和液相电解液的界面处，由于电极材料表面的微观差异性，使得电化学反应常常表现出局部差异性，局部电化学反应是电化学领域最让人感兴趣的课题之一，并不断推出各种原位研究局部电化学行为的方法和技术。在电化学反应过程中，固-液界面的电荷交换和物质传递行为对电化学反应动力学起到决定性作用，前者主要作用于电极表面双电层的紧密层，后者主要作用于双电层的扩散层，且两者不限于发生在平面电极，也发生在众多复杂电极表面的三维空间中[35-37]。因此，要获取感兴趣位点电化学反应过程中全方位动态信息，只通过平面（X-Y方向）单层扫描仍显不足，三维空间内（X-Y-Z方向）的多层扫描可提供更加丰富的研究信息。但由于电化学反应呈动态过程，比如金属局部腐蚀活性点的萌发、发展、休眠只有几分钟或更短时间[38, 39]，而完成三维扫描往往需要较长时间，从而难以跟踪监测到全空间分辨的电化学全过程。垂直扫描微电极技术（VSMET）是通过快速寻址定位感兴趣位点，并可进行特定位点 Z 方向数纳米到几百微米尺度范围内电化学信号的连续收集，所需时间短，可成为一种获取 Z 方向空间分辨动态电化学信息的有效技术。

实验表明，Pt-Ir 丝具有强度高、硬度大、电化学稳定性好等优点，可作为一种理想的 ECSTM/SMET 共用扫描微探针材料，通常可利用机械成型法（剪刀裁剪）或电化学刻蚀法制备探针针尖[35, 40]。为了使探针能够在探测敏感隧道电流的同时又能检测电化学电位/电流信号，扫描微探针尖端要进行电泳漆或者热熔胶的严格包封。

为了能够获得电极表面有关电化学不均一性的更多研究信息，包括电极表面形貌结构图像、电位/电流分布图像及电极表面液层中的氯离子分布和 pH 分布图像，还需构建可在扫描隧道显微镜控制模式下各种多功能扫描探针。图 2.8 为自行设计制作的 ECSTM/SMET 多功能扫描探针结构示意图，其中包括复合型 ECSTM/

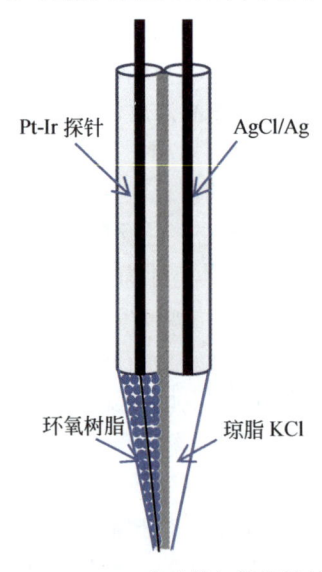

图 2.8 ECSTM/SMET 多功能扫描探针结构示意图

SMET 探针、复合型 ECSTM/AgCl/Ag 扫描参比探针。复合扫描探针通常是先由玻璃毛细管拉拔仪制备,再通过显微镜下人工磨制而成。ECSTM 探针尖端直径为 1~2μm,用于检测 STM 形貌及电化学电位分布,也用于自动控制探针尖端逼近样品表面;复合型 AgCl/Ag 扫描参比探针用于比较与金属 SMET 探针的电化学信号差异。

2.2.2 VSMET 测试系统

金属在溶液环境中发生电化学腐蚀过程必然包含传质和传荷过程。局部腐蚀发生时,在腐蚀活性点位置同时存在着与腐蚀反应相关的电子转移和物质传输等过程。在局部腐蚀活性点位置溶液中的电场分布与钝化区位点显然不同。原位监测局部腐蚀的发生发展过程中腐蚀活性点垂直(Z 轴)方向上的腐蚀电化学信号对深入了解局部腐蚀具有重要的意义。然而,由于局部腐蚀活性点出现的不可预见性[18-21],实现腐蚀活性点 Z 方向的腐蚀电化学信息的原位监测并非易事。Calvo 等[40]利用 SECM 技术对钢筋局部腐蚀部位 Z 向 Fe^{2+} 的分布进行研究,发现 Fe^{2+} 分布曲线的斜率与局部腐蚀电流存在一定的相关性,但该研究是在已知的表面缺陷位置进行的,并不是对真实腐蚀活性点的定位测试。目前商品化的扫描电化学微探针技术均只能对电极表面二维平面扫描测量[18-21]。要实现对局部腐蚀点位置与腐蚀进程相关的多种信息进行同步原位关联研究,必须对现有扫描微探针技术提出新的要求:第一,能够快速寻址局部腐蚀活性点位置,即仪器对电极表面的局部腐蚀活性点具有"嗅探"能力,实现腐蚀活性点的"可视化"定位;第二,在进行不同测试方法技术切换的过程中,要保证探针 X-Y 空间位置,同时在 Z 方向具有极高的空间分辨度;第三,由于腐蚀过程是随时间动态发展的,要求各种测试技术具有足够的时间分辨率,即在样品腐蚀状态还未发生明显改变的时间范围内完成各种腐蚀电化学信息的监测。

目前所有的商品化的扫描电化学微探针技术只能测量电极表面 X-Y 二维电化学分布,缺乏电极表面 Z 向一维电化学分布测量功能。林昌健课题组自主研制的 STM 辅助 SMET 测试系统已实现商品化应用[18, 31, 35],不仅可开展多种电极表面二维空间分辨的电化学测量,而且还可提供电极表面 Z 向一维电化学分布测量(VSMET)的强大功能,因借助扫描隧道显微术,测量系统具有扫描测量精准可控、空间分辨率高等优点。图 2.9 为 STM 辅助 SMET 测试系统的结构示意图。测试系统由扫描平台、STM 扫描控制系统、SMET 扫描控制系统和控制主机等部分构成[18, 35]。其中扫描平台主要包括 X/Y/Z 方向的步进电机、STM 扫描器、水平调节装置以及探针固定装置。X/Y 方向的步进电机步长为 100nm(可调),Z 方向的步进电机步长为 50nm(可调)。在 SMET 模块测试过程中,通过控制 X/Y 方向上的两台步进电机的脉冲信号,分别控制样品相对于微电极的扫描运动。其具体过程如下:系统根据所设置的参数（扫描范围，采集点数、扫描频率等）由驱动电路提供一定数目的脉冲，输给 X 轴步进电机，使之以一定的转速驱动 X 轴细杆并推进 X 轴滑块在轨道上平动，滑块上的样品就随之移动。这时微电极便在样品表面进行扫描。当扫描到样品一端时，Y 轴步进电机也得到单步的脉冲信号，并由 Y 轴细杆推动样品前进一定的距离，接着 X 轴电机向相反方向平动，使样品回扫到另一端。如此反复循环，扫描微电极便可扫描给定范围的样品表面，获得电极表面的 X-Y 方向二维电化学分布图。在 STM 模块测试过程中，主要由压电陶瓷管完成 XYZ 方向的移动，两个测试模块既相互独立又有机集成，构成独具特色的 STM/SMET 联用检测系统。

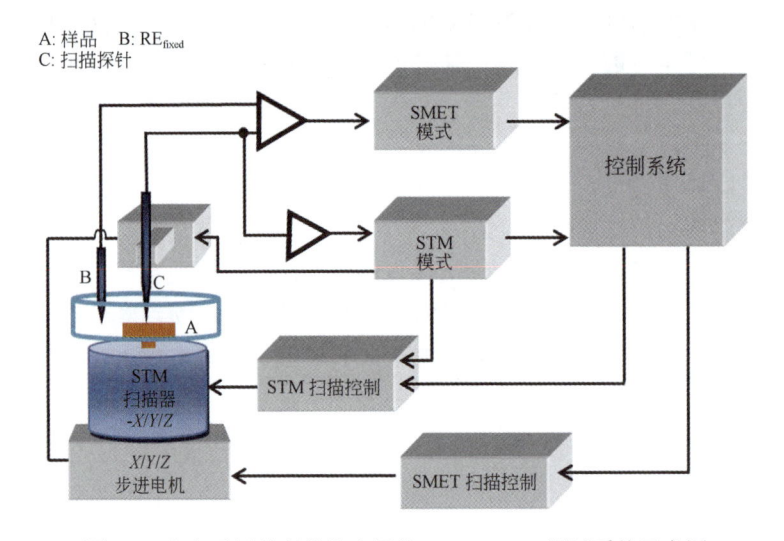

图 2.9 自主研制并商品化应用的 SMET/STM 测试系统示意图

该系统 SMET 模块在局部腐蚀活性点检测中具有空间分辨度高、测量速度快、空间寻址能力强等优势，可快速定位金属电极表面腐蚀活性点，继而测量腐蚀活性点位置 Z 方向电化学活性分布，特别是借助其中的 STM 的强大功能，可实现腐蚀活性点位置 Z 方向的电位、电流、浓度分布等测试，有助于探明局部腐蚀过程传荷、传质过程机制。同时，还可比较分析不同类型扫描微探针测试结果的差异，进一步理解电极表面不同活性点位置 Z 轴一维方向的电化学活性分布的物理化学内涵。

2.2.3 VSMET 电位/电流分布测试

利用 SMET/STM 联用系统测试金属表面不同电化学活性点位置的垂向电位分布。基本步骤如下：第一，将样品装入电解池，借助扫描隧道显微术精确控制探针尖端与样品表面距离为 1~2μm；第二，将电解质溶液注入电解池，利用

STM/SMET 测量电极表面的电位分布图；第三，基于所测量的电位分布图，选择若干电化学活性位点的 X-Y 坐标，使扫描探针自动寻址并定位到所选择的感兴趣的测试位置；第四，控制探针以一定扫描速度垂直离开样品表面，并实时记录扫描探针与参比电极的电位差（ΔE_{probe}），最终获得电极表面垂向（Z 方向）的电位分布曲线图。

电极表面不同活性点位置 Z 方向浓度分布曲线的原位测试的过程与电位分布测试的过程类似，主要包括以下几个过程：第一，把样品放入电解池并保持水平，通过 STM 测试模块将探针逼近样品表面直至检测到 STM 隧道电流；第二，将工作模式切换到 SMET 测试模式并精确控制探针与样品表面距离为 1～2μm；第三，注入电解液，并测量样品表面的电位分布图，然后，根据所测量的电位分布图选择感兴趣的位置点 X-Y 坐标，扫描探针自动寻址并定位在所选位置；第四，将扫描探针与恒电位仪相连，通过系统控制探针以一定的扫描速度垂直离开/逼近样品表面，并同步记录电流响应值，测试原理示意图如图 2.10 所示。

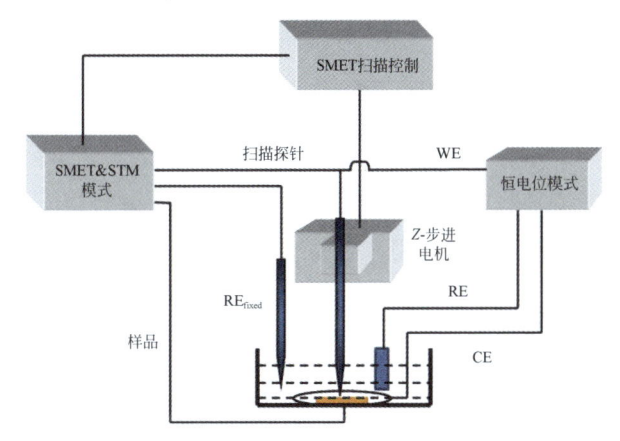

图 2.10　电极表面 Z 方向物质浓度分布原位测试原理示意图

2.2.4　VSMET 电位分布测量

图 2.11、图 2.12 分别为利用 Ag/AgCl 玻璃毛细管微参比探针和 Pt-Ir 微探针测得 18-8 不锈钢在 10% $FeCl_3$ 溶液中 X-Y 电位分布图及利用 VSMET 测得的不同活性点位置 Z 方向电位分布曲线。结果表明，电极表面垂向电位分布不仅与局部位点的电化学活性点有关，还与所用的微探针种类密切相关。比如对于 18-8 不锈钢在 $FeCl_3$ 溶液中的局部腐蚀过程，不同腐蚀活性点位置的 Z 方向电位分布曲线（E）存在明显的差异。且用 Ag/AgCl 玻璃毛细管微参比探针和用 Pt-Ir 微探针所测得的 Z 方向电位分布曲线明显不同。比较图 2.11 和图 2.12 可见，E 在阳极区表现为单调上升，在阴极区表现为单调下降；而当利用 Pt-Ir 探针测量时（图 2.12），

E 在腐蚀活性位位置表现为 V 型，E 在非活性点位置表现为单调下降。

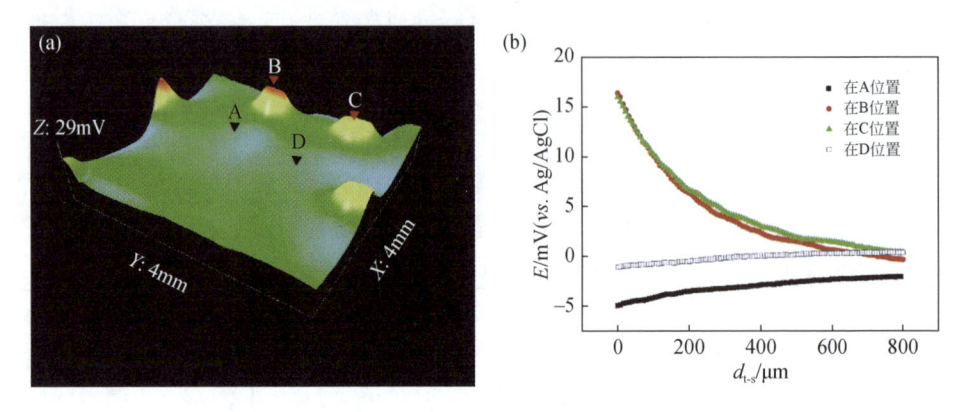

图 2.11 18-8 不锈钢在 10% $FeCl_3$ 溶液中三维电位分布图（a）和利用 Ag/AgCl 玻璃毛细管微参比探针测得不同活性点位置 Z 方向电位分布图（b）

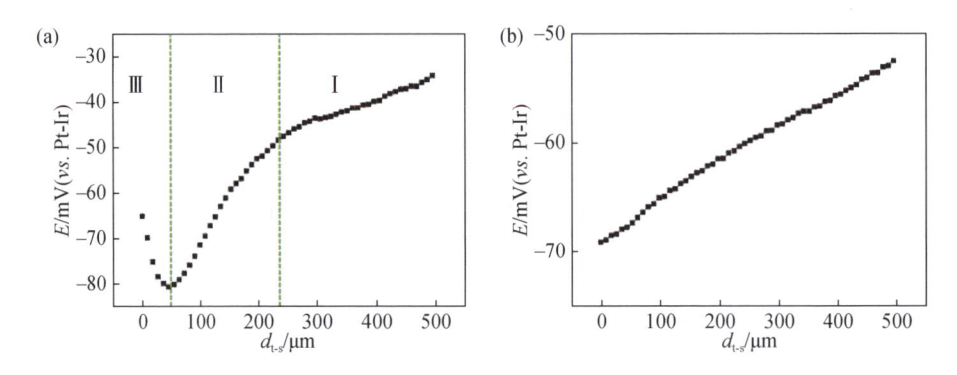

图 2.12 利用 Pt-Ir 微探针测得 18-8 不锈钢在 10% $FeCl_3$ 溶液中不同活性点位置 Z 方向电位分布图。（a）活性点；（b）非活性点位置

这是由于 Ag/AgCl 玻璃毛细管电极是非电化学活性的电极，作为扫描微探针时，其电位与溶液中氧化还原物质浓度分布无关，所测得的 E 差异主要归因于电极表面溶液中的电场分布差异而引起的电位差（E_{corr}）[34, 35]。因而，如图 2.11 所示的 Z 方向的电位 E 随 d_{t-s} 的变化主要归因于 E_{corr} 的变化。当局部腐蚀发生时，腐蚀电流从电极表面阳极区通过溶液流向阴极区，相应的电场方向也是从阳极区指向到阴极区。当扫描微探针分别靠近电极表面阳极区和阴极区时，由电极表面电场分布差异引起的电位差（E_{corr}）则呈现相反的变化趋势。在阳极区，d_{t-s} 减小将导致 E_{corr} 增大，进而导致 Ag/AgCl 玻璃毛细管微参比电极测得的 Z 方向电位随 d_{t-s} 减小而增大；相反，在阴极区，用 Ag/AgCl 玻璃毛细管微参比电极测得的 Z 方向电位将随 d_{t-s} 减小而下降。此外，在腐蚀活性点位置 Z 方向电位分布呈指数

型特征，即腐蚀电化学反应占主导；而在钝化区（非腐蚀活性点），Z 方向电位分布呈"钝性"变化。由此可见，E 随 d_{t-s} 的变化归因于电极表面不同位置的腐蚀电化学反应。

众所周知，对于 Pt-Ir 微探针等零类电极（如铂、金等）可用于指示溶液中存在的氧化态和还原态浓度的比值，而其他类电极（如金属与该离子组成的电极体系、金属与其难溶盐或络离子组成的电极体系、金属与两种具有共同阴离子的难溶盐或难离解的络离子组成电极体系）则只能指示特定离子的浓度。所以，当利用 Ag/AgCl 玻璃毛细管微参比电极为扫描微探针时，其电位不受溶液中氧化还原物质浓度的影响，其所测得的 E 差异主要归因于靠近电极表面溶液中电场线的分布差异[34, 35]。然而，当以 Pt-Ir 为扫描微探针时，可视为零类电极，溶液中的氧化还原物质浓度（如 Fe^{3+}/Fe^{2+}、O_2/H_2O）则可同时反映在电极电位测量值中。

对于不锈钢在 $FeCl_3$ 溶液中发生的局部腐蚀，其阳极和阴极区可能的反应可用以下半电池反应式（2-9）～式（2-12）表示：

阳极区/活性区域：

$$Fe \longrightarrow Fe^{2+} + 2e^- \tag{2-9}$$

阴极区/非活性区域：

$$Fe^{3+} + e^- \longrightarrow Fe^{2+} \tag{2-10}$$

$$1/4 O_2 + H^+ + e^- \longrightarrow 1/2 H_2O \tag{2-11}$$

$$H^+ + e^- \longrightarrow 1/2 H_2 \tag{2-12}$$

在 10%（质量分数）的 $FeCl_3$ 溶液中，Fe^{3+}/Fe^{2+} 为主要的氧化还原电对，相比之下，半反应（2-11）、（2-12）对溶液中氧化态和还原态浓度的比值所产生的影响可忽略。因此，以 Pt-Ir 作为扫描微探针时所测得的 E 可用如下式子表示：

$$E = E_{(Fe^{3+}/Fe^{2+})} + E_{corr} \tag{2-13}$$

其中，$E_{(Fe^{3+}/Fe^{2+})}$ 由下式决定：

$$E_{(Fe^{3+}/Fe^{2+})} = E^{\ominus} + 0.592 \lg([Fe^{3+}]/[Fe^{2+}]) \tag{2-14}$$

为方便描述，将 $E_{(Fe^{3+}/Fe^{2+})}$ 记为 E_{nernst}。当不锈钢在 $FeCl_3$ 溶液中发生局部腐蚀时，在阴极区将发生如半反应（2-10）所示的反应，Fe^{3+} 的还原将导致阴极区溶液界面处 Fe^{2+} 浓度逐渐增加。根据式（2-14）可知，探针越靠近电极表面，E_{nernst} 将变得越小，从而 E_{nernst} 在阴极区表现为随 d_{t-s} 减小呈单调递减的趋势。相反，在腐蚀活性区域因发生如半反应（2-9）所示的反应而产生较多的 Fe^{2+}，当扫描探针足够靠近电极表面时，Fe^{2+} 快速增加，从而导致 E_{nernst} 快速下降。

而对于因金属电极表面电场分布差异所引起的电位差（E_{corr}），在靠近电极表面的阳极区和阴极区则呈现相反的变化趋势。在阳极区，d_{t-s} 减小将导致 E_{corr} 增大；而在阴极区，d_{t-s} 减小将导致 E_{corr} 降低。同时，在局部腐蚀发生时，往往阴极区面积要远远大于阳极区面积，相应地，阳极区的电流密度、电场强度及其所形成的电位差（E_{corr}）也远大于阴极区[29]。因此，随着 d_{t-s} 的减小，E_{corr} 在阳极区的变化量也将明显大于在阴极区。

总而言之，当利用 Pt-Ir 作为扫描微探针时，实验中所测得的电位 E 是 E_{corr} 和 E_{nernst} 两部分数值之和。在非活性区域，E_{corr} 和 E_{nernst} 随探针逼近电极表面而逐渐下降，相应地，E 表现出如图 2.11（b）所示的 Z 方向电位分布曲线。然而，在腐蚀活性点时，由于随着探针逼近电极表面 E_{corr} 和 E_{nernst} 表现为相反方向的变化，使得 E 随 d_{t-s} 的变化关系变得较为复杂［如图 2.12（a）］。在区域Ⅰ，E 随着 d_{t-s} 的减小而缓慢下降；随着 d_{t-s} 进一步减小，当探针进入区域Ⅱ时，E 迅速负移；当探针足够靠近电极表面时（区域Ⅲ），E 随 d_{t-s} 的变化关系将与 E_{corr} 一致，即随着 d_{t-s} 减小而快速上升。可见，在 d_{t-s} 变化过程，影响 E 的 E_{corr} 和 E_{nernst} 两部分是交替占主导作用的[41-44]。

在一定程度上，构成 E 的 E_{nernst} 和 E_{corr} 两部分可分别看成是长程和短程作用因素。在区域Ⅰ和Ⅱ时，来自于 Fe^{3+}/Fe^{2+} 的影响即 E_{nernst} 占主导因素。在区域Ⅲ，则来自于局部电场的贡献 E_{corr} 成为控制因素。在区域Ⅱ和区域Ⅲ之间，是一种混合控制的状态，导致在 Z 电位分布曲线出现一个 V 型的转折点。

2.2.5 局部电场对 VSMET 电位分布的影响

为了考察电场对电极垂直（Z 方向）电位分布的影响作用，可通过控制局部电流密度的方式，模拟调控局部电场大小，然后监测 Z 方向电位分布曲线随外加电流的变化。图 2.13 为用于研究局部电场对电极 Z 方向电位分布影响的实验示意图，即在不锈钢试样表面钻 1mm 左右直径的孔，孔中放入直径为 500μm 的铂丝，铂丝的周围用环氧树脂包封以使其与基底绝缘。进行实验前，制备好的电极须经过抛光超声清洗等处理。实验过程中，电解液为 0.001mol/L NaCl 溶液，以铂丝为阳极，不锈钢为阴极，通过施加不同大小的电流模拟电场变化[30]，并通过 SMET/STM 联用系统的 SMET 模块测试不同模拟电场下铂丝表面 Z 方向电位分布曲线。

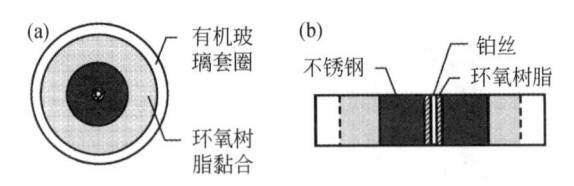

图 2.13 模拟体系样品制备示意图：（a）俯视图；（b）侧视图[31]

图 2.14 为利用 Ag/AgCl 玻璃毛细管微参比电极在模拟体系中测得的随外加电流变化的 Z 方向电位分布曲线。当 Pt 丝与不锈钢之间未施加电流时，在阳极（Pt

丝）或阴极（不锈钢）位置 Z 方向的电位随 d_{t-s} 减小而下降。当在阳极与阴极区之间施加 0.5μA 电流时，阳极区的 Z 方向电位分布曲线发生翻转，即随着探针尖端越靠近电极表面，阳极区 Z 方向电位分布曲线从原未施加电流时的单调递减转变为单调递增，在所测距离范围内 Z 方向的电位差达到 2mV 左右；而在阴极区 Z 方向的电位随 d_{t-s} 减小而单调下降。随着所施加电流的进一步增加，当电流达到 1μA 时，阳极区 Z 方向各位点电位进一步增加，Z 方向的电位差快速增加到 6mV，而在阴极区 Z 方向电位分布曲线未表现出明显的变化。

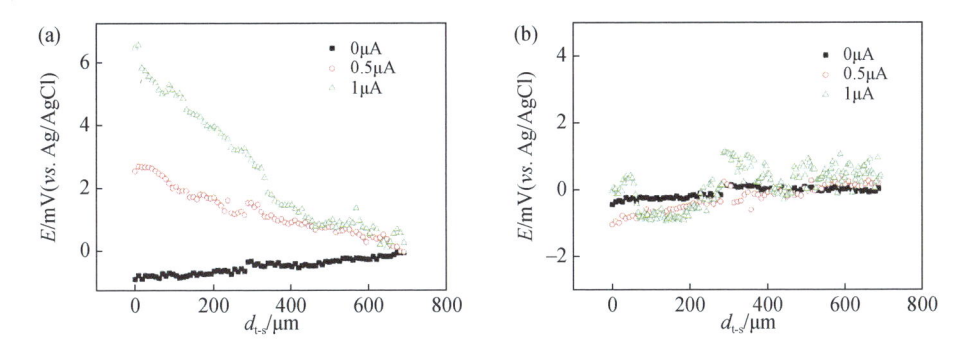

图 2.14 利用 Ag/AgCl 玻璃毛细管微参比电极测得在（a）Pt 丝和（b）不锈钢表面位置的 Z 方向电位分布曲线随施加电流的变化关系

图 2.15 为利用 Pt-Ir 微探针在上述模拟体系中测得的随施加电流变化的 Z 方向电位分布曲线。从图可见，当扫描探针为 Pt-Ir 微电极时，阳极区或阴极区随施加电流变化的 Z 方向电位分布曲线与图 2.14 类似。当在阳极与阴极区之间施加电流时，随着探针靠近电极表面，阳极区 Z 方向的电位呈单调递增趋势，而在阴极区 Z 方向上的电位则随 d_{t-s} 减小而减小。

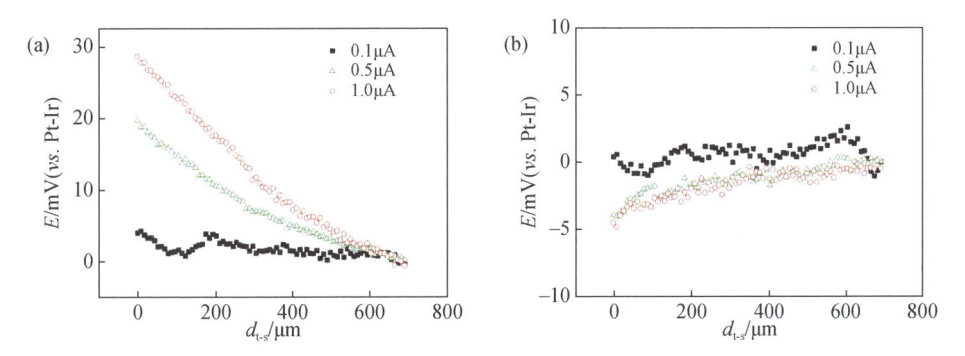

图 2.15 利用 Pt-Ir 微电极测得在（a）Pt 丝和（b）不锈钢表面位置的 Z 方向电位分布曲线随加电流的变化关系

同时，对比图 2.14 和图 2.15，可看出在施加同样大小的电流密度下，利用 Pt-Ir 探针所测得的 Z 方向电位差要大于用 Ag/AgCl 玻璃毛细管微参比探针测得的电位差。这可能是因为，Pt-Ir 探针尖端尺寸通常远小于 Ag/AgCl 玻璃毛细管微参比探针的尺寸，Pt-Ir 探针的电化学响应也优于玻璃毛细管探针。

2.2.6 VSMET 的应用

可利用 VSMET 技术监测腐蚀活性变化[34, 35]。图 2.16 是 18-8 不锈钢在 10% FeCl₃ 溶液中分别浸泡 10min、30min、60min、90min、150min、210min 时，在腐蚀活性点和腐蚀非活性点位置的 Z 方向电位分布曲线。从图中可看出，在不同的浸泡时间下，Z 方向的电位分布曲线的形状基本保持一致，即在活性点位置均表现为 V 型曲线，而在非活性点位置则表现为单调下降的曲线。但随着局部腐蚀发展过程，Z 方向电位分布曲线整体不断上移，意味着扫描电极与参比电极的电位差绝对值变得越来越小。这是由于当以 Pt-Ir 为扫描微探针时，可视为零类电极，溶液中的氧化还原物质含量（如 Fe^{3+}/Fe^{2+}、O_2/H_2O）将同时反映在电极电位测量值上。即在图 2.16 中，随着浸泡时间的增加，Z 方向电位分布曲线整体不断上移可归因于随着反应的进行，溶液中的氧化态离子 Fe^{3+} 变得越来越少，导致扫描电极与参比电极的电位测量值差异变得越来越小。

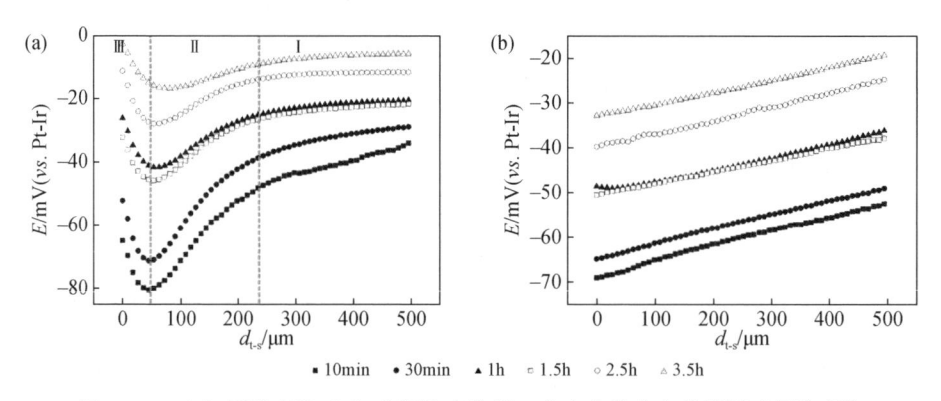

图 2.16 （a）活性点和（b）非活性点位置 Z 方向电位分布曲线随时间的变化

图 2.17 是 18-8 不锈钢在 10% FeCl₃ 溶液中分别浸泡 10min、30min、60min、90min、150min、210min 时，电极表面电位分布三维图。从图可见，不锈钢电极表面的局部腐蚀电位峰随浸泡时间而变化，且在相同浸泡时间下，各个活性点的电位峰变化趋势不尽相同。以 A 活性点为例，随着浸泡时间的增加，其腐蚀活性先是增大，直到浸泡时间达到 90 min 后，其腐蚀活性呈下降趋势，这与 VSMET 跟踪监测腐蚀活性变化获得的 Z 方向电位分布曲线变化是一致的。

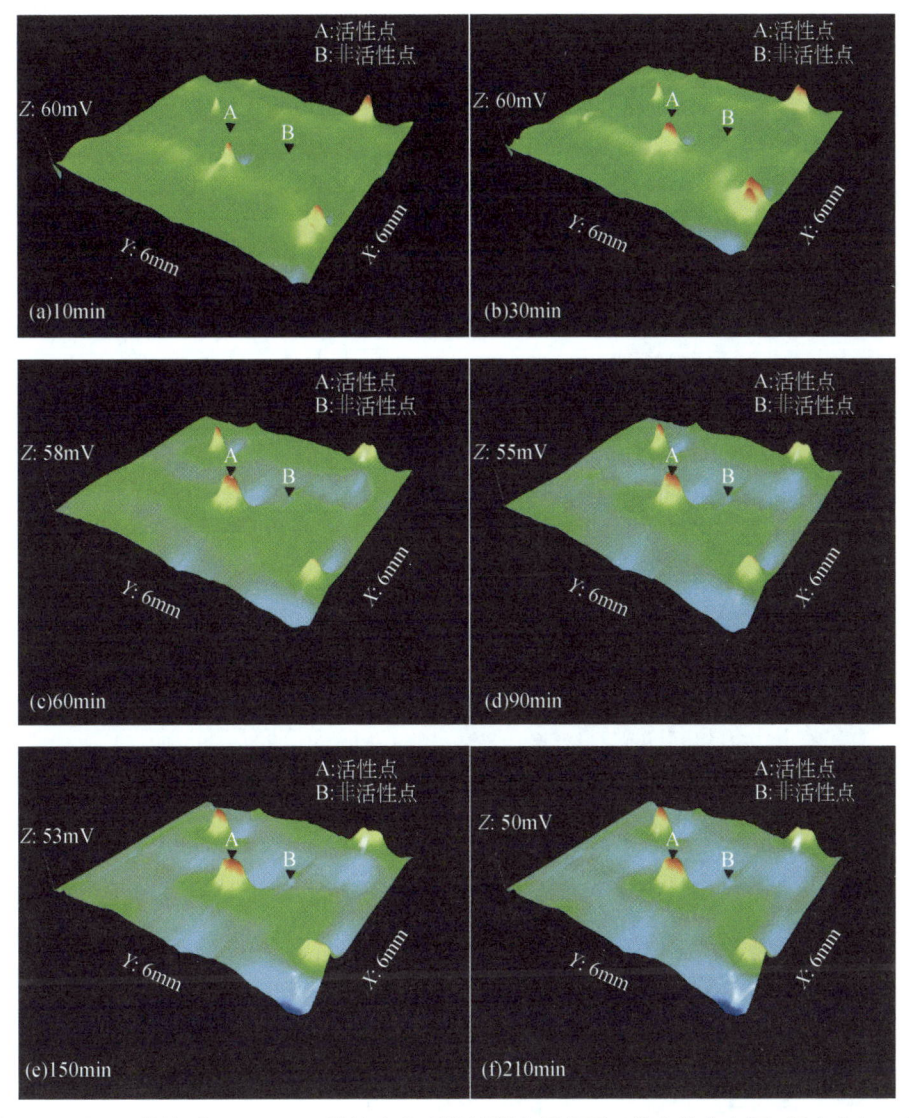

图 2.17 18-8 不锈钢在 10% FeCl$_3$ 溶液中点腐蚀过程电极表面三维电位分布图,图中(a)~(f)分别为样品在溶液中浸泡 10min、30min、60min、90min、150min 及 210min 表面电位分布图像

图 2.18 是采用改进型 Ag/AgCl 玻璃毛细管微参比电极测得 18-8 不锈钢在 10% FeCl$_3$ 溶液中随时间而变化的三维电位分布图和不同活性点位置的垂直电位分布图。其中浸泡 30 min 后电极表面的三维电位分布图以及在不同活性点（A、B、C 点）位置的 Z 方向电位分布图如图 2.18（a）和（b）所示。从图中可明显看出，在 C 活性点位置，Z 方向电位随着探针尖端逼近电极表面，先是缓慢上升，然后再较快速上升。而在非活性点位置（A、B 点），随着探针逼近电极表面，Z 电位

呈单调递减趋势。

随着浸泡时间的增加，当时间达到 60min 时，18-8 不锈钢电极表面的电位分布如图 2.18（c）所示，可发现原来非腐蚀活性点 A 位置显现出一个弱的腐蚀电位峰，而 B、C 点的腐蚀状态未发生明显变化。图 2.18（d）是相应腐蚀状态下各点的 Z 方向电位分布图。通过与浸泡 30 min 的样品 Z 方向电位分布图［图 2.18（b）］比较分析可知：腐蚀活性状态未发生变化的 B、C 点位置的 Z 方向电位分布曲线也未发生明显变化，即在腐蚀活性点 C 位置的 Z 方向电位仍表现为随着 $d_{t\text{-}s}$ 减小而上升，在非腐蚀活性点 B 位置的 Z 方向电位仍表现为随着 $d_{t\text{-}s}$ 减小而下降。但需要指出的是，随着 A 位置从非活性点转变为微弱的腐蚀活性点时，其 Z 方向电位分布曲线也表现出相应的变化，即随着 $d_{t\text{-}s}$ 减小，Z 方向上的电位不再表现出单调的下降关系，而是在探针靠近电极表面时微微上升。

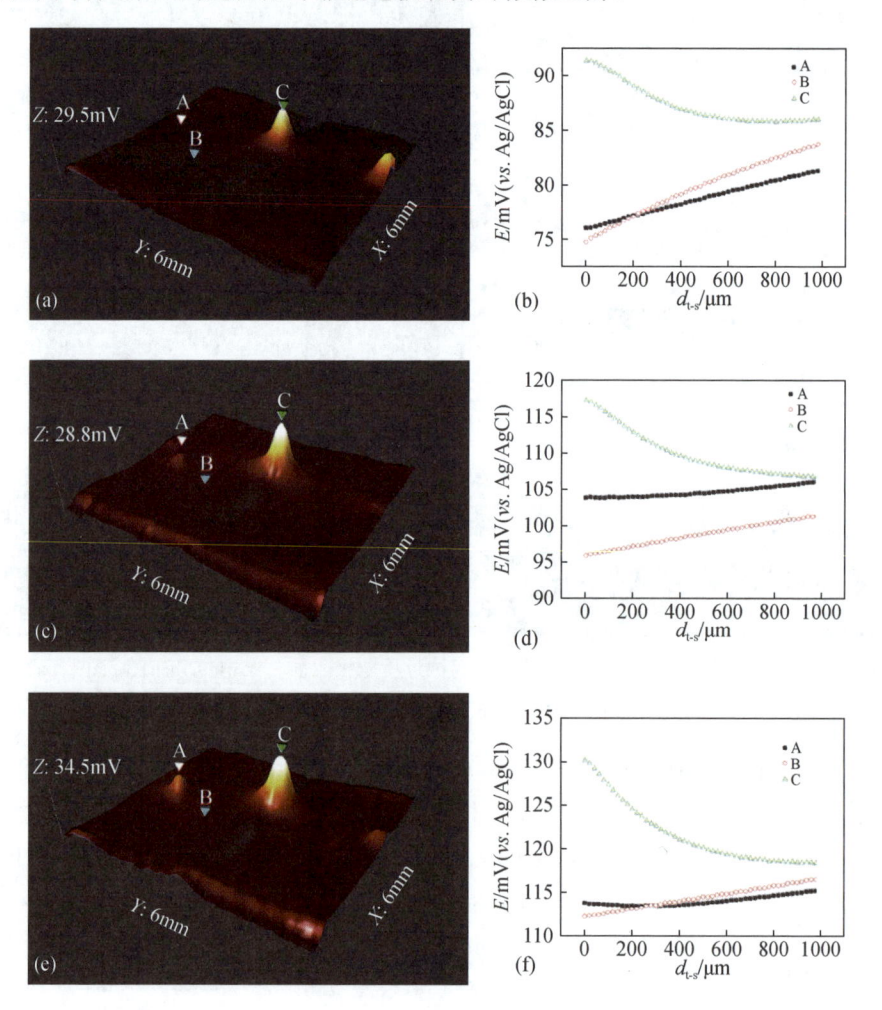

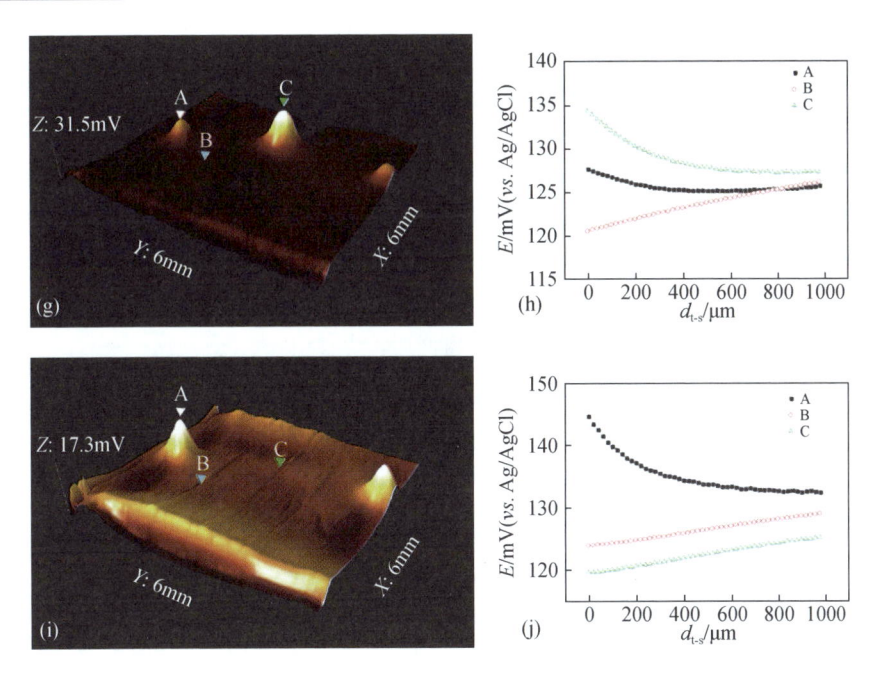

图 2.18　18-8 不锈钢在 10% FeCl₃ 溶液中随时间变化的三维电位分布图（左）及对应的不同活性点位置的 Z 方向电位分布图（右）。其中图（a）、（c）、（e）、（g）、（i）分别为样品浸泡溶液 30min、60min、90min、120min、180min 时表面三维电位分布图，图（b）、（d）、（f）、（h）、（j）分别对应图（a）、（c）、（e）、（g）、（i）的不同位点 Z 方向电位分布图

图 2.18（e）～（h）分别为不锈钢在 10% FeCl₃ 溶液中浸泡达 90min、120min 时电极表面的三维电位分布图及对应的各位点 Z 方向电位分布曲线。从图中可看出，随着浸泡时间的增加，各个位点的腐蚀状态虽未发生明显的变化，但 A、C 点的腐蚀行为已发生变化，其电位峰变得越来越明显。相应地，从图 2.18（f）、（h）可以看出，随着 Ag/AgCl 玻璃毛细管微参比探针尖端靠近电极表面，在腐蚀活性点 A、C 位置的电位上升的数值相较于图 2.18（d）也明显增加。

随着浸泡时间的进一步增加达到 180min 时，电极表面的电位分布如图 2.18（i）所示，可发现原腐蚀活性点 C 的腐蚀活性消失，而 A 点的腐蚀活性继续增强。图 2.18（j）为对应状态下各点的垂直电位分布图。可看出，当 C 点的腐蚀活性消失时，其 Z 方向的电位分布曲线即发生反转；而当 A 点的腐蚀活性增强时，其 Z 方向的电位分布曲线上升的数值相较于图 2.18（h）明显增加，而其他腐蚀活性未变化的位点 Z 方向电位分布曲线则基本保持不变。

自 STM、AFM、SECM 之后，1989 年，Hansma 等发明了一种专门用于非接触研究非导体样品的新型 SPM 技术——扫描离子电导显微术（scanning ion conductance microscopy，SICM）[45]。该技术使用亚微米/纳米直径的玻璃或石英毛细管作为探针,当探针在贴近样品表面扫描时,通过实时记录管内电极和电解池中参比电极间电导的变化,可实现对待测样品表面形貌等的表征。早期的 SICM 主要适用于较平坦样品的扫描成像。1997 年和 2001 年,Korchev 等和 Shevchuk 等分别开发了距离控制模式[46]和调制模式[47],实现了 SICM 对细胞等形貌不规则样品的实时成像和长期连续观察。之后,为进一步表征表面粗糙的样品,2009 年 Novak 等进一步发明了跳跃模式[48],实现了对高纵横比样品的表征。由于采用微/纳米尺寸毛细管探针,SICM 具有微/纳米空间分辨率,可在水溶液或有机溶液中原位表征各种材料和生物体系的表面形貌和多种特性[49-53]。

2.3 扫描离子电导显微术(SICM)

2.3.1 工作原理和工作模式

1. 工作原理

SICM 实验前,向 SICM 探针玻璃或石英毛细管中灌注电解质溶液并插入一根银/氯化银(Ag/AgCl)电极,在含待测样品的同一电解质溶液中插入另一根 Ag/AgCl 电极。实验时,在两根 Ag/AgCl 电极之间施加一定电压后,产生通过探针尖端的离子电流(I),通过记录该电流值并作为反馈信号控制压电陶瓷,保证扫描过程中探针与样品间的距离恒定。通过计算机采集分析扫描过程中产生的离子电流数据,间接得到样品表面形貌图像和其他信息等。

具体的 SICM 工作原理如图 2.19:两根 Ag/AgCl 电极施加一定电压(U)后,产生通过玻璃管探针尖端的离子电流(I),其大小由外加电压 U 决定,并与玻璃管探针总电阻(R_T)、玻璃管探针电阻(R_P)和尖端电阻 R_{ac} 有关 [式(2-15)][49]。

$$I(d) = \frac{U}{R_T} = \frac{U}{R_P + R_{ac}} \approx I_{MAX}\left(1 + \frac{1.5\ln\left(\frac{r_o}{r_i}\right) \cdot r_p \cdot r_i}{b \cdot d}\right)^{-1} \quad (2\text{-}15)$$

其中,r_o 是玻璃管探针尖端开口的外半径,r_i 是玻璃管探针开口尖端的内半径,r_p 是玻璃管主体部分的内半径,b 是探针长度,d 是探针与样品表面间的距离。当 d 比较大时(即探针尖端离样品表面距离较远时),只需考虑玻璃管探针的电阻,此时探针的离子电流具有最大值 I_{MAX} [式(2-16)]。

$$I_{MAX} = \frac{U}{R_P} \quad (2\text{-}16)$$

玻璃管电阻 R_P 和尖端电阻 R_{ac} 分别由式(2-17)和式(2-18)表示。

$$R_{\mathrm{P}} = \frac{b}{\kappa \cdot \pi \cdot r_{\mathrm{p}} \cdot r_{\mathrm{i}}} \tag{2-17}$$

$$R_{\mathrm{ac}} \approx \frac{1.5\ln\left(\dfrac{r_{\mathrm{o}}}{r_{\mathrm{i}}}\right)}{\kappa \cdot \pi \cdot d} \tag{2-18}$$

其中，κ 是在玻璃管中溶液的电导率。根据式（2-17），当玻璃管具有相同的几何形状且玻璃管中溶液不变时（即 κ、π、r_{p}、r_{i} 均为定值时），玻璃管电阻 R_{P} 为恒定值，此时探针-样品间通过探针尖端的电阻 R_{ac} 受探针与样品之间距离 d 的影响。

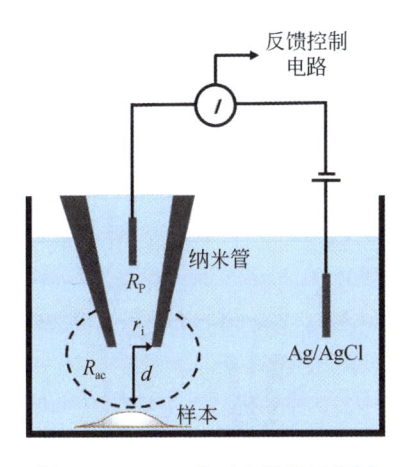

图 2.19 SICM 的工作原理示意图

SICM 实验开始时，首先通过记录探针的离子电流 I 和探针-样品间距离 d 关系的渐进曲线，将探针移到接近样品表面的位置。根据式（2-18），当玻璃管离样品表面较远时（即 d 较大时），R_{ac} 值较小，此时离子电流达到最大值 I_{MAX}；当玻璃管逐渐接近样品表面时（即探针渐进时），由于玻璃管非常接近样品表面，使探针表面的离子电流被样品表面阻碍，根据式（2-15），R_{ac} 逐渐增大，离子电流迅速下降。因此，基于探针离子电流的变化值，系统中的压电陶瓷通过反馈作用控制探针-样品间的距离，再通过反馈环路控制玻璃管何时停止渐进（一般为距离玻璃管尖端内半径的位置处停止渐进）。选择合适的参数进入工作区后，玻璃管在样品表面进行 X、Y 方向的平面扫描，进一步通过控制玻璃管距离样品表面垂直方向（即 Z 方向）的离子电流值，使玻璃管在靠近样品表面相等的一定距离内随样品表面的高低起伏运动，进行对样品表面的非接触扫描，由记录的离子电流获得样品表面的三维图像等。类似于其他 SPM 技术，SICM 的空间分辨率也由其探针内径决定。一般常用的 SICM 探针内径在 30~100nm 之间，其空间分辨率也在几十到 100nm。

2. 工作模式

SICM 的工作模式包括直流模式、调制模式、跳跃模式、脉冲模式和混合模式等[50]。下面介绍直流模式、调制模式、跳跃模式这三种主要的工作模式。

1）直流模式

最早使用的 SICM 工作模式是直流模式[45]。如图 2.20（a），在两个 Ag/AgCl 电极间施加恒定电压时，检测回路中产生的离子电流。该模式下，当探针尖端与样品间距离接近玻璃管尖端的内半径时，探针尖端扩散层的缩小限制了离子进出探针，离子电流减小，探针停止渐进。因此，直流模式是通过持续监测流经玻璃管探针间的离子电流来调整 Z 方向上探针-样品间距，由探针扫描的轨迹得到样品表面形貌的工作模式。作为最早发明的 SICM 工作模式，直流模式在使用时为防止探针与样品表面碰撞，探针与样品间需要保持在相对安全的距离范围内，这对 SICM 的成像灵敏度和图像分辨率有所影响。因此，直流模式已逐渐被之后发展的调制模式和跳跃模式所取代。

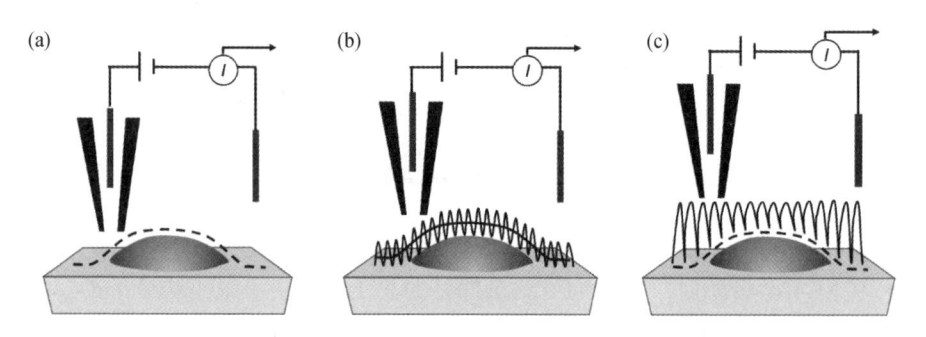

图 2.20 SICM 的主要三种工作模式。(a) 直流模式；(b) 调制模式；(c) 跳跃模式

2）调制模式

为解决直流模式存在的问题，利用调制电流进行反馈控制的技术，Shevchuk 等发明了调制模式[47]。如图 2.20（b），调制模式把一个高频低幅的周期性电压施加到反馈控制系统中的探针上，使探针在垂直方向上进行高频运动，产生调制电流 I_{MOD}。I_{MOD} 传送信号给扫描控制器以控制探针离样品的高度。由于调制电流只受距离变化而不受其他任何非距离因素的影响，因此该模式可很好地控制探针-样品间距。并且，调制模式还具有高灵敏度、小电流漂移及高扫描分辨率等优点。之后，研究者们又相继发展了 SICM 的偏压调制[54]、相位调制和电容补偿相位调制模式[55]。例如，Unwin 课题组发展了 SICM 的偏压调制模式[54]。他们在 SICM 纳米管探针中的准参比电极和本体溶液中的第二个准参比电极之间施加振荡偏压，以产生反馈信号控制纳米管末端和待测样品表面之间的距离。振荡偏压感应

并使用相敏检测器提取的振荡离子电流的振幅和相位都对探针-样品表面距离敏感,并可用于提供稳定的反馈信号。该方法消除了传统 SICM 模式由物理振荡探针产生振荡离子电流反馈信号的需要,并且偏压调制模式允许反馈在没有任何净离子电流情况下产生的信号,确保准参比电极的极化、电渗效应和支持电解质成分的扰动最小化。

3)跳跃模式

为表征表面起伏较大的样品,Novak 等发明了跳跃模式[48]。如图 2.20(c),跳跃模式首先将距离样品区域上方较远处作为起始点,以探针远离样品表面的电流值作为参比电流,然后探针渐进样品,直到反馈电流减小到参比电流的 0.25%~1%,将此时的 Z 值记录为样品的高度值,随后探针被撤回到开始设定的起始高度,水平移动到下一个成像点,重复上述步骤,完成扫描。相对于前两种工作模式,跳跃模式上下移动探针,在扫描起伏较大样品表面具有优势[56,57]。但由于探针接近样品和从样品表面撤回需要更多时间,跳跃模式扫描样品花费的时间也比前两种模式长,因此不利于捕捉样品表面的快速变化。之后,为加快跳跃模式的图像采集速率,可首先在低分辨率下成像来确定样品表面的大致粗糙度和复杂性,对于不感兴趣的样品区域可减少成像点并选择合适的探针撤回距离,也可根据样品粗糙度调整以加快图像采集速率。

另外,脉冲模式和混合模式也被发展用于 SICM 实验中[50]。其中,脉冲模式为长期测量而设计的扫描模式提供了一种新的方法避免对样品接触成像,但存在减慢扫描速度的问题[58-60];混合模式可实现 SICM 的高分辨和快速扫描图像重建,但需要实验中额外校准样品的地形高度[61]。

2.3.2 仪器组成

SICM 仪器系统主要由电化学池(含毛细管中的参比电极和外溶液中的参比电极、电解质溶液、待测样品)、压电陶瓷控制器(位置控制系统)、电流放大器和计算机四部分组成(图 2.21)。其中,电化学池中由亚微米/纳米玻璃或石英毛细管作 SICM 的扫描探针,压电陶瓷控制器作为探针扫描和精确定位的控制装置,电流放大器用于对探针检测到的微弱离子电流(一般在 pA~nA 级)采集并放大,计算机及控制卡负责向压电陶瓷控制器发送扫描命令并采集和分析扫描到的数据。有时,为观察探针尖端与样品之间的位置和距离,在样品底部或侧面也可配置光学显微镜或镜头。

近些年,研究者们又发展了基于双通道毛细管的双相-SICM(biphasic-SICM)[62]、快速 SICM 扫描[63,64]及各种联用技术[如电化学阻抗(EIS)-SICM[65]、AFM-SICM、SECM-SICM、膜片钳-SICM 联合[50]等。

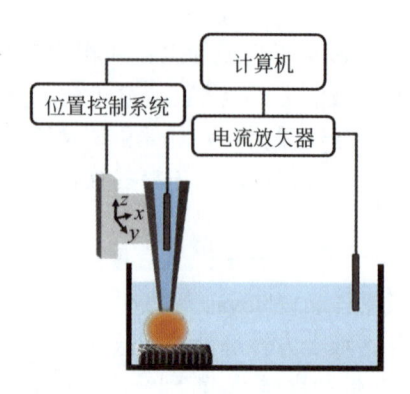

图 2.21　SICM 的仪器组成示意图

2.3.3　SICM 应用

基于 SICM 的玻璃/石英毛细管材料本身的化学特性和微纳米高空间分辨率、非接触原位表征等优点，SICM 被广泛用于各种材料及其表界面过程、催化反应、生物样品等研究中，同时也可作为表面图案化和物质递送的工具。接下来，主要介绍 SICM 在各种界面过程等的研究应用，其在生物体系的表征应用在第 7 章中介绍。

1. 膜和纳米孔的表征

自 SICM 被发明以来，首先被用于各种膜和孔的研究中。例如，Proksch 等将轻敲模式 AFM 和 SICM 技术相联合，以一个弯曲的玻璃毛细管同时作为 AFM 的力传感器和 SICM 的电导探针，基于对离子溶液中合成膜表面形貌和离子电导的敏感性，实现了对合成膜表面形貌的成像。并且由于弯曲的玻璃毛细管具有较小的侧向力，AFM-SICM 联合技术对合成膜的形貌表征具有比传统 AFM 更高的成像对比度和更小的样品损伤[66]。之后，Baker 课题组应用 SICM 研究了聚合物膜纳米孔中产生的离子流。他们通过在一个扩散池的上、下腔室间引入离子浓度差，在单个纳米孔上产生局部离子电流，通过同时记录纳米孔离子电流图像和形貌图像测量了单个孔的离子传输活性，并应用戈德曼-霍奇金-卡茨理论模拟了浓度和电位梯度下通过可透膜的离子电流，证实了 SICM 测量纳米尺度传输过程的可行性［图 2.22 (a)］[67]。Schaffer 课题组应用 SICM 对悬浮在高度有序多孔硅孔中的纳米黑色脂质膜（black lipid membranes，BLMs）的形貌进行了数小时的稳定成像，并观察到了膜展开和收缩的动态过程。SICM 方法相对于传统 AFM 表征方法可避免由于 AFM 探针对膜的机械接触造成膜的破坏，证实 SICM 适用于软的悬浮膜的无接触成像［图 2.22 (b)］[68]。之后，Baker 课题组应用三电极 SICM 研究了单个纳米孔的电流-电压特性，并系统研究了离子迁移对单个纳米孔附近测量电流大小的影响。该研究中用等效电路模型解释由 SICM 探针检测到的电流-电压响应显示出的空间分布。另外,通过比较记录的单个纳米孔的电流-电压响应特性,可将不同几何形状的纳米孔彼此区分[图 2.22 (c)][69]。除了测量单个纳米孔的离子传输外,他们进一步应用 SECM-SICM 联合技术实现了对轨道刻蚀膜(track-etch membrane)的纳米孔中氧化还原分子传输的测量。他们以纳米玻璃管一侧沉积薄金层和玻璃管组成 SECM-SICM 的混合探针电极,在图像采集时,在纳米管处测量的离子电流控制相对于膜表面的电极,并指示纳米管附近的局部电导;在金电极处测量的法拉第电流指示氧化还原活性分子的存在,并通过跨膜电位差控制带电物种的跨膜迁移,实现了对轨道刻蚀膜的单个孔发出的氧化还原活性分子的传输测量[70]。

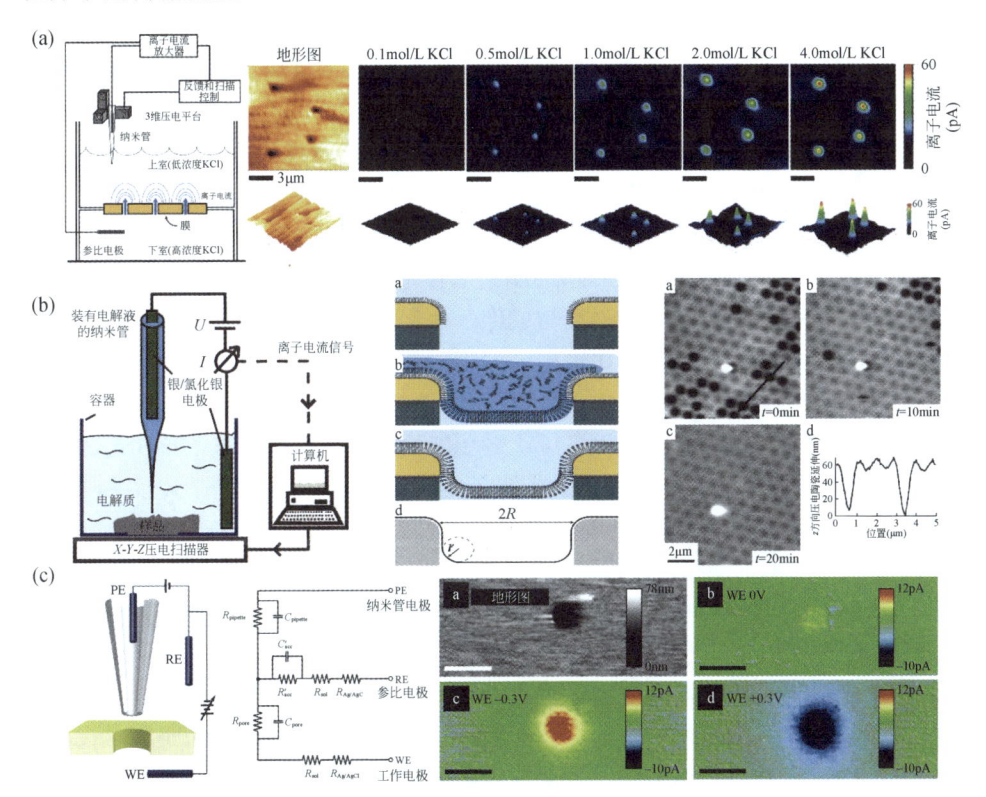

图 2.22 SICM 在膜和纳米孔的研究应用代表。(a) 应用 SICM 研究不同电解质浓度下聚合物膜纳米孔中产生的离子流[67];(b) 应用 SICM 对悬浮在多孔硅孔中的纳米黑色脂质膜形貌的成像[68];(c) 应用三电极 SICM 研究单个纳米孔的电流-电压响应特性[69]

近些年,SICM 在膜和孔的应用研究还进一步拓展到 Nafion 膜的降解过程[71]和 Nafion 不对称修饰氮化硅膜的单个纳米孔[72]、氧化石墨烯膜的电荷存储[73]、层层自主装膜厚度和表面粗糙度[74]、膜片钳离子通道探针[75]等的研究中。

2. 表面电荷的表征

在各类储能器件和电极材料中，材料的表面电荷直接影响其性能。但从微纳观尺度测量材料表面的局部电荷一直是个难题。由于纳米玻璃管本身的组成及尺寸，其电学特性易受溶液中的电解质浓度、材料表面电荷等双电层、离子整流[76, 77]等现象的影响，因此纳米玻璃管这些特性可被用于定性和定量测量各种材料的表面电荷及其分布中。例如，Baker 课题组[78]报道了通过记录依赖于纳米管尖端-样品表面距离的离子电流整流比率，进而测量纳米移液管尖端附近区域的材料表面电荷的新方法。在他们的研究中，将玻璃纳米管移至带电荷的样品表面数十至数百纳米距离内时，通过测量玻璃纳米管的离子电流整流，可区分带正、负电荷和不带电荷的材料表面。该方法具有非侵入性、非接触式测量的优点，可用于异质材料和生物样品表面电荷的测量和绘图中[图 2.23（a）]。之后，他们进一步通过有限元方法模拟了纳米玻璃管-基底不同距离下玻璃管的离子分布和电流-电压响应，证实带电荷基底和纳米玻璃管之间的静电作用主导了通过纳米玻璃管的离子的电泳传输[79]，并研究了溶液中电解质浓度和扫描电位对化学改性的表面电荷测量的影响[80]。Unwin 课题组[54]以玻璃纳米管做 SICM 探针，应用 SICM 实现了对材料表面电荷和形貌的同时表征与成像。他们通过在纳米管探针中的准参比电极和本体溶液中的第二个准参比电极之间施加偏压，由于纳米管和材料表面的扩散双层相互作用，产生了一个在低离子强度（10mM，1mM=1mmol·L^{-1}）下变得越来越重要的选择性区域。在该区域，偏压的变化导致极性相关的离子电流和材料表面诱导的整流现象，进而导致直流离子电流对材料表面电荷敏感，实现了对材料表面电荷的表征 [图 2.23（b）]。该工作实现了纳米玻璃管在材料表面特性成像中的应用，也可用于细胞和材料等的表面电荷表征。他们课题组还发展了偏压调制（bias modulated）的 SICM 方案，可更好地实现材料表面形貌和电荷的同时、精准表征[81]。王登超团队进一步应用实验和模拟方法，研究了带电荷基底附近玻璃纳米管中的不对称离子传输过程，并将表面电荷和几何参数与产生的离子电流相关联。他们发现，对于带负电荷的基底和玻璃纳米管，在高导电状态下显示出正反馈响应，并且它们对施加的电压和表面电荷敏感。而在低电导率状态下，负反馈响应在很大程度上与实验条件无关。该研究阐明和量化了不对称离子传输对 SICM 在接近材料表面电荷表征时的更准确测量和分析[82]。目前，SICM 作为测量样品表面微区电荷的强有力工具被广泛用于各类材料和生物样品的表面电荷表征中，如表征碳基电催化剂表面的缺陷电荷、黏土表面电荷 [图 2.23（c）][83]、生物样品 [如细菌[84]、脂肪细胞[85]、玉米根毛（图 2.23（d））[85]、头发[86]] 的表面电荷等。

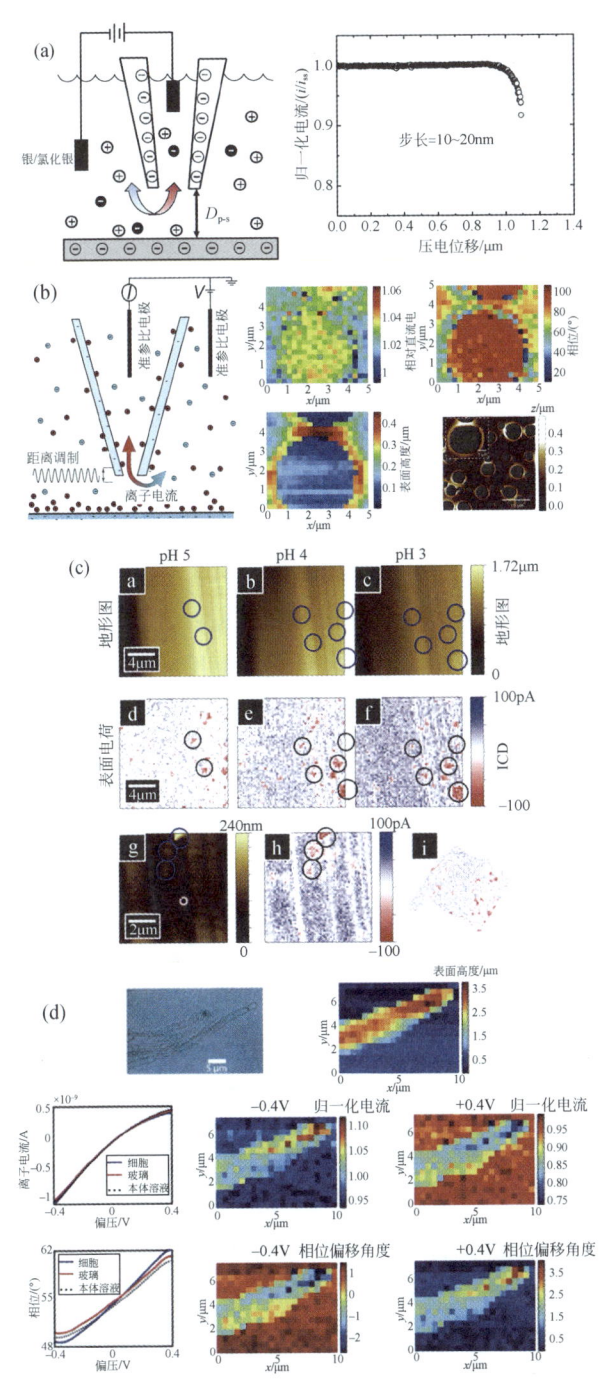

图 2.23 SICM 用于样品表面电荷表征的应用代表。(a)基于纳米玻璃管尖端-样品表面距离的离子整流比率的材料表面电荷材料方法[78];(b)基于在纳米玻璃管施加偏压的离子整流的材料表面电荷表征方法[54];SICM 用于(c)黏土表面[83]和(d)玉米根毛[85]的表面电荷表征的例子

3. 界面反应过程研究

从微纳米尺度探究电活性界面的不均匀性对其性质和功能的影响对各种能量转换技术（如燃料电池、电解、电池和催化系统等）的开发和优化具有重要作用。电化学成像技术可为界面表面结构、组分和其功能相关界面反应过程信息的收集提供有力手段。SICM 及 SICM-SECM 联用技术已被广泛用于各种能源电池材料和界面催化反应过程研究中。

1) 电催化活性研究

近些年，针对各种纳米材料的研究快速发展，纳米材料被用作能量转换过程和器件的催化剂。从微纳观尺度原位研究纳米材料的组成和其催化性能之间的关系对改进和优化纳米催化剂的设计具有重要指导意义。例如，O'Connell 等以 θ 双通道毛细管（直径在 50nm~1μm 范围内）为探针，联合 SECM-SICM 技术，实现了对铂纳米颗粒对氧气还原反应电催化特性的原位表征，空间分辨率达 100~150nm。该工作中，他们以 θ 双通道中一个通道为 SICM 电极，另一个通道以铂纳米粒子修饰的固体碳电极为 SECM 电极，应用反馈和氧气还原竞争模式，同时得到了单个铂纳米颗粒的表面形貌和对氧气还原反应的电催化活性信息。他们的研究证明具有高分辨率的 SECM-SICM 在纳米材料体系和低电流安培成像中的应用，并在单粒子水平上向定量测量电动力学迈出了一步 [图 2.24 (a)][87]。之后，他们又应用类似的研究体系，采用 SICM 基底产生-探针收集模式对单个金纳米颗粒对氧气还原电催化过程中 H_2O_2 的生成进行了电化学成像[88]。

Unwin 课题组发展了距离调制和调谐偏置两种 SICM 新策略，实现了应用单通道玻璃毛细管探针对待测样品形貌和活性的同时表征。在他们的研究中，当纳米玻璃毛细管探针接近活性位点时，其内部的离子电导发生变化，活性位点的离子组成与本体溶液中的离子组成不同，可通过施加偏压的玻璃毛细管中的电流来感测。距离调制的 SICM 策略允许使用产生的交流电流响应进行合理可靠的探针定位。另外，该研究还发展了 SICM 快速扫描技术，实现了电极上电催化反应伏安图和每图像帧接近 4 秒的高速电化学成像，得到了具有数百帧（图像）表面反应性的电流作为电势函数的"电影"，揭示了有关电位（和时间）电化学现象丰富的空间信息 [图 2.24 (b)][89]。另外，对单个纳米颗粒电催化反应的表征对发展纳米电催化材料具有重要意义，但非常具有挑战性。之后，他们进一步应用直径约为 30nm 的纳米玻璃管作 SICM 探针，采用自参考跳跃模式，应用 SICM 实现了对碱性介质中碳纤维载体上单个 Au 纳米粒子对硼氢化物电催化氧化的高空间分辨成像（30nm 分辨率，2600 像素/μm^2，<0.3s/像素），并通过有限元方法对实验结果进行了验证和分析，发现纳米粒子顶部和支撑接触处间隙离子通量的不均匀性、相邻纳米粒子间的扩散重叠和反应物竞争以及纳米粒子活性差异的重

要信息。该研究证实了在单个纳米粒子水平上影响纳米粒子组装行为的关键问题,并再次突出 SICM 作为电催化过程研究的重要工具 [图 2.24(c)][90]。

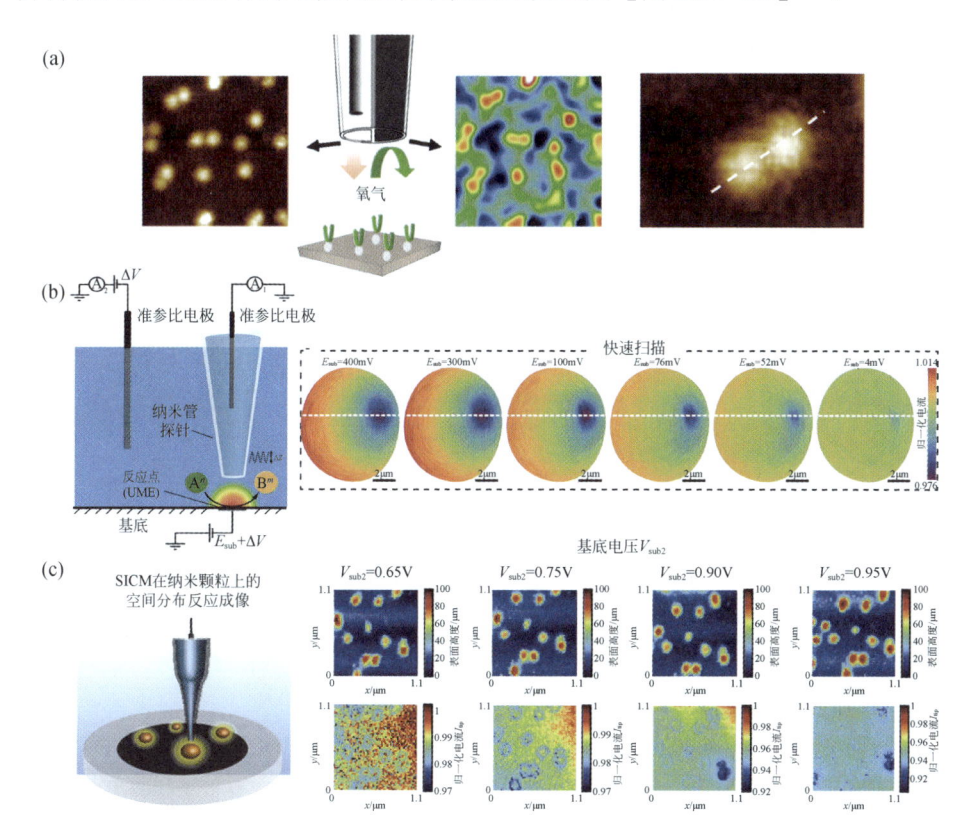

图 2.24 SICM 在电催化材料活性的研究应用代表。(a) 以 θ 双通道毛细管为探针,以 SECM-SICM 技术研究单个铂纳米颗粒形貌和氧气还原反应电催化特性[87];(b) 应用单通道探针和高扫速 SICM 实现对待测样品形貌和活性的同时表征[89];(c) 应用 SICM 实现对碳纤维载体上单个 Au 纳米粒子对硼氢化物电催化氧化的高空间分辨成像[90]

2) 光催化活性研究

SICM 除了用于电催化剂活性研究外,也可被用于材料界面光催化过程的研究。例如,Jiang 和 Chen 课题组应用 SICM 对 TiO$_2$ 纳米管光催化有机污染物罗丹明 B(Rh B)的降解活性进行了原位表征。在该实验体系中,光照射时 TiO$_2$ 纳米管分离的电子和空穴诱导 RhB 氧化,产生带正电荷的罗丹明 123(Rh 123)吸附在 TiO$_2$ 纳米管表面,导致 SICM 玻璃管探针接近 TiO$_2$ 纳米管表面时离子电流增加,即 TiO$_2$ 纳米管活性部位对应的 SICM 图像中的电流值增加,即具有较高催化活性的光催化位点被 SICM 可视化。该研究应用 SICM 实现了纳米分辨率 TiO$_2$ 纳米管光催化活性的原位表征,为光催化剂的局部研究提供一种原位方法[图 2.25(a)][91]。之后,Jiang 课题组进一步应用 SICM 研究了 CdS-Cu$_{2-x}$S/MoS$_2$ 核壳纳米棒的光催化制氢性能[图 2.25(b)]。他们用 SICM 绘制了层状 CdS Cu$_{2-x}$S/MoS$_2$ 的表面形态和表面电荷分布,如图 2.25(b)为在模拟太阳光照射下分层 CdS-Cu$_{2-x}$S/MoS$_2$ 的 SICM 图,其中橙色和绿色图颜色分别表示存在和不存在表面电荷密度。结果证明,分层 CdS-Cu$_{2-x}$S/MoS$_2$ 表面有效的电荷分离和迁移可源于分层异质结构纳米棒的构建[92]。

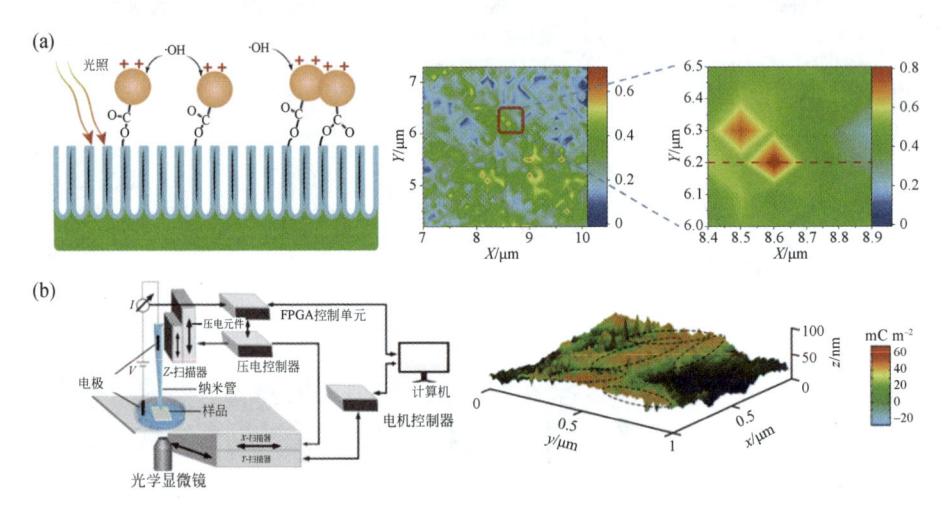

图 2.25 SICM 在材料光催化活性的应用研究代表。(a) 应用 SICM 对 TiO$_2$ 纳米管光催化罗丹明 B 降解活性的原位表征[91];(b) 应用 SICM 研究 CdS-Cu$_{2-x}$S/MoS$_2$ 核壳纳米棒的光催化制氢性能[92]

3) 锂电池材料性能研究

SICM 是纳米尺度上研究材料形貌和电化学特性的重要原位表征技术。Hersam 课题组最早将 SICM 用于锂电池材料的研究中,使用 SICM 实现了锂电池电极材料形貌和局部 Li$^+$ 电流的同时原位成像[93]。他们以锂化锡为玻璃管探针的内参比电极,锂电池的电解质溶液为 SICM 体系的电解质,应用 SICM 研究了导致电极材料空间不均匀性的诸多因素,包括活性电池材料的厚度和锂化障碍,如固体电解质界面(SEI)膜的产生。从锂化锡电极上的 SICM 原位表征结果观察到锂化过程中 SEI 膜在电极周围区域的快速形成过程,得到了电解质催化分解的纳米级图像,并证实锂化过程可诱导局部薄膜生长到抑制电解质分解的程度,揭示了电池材料结构和电化学活性的空间不均匀性与锂化状态有关,为锂离子电池的运行提供了独特的纳米级见解。该研究证实 SICM 作为一种原位表征工具可用于探测电池电极中形貌和电化学的空间不均匀性,为理解和提高容量、寿命和锂离子电池技术的安全性提供了原位表征数据参考[93]。Schougaard 和 Mauzeroll 课题组进一步应用 SICM 测量了锂离子电池膜内离子电导率的能力。由于 SICM 对离子电导率的敏感性，他们将实验测得的渐进曲线与数值模拟拟合，首次应用 SICM 测定了由磷酸铁锂活性材料组成的电池阴极膜的离子电导率，并指出该方法可被广泛用于任何可渗透电极，如聚合物电解质膜燃料电池电极或防腐涂层等[图 2.26（a）][94]。Takahashi 等应用 SICM 原位捕捉到了锂离子电池的负极（如石墨电极）在充电/放电过程中毫米级离子浓度分布和纳米级表面形貌的同时变化。他们首先建立了锂离子浓度和 SICM 离子电流的关系，然后使用 Operando SICM（工况-SICM）对离子浓度在石墨阳极的循环伏安法和充电/放电过程中与相变相关的轮廓变化和可逆体积变化进行了可视化表征，并表征了充电/放电和循环伏安法期间的局部离子电流变化。他们发展的 Operando SICM 技术未来可通过对枝晶形成和离子浓度的相关分析揭示锂离子电池的非平衡机制和瓶颈过程 [图 2.26（b）][95]。

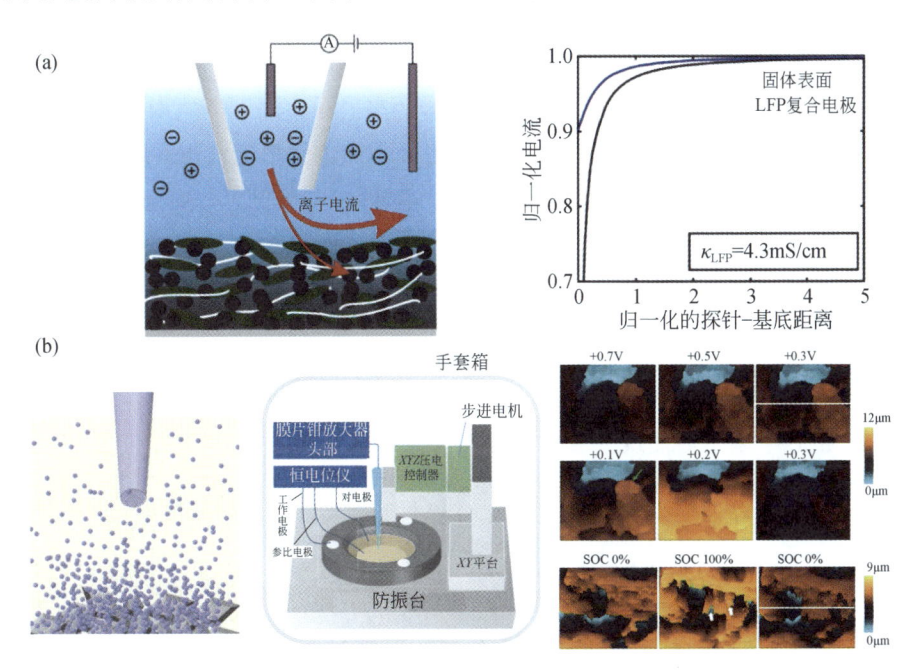

图 2.26　SICM 在锂电池材料的研究应用代表。(a) 应用 SICM 测定由磷酸铁锂活性材料组成的电池阴极膜的离子电导率[94]；(b) 应用 Operando SICM 对锂离子电池石墨阳极充电/放电过程中离子浓度分布和表面形貌的同时表征[95]

4）液/液界面研究

液/液界面（又称水/油界面或两互不相溶电解质溶液界面）的微观结构因与界面电荷转移反应热力学和动力学密切相关，因此对其研究具有重要意义。SICM

除了被用于研究固体材料界面反应过程外,还可被用于研究液/液界面的微观结构等。例如,Shao课题组提出了一种应用SICM研究水/硝基苯界面结构的新方法。他们将充满水溶液的纳米玻璃管用作SICM探针,探针尖端的电流通过玻璃管内部的水溶液和外部的有机溶液间转移的氯离子(Cl^-)和四苯基胂离子($TPAs^+$)产生。当探针尖端接近水/硝基苯界面时,探针尖端的电流瞬间上升,表明相邻相的离子可渗透到界面中,表明是水/硝基苯的界面区域,就像在液/液界面混合溶剂模型中所描述的那样。而尖端电流的连续变化表明离子渗透到小于1nm的界面区域,即水/硝基苯界面的厚度小于1nm。此外,他们也观察到在不同电解质浓度下获得的SICM渐进曲线形状不同,并且扩散层的厚度随电解质浓度增加而减少[96]。之后,该课题组进一步应用SICM研究了非极化的水/硝基苯界面的微观结构。他们以填充电解质溶液的纳米石英管作为SICM探针,基于测得的离子电流从一相到另一相的连续变化,在亚纳米尺度上测量到了水/硝基苯界面的厚度。实验验证并系统分析了不同电解质浓度下非极化水/硝基苯的界面厚度、界面处伽伐尼电位和探针上外加电位对界面厚度的影响。将这些数据与理想极化界面的数据比较后发现:非极化液/液界面的厚度随电解质浓度的降低和施加电位的增加而增加,这与可极化液/液界面的情况类似;但非极化界面上的伽伐尼电位也会影响界面的厚度,该现象在极化界面时很难被观察到,并且非极化界面的空间电荷层中聚集的过量离子比极化界面的多[97]。这两个研究拓宽了SICM的应用领域,今后可用于研究许多其他微观结构,如太阳能电池系统中的空间电荷区、生物体中神经元信号转导等。

4. 表面图案化的应用

SICM除了用于界面反应和材料表面特性研究外,其玻璃/石英毛细管探针也可作为材料表面图案化的工具。如通过将含有金属离子的电解质溶液注入玻璃毛细管中,通过对玻璃管中参比电极和本体溶液中参比电极之间施加该金属离子的还原电位,在探针和基底材料间可实现该金属的电沉积。例如,Muller等提出应用拉制的玻璃微米管进行微区二维金属电沉积的方法,首次实现了300μm长、100μm宽的铜薄膜的制备,并通过实验和数学模型,探测了电极电位、探针-样品间距离对沉积金属结构的影响,证实电沉积的金属膜的横向生长与玻璃管探针-样品表面间的距离有关,沉积金属薄膜的表面粗糙度与样品-探针电极间的施加电压有关[98]。之后,Unwin课题组进一步以双通道纳米管(每个通道尖端开口尺寸30~50nm)作为SICM探针,通过电化学控制离子流的方法实现了电沉积前体物质从双管中一个通道的局部递送,并通过另一个通道中离子电导探针-基底的距离反馈,实现了具有高纵横比的、自支撑的柱形、齿形和Γ形三维铜结构的构建,并且还可使用同一个纳米管探针对图案化进行后续的地形图绘制,证实该方法具有纳米尺度高分辨稳定性（写入）和读取稳定性[图2.27(a)][99]。2017年，Mandler课题组进一步比较了SECM和SICM两种技术在表面图案化方面的应用。他们首先以Pd微电极作为SECM探针，应用SECM探针尖端产生-基底电极收集模式实现了亚微米钯结构的电沉积，之后应用$PdCl_4^{2-}$填充的微米玻璃管为SICM探针，通过向微米玻璃管施加负电压导致带负电的$PdCl_4^{2-}$从玻璃管中排出并在导电表面上被电化学还原，实现了Pd图案的局部电化学沉积。他们还应用SECM和SICM对局部沉积的Pd图形进行了Cu的局部化学沉积。两种技术的比较表明，SICM在分辨率和尖端制备的容易性方面优于SECM[100]。之后，Iwata课题组分别应用SICM结合θ双纳米移液管和偏压调制技术实现了自支撑的金微柱[101]和铜微柱阵列[102]的沉积。

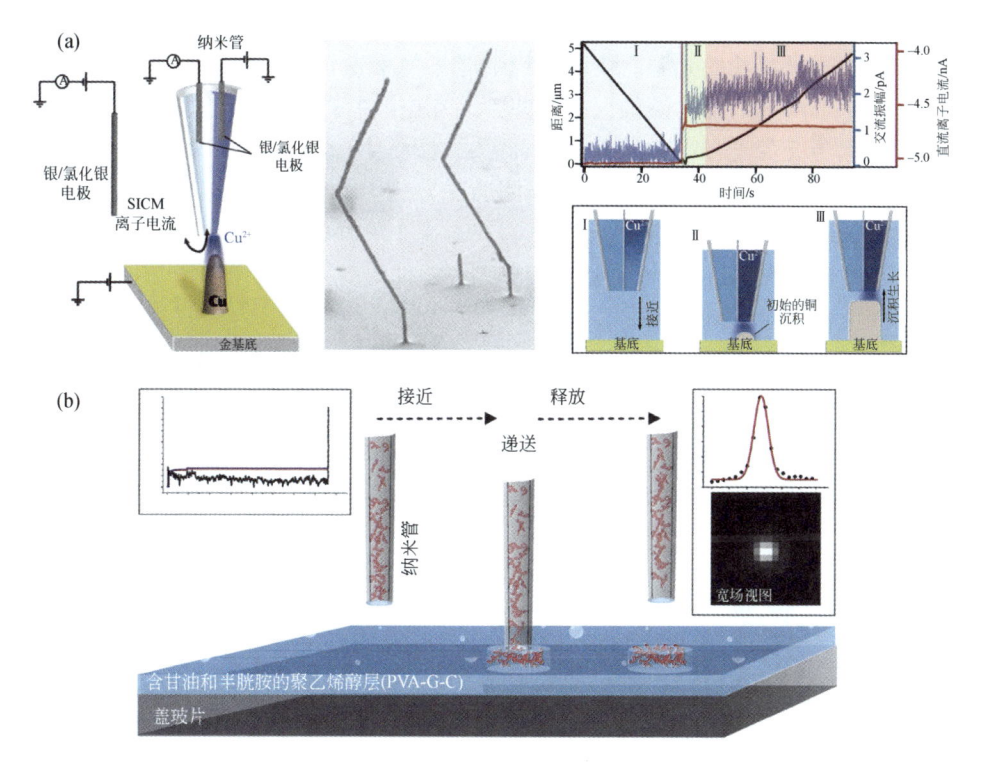

图2.27　SICM表面图案化方面的应用代表。(a)应用SICM结合双通道纳米管实现铜柱和Γ形铜结构的构建[99]；(b)应用SICM进行含Alexa Fluor 647荧光团标记寡核苷酸的局部沉积[103]

除了金属电沉积之外，SICM也可进行表面图案化荧光分子。Hennig等发明了通过一种含甘油和半胱胺的聚乙烯醇（PVA）的导电透明固体层（PVA-G-C层），应用SICM实现了含微量荧光团（Alexa Fluor 647）标记寡核苷酸的高精度局部沉积。他们使用尖端直径～100nm的玻璃纳米管为探针，使用两个电极间的离子通量进行带负电荷荧光分子的沉积。基于施加的电荷与沉积分子数量的相关性,通过测量递送过程中的电荷来量化递送的荧光分子。他们的方法实现了单点中 3～168 个荧光分子的可重复沉积,并且产生的荧光结构高度稳定,可多次重复使用[图 2.27(b)][103]。

5. 物质精准递送的应用

由于 SICM 的探针(玻璃/石英毛细管)同时也可作为物质的注射器,因此 SICM 也可被用作精准递送工具。例如,Klenerman 课题组基于 SICM 和玻璃毛细管技术,发展了一种用于生物样品光学成像的新光源。他们将尖端弯折 90° 的玻璃毛细管作为荧光探针 Fluo-3 的局部储液器,当 Fluo-3 在溶液中与 Ca^{2+} 相遇时形成荧光络合物。通过将激光束聚焦在玻璃毛细管尖端激发荧光络合物,进而在玻璃管尖端产生亚微米尺寸的光源。实验过程中可在缓冲液下使用离子电导的距离控制实现亚微米分辨率的样品图像记录,并且该方法产生的来源可在玻璃管尖端实时更新,消除传统荧光光漂白问题,并且可通过改变所施加的电势来控制光源强度[图 2.28(a)][104]。Mirkin 课题组将电阻脉冲方法用于 SICM 的玻璃纳米管尖端,

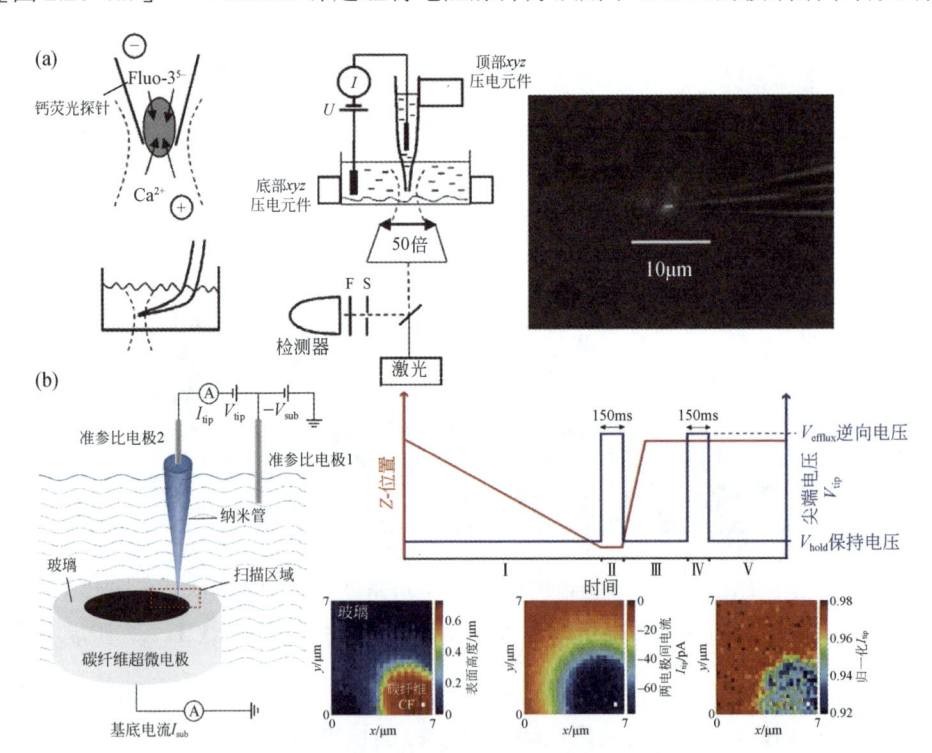

图 2.28 SICM 在物质精准递送中的应用代表。(a)SICM 玻璃管尖端作为生物样品光学成像新光源[104];(b)SICM 纳米管探针用于带电荷氧化还原电对的精准控制[106]

实现了单个纳米颗粒从玻璃纳米管尖端的精准递送[105]。Unwin 课题组通过控制 SICM 纳米管探针中准参比电极和本体溶液中参比电极间的偏压，使纳米管中带电荷的氧化还原电对保持在纳米管内部，然后通过脉冲方法输送到纳米管下方基底电极上的特定区域。他们通过水溶液中 $Ru(NH_3)_6^{3+}$ 还原为 $Ru(NH_3)_6^{2+}$ 和多巴胺的氧化实验证明了该设想，并通过有限元法建模，定量分析了 SICM 中分子传递过程。这种将带电荷的氧化还原活性分子从纳米移液管定量控制递送到基底电极的方法具有高的空间和时间精度，并为 SICM 用于控制界面递送过程提供了新策略[图 2.28（b）][106]。

2.4 扫描电化学电解池显微术（SECCM）

2.4.1 SECCM 技术基本原理

作为电化学扫描探针技术家族中较新的一员，扫描电化学电解池显微术（SECCM）由英国华威大学 Patrick Unwin 教授等在 2010 年提出[107-109]。目前它已经发展成为一种多用途电化学扫描成像手段，为解析电化学反应中的微观构效关系和反应机理提供了重要的研究工具。

一套完整的 SECCM 设备主要包括探针、位移控制单元、信号放大器、数据采集单元和背景消除单元（如法拉第屏蔽箱和隔振台）等，如图 2.29 所示[109]。与 SECM 和 SICM 明显不同的是，在 SECCM 测试中不需要将所表征样品浸泡在电解液中，而是在中空探针内充满电解质并放置准参比对电极（QRCE），在探针尖端形成微液滴。实验时，通过竖直方向（z 轴）压电陶瓷精确控制探针的运动并同时记录落针过程中的电流信号。当探针底部微液滴与样品接触时，引起电流的突变，系统自动停止 z 轴方向的运动。微液滴的存在避免了探针和样品之间的物理接触而造成探针损坏，并充当微型电化学反应池，仅被微液滴覆盖的样品区域参与反应。接下来，利用水平方向（xy 轴）压电陶瓷移动探针并带动微液滴的运动，通过位置反馈机制维持探针-样品之间的距离，同时记录微液滴与样品接触时的电化学电流和压电陶瓷位移，形成关于样品表面结构电化学活性、形貌等信息的高分辨二维图像。这种工作方式不仅避免了可能由电解质造成的表面污染，还能使微液滴持续在新鲜区域反应，避免不同位点反应之间的相互干扰。现在大多数研究组使用基于 LabVIEW 和现场可编程门阵列（FPGA）采集卡的软件控制平台的 SECCM 设备，并将不同硬件组合在一起，实现对探针运动和反应参数的控制，同时采集测得的电流和位置信息。除此之外，Park Systems、HEKA 等公司相继推出了商业化产品，促进了 SECCM 技术的使用与推广。

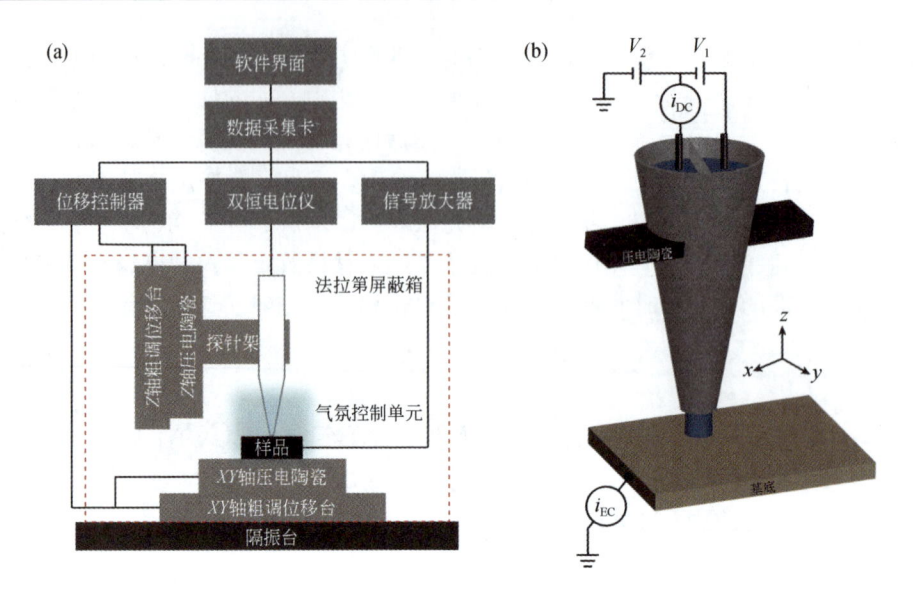

图 2.29 （a）SECCM 设备组成；（b）SECCM 探针示意图

2.4.2 位置反馈及工作模式

通过构建微液滴反应池，SECCM 具有独特的位置反馈机制，实现对探针-样品之间距离的精确控制以及在样品表面的扫描电化学成像。

1. 位置反馈信号

如图 2.30（a）所示，常见的 SECCM 探针分为单通道和双通道[110, 112]，对于不同种类的探针，位置反馈信号有差异。使用单通道探针时，探针底部微液滴与样品表面接触，构成电化学回路，并瞬时产生双电层电流，此电流变化可作为压电陶瓷运动过程中的反馈信号，所以单通道探针仅限于研究导电样品。而在双通道探针中［图 2.30（b）］，两个 QRCE 之间加有偏压，探针底部微液滴与两个通道中的电极构成回路，产生直流电流。另外，在 z 轴压电陶瓷施加一定频率的物理振荡（通过锁相放大器实现），底部液滴还会在双通道之间产生周期性变化的交流电信号。当微液滴与样品表面接触时，会在探针挤压作用下产生形变，进而导致直流、交流和电化学电流同时发生突变[108, 111]。因此，对于双通道探针来说，能够采用直流电、交流电或电化学电流作为 z 轴压电陶瓷位移的反馈信号，可用于绝缘或半导体样品的研究。通过以上位置反馈机制，设定相应的电流阈值，压电陶瓷带动探针同步运动直至微液滴接触样品表面产生突变电流信号，并达到或超过阈值。这一过程可实现对探针-样品相对距离的精确控制，保证了探针的完整性和高分辨成像过程的实施。

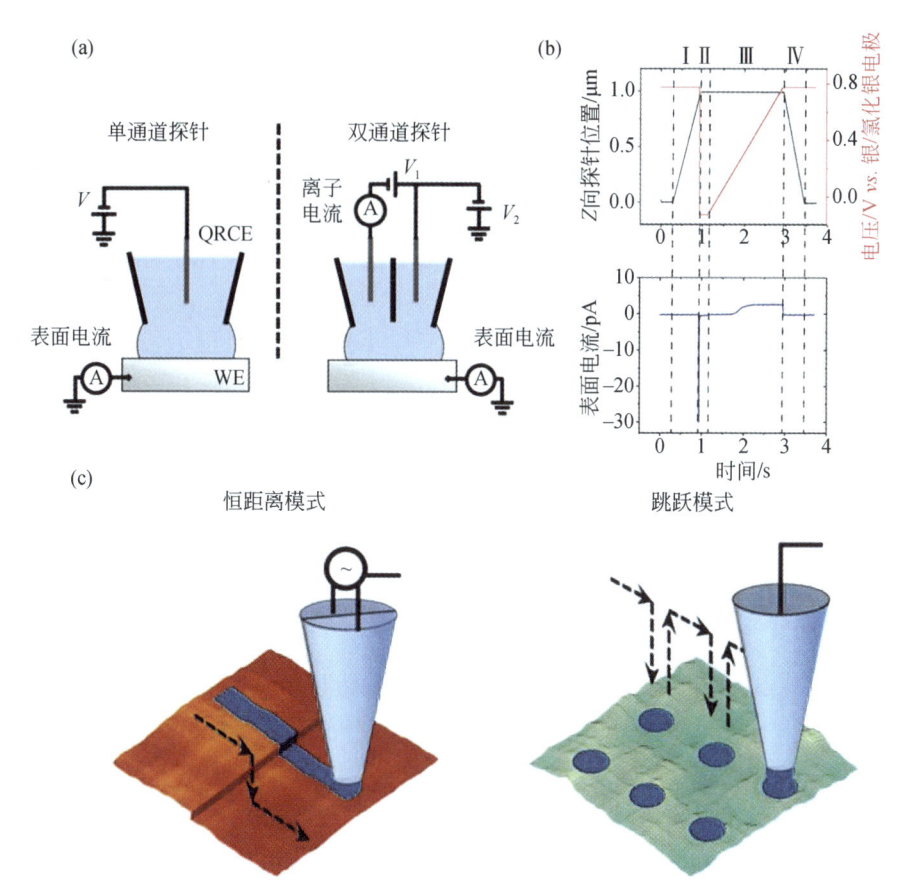

图 2.30 (a) 采用单通道和双通道探针的 SECCM 装置图[110]；(b) 在探针靠近样品过程中，微液滴电流信号随探针 z 轴位移的变化[111]；(c) SECCM 电化学成像测试：恒距离模式和跳跃模式[110]

2. 工作模式

按照工作模式划分，SECCM 技术可以用作单点反应和二维扫描成像，而二维成像大致分为恒距离模式（constant-distance mode）和跳跃模式（hopping mode）[图 2.30（c）][110, 112]。恒距离模式是指探针底部微液滴与样品接触后，以特定水平速度连续扫描处于恒压条件下的样品表面，并在成像过程通过电流信号反馈机制，保持探针与样品之间的距离不变。在这一模式下，探针通常一般以 0.01～1μm·s^{-1} 的速度进行光栅扫描，在此基础上 Momotenko 等引入螺旋形扫描图案，将速度提高到～150μm·s^{-1}，实现了高速电化学成像[112, 113]。而在跳跃模式中，探针底部微液滴与样品的接触是间歇性的，探针在每个反应位点依次完成"靠近—接触—反应—提起"四个步骤，然后转移到下一个位点进行同样的操作，直至成像结束[114]。相对于恒距离模式，跳跃模式成像更加灵活，在每个位点可以开展多种电化学测试，例如循环扫描伏安（CV）、线性扫描伏安（LSV）等，这极大地提高了电位分辨率，最终形成由一系列等电位下电化学电流图像构成的动画，每次单点表征即为一个像素点。因此一次成像可以获得各位点处反应全过程的动态信息。此外，在跳跃模式中，微液滴在各个位点反应后的痕迹互不重叠，这便于使用原子力显微镜、电镜等手段估算微液滴的尺寸，还能有效避免扫描粗糙样品时可能造成的探针损坏[115]。

值得注意的是，微液滴的状态对于 SECCM 扫描成像过程至关重要，直接决定了成像质量。通过对探针尖端外表面进行疏水性处理、在探针内电解质上方添加硅油层、加入添加剂增大溶液黏度、使用固态电解质、在探针顶端施加背压等方式，可以有效避免长时间成像过程中可能存在的微液滴过度润湿、电解质挥发等问题的发生，从而提高扫描的稳定性和成功率[108, 116-119]。

2.4.3 应用

1. 电极反应动力学解析

在电化学领域，电极材料的电子结构在电子转移动力学中的角色是一个关键的研究内容，核心的科学问题在于材料的态密度（DOS）是否与电化学活性相关。而 sp^2 杂化碳材料（碳纳米管、石墨烯、石墨等）应用广泛［图 2.31（a）］，常被作为研究对象。其中，碳纳米管的 DOS 与手性、缺陷有关，而石墨烯、石墨的 DOS 与层数和堆叠方式有关，同时扶手椅型（armchair）边缘跟基底面具有类似的电子结构，但锯齿型（zigzag）边缘面在本征费米能级处的 DOS 较高[120]。对于这些材料的电化学性质，常规表征手段大多从宏观层面出发得到多种结构性能的平均结果，而 SECCM 技术具有高分辨能力，能区分并研究碳电极上单一结构的电化学活性，对厘清电极反应动力学有重要意义。

利用 SECCM 对碳纳米管进行高分辨扫描成像后发现，对于外球氧化还原电对来说，碳纳米管的侧壁（sidewall）具有几乎均一的高电化学活性[121]，同时金属型碳纳米管表现出与金属电极类似的电化学活性，而半导体型碳纳米管的电化学性质取决于所研究氧化还原电对的标准电位，它对 $Ru(NH_3)_6^{3+/2+}$ 氧化还原反应活性很低［图 2.31（c）］。进一步地，通过 SECCM 对金属型碳纳米管侧壁进行电化学氧化处理制造缺陷，并比较处理前后内球氧化还原电对的电化学反应性能，发现碳纳米管侧壁具有高电化学活性，但在扭结处活性更高[122]。

Güell 等利用 $FcTMA^{2+/+}$ 和 $Ru(NH_3)_6^{3+/2+}$ 两种外球氧化还原电对对用物理剥离方法获得的石墨烯进行了 SECCM 电化学成像[124]。研究发现 $FcTMA^{2+/+}$ 在单层和多层石墨烯均发生快速可逆的电子转移，而 $Ru(NH_3)_6^{3+/2+}$ 的电子转移动力学很大

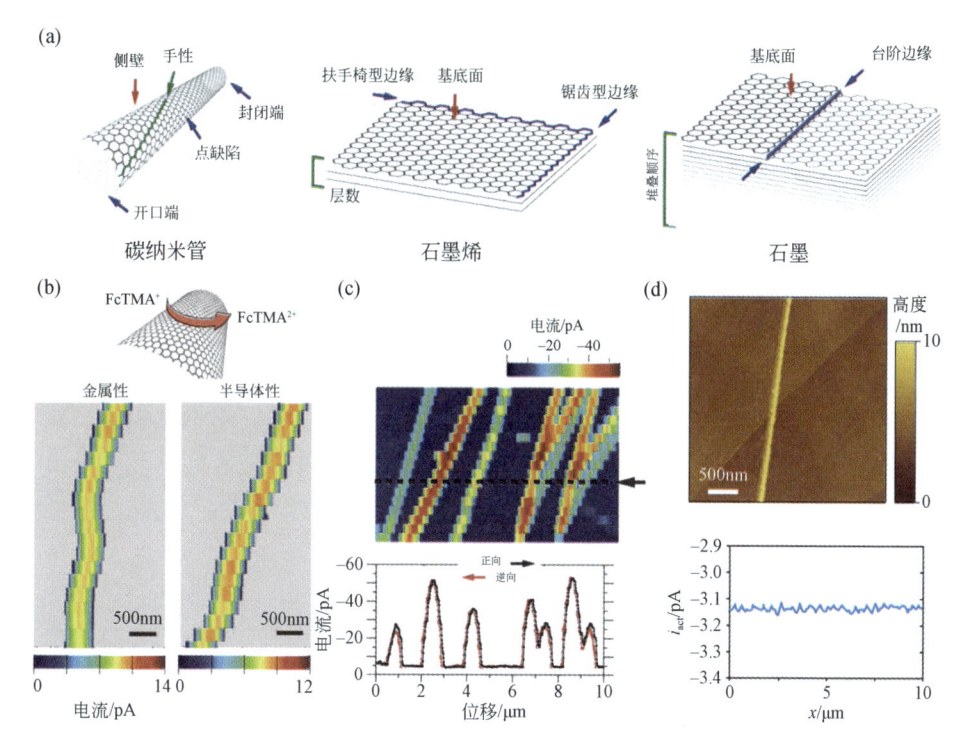

图 2.31 （a）碳纳米管、石墨烯、石墨材料的结构示意图[120]；（b）FcTMA$^{2+/+}$电对在碳纳米管上反应的 SECCM 电化学电流图[120]；（c）Ru(NH$_3$)$_6^{3+/2+}$电对在石墨烯上反应的 SECCM 电化学电流图以及黑色虚线部分的横截面图[121]；（d）AQDS 在 HOPG 电极上 SECCM 扫描反应后的 AFM 图和相应的电化学电流图[123]

程度上取决于石墨烯层数，在单层石墨烯上的转移速率最慢。这是由于前者的标准电位远离石墨烯的本征费米能级，后者的标准电位靠近石墨烯的本征费米能级，而单层石墨烯在本征费米能级处的 DOS 理论值为零，从而限制了 Ru(NH$_3$)$_6^{3+/2+}$电子转移的进行。同时，碳电极的基底面和边缘面均对 FcTMA$^{2+/+}$有高活性，而在非新鲜样品上有一部分暴露的石墨烯边缘面对 Ru(NH$_3$)$_6^{3+/2+}$表现出较高活性[图 2.31（c）]，这是因为随着样品搁置时间的延长，表层石墨烯会逐渐与主体分离形成单层石墨烯或少层石墨烯，导致本征费米能级附近的 DOS 减小进而使 Ru(NH$_3$)$_6^{3+/2+}$的电子转移速率变慢。这说明电极反应研究中样品表面结构存在时间效应，导致电子结构发生变化，从而影响氧化还原电对的电子转移动力学的研究。

对于石墨电极来说，具有电化学活性的吸附态蒽醌-2,6-二磺酸盐（AQDS）常被认为是石墨电极活性位点的标记物。Zhang 等首先利用微探针高扫速循环伏安（FSCV-SECCM，100V·s^{-1}）平台研究了 AQDS 在高定向裂解石墨（HOPG）

上不同区域的电化学行为,揭示了 AQDS 活性吸附的全过程细节,同时 AFM 表征结果表明 AQDS 的覆盖度和边缘面的密度无关[123]。继而通过连续高分辨 SECCM 成像表征[图 2.31（d）],探针从基底面扫描到边缘面再到基底面过程中电化学电流保持不变,说明石墨电极的基底面确实具有高电化学活性,这一电化学反应与材料自身的 DOS 无关。

以上研究通过系统性的 SECCM 表征,基本阐明了碳材料中电子结构和反应性能的关系,即对于石墨烯和半导体碳纳米管,DOS 可能会影响某些反应的电子转移动力学,但是石墨表现出与金属电极类似的电化学性能,并且基底面也具有高电化学活性,与 DOS 无关[120]。这也对利用 SECCM 技术研究其他材料的电化学性质具有重要参考意义。例如,在 MoS_2 的析氢反应（HER）研究中,基底面表现出可媲美金属电极的高活性,但边缘面的交换电流密度高出一个数量级[116]。

2. 微纳尺度表面修饰

材料微纳结构的构建和改性在电子器件、传感器、能源和生命科学等领域有重要应用,而 SECCM 技术能通过精确控制反应条件和探针行进路线等参数灵活制备多种结构,为微纳尺度材料加工提供了新的手段。Kirkman 等利用 SECCM 在石墨电极表面进行化学改性,通过电聚合重氮化合物在电极 sp^2 杂化晶格引入 sp^3 缺陷,并改变施加电位和微液滴接触时间等条件实现对修饰薄膜密度、高度的可控调变[125]。McKelvey 等利用双通道探针在基底上水平移动,同时施加一系列恒压或者恒流步骤电沉积苯胺[126]。通过 AFM 表征发现,1pA 电流状态下生成的聚苯胺厚度为（0.9±0.6）nm,而 9pA 电流条件下获得了（5±0.7）nm 的结构。当探针从导电基底移动到非导电基底时,聚苯胺纳米线保持微液滴与导电基底的电路连接,使得电沉积过程继续进行,而沉积图案随探针运动轨迹完成从一维到二维、三维的转变。Hengsteler 等利用 SECCM 沉积铜纳米线[图 2.32（a）,（b）],通过设置两个电流阈值,自动控制探针（孔径低至 1nm）相对于样品表面的反复靠近和提起过程,实现金属铜在导电基底上的层层堆叠沉积[127]。在层与层之间设置水平方向偏移量或者在沉积过程中水平移动探针,可以制备倾斜或悬空状态的纳米线。这种方法能够实现对 25nm 金属结构的可控制备,极大地促进了电化学 3D 打印技术的发展。

3. 特殊形态结构表征

SECCM 技术使用小尺寸探针和微液滴反应池,使其可以用于许多特殊形态结构电化学性质的研究。Zhang 等利用 SECCM 研究了负载在透射电镜铜网上的

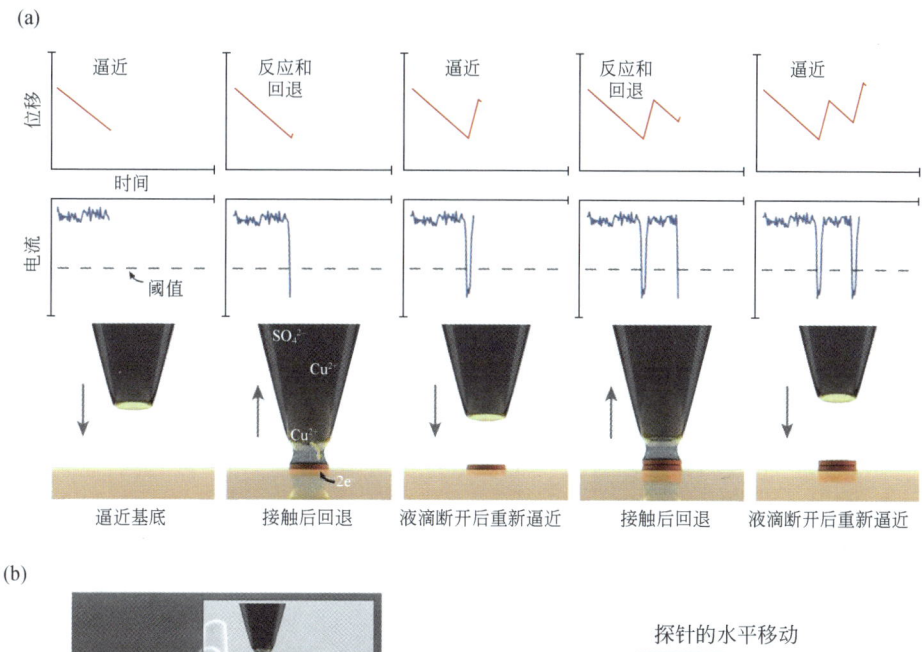

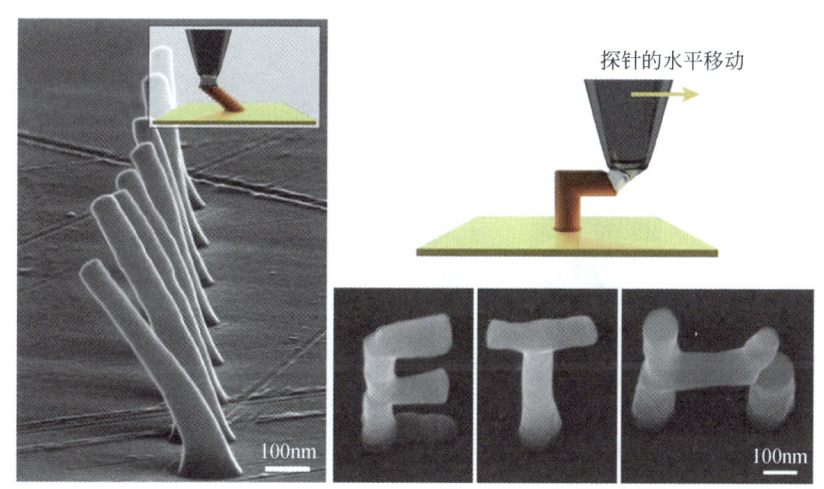

图2.32 （a）SECCM电沉积金属过程中的位移、电化学电流和探针位置示意图[127]；（b）电沉积倾斜纳米线的示意图（左）及SEM照片［电沉积悬立状态结构的示意图（右上）和SEM照片（右下）］

石墨烯性质［图2.33（a）］。通过倒置光学显微镜的辅助并借助石墨烯薄膜的高透光性，在探针靠近样品过程中不同形态（悬浮态、支撑态）石墨烯会产生不同的衍射图案[128]，它们可以引导探针精准接触到悬浮态或者支撑态区域进行反应。结果发现支撑态石墨烯具有更高的润湿性，并且实现对悬浮态石墨烯电化学行为的直接测量，如图2.33（b）所示。Ustarroz等进一步利用SECCM技术研究了铜网负载的铂纳米团簇催化剂,并结合能谱表征结果揭示了活性氧中间产物与碳基底反应产生毒化物种是铂催化剂电化学性能不断衰减的原因[129]。继而与高角度环形暗场扫描透射电子显微镜(HAADF-STEM)联用,表征催化剂在电化学反应前后形貌变化,发现纳米团簇沉积过程中的沉积能量对其在反应中的稳定性有重要影响[图2.33(c)]。Bentley 等利用 SECCM 研究了金纳米粒子上的肼氧化反应[图2.33(d)],结果发现尽管不同粒子间表现出相似的电化学行为,但同一粒子内部不同位点的活性差异很大,是由亚粒子结构不均一性造成的[130]。这也印证了 SECCM 技术在解析微观构效关系方面的独特优势。

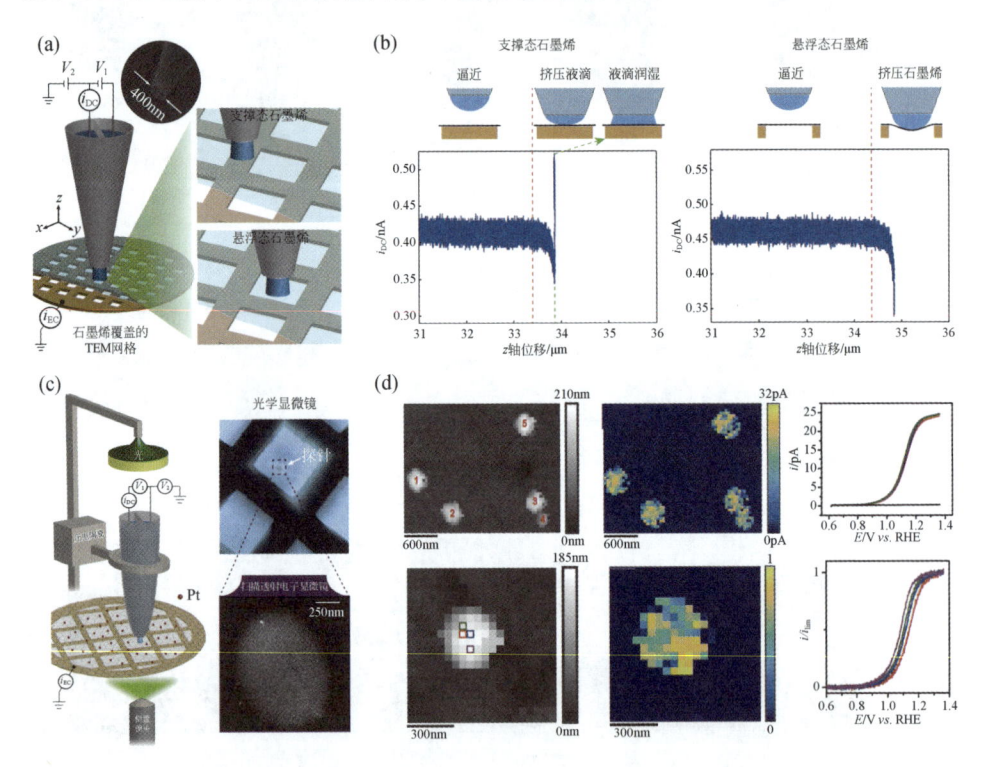

图 2.33 (a) SECCM 与倒置光学显微镜联用研究不同形态石墨烯性质的示意图和(b)探针靠近支撑态和悬浮态石墨烯过程中微液滴中的直流电流随探针位置的变化[128]。(c) SECCM 与倒置光学显微镜和透射电镜结合研究纳米团簇的示意图(左),以及探针接触透射电镜铜网时的光学照片(右上)和 HAADF-STEM 图像(右下)[129]。(d) 金纳米颗粒上肼氧化反应的 SECCM 研究:其中多个纳米粒子的形貌图(左上)及电化学电流图(中上)分别对应 1~5 号纳米颗粒的平均 LSV 曲线(右上);单个纳米粒子的形貌图(左下)及电化学电流图(中下),分别对应左下图中标记区域经过归一化处理的 LSV 曲线(右下)[130]

鉴于 SECCM 微液滴的尺寸通常由非原位方法获得，Valavanis 等将 SECCM 与干涉反射显微镜（IRM）相结合发展出 SECCM-IRM 技术，通过利用薄而透明的导电层，实现了对 SECCM 微液滴和界面过程的原位高分辨成像[131]。这项研究表明，在电化学反应过程中，SECCM 微液滴尺寸仅变化 5%，从而建立了对 SECCM 技术应用中微液滴稳定性的清晰认识。另外，这种技术还能原位观测微液滴中电化学条件诱导形成的纳米粒子，揭示纳米尺度相形成过程中的演变规律。

4. 电池与气体电催化界面研究

SECCM 可以用于研究锂电池、燃料电池和电解池等新能源器件中的关键电极反应过程。鉴于电池电极和电解液对空气的敏感性，Martin-Yerga 等利用置于手套箱内部的 SECCM，研究了 HOPG 电极上形成的固态电解质中间相（即 SEI），发现 HOPG 边缘面能促进电解液还原形成更钝化的 SEI 层，高扫速条件下形成的 SEI 具有很强的绝缘性且不稳定[132]。通过耦合 SECCM 和 SHINERS 两种技术，高通量构建 SEI 并分析其化学特征，阐明了电极上 SEI 电化学特性和化学组成的非均一性和动态性。这项研究为筛选形成优良 SEI 层的实验条件提供了有力工具，加快了电池研究进程[133]。Tao 等利用 SECCM 对单个纳米 $LiMn_2O_4$ 粒子分别进行循环扫描和恒流充放电，发现粒子尺寸、组成、晶相对其电化学性能有重要影响。同时，这种技术可以达到比宏观电化学测试高几个数量级的扫描速度，说明电池材料的充放电速率很大程度上受限于活性材料与辅助材料之间的电子转移，这也体现了 SECCM 技术在电池研究中的优越性[134]。

如图 2.34（a）所示，在 SECCM 技术中，气体反应物或者产物可以穿过微液滴的液-固界面，达到类似于气体扩散电极（GDE）中的效果，从而大大提高物质传输能力（速率约为同尺寸超微电极的 1/10[108, 137]），为研究有气体参与或生成的电化学反应创造了条件[135, 138]。Mefford 等利用 SECCM 和原位显微学等手段研究了单晶 β-Co(OH)$_2$ 薄片上的析氧反应（OER）[图 2.34（b）][110, 139]，发现薄片边缘面和缺陷位点表现出高电化学活性而基底面对 OER 几乎无催化性能，这可能是由二者的离子插层能力不同导致的。扫描成像结果还表明催化剂薄片厚度会影响其电化学性能，较薄的催化剂暴露较少的边缘面，因而观测到的电化学电流较小。过渡金属硫化物上的析氢反应（HER）SECCM 成像结果显示，基底面表现出电化学活性，但边缘、缺陷等表面无序位点活性更高[130, 140, 141]。另外，SECCM 还可以被用于研究特定气氛下的电化学反应，譬如氧气还原反应（ORR）、二氧化碳电还原（CO$_2$RR）[142-145]等。Mariano 等研究发现，在 Ar 气氛下电流在金电极不同晶格上表现出差异，晶界并不能促进 HER 的发生，但在 CO$_2$ 气氛下晶界处电化学电流明显提高（即高电化学活性），这可能与由位错引起的应力场有关 [图 2.34（c）][136, 145]。最近的一项工作中，他们结合 SECCM 和 EBSD 两种手段 [图

2.34（d）]发现在金电极上聚集在晶界和滑移带的位错能促进 CO_2RR 的进行，指出在催化材料中引入位错是提升催化能力的有效途径[135, 143]。

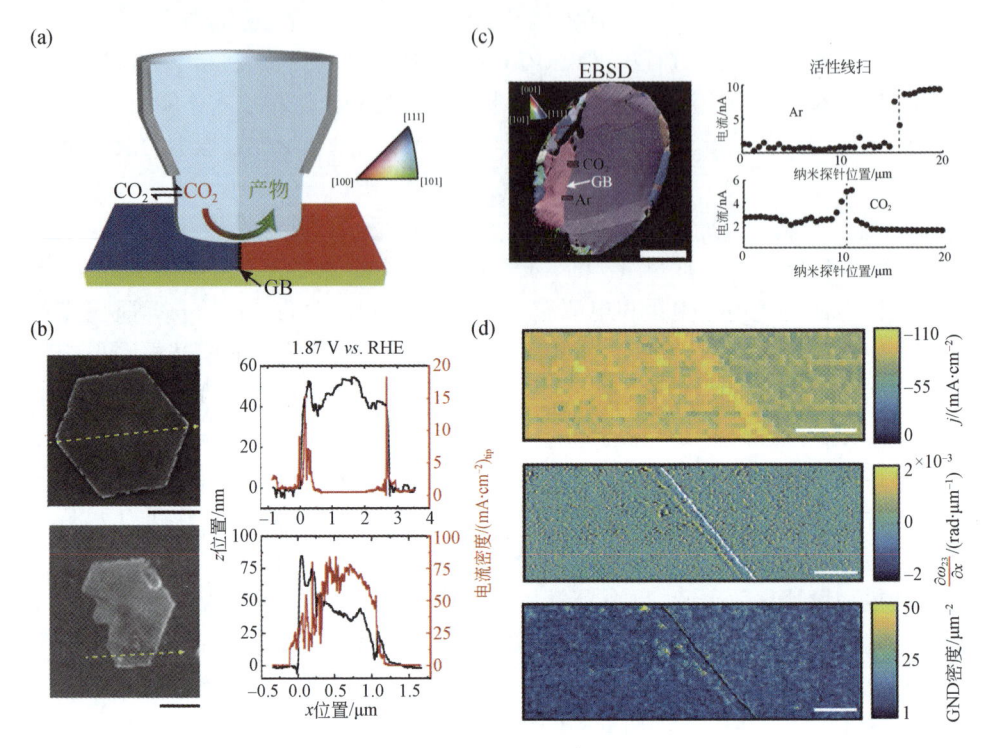

图 2.34 （a）SECCM 电化学测试过程中气体传输示意图[135]；（b）β-Co(OH)$_2$ 薄片的 SEM 图片以及 SECCM 线扫得到的形貌和 OER 电流曲线（比例尺：1μm）[110]；（c）金电极的电子背散射衍射（EBSD）图像以及分别在 Ar 和 CO_2 气氛下 SECCM 跨晶界线扫的电流图[136]；（d）多晶金电极上 SECCM 扫描区域（上）电化学电流、（中）晶界和（下）位错密度的分布图[135]

2.5 总结与展望

扫描电化学探针技术方兴未艾，发展至今性能都取得了很大进步，应用领域也更加广泛。未来除了实现更高的时空分辨率和扫描速度之外，还有重要的发展趋势，要引起研究者的关注：①发展多种扫描探针显微镜联合技术和多功能扫描探针技术。为适应更多研究领域、研究对象和多参数的同时表征需求，基于每种扫描探针技术的特长，发展 AFM、SECM、SICM 等联用技术，同时发展多功能、多参数同时表征的新型探针，例如将金属电极和玻璃管电极结合的 SECM-SICM 的单通道或双通道双功能探针[145]、将 AFM-SICM 技术联合的微通道悬臂梁探针等[147, 148]，都可拓展扫描探针显微术在更多领域的应用。②发展 *operando* 多模检测，即 SECM、SICM、SECCM 等技术与现场谱学技术结合，在获取微区电化学反馈信息的同时，实时同位点地获取相关的谱学信息，得到相关的分子结构信息、物质组分、晶型和结构信息，全方位地揭示电化学反应机理、动力学性质和构效关系。③发展外场调控技术，即利用物理场电效应（如电场感应、光电效应、压电效应、热电效应等）调控局域电势，研究其界面电荷转移反应性质，即可以跳出传统的电势、电流调控的 2-电极或 3-电极实验窠臼，扩大电化学研究的领域。

参 考 文 献

[1] Isaacs H S, Kissel G. Surface preparation and pit propagation in stainless steels [J]. J Electrochem Soc, 1972, 119: 1628.

[2] Bard A J, Mirkin M V. Scanning Electrochemical Microscopy [M]. Boca Raton: CRC Press, 2012.

[3] Ma Z, Lin J Y, Nan W J, et al. Ultramicroelectrode experiments: Principles, fabrications and voltmmetric behaviors [J]. J Electrochem, 2023, 29: 2216002.

[4] Polcari D, Dauphin-Ducharme P, Mauzeroll J. Scanning electrochemical microscopy: A comprehensive review of experimental parameters from 1989 to 2015[J]. Chem Rev, 2016, 116: 13234-13278.

[5] Zhang J, Jia J, Han L, et al. Kinetic investigation on the confined etching system of n-type gallium arsenide by scanning electrochemical microscopy [J]. J Phys Chem C, 2014, 118: 18604-18611.

[6] Rodríguez-López J, Alpuche-Avilés M A, Bard A J. Interrogation of surfaces for the quantification of adsorbed species on electrodes: Oxygen on gold and platinum in neutral media [J]. J Am Chem Soc, 2008, 130: 16985-16995.

[7] Lee C, Wipf D O, Bard A J, et al. Scanning electrochemical microscopy. 11. Improvement of image resolution by digital processing techniques [J]. Anal Chem, 1991, 63: 2442-2447.

[8] Yuan D, Xiao L, Luo J, et al. High-throughput screening and optimization of binary quantum dots cosensitized solar cell [J]. ACS Appl Mater Interfaces, 2016, 8: 18150-18156.

[9] Macpherson J V, Unwin P R. Combined scanning electrochemical-atomic force microscopy [J]. Anal Chem, 2000, 72: 276-285.

[10] Ludwig M, Kranz C, Schuhmann W, et al. Topography feedback mechanism for the scanning electrochemical microscope based on hydrodynamic forces between tip and sample [J]. Rev Sci Instrum, 1995, 66: 2857-2860.

[11] Ballesteros Katemann B, Schulte A, Schuhmann W. Constant-distance mode scanning electrochemical microscopy（SECM）—Part I: Adaptation of a non-optical shear-force-based positioning mode for SECM tips [J]. Chem Eur J, 2003, 9: 2025-2033.

[12] Buchler M, Kelley S C, Smyrl W H. Scanning electrochemical microscopy with shear force feedback investigation of the lateral resolution of different experimental configurations[J]. Electrochem Solid-State Lett, 2000, 3: 35.

[13] 闫永达, 史文博, 耿延泉, 等. 一种适用于微纳双模检测加工模块的控制系统及方法: 中国, 110262309B[P]. 2020-11-17.

[14] Takahashi Y, Shevchuk A I, Novak P, et al. Simultaneous noncontact topography and electrochemical imaging by SECM/SICM featuring ion current feedback regulation[J]. J Am Chem Soc, 2010, 132: 10118-10126.

[15] Fang Y, Leddy J. Cyclic voltammetric responses for inlaid microdisks with shields of thickness comparable to the electrode radius: A simulation of reversible electrode kinetics[J]. Anal Chem, 1995, 67: 1259-1270.

[16] Zhong J H, Zhang J, Jin X, et al. Quantitative correlation between defect density and heterogeneous electron transfer rate of single layer graphene[J]. J Am Chem Soc, 2014, 136: 16609-16617.

[17] Yuan D, Zhang L, Lai J, et al. SECM evaluations of the crystal-facet-correlated photocatalytic activity of hematites for water splitting[J]. Electrochem Commun, 2016, 73: 29-32.

[18] 孙世刚. 电化学测量原理和方法[M]. 厦门: 厦门大学出版社, 2021.

[19] Isaacs H, Vyas B. Scanning reference electrode techniques in localized corrosion[G]. West Conshohocken, USA: ASTM International, 1981.

[20] Trethewey K R, Sargeant D A, Marsh D J, et al. Applications of the scanning reference electrode technique to localized corrosion[J]. Corros Sci, 1993, 35: 127-134.

[21] Akid R, Mills D J. A comparison between conventional macroscopic and novel microscopic scanning electrochemical methods to evaluate galvanic corrosion[J]. Corros Sci, 2001, 43: 1203-1216.

[22] Lin C, Tian Z. Investigation of the pitting corrosion of 18-8 stainless steel in early stage Ⅰ: By using the SMRE technique[J]. Acta Phys-Chim Sin, 1987, 3: 479-484.

[23] Lin C J, Luo J L, Zhuo X D, et al. Scanning microelectrode studies of early pitting corrosion of 18/8 stainless steel[J]. Corrosion, 1998, 54: NACE-98040265.

[24] 邵敏华, 付燕, 胡融刚, 等. Al2024-T3 合金局部腐蚀的扫描微电极研究[J]. 物理化学学报, 2002, 18: 350-354.

[25] Shao M, Fu Y, Hu R, et al. A study on pitting corrosion of aluminum alloy 2024-T3 by scanning microreference electrode technique[J]. Mater Sci Eng A, 2003, 344: 323-327.

[26] Lin C J, Du R G, Nguyen T. In-situ imaging of chloride ions at the metal/solution interface by scanning combination microelectrodes[J]. Corrosion, 2000, 56: 41-47.

[27] 林昌健. 金属表面 Cl-二维分布的原位测量[J]. 腐蚀科学与防护技术, 1992, 4: 35.

[28] 林昌健, 骆静利, 孙海燕, 等. 扫描复合微pH电极原位测量局部腐蚀体系pH分布图象[J]. 电化学, 1996, 2: 377.

[29] Shao M, Huang R, Hu R, et al. Fabrication of composite scanning micro pH electrode and its application in localized corrosion [J]. Acta Phys-Chim Sin, 2002, 18: 934-937.

[30] Wang C, Cai Y, Ye C, et al. In situ monitoring of the localized corrosion of 304 stainless steel in FeCl$_3$ solution using a joint electrochemical noise and scanning reference electrode technique [J]. Electrochem Commun, 2018, 90: 11-15.

[31] 李彦. 金属腐蚀研究中具有时间-空间分辨的电化学技术——从仪器方法到实际应用[D]. 厦门: 厦门大学, 2009.

[32] Lin B, Hu R, Ye C, et al. A study on the initiation of pitting corrosion in carbon steel in chloride-containing media using scanning electrochemical probes [J]. Electrochim Acta, 2010, 55: 6542-6545.

[33] Lu B T, Chen Z K, Luo J L, et al. Pitting and stress corrosion cracking behavior in welded austenitic stainless steel [J]. Electrochim Acta, 2005, 50: 1391-1403.

[34] Ye C Q, Hu R G, Li Y, et al. Probing the vertical profiles of potential in a thin layer of solution closed to electrode surface during localized corrosion of stainless steel[J]. Corros Sci, 2012, 61: 242-245.

[35] 叶陈清. 钢筋局部腐蚀行为及STM辅助扫描微电极技术研究[D]. 厦门: 厦门大学, 2012.

[36] 阿伦 J. 巴德, 拉里 R. 福克纳. 电化学方法: 原理与应用（第二版）[M]. 邵元华, 朱果逸, 董献堆, 等译. 北京: 化学工业出版社, 2005.

[37] Malevich D, Halliop E, Peppley B A, et al. Investigation of charge-transfer and mass-transport resistances in PEMFCs with microporous layer using electrochemical impedance spectroscopy [J]. J Electrochem Soc, 2009, 156: B216.

[38] Xu H, Liu Y, Chen W, et al. Corrosion behavior of reinforcing steel in simulated concrete pore solutions: A scanning micro-reference electrode study [J]. Electrochim Acta, 2009, 54: 4067-4072.

[39] Liu Y, Du R, Li Y, et al. Determination of the chloride threshold concentration for reinforcing steel corrosion initiation in simulated concrete pore solution [J]. Chin J Anal Chem, 2006, 34: 825-828.

[40] Völker E, Inchauspe C G, Calvo E J. Scanning electrochemical microscopy measurement of ferrous ion fluxes during localized corrosion of steel [J]. Electrochem Commun, 2006, 8: 179-183.

[41] Cui N, Ma H Y, Luo J L, et al. Use of scanning reference electrode technique for characterizing pitting and general corrosion of carbon steel in neutral media[J]. Electrochem Commun, 2001, 3: 716-721.

[42] Souto R M, González-García Y, González S, et al. Damage to paint coatings caused by electrolyte immersion as observed *in situ* by scanning electrochemical microscopy［J］. Corros Sci, 2004, 46: 2621-2628.

[43] Jones C E, Macpherson J V, Barber Z H, et al. Simultaneous topographical and amperometric imaging of surfaces in air: Towards a combined scanning force-scanning electrochemical microscope（SF–SECM）［J］. Electrochem Commun, 1999, 1: 55-60.

[44] Burstein G T, Liu C, Souto R M, et al. Origins of pitting corrosion［J］. Corros Eng Sci Technol, 2004, 39: 25-30.

[45] Hansma P K, Drake B, Marti O, et al. The scanning ion-conductance microscope［J］. Science, 1989, 243: 641-643.

[46] Korchev Y E, Bashford C L, Milovanovic M, et al. Scanning ion conductance microscopy of living Cells［J］. Biophys J, 1997, 73: 653-658.

[47] Shevchuk A I, Gorelik J, Harding S E, et al. Simultaneous measurement of Ca^{2+} and cellular dynamics: Combined scanning ion conductance and optical microscopy to study contracting cardiac myocytes［J］. Biophys J, 2001, 81: 1759-1764.

[48] Novak P, Li C, Shevchuk A I, et al. Nanoscale live-cell imaging using hopping probe ion conductance microscopy［J］. Nat Methods, 2009, 6: 279-281.

[49] Chen C C, Zhou Y, Baker L A. Scanning ion conductance microscopy［J］. Annu Rev Anal Chem 2012, 5: 207-228.

[50] Zhu C, Huang K, Siepser N P, et al. Scanning ion conductance microscopy［J］. Chem Rev, 2021, 121: 11726-11768.

[51] Kempaiah R, Vasudevamurthy G, Subramanian A. Scanning probe microscopy based characterization of battery materials, interfaces, and processes［J］. Nano Energy, 2019, 65: 103925.

[52] Siddiqui H, Singh N, Naidu P, et al. Emerging electrochemical additive manufacturing technology for advanced materials: Structures and applications［J］. Mater Today, 2023, 70: 161-192.

[53] Lang J, Li Y, Yang Y, et al. Application of scanning ion conductance microscope in cell characterizations［J］. Sci Sin Chim, 2019, 49: 844-860.

[54] McKelvey K, Kinnear S L, Perry D, et al. Surface charge mapping with a nanopipette［J］. J Am Chem Soc, 2014, 136: 13735-13744.

[55] Li P, Liu L, Wang Y, et al. Phase modulation mode of scanning ion conductance microscopy［J］. Appl Phys Lett, 2014, 105: 053113.

[56] Zhuang J, Jiao Y, Li Z, et al. A continuous control mode with improved imaging rate for scanning ion conductance microscope（SICM）［J］. Ultramicroscopy, 2018, 190: 66-76.

[57] Zhuang J, Wang Z, Liao X, et al. Hierarchical spiral-scan trajectory for efficient scanning ion

conductance microscopy [J]. Micron, 2019, 123: 102683.

[58] Mann S A, Hoffmann G, Hengstenberg A, et al. Pulse-mode scanning ion conductance microscopy—A method to investigate cultured hippocampal cells [J]. J Neurosci Methods, 2002, 116: 113-117.

[59] Happel P, Hoffmann G, Mann S A, et al. Monitoring cell movements and volume changes with pulse-mode scanning ion conductance microscopy [J]. J Microsc, 2003, 212: 144-151.

[60] Happel P, Dietzel I D. Backstep scanning ion conductance microscopy as a tool for long term investigation of single living cells [J]. J Nanobiotechnology, 2009, 7: 7.

[61] Zhukov A, Richards O, Ostanin V, et al. A hybrid scanning mode for fast scanning ion conductance microscopy (SICM) imaging [J]. Ultramicroscopy, 2012, 121: 1-7.

[62] Choi M, Baker L A. Biphasic-scanning ion conductance microscopy [J]. Anal Chem, 2018, 90: 11797-11801.

[63] Watanabe S, Kitazawa S, Sun L, et al. Development of high-speed ion conductance microscopy [J]. Rev Sci Instrum, 2019, 90: 123704.

[64] Zhuang J, Yan H, Zheng Q, et al. Study on a rapid imaging method for scanning ion conductance microscopy using a double-barreled theta pipette [J]. Anal Chem, 2020, 92: 15789-15798.

[65] Shkirskiy V, Kang M, McPherson I J, et al. Electrochemical impedance measurements in scanning ion conductance microscopy [J]. Anal Chem, 2020, 92: 12509-12517.

[66] Proksch R, Lal R, Hansma P K, et al. Imaging the internal and external pore structure of membranes in fluid: Tapping mode scanning ion conductance microscopy [J]. Biophys J, 1996, 71: 2155-2157.

[67] Chen C C, Derylo M A, Baker L A. Measurement of ion currents through porous membranes with scanning ion conductance microscopy [J]. Anal Chem, 2009, 81: 4742-4751.

[68] Böcker M, Muschter S, Schmitt E K, et al. Imaging and patterning of pore-suspending membranes with scanning ion conductance microscopy [J]. Langmuir, 2009, 25: 3022-3028.

[69] Chen C C, Zhou Y, Baker L A. Single-nanopore investigations with ion conductance microscopy [J]. ACS Nano, 2011, 5: 8404-8411.

[70] Morris C A, Chen C C, Baker L A. Transport of redox probes through single pores measured by scanning electrochemical-scanning ion conductance microscopy (SECM-SICM) [J]. Analyst, 2012, 137: 2933-2938.

[71] Shi W, Baker L A. Imaging heterogeity and transport of degraded Nafion membranes [J]. RSC Adv, 2015, 5: 99284-99290.

[72] Alanis K, Siwy Z S, Baker L A. Scanning ion conductance microscopy of Nafion-modified nanopores [J]. J Electrochem Soc, 2023, 170: 066510.

[73] Paschoalino W J, Payne N A, Pessanha T M, et al. Charge storage in graphene oxide: Impact of the cation on ion permeability and interfacial capacitance [J]. Anal Chem, 2020, 92: 10300-10307.

[74] Honda K, Yoshida K, Sato K, et al. *In situ* visualization of LbL-assembled film nanoscale morphology using scanning ion conductance microscopy [J]. Electrochim Acta, 2023, 469: 143152.

[75] Shi W, Zeng Y, Zhu C, et al. Characterization of membrane patch-ion channel probes for scanning ion conductance microscopy [J]. Small, 2018, 14: 1702945.

[76] Siwy Z, Heins E, Harrell C C, et al. Conical-nanotube ion-current rectifiers: The role of surface charge [J]. J Am Chem Soc, 2004, 126: 10850-10851.

[77] Momotenko D, Cortés-Salazar F, Josserand J, et al. Ion current rectification and rectification inversion in conical nanopores: A perm-selective view [J]. Phys Chem Chem Phys, 2011, 13: 5430-5440.

[78] Sa N, Baker L A. Rectification of nanopores at surfaces [J]. J Am Chem Soc, 2011, 133: 10398-10401.

[79] Sa N, Lan W J, Shi W, et al. Rectification of ion current in nanopipettes by external substrates [J]. ACS Nano, 2013, 7: 11272-11282.

[80] Zhu C, Zhou L, Choi M, et al. Mapping surface charge of individual microdomains with scanning ion conductance microscopy [J]. ChemElectroChem, 2018, 5: 2986-2990.

[81] Perry D, Al Botros R, Momotenko D, et al. Simultaneous nanoscale surface charge and topographical mapping [J]. ACS Nano, 2015, 9 7266-7276.

[82] Ma Y, Liu R, Shen X, et al. Quantification of asymmetric ion transport in glass nanopipettes near charged substrates [J]. ChemElectroChem, 2021, 8: 3917-3922.

[83] Zhu C, Jagdale G, Gandolfo A, et al. Surface charge measurements with scanning ion conductance microscopy provide insights into nitrous acid speciation at the Kaolin mineral-air interface [J]. Environ Sci Technol, 2021, 55: 12233-12242.

[84] Cremin K, Jones B A, Teahan J, et al. Scanning ion conductance microscopy reveals differences in the ionic environments of gram-positive and negative bacteria [J]. Anal Chem, 2020, 92: 16024-16032.

[85] Perry D, Paulose Nadappuram B, Momotenko D, et al. Surface charge visualization at viable living cells [J]. J Am Chem Soc, 2016, 138: 3152-3160.

[86] Dunn T H, Skaanvik S A, McPherson I J, et al. Universality of hair as a nucleant: Exploring the effects of surface chemistry and topography [J]. Cryst Growth Des, 2023, 23: 8978-8990.

[87] O'Connell M A, Wain A J. Mapping electroactivity at individual catalytic nanostructures using high-resolution scanning electrochemical–scanning ion conductance microcopy[J]. Anal Chem,

2014, 86: 12100-12107.

[88] O'Connell M A, Lewis J R, Wain A J. Electrochemical imaging of hydrogen peroxide generation at individual gold nanoparticles [J]. Chem Commun, 2015, 51: 10314-10317.

[89] Momotenko D, McKelvey K, Kang M, et al. Simultaneous interfacial reactivity and topography mapping with scanning ion conductance microscopy [J]. Anal Chem, 2016, 88: 2838-2846.

[90] Kang M, Perry D, Bentley C L, et al. Simultaneous topography and reaction flux mapping at and around electrocatalytic nanoparticles [J]. ACS Nano, 2017, 11: 9525-9535.

[91] Jin R, Ye X, Fan J, et al. *In situ* imaging of photocatalytic activity at titanium dioxide nanotubes using scanning ion conductance microscopy [J]. Anal Chem, 2019, 91: 2605-2609.

[92] Liu G, Kolodziej C, Jin R, et al. MoS$_2$-stratified CdS-Cu$_{2-x}$S core-shell nanorods for highly efficient photocatalytic hydrogen production [J]. ACS Nano, 2020, 14: 5468-5479.

[93] Lipson A L, Ginder R S, Hersam M C. Nanoscale *in situ* characterization of Li-ion battery electrochemistry via scanning ion conductance microscopy [J]. Adv Mater, 2011, 23: 5613-5617.

[94] Payne N A, Dawkins J I G, Schougaard S B, et al. Effect of substrate permeability on scanning ion conductance microscopy: Uncertainty in tip-substrate separation and determination of ionic conductivity [J]. Anal Chem, 2019, 91: 15718-15725.

[95] Takahashi Y, Takamatsu D, Korchev Y, et al. Correlative analysis of ion-concentration profile and surface nanoscale topography changes using *operando* scanning ion conductance microscopy [J]. JACS Au, 2023, 3: 1089-1099.

[96] Ji T, Liang Z, Zhu X, et al. Probing the structure of a water/nitrobenzene interface by scanning ion conductance microscopy [J]. Chem Sci, 2011, 2: 1523-1529.

[97] Gu Y, Chen Y, Dong Y, et al. Probing non-polarizable liquid/liquid interfaces using scanning ion conductance microscopy [J]. Sci China Chem, 2020, 63: 411-418.

[98] Müller A D, Müller F, Hietschold M. Localized electrochemical deposition of metals using micropipettes [J]. Thin Solid Films, 2000, 366: 32-36.

[99] Momotenko D, Page A, Adobes-Vidal M, et al. Write-read 3D patterning with a dual-channel nanopipette [J]. ACS Nano, 2016, 10: 8871-8878.

[100] Sarkar S, Mandler D. Scanning electrochemical microscopy versus scanning ion conductance microscopy for surface patterning [J]. ChemElectroChem, 2017, 4: 2981-2988.

[101] Yoshioka M, Mizutani Y, Ushiki T, et al. Micropillar fabrication based on local electrophoretic deposition using a scanning ion conductance microscope with a theta nanopipette [J]. Jpn J Appl Phys, 2019, 58: 046503.

[102] Nakazawa K, Yoshioka M, Mizutani Y, et al. Local electroplating deposition for free-standing micropillars using a bias-modulated scanning ion conductance microscope [J]. Microsyst

Technol, 2020, 26: 1333-1342.
［103］Hennig S, van de Linde S, Bergmann S, et al. Quantitative super-resolution microscopy of nanopipette-deposited fluorescent patterns［J］. ACS Nano, 2015, 9: 8122-8130.
［104］Bruckbauer A, Ying L, Rothery A M, et al. Characterization of a novel light source for simultaneous optical and scanning ion conductance microscopy［J］. Anal Chem, 2002, 74: 2612-2616.
［105］Wang Y, Cai H, Mirkin M V. Delivery of single nanoparticles from nanopipettes under resistive-pulse control［J］. ChemElectroChem, 2015, 2: 343-347.
［106］Chen B, Perry D, Page A, et al. scanning ion conductance microscopy: Quantitative nanopipette delivery–substrate electrode collection measurements and mapping［J］. Anal Chem, 2019, 91: 2516-2524.
［107］Ebejer N, Schnippering M, Colburn A W, et al. Localized high resolution electrochemistry and multifunctional imaging: Scanning electrochemical cell microscopy［J］. Anal Chem, 2010, 82: 9141-9145.
［108］Ebejer N, Guell A G, Lai S C S, et al. Scanning electrochemical cell microscopy: A versatile technique for nanoscale electrochemistry and functional imaging［J］. Annu Rev Anal Chem, 2013, 6: 329-351.
［109］Aaronson B D B, Güell A G, McKelvey K, et al. Scanning electrochemical cell microscopy: mapping, measuring, and modifying surfaces and interfaces at the nanoscale//Mirkin M V, Amemiya S. Nanoelectrochemistry［M］. Boca Raton: CRC Press, 2015: 655-694.
［110］Xu X, Valavanis D, Ciocci P, et al. The new era of high-throughput nanoelectrochemistry［J］. Anal Chem, 2023, 95: 319-356.
［111］Wahab O J, Kang M, Meloni G N, et al. Nanoscale visualization of electrochemical activity at indium tin oxide Electrodes［J］. Anal Chem, 2022, 94: 4729-4736.
［112］Bentley C L. Scanning electrochemical cell microscopy for the study of（nano）particle electrochemistry: From the sub-particle to ensemble level［J］. Electrochem Sci Adv, 2021, e2100081.
［113］Momotenko D, Byers J C, McKelvey K, et al. High-speed electrochemical imaging［J］. ACS Nano, 2015, 9: 8942-8952.
［114］Chen C H, Jacobse L, McKelvey K, et al. Voltammetric scanning electrochemical cell microscopy: Dynamic imaging of hydrazine electro-oxidation on platinum electrodes［J］. Anal Chem, 2015, 87: 5782-5789.
［115］Wahab O J, Kang M, Unwin P R. Scanning electrochemical cell microscopy: A natural technique for single entity electrochemistry［J］. Curr Opin Electrochem, 2020, 22: 120-128.
［116］Bentley C L, Kang M, Maddar F M, et al. Electrochemical maps and movies of the hydrogen

evolution reaction on natural crystals of molybdenite (MoS$_2$): Basal vs. edge plane activity [J]. Chem Sci, 2017, 8: 6583-6593.

[117] Zheng Q, Zhuang J, Wang T, et al. Investigating the effects of solution viscosity on the stability and success rate of SECCM imaging [J]. Ultramicroscopy, 2023, 254.

[118] Zhuang J, Wang Z, Zheng Q, et al. Scanning electrochemical cell microscopy stable imaging method with a backpressure at the back of its nanopipet [J]. IEEE Sens J, 2021, 21: 5240-5248.

[119] Jin R, Lu H Y, Cheng L, et al. Highly spatial imaging of electrochemical activity on the wrinkles of graphene using all-solid scanning electrochemical cell microscopy [J]. Fundam Res, 2022, 2: 193-197.

[120] Unwin P R, Guell A G, Zhang G H. Nanoscale electrochemistry of sp^2 carbon materials: From graphite and graphene to carbon nanotubes [J]. Acc Chem Res, 2016, 49: 2041-2048.

[121] Güell A G, Meadows K E, Dudin P V, et al. Mapping nanoscale electrochemistry of individual single-walled carbon nanotubes [J]. Nano Lett, 2014, 14: 220-224.

[122] Byers J C, Güell A G, Unwin P R. Nanoscale electrocatalysis: Visualizing oxygen reduction at pristine, kinked, and oxidized sites on individual carbon nanotubes [J]. J Am Chem Soc, 2014, 136: 11252-11255.

[123] Zhang G H, Kirkman P M, Patel A N, et al. Molecular functionalization of graphite surfaces: Basal plane versus step edge electrochemical activity [J]. J Am Chem Soc, 2014, 136: 11444-11451.

[124] Güell A G, Cuharuc A S, Kim Y R, et al. Redox-dependent spatially resolved electrochemistry at graphene and graphite step edges [J]. ACS Nano, 2015, 9: 3558-3571.

[125] Kirkman P M, Güell A G, Cuharuc A S, et al. Spatial and temporal control of the diazonium modification of sp^2 carbon surfaces [J]. J Am Chem Soc, 2014, 136: 36-39.

[126] McKelvey K, O'Connell M A, Unwin P R. Meniscus confined fabrication of multidimensional conducting polymer nanostructures with scanning electrochemical cell microscopy (SECCM) [J]. Chem Commun, 2013, 49: 2986-2988.

[127] Hengsteler J, Mandal B, van Nisselroy C, et al. Bringing electrochemical three-dimensional printing to the nanoscale [J]. Nano Lett, 2021, 21: 9093-9101.

[128] Zhang G H, Güell A G, Kirkman P M, et al. Versatile polymer-free graphene transfer method and applications [J]. ACS Appl Mater Interfaces, 2016, 8: 8008-8016.

[129] Ustarroz J, Ornelas I M, Zhang G H, et al. Mobility and poisoning of mass-selected platinum nanoclusters during the oxygen reduction reaction [J]. ACS Catal, 2018, 8: 6775-6790.

[130] Bentley C L, Kang M, Unwin P R. Nanoscale structure dynamics within electrocatalytic materials [J]. J Am Chem Soc, 2017, 139: 16813-16821.

[131] Valavanis D, Ciocci P, Meloni G N, et al. Hybrid scanning electrochemical cell microscopy-interference reflection microscopy (SECCM-IRM): Tracking phase formation on surfaces in small volumes [J]. Faraday Discuss, 2022, 233: 122-148.

[132] Martin-Yerga D, Kang M, Unwin P R. Scanning electrochemical cell microscopy in a glovebox: Structure-activity correlations in the early stages of solid-electrolyte interphase formation on graphite [J]. ChemElectrochem, 2021, 8: 4240-4251.

[133] Martin-Yerga D, Milan D C, Xu X D, et al. Dynamics of solid-electrolyte interphase formation on silicon electrodes revealed by combinatorial electrochemical screening [J]. Angew Chem Int Ed, 2022, e202207184.

[134] Tao B L, Yule L C, Daviddi E, et al. Correlative electrochemical microscopy of Li-ion (De) intercalation at a series of individual $LiMn_2O_4$ particles [J]. Angew Chem Int Ed, 2019, 58: 4606-4611.

[135] Guo S X, Bentley C L, Kang M, et al. Advanced spatiotemporal voltammetric techniques for kinetic analysis and active site determination in the electrochemical reduction of CO_2 [J]. Acc Chem Res, 2022, 55: 241-251.

[136] Bentley C L, Kang M, Unwin P R. Nanoscale surface structure-activity in electrochemistry and electrocatalysis [J]. J Am Chem Soc, 2019, 141: 2179-2193.

[137] Snowden M E, Guell A G, Lai S C S, et al. Scanning electrochemical cell microscopy: Theory and experiment for quantitative high resolution spatially-resolved voltammetry and simultaneous ion-conductance measurements [J]. Anal Chem, 2012, 84: 2483-2491.

[138] Ustarroz J, Ornelas I M, Zhang G, et al. Mobility and poisoning of mass-selected platinum nanoclusters during the oxygen reduction reaction [J]. ACS Catal, 2018, 8: 6775-6790.

[139] Mefford J T, Akbashev A R, Kang M K, et al. Correlative *operando* microscopy of oxygen evolution electrocatalysts [J]. Nature, 2021, 593: 67-73.

[140] Tao B L, Unwin P R, Bentley C L. Nanoscale variations in the electrocatalytic activity of layered transition-metal dichalcogenides [J]. J Phys Chem C, 2020, 124: 789-798.

[141] Takahashi Y, Kobayashi Y, Wang Z, et al. High-resolution electrochemical mapping of the hydrogen evolution reaction on transition-metal dichalcogenide nanosheets [J]. Angew Chem Int Ed, 2020, 59: 3601-3608.

[142] Wahab O J, Kang M, Daviddi E, et al. Screening surface structure-electrochemical activity relationships of copper electrodes under CO_2 electroreduction conditions [J]. ACS Catal, 2022, 12: 6578-6588.

[143] Mariano R G, Kang M, Wahab O J, et al. Microstructural origin of locally enhanced CO_2 electroreduction activity on gold [J]. Nat Mater, 2021, 20: 1000-1006.

[144] Ornelas I M, Unwin P R, Bentley C L. High-throughput correlative electrochemistry-

microscopy at a transmission electron microscopy grid electrode [J]. Anal Chem, 2019, 91: 14854-14859.

[145] Mariano R G, McKelvey K, White H S, et al. Selective increase in CO_2 electroreduction activity at grain-oundary surface terminations [J]. Science, 2017, 358: 1187-1192.

[146] Wert S, Baluchová S, Schwarzová-Pecková K, et al. A cost-efficient approach for simultaneous scanning electrochemical microscopy and scanning ion conductance microscopy [J]. Monatsh Chem, 2020, 151: 1249-1255.

[147] Ossola D, Dorwling-Carter L, Dermutz H, et al. Simultaneous scanning ion conductance microscopy and atomic force microscopy with microchanneled cantilevers[J]. Phys Rev Lett, 2015, 115: 238103.

[148] Dorwling-Carter L, Aramesh M, Forró C, et al. Simultaneous scanning ion conductance and atomic force microscopy with a nanopore: Effect of the aperture edge on the ion current images [J]. J Appl Phys, 2018, 124.

第 3 章　扫描探针显微术对固体中电子及离子输运行为的表征应用

3.1　固体中电子及离子输运行为的研究表征需求

在基于固体材料的电子与能源器件中，电子和离子作为信息和能量传递的载体，其行为特性受材料影响并对器件性能具有重要意义。因此，对于固体中电子及离子输运行为的表征分析是全面揭示器件性能构效关系的关键途径。这就要求人们不单能从空间维度和能量维度上对电子、离子及激子等信息和能量载体的初始与最终的稳态进行表征，还需要能够在时间维度上探测其初始态到最终态的演变过程，以求可以全面展示材料与器件性能间的构效关系（图 3.1）。

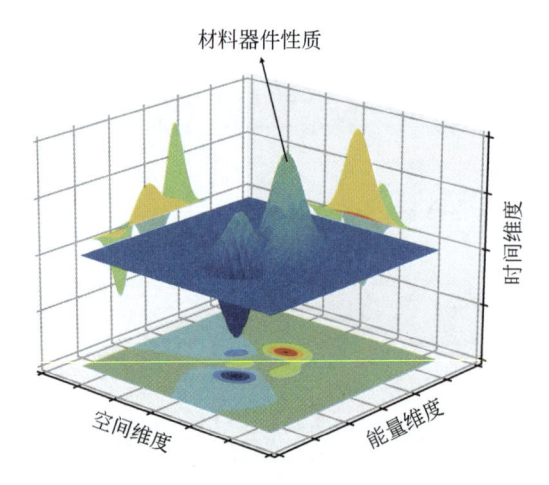

图 3.1　SPM 探测信息的空间维度、能量维度和时间维度示意图

3.1.1　传统能源器件中的电子及离子动力学行为表征方法

对于能源转换器件而言，如太阳能电池，瞬态吸收光谱[1]和瞬态荧光光谱等方法是探测电子动力学行为常用的时间维度表征方法［图 3.2（a）和（b）］。此类方法可以通过在纳秒甚至皮秒尺度上对材料和器件的光吸收以及荧光辐射强度进行测试，给出一段时间内材料和器件中与电子行为相关的光吸收及荧光辐射演变过程，进而推断出材料和器件中的电子动力学行为。电化学阻抗谱（EIS）是能源

第 3 章　扫描探针显微术对固体中电子及离子输运行为的表征应用 ·73·

存储器件,如锂离子电池中表征发生在电极/电解质界面的电荷转移反应的动力学机制的有力工具方法[2][图 3.2（c）]。EIS 方法将电压与时域和频域中的电流联系起来,从而获得锂离子电池中内部过程的动力学参数,并可以根据不同的弛豫时间有效地将复杂的电化学过程解卷积为一系列基本过程。但是上述方法给出的数据均为样品表征测试在时间维度上的空间统计结果,而更为深入的构效关系研究则需要建立材料特性与时间维度信息的空间维度关联。

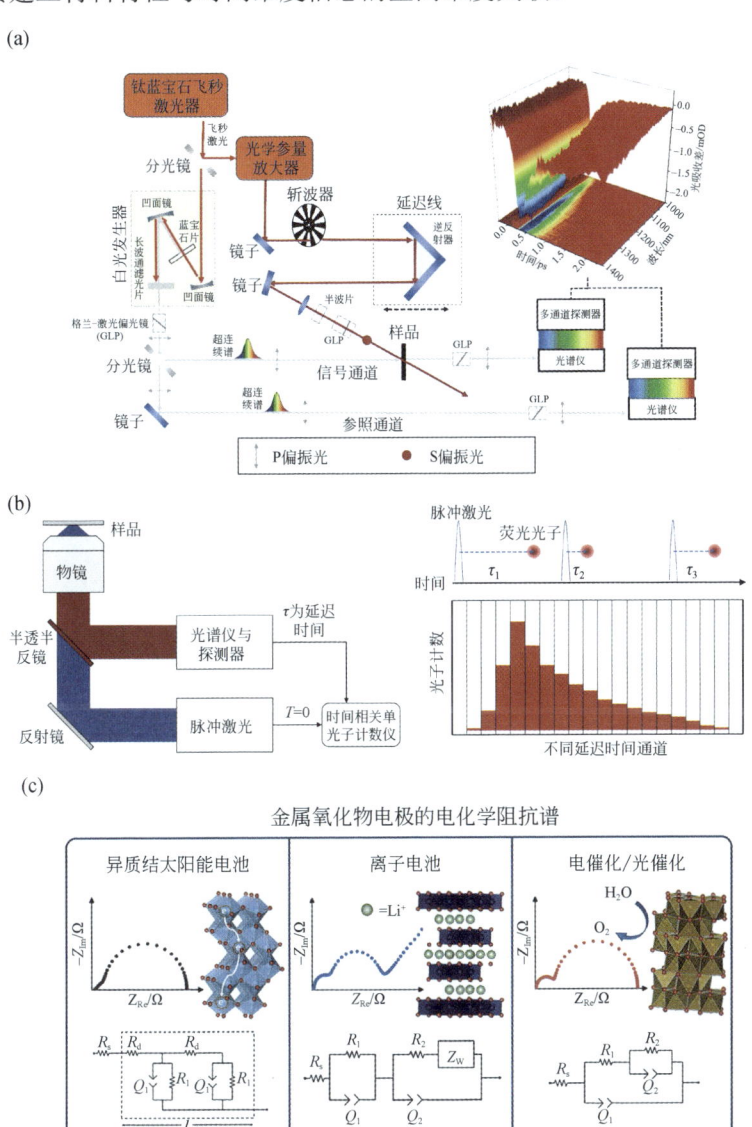

图 3.2　瞬态吸收光谱（a）[1]、瞬态荧光光谱（b）和电化学阻抗谱（c）[2]的测试方法示意图

3.1.2 基于扫描探针显微术的电子及离子动力学行为表征方法

扫描探针显微术（scanning probe microscopy，SPM）具有高空间分辨率、高速扫描、多种相互作用探测及多环境适应性等特点，使其成为研究不同类型材料及器件处于静态或是工况下的表面微观物理化学性质的有力方法[3, 4]。通常而言，扫描探针显微术可以通过空间上的微移动和针尖与样品间的能量相互作用，在微观空间维度上描绘出材料及器件表面区域上的空间维度或能量维度变化，如形貌、表面电势、电流、磁畴等。这些信息从组分、物理性质和化学活性等的空间分布角度为材料与器件的构效关系机制研究提供了关键信息，并建立了微观机制与宏观性能之间的连接桥梁，为相关材料与器件的性能优化调控提供了关键依据[5-9]。

在这一研究需求的推动下，人们开发了具备时间分辨能力的扫描探针显微术。2008 年，日本东京大学的 Toru Ujihara 教授使用扫描开尔文探针显微术（scanning Kelvin probe microscopy，SKPM）追踪在不同光激发频率下多晶硅太阳能电池表面势随时间的变化，进而观察到了晶粒边界不同距离处的局域载流子寿命和复合速率[10]。

而在 2006 年，美国华盛顿大学的 David Ginger 教授基于静电力显微术（electrostatic force microscopy，EFM）开发了时间分辨静电力显微术（time-resolved EFM，trEFM），并成功在空间维度上展示了有机太阳能电池中给体、受体及二者边界区域中的光生载流子充电速率这一时间维度参量[11]。此后，这一方法不仅应用于有机光伏器件的活性层形貌与光生载流子/激子动力学行为的构效关系研究中[11]，也成功在空间尺度上关联了聚合物电解质中的离子动力学行为和电解质组分形貌[12]。

然而，由于传统 EFM 中反馈电路的存在与系统响应速度限制，常规的 trEFM 测试系统难以在维持足够的信噪比稳定性的情况下追踪以非富勒烯受体为代表的新一代高效有机光伏器件中的光生载流子输运及复合行为(纳秒时间尺度)。因此，David Ginger 教授及其合作者开发了无反馈系统的快速自由时间分辨静电力显微术（FF-trEFM）[13]。这一方法应用探针悬梁臂位置与相应时间数据的 Hilbert 变换，以获得检测信号的瞬时相位信息，从而突破了反馈系统对信号采集响应速度的限制，将时间分辨能力由微秒级别提升至纳秒级别，大大增强了扫描探针显微系统对高效器件中的快速载流子行为的捕获检测能力。近年来，扫描探针显微术与泵浦探测技术的进一步结合，使得人们具备了在分子尺度下观测分子内激子动力学行为的能力。2021 年，德国雷根斯堡大学的 Jascha Repp 教授将电子泵浦探测方法应用于扫描探针显微术，实现了原子尺度下对单个并五苯分子内三线态激子淬灭过程的观测[14]。

因此，空间维度下的时间维度信息展示是深入解析材料与器件中的载流子、离子或激子的动态行为的有力工具，不仅在微观尺度上挖掘了材料结构或组分与器件载流子或离子运动行为间的构效关系，也建立了微观调控策略与宏观性能优化间的桥梁。

3.2 基于扫描探针显微镜的固体中电子输运行为表征方法

在本章节中,我们将重点介绍基于 SPM 技术的固体材料中电子输运行为表征方法。这里我们将主要以太阳能电池等能源器件为例,对相关具备时间分辨能力的 SPM 表征技术展开介绍。

太阳能电池是一种可以将光能直接转换为电能的能量转换器件,其光电转换过程可大致描述为:活性层吸收光子后转换为电子-空穴对或激子,电子-空穴对或激子进一步分离生成非平衡态光生电子和空穴,之后光生电子和空穴分别被太阳能电池负极和正极收集后导入外电路(图 3.3)[15, 16]。其光电转换效率 η 可以表述为下述公式:

$$\eta = \frac{V_{OC} \times J_{SC} \times FF}{P_{in}} \tag{3-1}$$

其中,V_{OC}、J_{SC} 和 FF 分别为器件开路状态下的电压(开路电压)、短路状态下的电流密度(短路电流)和最大输出功率点的填充因子,P_{in} 为输入器件的光能密度。在太阳能器件中,部分光生电子和空穴在被电极收集之前,可因为活性层体相或是界面处的缺陷态以及电子-空穴重相遇等情况而发生复合现象。光生载流子(电子和空穴)在太阳能电池中的复合行为可影响 V_{OC}、J_{SC} 和 FF 这三个参数,从而降低器件的光电转换效率[17-19]。因此,深入研究理解太阳能电池中非平衡态载流子复合行为和材料器件间的构效关系,是找出有效提升器件光电转换效率优化策略的必要条件。因此,同时具备时间分辨和高空间分辨能力的扫描探针显微术就成为这一研究方向上的强力工具方法。

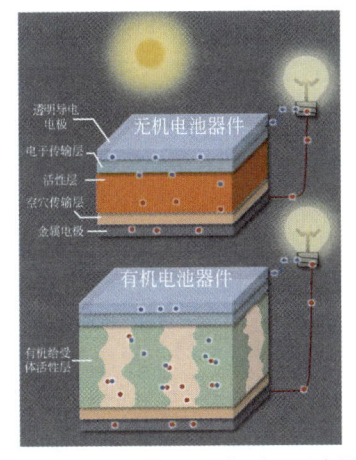

图 3.3 太阳能电池工作原理示意图

3.2.1　基于光调制方法的扫描开尔文探针显微术

在太阳能电池处于开路状态下,光照时光生载流子一方面会从活性层体相向界面处迁移并聚集,另一方面会在体相和界面处发生复合行为,直至活性层中整体的光生载流子生成与复合达到平衡状态。在太阳能电池中,光生载流子的载流子寿命对整体器件的载流子输运与收集效率具有重要影响,较短的载流子寿命可引起器件短路电流和填充因子的降低,进而减小器件的光电转换效率。载流子寿命与其在器件中的复合行为相关,因此对载流子寿命进行表征分析可有助于理解器件中的载流子复合行为。我们可以注意到,光照条件下,当载流子聚集在活性层表面时,活性层的表面电势就会相应的发生变化,因此表面电势就可以作为活性层表面处的载流子状态的一个指标参量[10],即我们可以使用扫描开尔文探针显微术(SKPM)来表征活性层表面处的光生载流子寿命及其复合行为。

SKPM 是一种基于原子力显微镜的样品表面电势表征技术,其工作机制如图 3.4,探针与样品在未接触前具有相同的表面真空能级位置和不同的功函数;在探针与样品之间发生电学接触之后,二者间会发生从费米能级低到高的方向的电子流,进而使得探针与样品之间的费米能级平衡,但此时探针与样品之间存在表面接触电势差(contact potential difference,V_{CPD});当在探针与样品之间施加与 CPD 相同数值的反向直流电压(V_D)时,可使二者间重新获得相同的表面真空能级,从而可将探针作为参比电极,实现样品表面电势的定量表征。

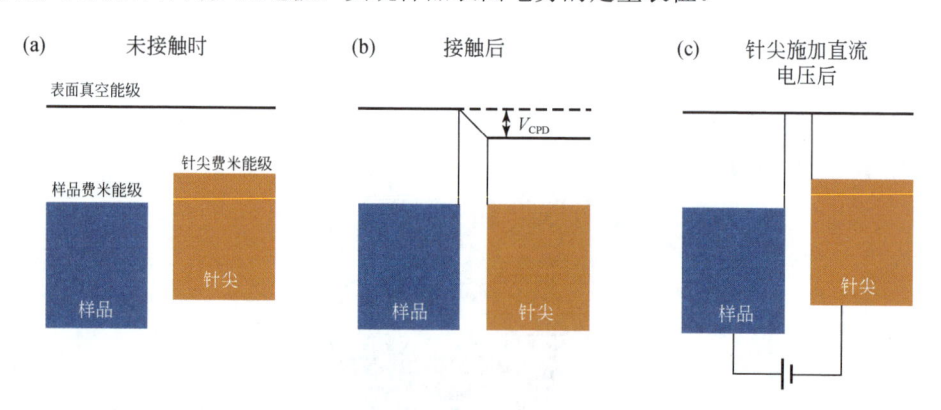

图 3.4　扫描开尔文探针显微术工作原理示意图。图中展示针尖与样品接触前(a)、接触后(b)及接触后针尖施加直流电压后(c)各自的真空能级状态

在具体工作过程中,SKPM 的设备连接示意图如图 3.5 所示,包括控制单元、扫描探头系统、锁相放大器、信号发生器及反馈系统等[20]。

SKPM 表征过程中,探针并不与样品直接接触,因此二者可视为距离为 z 的电容(C)。当直流电压 V_D 和交流电压 V_{AC} 施加于针尖时,针尖与样品间的总电压（V）可以写为：

$$V = V_D + V_{CPD} + V_{AC}\sin(\omega t) \tag{3-2}$$

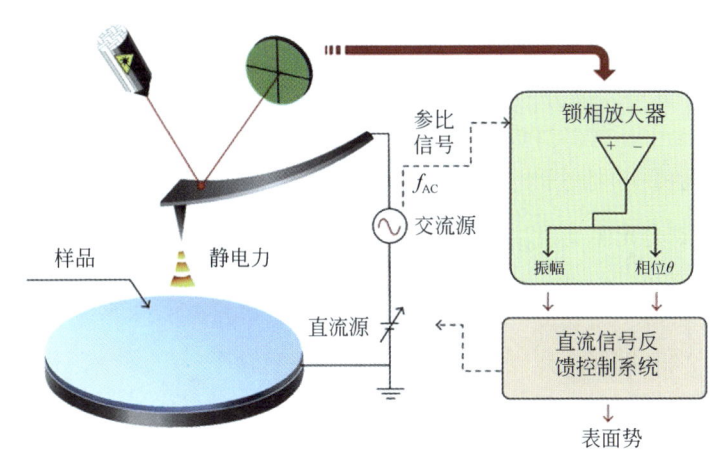

图 3.5 扫描开尔文探针显微术设备连接示意图[20]

其中，V_{CPD} 是针尖与样品间的接触电势差，ω 是施加的交流电压的频率。一般而言，物体间的相互作用力（F）可以表述为：

$$F = \frac{dE}{dr} \tag{3-3}$$

其中，E 为物体间储存的能量，r 是物体间间距。因此，在这里针尖与样品间的相互作用力就可以写为：

$$F = \frac{1}{2}\frac{dC}{dz}V^2 \tag{3-4}$$

$$F = \frac{1}{2}\frac{dC}{dz}[V_D + V_{CPD} + V_{AC}\sin(\omega t)]^2 \tag{3-5}$$

式（3-5）计算展开后，可以分为 3 项：

$$F_D = \frac{dC}{dz}\left[\frac{1}{2}(V_D - V_{CPD})^2 + \frac{1}{4}V_{AC}^2\right] \tag{3-6}$$

$$F_\omega = \frac{dC}{dz}(V_D - V_{CPD})V_{AC}\sin(\omega t) \tag{3-7}$$

$$F_{2\omega} = -\frac{1}{4}\frac{dC}{dz}V_{AC}^2\cos(2\omega t) \tag{3-8}$$

其中，F_D 为直流信号项，F_ω 和 $F_{2\omega}$ 分别为频率信号项和倍频信号项。在测试过程中，通常使用锁相放大器提取 F_ω 信号或 $F_{2\omega}$ 信号。F_ω 一般用于静电力显微术（electrostatic force microscopy，EFM）以探测样品表面的静电相互作用，当在测试系统中有一个反馈模块用于调节 V_D 使 F_ω 恒为 0 时，则可应用为 SKPM 探测样

品表面的 V_{CPD}。$F_{2\omega}$ 信号则可用以表征分析样品的介电行为信息，详见 1.3.2 节介电力显微术（dielectric force microscopy，DFM）部分。

现在，我们回到应用 SKPM 来表征太阳能电池活性层表面处的光生载流子寿命及其复合行为的测试中。当有一个周期性的调制光照射到活性层时，活性层表面的光电压行为可以划分为三个区间（图 3.6）[10]：

1）区间 1 中，在调制光开启后，光电压在光调制的光照区间开始阶段快速上升，并且在光照期间保持一个恒定光电压值 V_{max}；

2）在调制光光照结束时，由于活性层表面中的光生载流子会以表面复合率 $\frac{1}{\tau_s}$ 的速率快速复合，以致光电压瞬间下降。这里，τ_s 显著小于实验中的光调制周期 T；

3）在光调制的暗态区间，光电压会以体相复合率 $\frac{1}{\tau_b}$ 的速率逐渐衰减。这里，τ_b 是活性层中的少数载流子寿命。

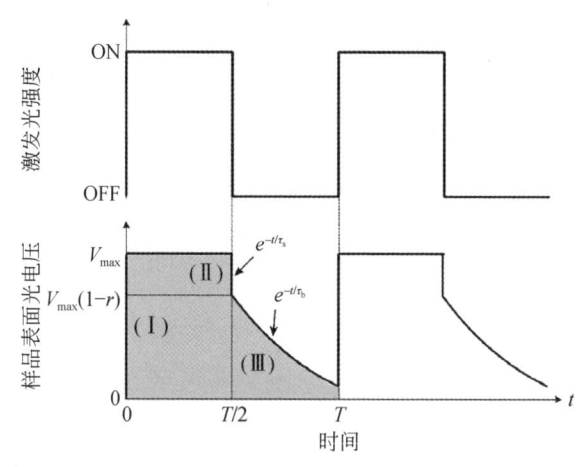

图 3.6 周期性调制光激发下的样品表面光电压变化行为示意图[10]

由于 SKPM 对于光电压的测量响应较慢，因此在光调制情况下，SKPM 会在光照的开启和关闭状态的整个周期内给出时间平均的光电压值，因此在调制周期为 T 的情形下，时间平均光电压 V_{avg} 由下式给出[10]：

$$\begin{aligned}\frac{V_{avg}}{V_{max}} &= \frac{1}{T}\int_0^T (V)\mathrm{d}t \\ &= \frac{1}{T}\left[\int_0^{T/2}\mathrm{d}t + \int_{T/2}^T (1-r)e^{-(t-T/2)/\tau_b}\mathrm{d}t\right] \\ &= \frac{1}{2} + \frac{\tau_b}{T}(1-r)\left(1-e^{-T/2\tau_b}\right)\end{aligned} \quad (3-9)$$

其中，r 为光照关闭时光电压相对于 V_{max} 的下降比例，即表面层中的光生载流子对总光电压的贡献。对于小光调制周期（即高光调制频率）时的 V_{avg} 值而言，体相复合引起的光电压衰减可忽略不计，因此在光调制的暗态区间的光电压值为 $(1-r)V_{max}$，而 V_{avg} 可估算为 $V_{avg}=(1-r/2)V_{max}$。我们将 V_{avg} 的经验值及光调制周期 T 带入式（3-9）中，即可数值拟合出 τ_b 值（图 3.7）。

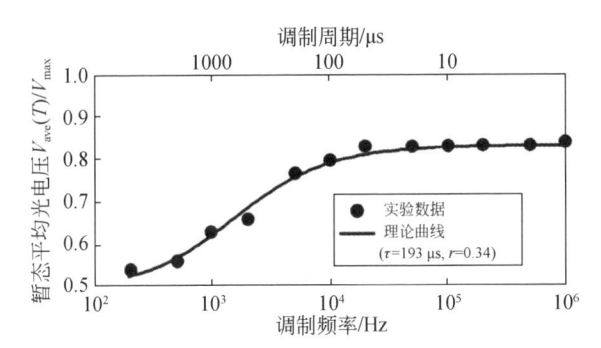

图 3.7 V_{avg} 依 V_{max} 归一化后的频率依赖函数曲线[10]（该曲线可拟合出 τ_b）

需要注意的是，应用上述的光调制 SKPM 技术方法表征太阳能电池中的光生载流子寿命时，样品性质须遵循两点假设：①光生载流子复合发生在样品表面和体相中，其中表面的复合速率显著快于体相中的复合速率；②由于较高的表面复合速率，在表面层中产生的光生载流子及光致表面电荷可在表面区域快速复合，而体相中的大多数光生载流子流动性不高，主要在体相中发生复合。因此，应用光调制 SKPM 方法可以测得光生载流子在体相复合时的复合率，即光生载流子寿命 τ_b。

应用这一技术方法，日本东京大学的 Ujihara 课题组成功地表征了 p 型多晶硅太阳能电池不同区域的光生载流子寿命信息（图 3.8）[10]。他们发现在多晶硅太阳

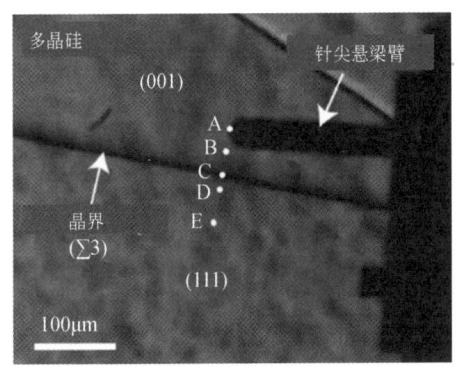

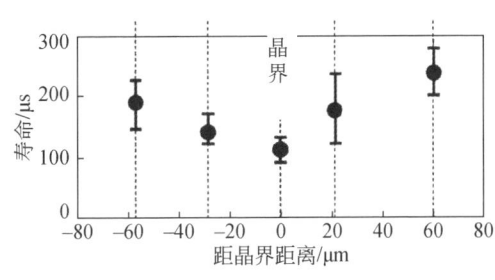

图 3.8 在多晶硅太阳能电池中的 A、B、C、D、E 不同区域的载流子寿命[10]（C 为晶界位置）

能电池材料中晶界附近的光生载流子寿命降低，并基于此发现晶界处较易充当光生载流子的复合位点或电流泄漏通道，从而降低了太阳能电池的性能。这证明了该技术可以空间分辨出太阳能电池活性层不同区域的载流子寿命分布信息。

但在实际应用中，人们对于这一方法仍有所疑问：人们常使用瞬态光电压（transient photovoltage，TPV）这一电学方法探测太阳能电池中的光生载流子寿命及复合行为，因此使用非接触测量模式的光调制 SKPM 方法所测得的光生载流子寿命或复合行为是否与 TPV 方法测得的相一致？对此，美国华盛顿大学的 Ginger 课题组通过对时域中的载流子动力学进行数值积分，进而模拟出 TPV 测试中的电压与时间关系。他们应用已知的光照强度和样品薄膜吸光度值去调控薄膜中的载流子生成速率 G，并通过 TPV 测试和载流子电荷提取（charge extraction，CE）测试得出载流子寿命 τ 和载流子浓度之间的数据关系，进而确定每个积分步骤中的瞬时载流子复合率 $R = -\dfrac{n^{1+\lambda}}{(1+\lambda)\tau_0 n_0^{\lambda}}$，这里 n 为瞬时载流子浓度，n_0 为载流子初始浓度，τ_0 为载流子初始寿命，λ 为指数因子。依据 G 和 R，人们可通过 $\dfrac{\mathrm{d}n}{\mathrm{d}t} = G - R$ 对 TPV 测试过程中的时域载流子动力学实现数值积分分析。Ginger 课题组的结果显示，TPV 结果与光调制 SKPM 结果显示出相同的光生载流子动力学复合行为（图3.9）[21]，这证实了基于非接触式的扫描探针显微术方法可以实现传统接触式电学方法中的载流子动力学行为表征分析能力。

因此人们可将这一技术方法应用于有机太阳能电池和钙钛矿太阳能电池等新一代光伏技术的微观区域光生载流子复合寿命及行为的表征分析。Ginger 课题组通过光调制 SKPM 技术方法成功分析了衬底上不同单分子自组装层区域上的有机太阳能电池活性层中的载流子复合行为（图3.10），证明了异质结材料界面化学对器件载流子复合行为的显著影响能力。

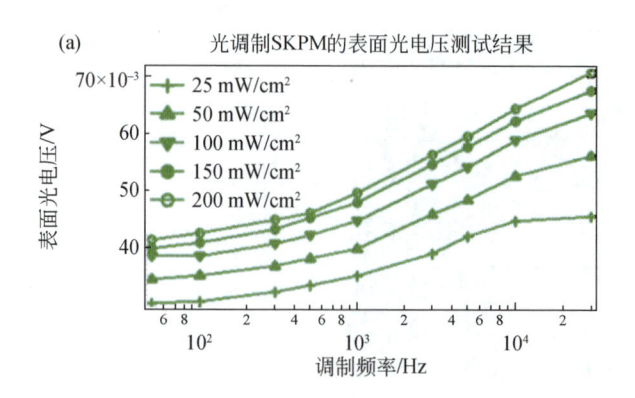

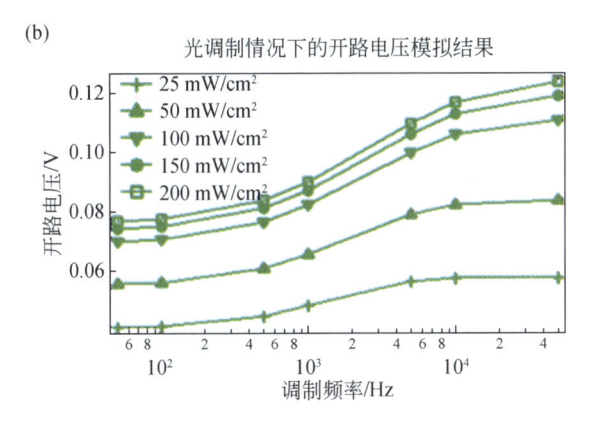

图 3.9 对于同材料体系的光调制薄膜表面光电压测试结果（a）与器件开路电压模拟结果（b）[21]。二者在不同的光照强度下均表现出相同的随调制光频率变化行为

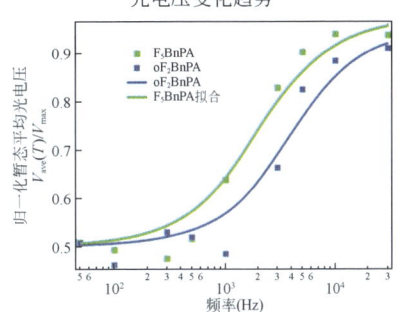

图 3.10 修饰于 ITO 上的 oF$_2$BnPA 和 F$_5$BnPA 单分子自组装层对 PCDTBT：PC71BM 薄膜中的光生载流子寿命的影响[21]。图中展示了制备于 oF$_2$BnPA 和 F$_5$BnPA 单分子自组装层区域的 PCDTBT：PC71BM 薄膜表面势（a）和不同调制光频率下的光电压变化趋势（b）

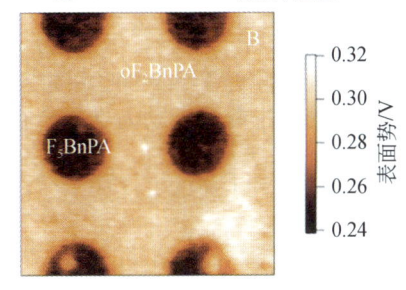

3.2.2 时间分辨静电力显微术的电子输运行为表征应用

如上一节所介绍的，光调制 SKPM 在测试过程中需要在样品的某一区域点上使用不同频率的光调制以得到相应调制频率下的平均光电压 V_{avg}，进而拟合出该区域点上的光生载流子寿命。这是因为 SKPM 的测试系统中会使用到一个带低通滤波器的反馈系统以实现对样品表面接触电势差的测量，所以 SKPM 无法动态响应样品表面光电压的变化过程，这就使得光调制 SKPM 方法在表征整个微区上的光生载流子寿命分布时需要花费大量的测试时间，这不仅对扫描探针显微术的长时间系统稳定性有较高的要求，也对样品的长时间稳定性提出了挑战。因此，美国华盛顿大学的 David Ginger 教授课题组基于无须反馈系统的静电力显微术

(electrostatic force microscopy，EFM)开发了时间分辨静电力显微术(time-resolved EFM，trEFM)，用于表征分析光伏器件，特别是有机太阳能电池中的光生载流子动力学行为[22]。

该技术采用灵敏度较振幅模式高的针尖共振频移信号作为测试采集信号。当针尖工作于一个力场中时，其共振频率 f' 可以写为：

$$f' = f\sqrt{1 - \frac{1}{k}\frac{dF}{dz}} \quad (3\text{-}10)$$

其中，f 为针尖的自然共振频率，k 为针尖悬臂梁的力学常数，F 为针尖与样品间的相互作用力，z 为针尖—样品间距离。但我们对式(3-10)做泰勒展开之后，可将 f' 近似为泰勒展开式的头两项，于是针尖在力场中的共振频率变化 Δf 就可以写为：

$$|\Delta f| = |f' - f| \approx \frac{f}{2k}\frac{dF}{dz} \quad (3\text{-}11)$$

于是，将式(3-4)代入式(3-11)中后，可得 trEFM 测试中的频移信号：

$$|\Delta f| \approx \frac{f}{4k}\frac{d^2C}{dz^2}V^2 \quad (3\text{-}12)$$

$$\propto \frac{d^2C}{dz^2}\left(V_{tip} - V_{surface}\right)^2 \quad (3\text{-}13)$$

V_{tip} 和 $V_{surface}$ 分别为针尖与样品表面上的电压。trEFM 测试方法的工作机制可以简述为，在针尖电压的作用下，光生载流子被针尖-样品间电场吸引至针尖下方的样品表面区域，进而改变了针尖-样品间的电容梯度，引起针尖共振频率偏移；当在光生载流子聚集的电荷量足以抵消样品内部电场，同时光生载流子复合与产生速率平衡时，系统中的光生载流子运动行为达到新的平衡状态[22]。trEFM 测试方法采用双扫描模式，即第一次扫描获取样品表面的轮廓曲线，之后将针尖抬起 z 的高度（如 15nm）沿着该轮廓曲线进行第二次扫描。我们以有机太阳能电池的 trEFM 表征过程中的针尖共振频率频移随时间变化过程为例，对 trEFM 的工作过程进行大致描述。

在第二次扫描时，针尖振动频率设置为其自然共振频率，在某一测量周期的开始阶段，样品处于暗态下，针尖上并不施加直流电压；为了测量针尖下方的光生载流子聚集过程，即针尖-样品间电容的充电过程，在暗态时于针尖上相对于样品施加一个较大的直流电压，如+10V，施加直流电压~1ms 后悬臂梁可达至新的平衡状态；之后通过 LED 光源（如 405nm LED 光）对样品施加激发光，光照区间的时间范围可为~10 毫秒，光照区间内的针尖共振频率频移随时间的变化曲线呈现出指数衰减的趋势，因此该曲线将会以式(3-14)进行拟合：

$$f = C + Ae^{\left(-\frac{t-t_0}{\tau}\right)} \qquad (3\text{-}14)$$

其中，C 和 A 为常数因子，t_0 为频移变化初始时间，以获得时间常数 τ，该常数的倒数即为针尖-样品间电容在光照开始后的光生载流子充电速率；之后将针尖直流电压归零~2ms，使聚集的光生载流子消散；之后将 LED 光照关闭~2ms 以进一步平衡样品使其回溯至测试前状态。上述过程在测试区域的每一像素点重复进行。这里需要说明的是：①在对于有机太阳能电池的测试中，$V_{surface}$（≤1V）是显著小于所施加的 V_{tip}（+10V）的，考虑到 $V_{surface}$ 仅与光照强度成对数关系[23]，因此测试到的频移程度主要取决于所施加的针尖电压；②trEFM 方法的时间分辨率受限于扫描探针显微术控制系统的频率反馈回路及其对环境和热机械噪声的响应，对于目前的商用扫描探针显微术设备而言，约 100μs 的时间分辨率是较为容易实现的，因此所测量到的频移随时间的指数变化的行为不受仪器限制，而是反映了针尖-样品间电容在光照开始后收集光生载流子充电的相关过程。

应用 trEFM 方法，Ginger 课题组成功地表征了由 poly-(9,9′-dioctylfluorene-co-benzothiadiazole)（F8BT）为受体材料和 poly-(9,9′-dioctylfluorene-co-bis-N,N′-(4-butylphenyl)-bis-N,N-phenyl-1,4-phenylenediamine（PFB）为给体材料所制备出的体相异质结有机光伏薄膜中的充电速率空间分辨图像（图 3.11）[24]。图 3.11（a）形貌图中黑色的区域为 PFM 分子聚集区，充电速率图 [图 3.11（b）] 中较暗的环形表明相关区域处的充电速率较慢，可以发现这些区域大多位于 F8BT 和 PFB 界面处，其充电速率较周边较亮区域低约 30%~50%。

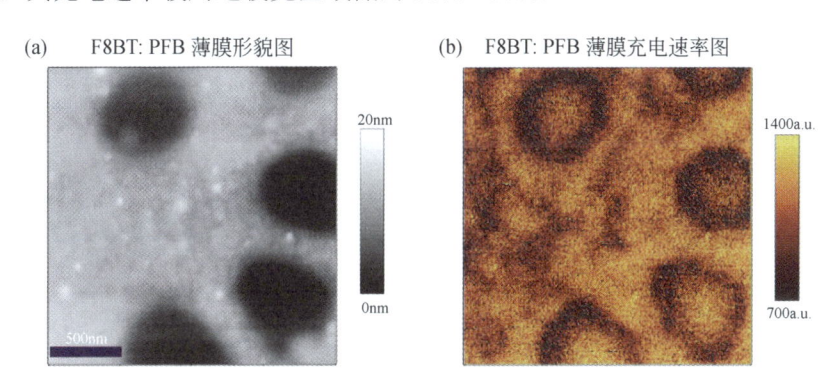

图 3.11　F8BT：PFB 薄膜的形貌图（a）与充电速率图（b）[24]

这证实了 trEFM 方法对薄膜样品中的光生载流子动力学时间信息的空间分辨表征能力。但是 trEFM 方法所测量到的充电速率与器件性能之间是否存在关联？是的话是与哪一个器件参数相关联？在 trEFM 测试中，有机薄膜上界面处的光生载流子收集积累能力可以直观地关联到有机太阳能电池中活性层中产生的光生载流子到达电极区域被收集的能力［即外量子效率（external quantum efficiency，EQE）］。因此，调控有机混合膜中的 F8BT：PFB 比例后，可以看出器件的最大外量子效率变化趋势与相应有机混合膜的充电速率变化趋势一致，即 trEFM 方法的测试结果可与有机光伏器件中的外量子效率相对应关联，所以可借由此非接触式的表征方式研究分析样品活性区表面区域的电流贡献分布及影响因素。

trEFM 在光伏器件的表征应用中不仅仅具备非接触式和空间分辨地映射显示活性层表面区域外量子效率（EQE）分布的优点，其还继承了扫描探针显微术的高灵敏度特性，可以对光伏器件样品中的微弱光电流信号进行探测。不同于硅（Si）、砷化镓（GaAs）和金属卤化钙钛矿（perovskite）等无机或有机-无机杂化光伏材料，有机光伏材料由于其较小的相对介电常数（～3）导致活性层中的光生激子束缚能（一般为 150meV 及以上）显著高于无机或有机-无机杂化光伏材料中的激子束缚能（～25meV 及以下）[25]，因此有机光伏活性层需要传输空穴的给体材料和传输电子的受体材料的共同作用以实现有机光伏材料中的激子分离（即光生载流子生成）。图 3.12 为有机太阳能电池的工作过程示意图，活性层材料吸光后产生激子，当激子由给体或受体区域运动到给/受体界面区域时，激子会转变为电荷转移态（charge transfer state，CT 态），其中空穴位于给体材料而电子位于受体材料，之后 CT 态中的空穴与电子可由束缚状态分离形成自由光生载流子[26]。可见，CT 态的电荷分离过程及行为对有机太阳能电池的器件性能具有重要影响。

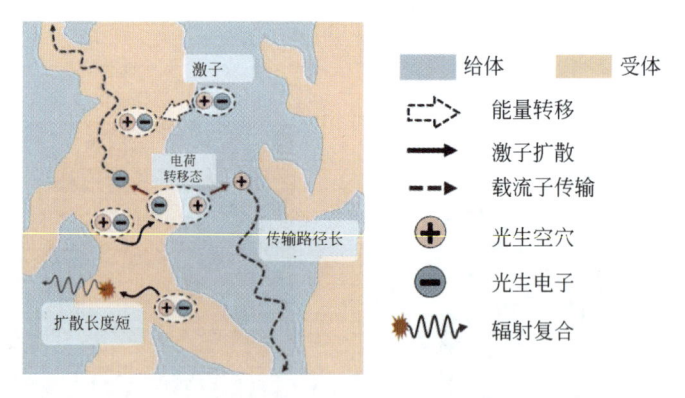

图 3.12 有机太阳能电池中的光生载流子生成过程示意图[26]

由于 CT 态的能量一般小于活性层中的激子能量[27]，因此在选择性激发活性层中的 CT 态时，所需的光子能量须与活性层的亚带隙等同，而相关光子能量区域的 EQE 很低，即光电流非常微弱，这需要高灵敏度和信噪比的光电测试系统以实现对太阳能电池的相关电学测量。

对于 trEFM 方法而言，以 poly［2-methoxy-5-(3′,7′-dimethylocty-loxy)-1,4-

pheny-len-evinylene］（MDMO-PPV）为给体和 PCBM 为受体的有机光伏薄膜及器件研究为例，即使器件的 EQE 低至 10^{-5} 量级，trEFM 测量的充电速率可以在超过两个数量级的数值范围内与器件 EQE 保持严格的相关性。而在相同的灵敏度要求下，需要在接触模式下进行电学测量的光电流扫描显微术须具备纳安培量级的光电流的检测能力。具备高灵敏度的 trEFM 就具备了研究活动层表面处 CT 态转变为光生载流子过程的可行性[28]。对 MDMO-PPV：PCBM 薄膜分别使用大于和小于其禁带宽度能量的激发光生载流子生成，所测试到的 trEFM 信号尽管在形态上看起来有很明显的变化，但是不同激发光子能量下其充电速率分布，即 EQE 分布在空间分辨上并没有变化，在两种激发能量下局部 EQE 表现出相同的空间变化，进而证实单线态与 CT 态的吸收比率和内量子效率在整个薄膜中是恒定的[27, 28]，器件中的激子/CT 态分离生成光生载流子的概率不取决于其是否由大于或小于活性层带隙能量的光子激发形成。因此，trEFM 方法实现了为宏观器件级的性能分析提供了与其相关联的纳米级表征支持。

此外，trEFM 的高灵敏度还被用于探测光照引起的光化学反应对于活性层光电性能变化的影响。Obadiah G. Reid 等使用 SKPM［图 3.13（a）］和 trEFM［图 3.13（b）］来研究曝光剂量对有机光伏活性层材料的光诱导降解的影响[29]。在他们的实验中，SKPM 仅对最高水平的曝光剂量［＞（5～10）J/cm^2］敏感，但 trEFM 可以检测出低至～10～20mJ/cm^2 的曝光计量对活性层薄膜的光电流生成能力的影响，该剂量相当于暴露于 AM 1.5G 下的太阳光（100mW/cm^2）不到 1 秒。此外，因为 SKPM 表征了样品的接触电位差，所以同一张数据图中不同扫描线之间的针尖状态变化会导致图像中出现条纹。但是 trEFM 测量的是样品的充电速率，因此它对此类伪影的敏感度大大降低。这表明，具备时间分辨能力的扫描探针显微术可以在具有高灵敏度的同时，在一定程度上降低针尖状态对于测试结果的不确定性影响。

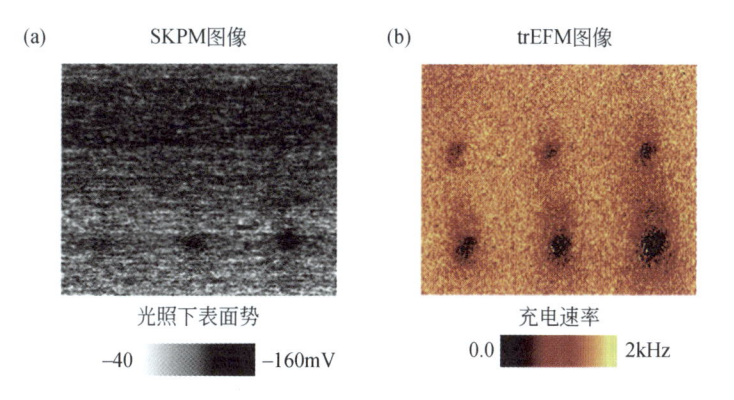

图 3.13 F8BT：PFB 混合膜中不同曝光剂量区域的 SKPM 图像（a）和 trEFM 图像（b）[29]

3.2.3 纳秒级时间分辨扫描探针显微术的电子输运行为表征应用

在 trEFM 方法中，扫描探针显微镜系统需要一个频率反馈系统以准确记录测量过程中针尖的共振频率变化过程，在这一系统及其对环境和热机械噪声的响应影响下，trEFM 的时间分辨率一般~100μs，而这就为 trEFM 可以表征的样品性能设置了一个限制。例如应用 trEFM 测试有机光伏器件的充电速率时，活性层表面区域的充电速率与激发光强度相关，在激发光强度增大时会加快针尖共振频率的频移变化。对于性能较低的光伏系统（如 F8BT：PFB）而言，针尖共振频率的频移会随激发光强度增大从指数型变化变为阶跃型变化 [图 3.14（a）]，即达至电子反馈系统的相应极限。而对于性能较高的光伏系统（如 P3HT：PCBM），在微弱光照下针尖共振频率的频移也会呈现阶跃型变化 [图 3.14（b）]，限制了 trEFM 方法在新型高性能光伏器件体系中的表征应用[13]。

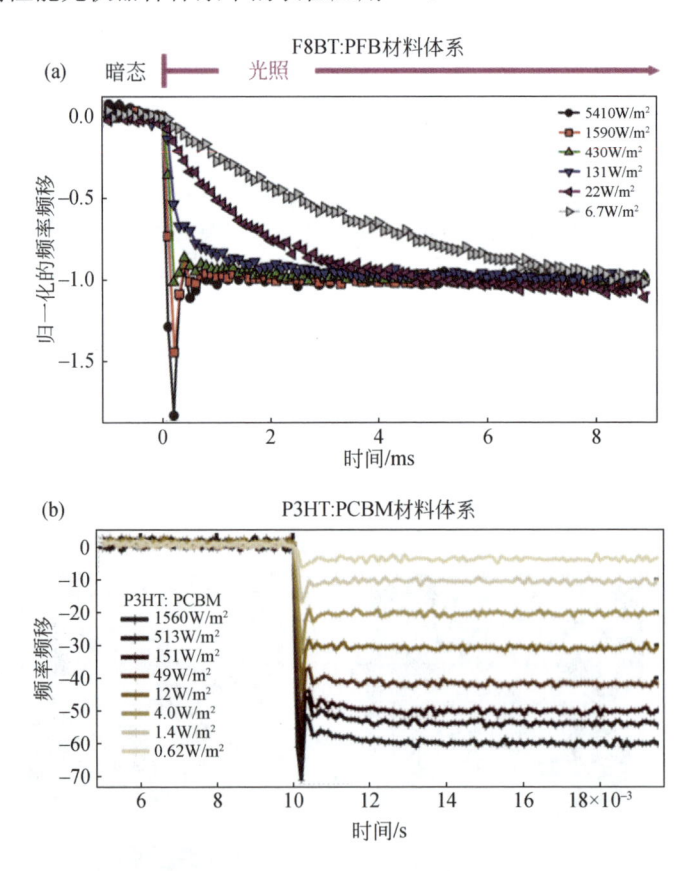

图 3.14 F8BT：PFB（a）和 P3HT：PCBM（b）混合膜在不同光照强度下的针尖共振频率频移随时间变化曲线[13]

因此美国华盛顿大学 David Ginger 课题组开发了高速自由时间分辨静电力显微术（fast free time-resolved electrostatic force microscopy，FF-trEFM）以提高测试的时间分辨能力[13]。

图 3.15 为 FF-trEFM 方法的设备搭建示意图，与通常的扫描探针显微镜系统工作过程相比，FF-trEFM 在工作状态下扫描探针显微镜系统的针尖频率反馈模块被关闭，针尖的驱动频率为 f，其偏转信号输入外部的触发电路和用于将针尖振荡信号数字化处理的高速数字化仪。

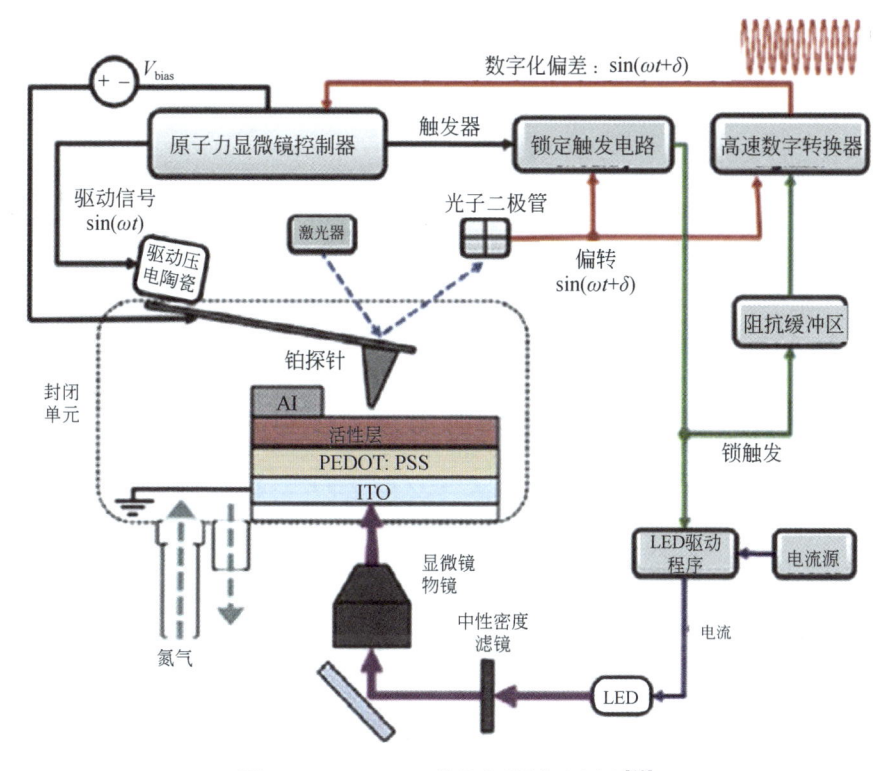

图 3.15 FF-trEFM 的设备设置示意图[13]

电子反馈系统是限制 trEFM 时间分辨率的重要因素，通过电子系统改进可以在电子设备端提升系统的时间分辨能力。但是任何反馈系统最终都会面临信噪比的稳定性限制问题，因此 FF-trEFM 方法通过采用无反馈方法来获取有关扫描探针显微术中的快速局部力响应信息，其工作原理如图 3.16 所示：①脉冲光激发样品的局域瞬态光响应；②在无频率反馈的系统中对针尖在整个测试周期内的偏转响应信号数据进行数字化处理并以高采样率记录数据（5~50MHz）；③对相同相位下记录的多次针尖偏转信号进行平均处理；④解调制获取数据中的振幅、相位和频率信息；⑤通过解调制频率信息得到光激发后针尖频率由稳态偏移至最大值的时间 t_{FP}。

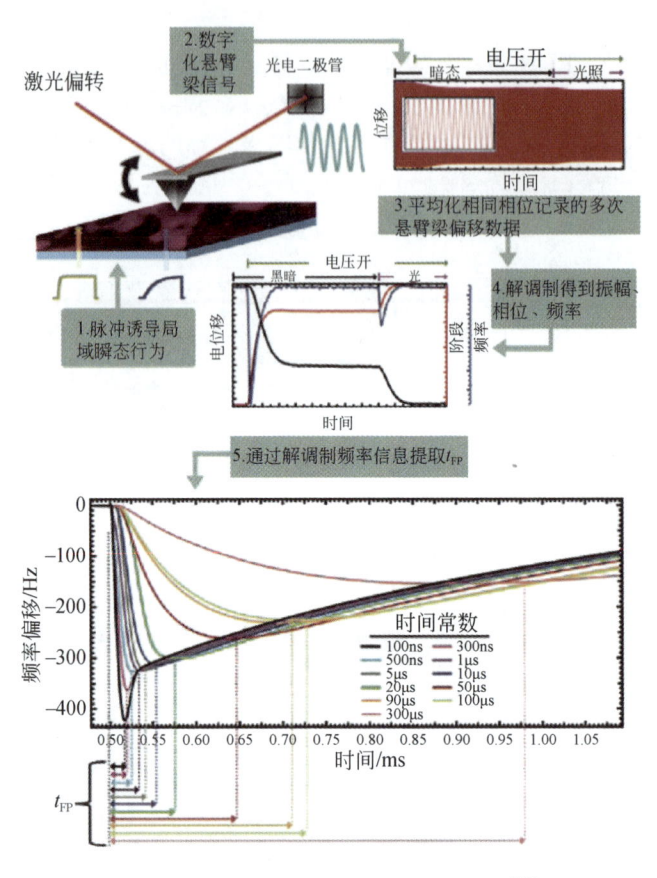

图 3.16　FF-trEFM 的测试过程示意图[13]

触发电路由两组集成电路组成[13]：一个为将直流滤波后的针尖偏转信号从正弦波转换为方波的比较器；另一个为使用方波作为触发时钟信号的触发器，触发信号仅在输入正弦波偏转信号的上升过零边缘输出。这一触发电路可以确保系统在每个测试周期中的同一点同时为 LED（用于提供样品激发光）和信号发生器（用于输出针尖直流电压）供电并触发高速数字化仪，从而消除在无锁定触发的情况下可能发生的平均波噪声所带来的测试误差和时间分辨率瓶颈。

对于针尖的偏转响应信号数据 $u(t)$，可以通过希尔伯特变换解调制进行信号处理，相当于对 $u(t)$ 进行傅里叶变换去除负频率分量后，再进行傅里叶逆变换[30]。希尔伯特变换在数学上将 $u(t)$ 相移 $\frac{\pi}{2}$ 得到相移信号 $u'(t)$，继而获得包络幅度

$A(t)$和瞬时相位$\theta(t)$信息：

$$A(t) = \sqrt{u(t)^2 + u'(t)^2} \qquad (3-15)$$

$$\theta(t) = \tan^{-1}\left[-\frac{u'(t)}{u(t)}\right] \qquad (3-16)$$

而通过$A(t)$和$\theta(t)$可推出瞬时频率$\upsilon(t)$：

$$\upsilon(t) = \frac{1}{2\pi}\frac{\mathrm{d}\theta(t)}{\mathrm{d}t} \qquad (3-17)$$

对于具有$A(t)e^{i(\omega t+\varphi)}$数学形式的任意正弦信号，$\theta(t)=\omega t+\varphi$。但是在这里，$\varphi$并非为一个常数形式的相位差，而是一个时间函数形式的相位差$\varphi(t)$，代表了与驱动信号之间的相位偏移，可以映射针尖共振频率$\omega_0(t)$的变化行为，因此只需从$\theta(t)$信号中减去ωt即可得到瞬时频移$\upsilon(t)=\frac{\mathrm{d}\theta(t)}{\mathrm{d}t}=\frac{\mathrm{d}\varphi(t)}{\mathrm{d}t}$，从而获得针尖共振频率随时间的变化函数。

在将针尖振荡信号数字化处理之后，如何从解调制后获取的频移-时间曲线中提取所需的动力学信息，即针尖作用力和力梯度信号的时间分布，是FF-trEFM方法所面临的一个重要挑战。在非接触工作模式下，针尖运动通常被描述为阻尼驱动的谐振子运动，在瞬态扰动之后，施加于针尖上的作用力及力梯度均可随时间变化并影响到针尖的谐波运动。因此，只要获得所研究系统的基本物理参数信息，如针尖自然共振频率、质量因子、弹性系数、质量及几何参数等，就可以尝试应用针尖谐波运动方程对研究系统进行多物理场拟合和数值积分，进而获得针尖动力学数据。但在FF-trEFM的实际应用中，只须使用阻尼驱动谐振子（damped driven harmonic oscillator，DDHO）模型描述针尖的运动行为，即可简化数据分析程序。在DDHO模型中，针尖的运动行为可以描述为[31]：

$$\frac{\mathrm{d}^2z}{\mathrm{d}t^2}+\frac{\omega_0}{Q}\frac{\mathrm{d}z}{\mathrm{d}t}+\omega_0^2 z = \frac{F_0}{m}\sin(\omega t) \qquad (3-18)$$

其中，z为针尖位移量，ω_0为针尖自然共振频率，Q为针尖质量因子，F_0为驱动力，m为针尖质量，ω为驱动力频率。在这里，针尖运动行为主要受静电相互作用力$F_e(t)$和力梯度$\frac{\mathrm{d}F_e(t)}{\mathrm{d}z}$的影响。考虑到针尖电压（+10V）显著高于光激发所引起的样品表面电压变化（≤1V），光激发样品后所引起的针尖静电相互作用力变化可认为是一种扰动。一般而言，随时间指数衰减是系统扰动所引起的最普遍的信号行为之一，因此与时间相关的$F_e(t)$的数学形式可以写为：

$$F_e(t) = \frac{1}{2}\frac{\mathrm{d}C}{\mathrm{d}z}V^2\left(1-e^{-t/\tau}\right) \qquad (3-19)$$

$$\approx F_e(\infty)\left(1-e^{-t/\tau}\right) \tag{3-20}$$

其中，C 为针尖-样品间电容，V 为针尖-样品间电压，τ 为系统特征衰减时间。由于力梯度可引起针尖共振频率的变化，所以共振频率 $\omega_0(t)$ 可表示为：

$$\omega_0(t) = \omega_0(0) + \Delta\omega_0\left(1-e^{-t/\tau}\right) \tag{3-21}$$

$$\Delta\omega_0 = -\frac{\omega_0(0)}{2k}\frac{dF_e(\infty)}{dz} \tag{3-22}$$

于是式（3-18）可以重写为：

$$\frac{d^2z}{dt^2} + \frac{\omega_0(t)}{Q}\frac{dz}{dt} + \omega_0(t)^2 z = \frac{F_0}{m}\sin(\omega t) + \frac{F_e(t)}{m} \tag{3-23}$$

在将针尖的自然共振频率、质量因子和所受的静电相互作用力等物理参数代入式（3-23）后，即可模拟出针尖在受到瞬时扰动之后引起共振频率的变化过程（图3.16），那么现在的问题就变为如何从所得的针尖共振频率变化函数中获取与系统微扰信号相关联的系统特征衰减时间 τ？数值模拟结果清楚地表明针尖的振荡行为在不同的 $\tau \ll \frac{2Q}{\omega_0}$ 的情形下，其振荡周期是可区分的。因此，虽然瞬时频率随时间的变化行为无法用于直接测量 $F_e(t)$ 或 $\frac{dF_e(t)}{dz}$，但是可以看出的是，当瞬时频率受到扰动发生变化时，其达到频移最大值所需的时间 τ_{FP} 是 τ 的单调函数，于是 τ_{FP} 可以作为 τ 的映射给出我们所关心的系统特征衰减时间的信息，即在足够好的信噪比情况下，可通过生成 τ_{FP} 与 τ 的校准曲线在实验上推算出 τ，从而将商用扫描探针显微系统的时间分辨能力由 100μs 量级提升至 100ns 量级。甚至在使用光热驱动技术代替压电陶瓷技术驱动针尖的情况下，可以有效地增加针尖驱动系统的稳定性来进一步降低测量噪声，同时通过增加信号的平均处理次数以降低热噪声影响，商用扫描探针显微系统的时间分辨能力可进一步提升至 10ns 量级。

正如在上一节中所描述的那样，trEFM 测量到的充电速率是可以关联至器件的外量子效率这一器件性能，证实其在器件分析研究中的实用性。同理，FF-trEFM 中的 τ_{FP} 是否可以映射某项器件性能呢？类似于 trEFM 中的方法，这里以具有较高外量子效率的 poly(3-hexylthiophene)（P3HT）为受体材料和 phenyl-C61-butyric acid methyl ester（PCBM）为给体材料的有机光伏体系为例，通过退火时间可以调控活性层中给体/受体结构的纳米级变化，进而影响器件的外量子效率。图3.17显示出不同退火条件制备的 P3HT：PCBM 器件测得的 $\frac{1}{\tau_{FP}}$ 可以很好地关联与响应器件的最大 EQE 值，即 τ_{FP} 也可以作为器件中 EQE 值的映射[13]，并通过其高时间分辨率的表征能力对高性能器件样品中的 EQE 空间分布进行区分显示。因此，FF-trEFM 方法已成功对高性能有机光伏薄膜［图 3.18（a）］和金属卤化钙钛矿薄膜［图 3.18（b）］中的 EQE 空间分布实施了表征[13, 32]，并显示出薄膜中的材料晶粒界面处和晶粒中心处的 EQE 贡献能力差别，证明晶界面位置具有较多的捕获自由光生载流子的缺陷态。

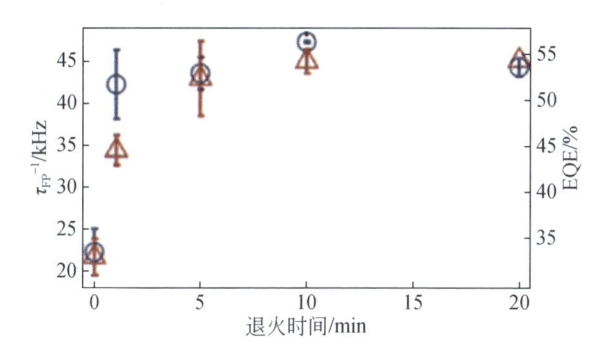

图 3.17 不同退火条件下 P3HT∶PCBM 材料体系的器件 EQE 与薄膜 $\dfrac{1}{\tau_{FP}}$ 随薄膜光电性能的行为变化趋势[13]

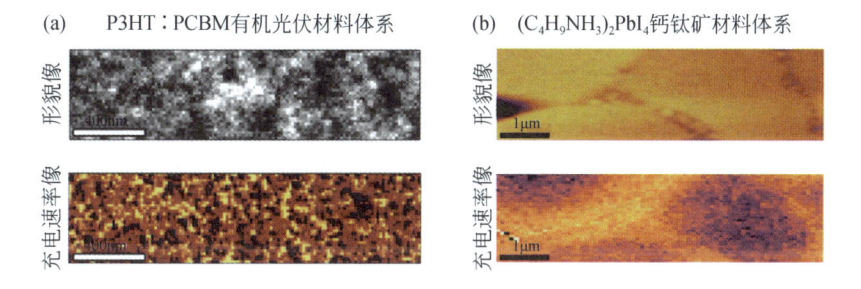

图 3.18 高性能有机光伏薄膜（a）[13]与钙钛矿薄膜（b）[32]中的 $\dfrac{1}{\tau_{FP}}$ 空间分布成像。$\dfrac{1}{\tau_{FP}}$ 映射了薄膜不同区域的 EQE 贡献能力

3.3 基于扫描探针显微镜的固体中离子输运行为表征方法

在功能材料和器件中，除了在 3.2 节中所述的电子输运行为外，离子输运行为也会对应用于生物电子学及能量转换/存储等方面的功能器件性能有重要影响，因此在纳米尺度上探究并理解此类功能薄膜中的离子输运动力学对于构筑材料的结构与功能之间的构效关系具有重要意义[33]。在本节中，我们将重点介绍基于 SPM 技术的固体材料中离子输运行为表征方法。这里我们将主要以锂离子电池和

离子场效应晶体管等能源和信息器件为例,对相关具备时间分辨能力的 SPM 表征技术展开介绍。

3.3.1 导电原子力显微镜交流阻抗成像技术介绍

交流阻抗谱 (impedance spectroscopy, IS) 技术通过对样品施加正弦电压 (或电流) 信号, 获取一个同频率的电流 (或电压) 信号, 上述电信号的幅值和相位差能计算出一个同频率相关的复数阻抗, 频率和复数阻抗共同构成交流阻抗谱。交流阻抗谱与本章介绍的电化学应变显微术时域谱同属于暂态分析方法, 但前者的研究对象为线性系统, 因而对复杂样品的数学分析更为容易。IS 技术广泛应用于半导体材料与器件、陶瓷、水泥、混凝土材料及电化学领域的研究, 通过测量不同导电相界面处的复杂阻纳行为可以为材料物理化学性质与器件工作机制的研究提供丰富的信息。另一方面, 在导电陶瓷、混凝土材料研究中, 交流阻抗谱技术获取的材料电性质有助于揭示材料的微观结构[34]。

实际材料和器件内部往往存在复杂的微观结构, 交流阻抗谱作为一种宏观电信号测量技术, 其应用与解释受限于因材料内部微观结构所产生的不均匀现象, 例如不均匀的欧姆极化、浓差极化等。使用传输线模型、层状模型等能一定程度地提取真实样品的特征[34], 但在微纳半导体器件、高性能电化学能源设备等领域, 科研工作者仍希望可以获取亚微米-纳米尺度局域交流阻抗信息。早期在电化学领域实现了较为成熟的基于微电极、微电极阵列的扫描探针技术, 能获取空间分辨率为 10~100μm 空间交流阻抗谱信息, 而导电 AFM 交流阻抗成像技术的实现将空间分辨率提高了 2~3 个数量级, 达到约 100nm[35, 36]。该技术的具体实现方式是将商用 AFM 设备同阻抗测量设备联用, 测量过程通常为两步法, 先获取样品表面的高度信息, 随后导电 AFM 探针下降至样品表面, 作为微电极逐点获取微区单频或完整的阻抗信息[36, 37]。

导电 AFM 交流阻抗成像技术的分辨率主要取决于导电探针尖端尺寸, 检测得到的阻抗信号主要由三部分组成, 分别是导电探针自身的电子电阻、探针和样品的界面阻纳和接触点周围较小区域的扩散电阻 (spreading resistance)[36], 其等效电路见图 3.19。导电探针具有细长的锥状外形, 故其自身电阻 (R_{tip}) 不能忽略, 常见的导电金刚石探针电阻在数千欧姆量级。探针与样品界面阻纳 (R_{cont}/Z_{cont}) 的具体形式同样品本身的理化性质密切相关。对于样品中的纯电子电阻区域界面阻纳会简化成电阻, 对于半导体区域则会形成肖特基结, 若界面处发生电化学反应则涉及双层电容和复杂的法拉第阻纳。描述接触点周围较小区域的扩散电阻 (R_{SR}):

$$R_{SR} = \frac{\rho}{4r} \tag{3-24}$$

其中，ρ 为样品的电阻率（量纲为 $\Omega \cdot m$），r 为探针-样品接触面圆弧半径（量纲为 m）。影响阻抗信号测量可重复性的关键因素是探针-样品界面阻纳（R_{cont}/Z_{cont}），同探针-样品表面的接触力大小密切相关。不难发现高可重现的阻抗测量需要较大的探针-样品接触力，这将导致通过金属镀层实现导电的硅探针尖端快速磨损，而使用硼掺杂金刚石探针能显著延长探针工作寿命，大致能从数小时提升至数天[36]，这对单点测量耗时数秒至数小时的阻抗测试意义重大。而在电化学领域，硼掺杂金刚石探针还具有较低背景电流、较高的化学稳定性和较宽电化学窗口等一系列优势。若希望获取定量阻抗测量结果则需要结合纳米压痕理论，通过接触力大小定量换算成探针-样品接触面积，具体内容见参考文献 [38]。

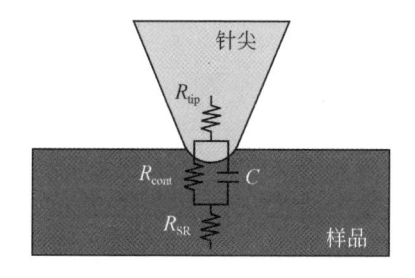

图 3.19　导电 AFM 交流阻抗成像技术中探针-样品接触微区的等效电路图

3.3.2　导电原子力显微镜交流阻抗成像技术的表征应用

交流阻抗技术的测量时长同测量频率范围密切相关，从数秒（低频截止为 10Hz）到数小时（低频截止为 1mHz）。此外，阻抗测量前往往需要额外的一段静置时间使电极界面达到稳态，进一步拉长单点测量时间。导电 AFM 探针交流阻抗成像作为一种二维成像技术，总的测量时长将高出单点测量时长约 3 个数量级。考虑到 AFM 系统的漂移以及样品表面理化特征（尤其是电化学特性）随时间发生的变化，二维阻抗成像只能选取若干特征频率进行测试；全频率阻抗测试可以在感兴趣的区域进行单点测量。

聚电解质膜是当今高性能燃料电池的核心组件，相较于液态电解质，聚合物链在成膜过程中形成的微观结构会显著影响膜的微观离子导电行为，Ryan O'Hayre 等使用导电 AFM 探针实现微区离子导电成像[35]。聚电解质膜的一侧存在同常规膜燃料电池类似的催化层结构，而另一侧是导电探针实际扫描的区域。催化层一侧会通入氢气承担参比电极和对电极的功能，聚电解质膜的另一侧工作于空气中；探针表面则存在有良好的电化学氧还原催化活性的铂或铂/铱镀层。Nafion 膜分别在干湿状态下的表面阻抗模量及相位角的成像图中[35]，相位角趋近 −90°表明探针-样品界面是近似纯电容行为，而相位角趋近 0°表明探针-样品界面是近似纯电阻行为，考虑到探针表面发生的氧还原反应的特征频率，1Hz 测量到的阻抗信号包含完整的氧还原反应的法拉第阻抗。因此，湿态 Nafion 膜的二维相位角图中绝大多数区域接近 0°，相对地在干态 Nafion 膜的二维相位角图中，绝大多数区域接近 90°，这表明干态 Nafion 的极低电导率不能支持探针尖端表面发生法拉第过程，此时探针可近似为阻塞电极。Nafion 的二维阻抗模量图存在一些亚微米尺寸的岛状区域，验证了聚电解质膜存在微观不均匀离子电导现象的观点。针对聚电解质膜等固态电解质的微观离子电导成像技术需求而言，导电 AFM 交流测试对直流测试的优势是极为有限的。若探针对样品构成（准）可逆电极而非阻塞电极，直流测试几乎能完全替代交流测试（探针为阻塞电极时只能使用交流测试方法），直流方法通常能直接使用商业 AFM 设备附带的功能成像模式完成测试，扫描速度更快，更容易提升图像分辨率以便于统计分析[39-41]，如图 3.20（a）和（b）所示。

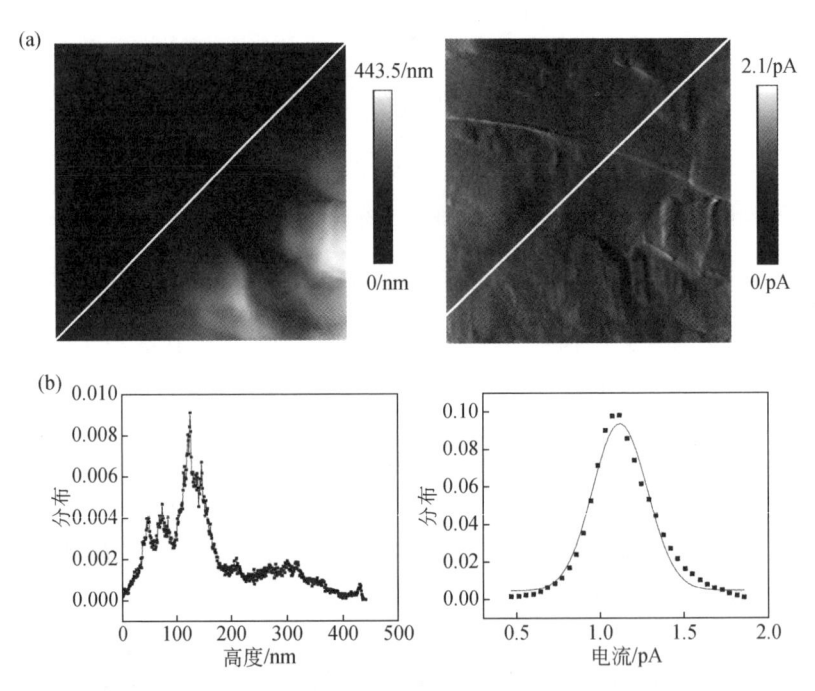

图 3.20 导电 AFM 阻抗成像技术研究 30%湿度的 Nafion 膜形貌及电流分布图[39]（a）、表面高度及电流分布曲线[39]（b）

另一类导电 AFM 技术关注样品微区电学或电化学特征的提取而非功能成像，以 S. M. Haile 等的 Pt/CsHSO$_4$ 界面氧还原动力学研究工作为例[42]，AFM 系统仅实现样品形貌的成像，随后将作为纳米微电极的 AFM 探针高精度地移动到研究者感兴趣的区域进行电化学测量。图 3.21（a）是镀铂或金的硅 AFM 探针在空气环境于 CsHSO$_4$ 固态电解质表面进行的循环伏安测量结果。镀膜后的 AFM 探针尖端直径通常位于数十纳米区间,该尺寸的微电极即使工作于良好的电磁屏蔽环境下仍会存在较明显的噪声,探针的悬臂结构也可能因机械噪声进一步影响电化学测量,但依据目前的实验结果,整体测量噪声处于可以接受的范围。图 3.21(b)是导电 AFM 探针的阻抗测量结果,通过延长单点阻抗测试时间能有效抑制随机噪声,实际测量结果也同样令人满意。质子导体 $CsHSO_4$ 只有处于超离子态时才具有较高的离子电导率,温度和水蒸气分压均能诱导 $CsHSO_4$ 发生相变,因而铂微电极在多晶 $CsHSO_4$ 不同微区可能具有不同动力学特征。图 3.21(d)中的电压-电流半对数曲线是通过 AFM 系统实现的选区测量[3.21(c)],通过 Bulter-Volmer 方程对半对数曲线进行拟合可以获取 Pt/ $CsHSO_4$ 界面氧还原反应的交换电流密度及传递系数,其中位置 6 和 10 的交换电流密度相差约 1 个数量级,表明 Pt/多晶 $CsHSO_4$ 界面存在严重的动力学不均匀性。值得注意的是,在微区电化学信息的提取过程中,导电探针作为工作电极不能参与涉及电极体相转变的电化学过程。

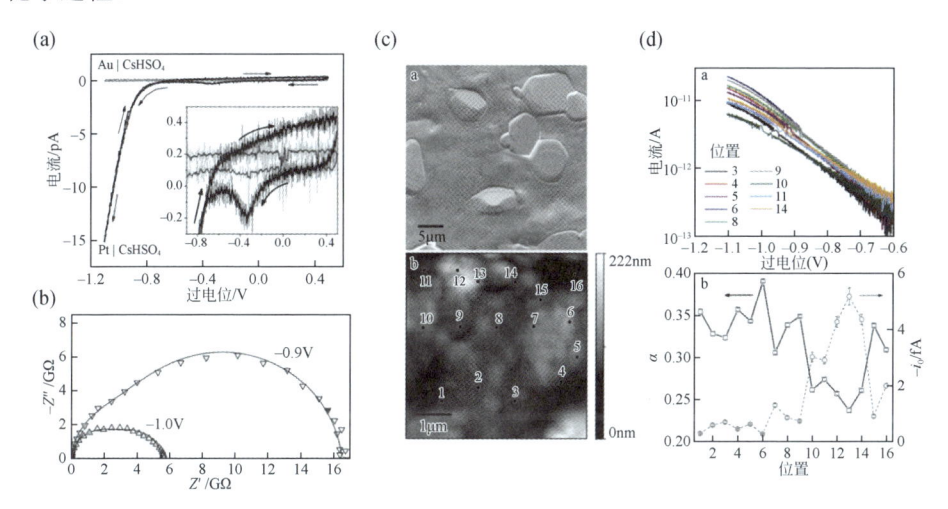

图 3.21 导电 AFM 的微区循环伏安图(a),导电 AFM 的微区阻抗谱(b),典型的 $CsHSO_4$ 固态质子导体扫描电镜图像及 AFM 形貌图像(非同一区域)(c),选区半对数曲线及对应的交换电流密度和传递系数的拟合结果(d)[42]

3.3.3 电化学张力显微术原理介绍及空间表征应用

电化学张力显微术(electrochemical strain microscopy,ESM)是一种可用于检测纳米尺度的局域离子浓度和离子迁移率测量的扫描探针显微术[43, 44]。与同样基于 AFM 设备开发的扫描热离子显微技术和扫描开尔文探针显微术相比,ESM 除可同样实现固体中离子空间分布的微纳尺度表征外,其特殊优势在于能提供离子浓度动态变化的信息,且这一信息具有更为清晰的物理解释[45]。

ESM 的基本原理是通过导电 AFM 探针尖端施加一个高度集中的电场,诱导样品内部可自由移动的带电粒子——例如锂离子导体中的锂离子或是半导体中的电子——重新排布。与电子不同的是,材料内部的局域离子浓度同其摩尔体积具有强耦合关系,进而导致样品出现局部应变和表面位移现象,即出现电化学张力变化。因此,电化学张力变化可用于精确表征材料内部的局域离子浓度动态变化,描述电化学张力与离子浓度变化的关系如式(3-25)所示[45]:

$$\varepsilon = \beta \cdot \delta_c + \frac{1+\nu}{E}\sigma \quad (3\text{-}25)$$

其中,ε 为表面张力,β 为 Vegard 膨胀张量,δ_c 为离子浓度的变化,ν 为泊松系数,E 为弹性模量,σ 为应力分量。假设测量时样品表面张力变化仅同离子浓度有关,则可以简化成公式(3-26),其中 u 为样品表面位移[8]:

$$u \propto \beta \cdot \delta_c \quad (3\text{-}26)$$

ESM 具体技术的实现同压电力显微术(PFM)类似,属于一种接触式 AFM 测试方法,如图 3.22(a)所示。ESM 需要通过导电 AFM 探针施加一个交流电压信号,诱导与导电 AFM 探针接触的样品表面产生局域应变性质的周期性机械振动。样品表面的机械周期性振动会带动与其接触的 AFM 探针悬臂发生周期性振动,悬臂的振动信号被光学系统所放大,通过锁相放大器完成检测。

图 3.22(b)~(e)是四种不同的针对锂离子电池样品 ESM 测试方案[46],其中 3.22(b)测试对象是单独的电极材料例如 $LiCoO_2$,AFM 针尖与样品表面之间的电荷转移和不均匀的静电场诱导材料内部可自由移动的荷电粒子例如 Li^+ 重排,进而产生材料应变。值得注意的是该模式下导电 AFM 探针通常应被视为一个阻塞电极,样品内部会发生离子重排但不会在界面处发生电化学反应,若给予的偏置电压过高(远高于氧化还原电势,例如 15V)[47] 界面处可能发生非标准的电化学反应。而图 3.22(c)和图 3.22(d)展示了当存在含锂离子的液态电解质时的 ESM 工作模式,此时锂离子在电场的诱导下可以在电极材料和电解质间发生转移。图 3.22(e)的研究对象由半电池转变为全电池,前三种测试方案中探针产生的电场是局域的,而本方案中探针产生的电场是平均的。ESM 并不受限于液态电解质环境,也可以扩展至固态电解质的研究中[46]。

N. Balke 等曾使用 $LiCoO_2$ 模型电极,采用针尖接触诱导的测试方案验证偏置脉冲调控局域锂离子浓度的可行性[47]。在通过导电 AFM 探针对样品施加宽度为 2ms、偏压为 12V 的脉冲前后,$LiCoO_2$ 颗粒在亚微米尺度发生明显形变。上述实验结果表明,对电极材料施加局域、高频、远高于平衡氧化还原电位的高压脉冲可以实现对电极材料的锂离子嵌入和脱嵌,进而导致样品表面发生可被检测的形变,且具有较高的二维空间分辨率。在进一步实验中发现 AFM 探针仅能在特定

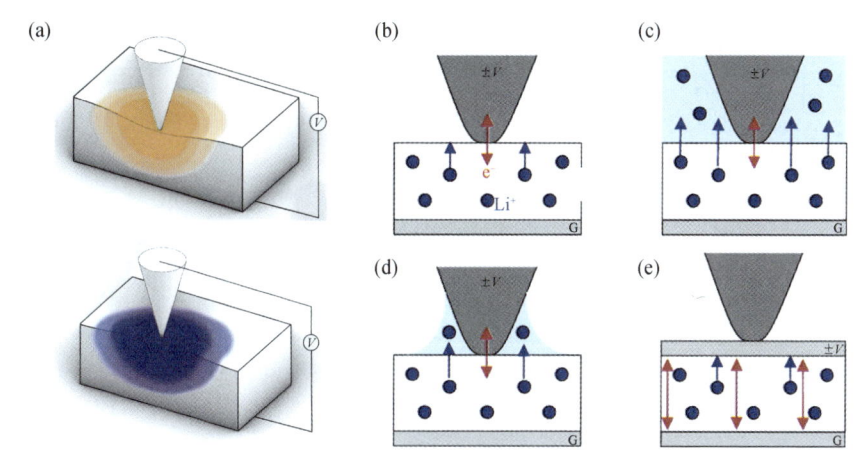

图 3.22　电化学张力显微术原理示意图（a）和针对锂离子电池样品的 ESM 测试方案示意图（b）～（e）[46]

晶面附近诱导电化学应变现象，这表明锂离子仅能在沿特定 LiCoO$_2$ 晶面方向高效扩散。现有 AFM 技术可以较为容易地实现约 10pm 量级的垂直分辨率，参考锂化学计量数-Li$_x$CoO$_2$ 晶格常数曲线[48]，可知 ESM 技术可以实现约 10%的体积应变变化的测量。图 3.23（a）是典型的 ESM 频域二维图像，导电探针因样品表面的不同应变振动模式发生纵向弯曲振动、横向扭转振动以及屈曲振动，晶粒电化学

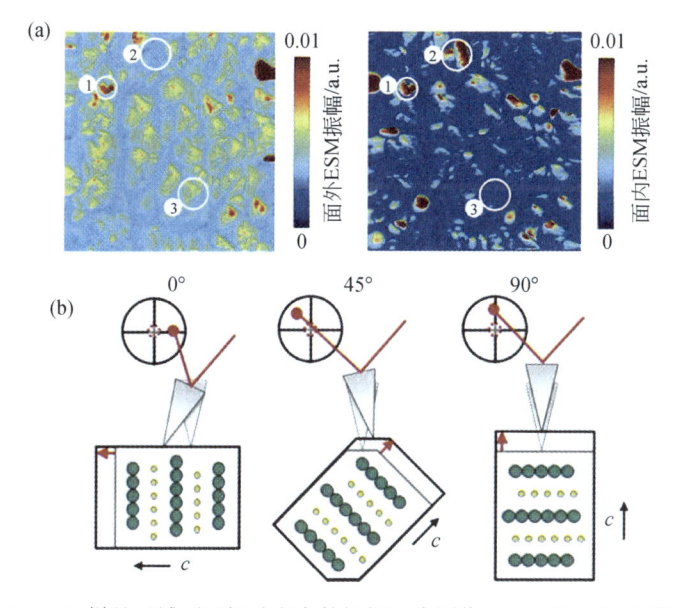

图 3.23　同一 LiCoO$_2$ 样品区域不同振动方向的振幅二维图像（a），LiCoO$_2$ 晶粒取向与四象限光电探测器检测信号关系的示意图（b）[49]

张力体积膨胀效应的各向异性和探针测量晶粒的取向共同决定探针振动模式［图 3.23（b）］[49]。通过锁相放大器对四象限光电探测器收集到的信号进行检测，ESM 能区分不同振动模式并独立成像，这将有助于研究晶面取向同电化学反应活性的关系[44, 50, 51]。

3.3.4 电化学张力显微术的时域谱成像表征应用

ESM 检测到的信号主要来源于局域离子浓度变化产生的电化学应变，但也可能部分来源于逆压电效应、挠曲电效应、形变势、电子-空穴和电子-声子耦合、电化学反应、静电力和温度形变效应等，区分这些不同机制产生的信号仍存在较大挑战。相对的时域测量方法获得的信号被认为完全由离子扩散迁移导致的离子浓度变化引起的，因而可以实现离子迁移-扩散系数的定量分析[45, 52-55]。时域测量方法是通过导电探针对样品施加一个叠加交流信号的直流电压阶跃，如图 3.24（a）所示。直流电压阶跃将引起离子浓度的空间分布变化，而叠加的交流电压振荡将诱导样品表面产生 ESM 信号。仪器采集到的表面位移信号-时间曲线分为两段［图 3.24（b）］：第一阶段反映了离子在电场和浓度梯度驱动下迁移-扩散行为；第二阶段驱动力是浓度梯度，反映了离子的扩散行为。由 Fick 定律可以拟合计算得到样品的扩散/迁移系数。通过逐行扫描和程序自动数据处理 ESM 时域谱也能实现扩散/迁移系数二维功能成像［图 3.24（c）］。

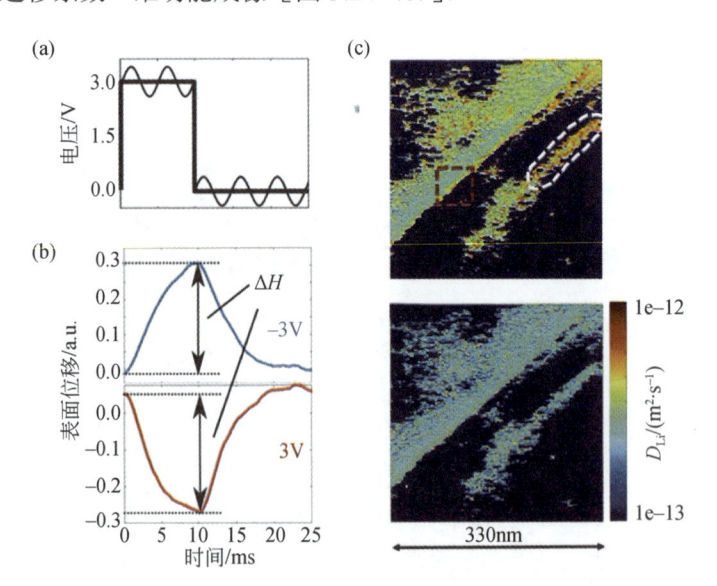

图 3.24 ESM 时域谱测量使用的外加测量电场信号（a），ESM 时域谱的时间-表面位移曲线示意图（b），基于 ESM 时域谱的硅碳电极样品扩散/迁移系数二维功能成像（c）[45]

ESM 电压谱也属于一种 ESM 时域分析技术，导电探针会对样品施加振幅随时间变化的电压脉冲信号，如图 3.25（a），输入信号同电化学领域的恒电位间歇滴定技术（PITT）类似，ESM 检测的是样品因离子扩散的应变信号而 PITT 检测的是电流信号[47, 52, 56]。通过采集不同电压脉冲后样品表面的应变可以绘制 ESM 电压谱回滞环曲线 [图 3.25（b）]，回滞环的面积及形状特征能直观地反映离子运动信息，类似地通过逐行扫描和程序自动数据处理 ESM 电压谱也能实现回滞环特征的二维功能成像 [图 3.25（c）]。

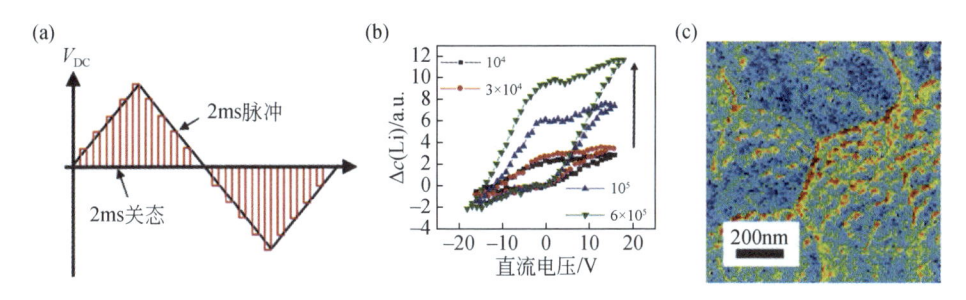

图 3.25 ESM 电压谱使用的外加测量电场信号（a），不同循环次数的硅电极微区 ESM 电压谱回滞环曲线（b）和典型的基于 ESM 电压谱回滞环的二维功能成像（c）[52]

3.3.5 时间分辨静电力显微术的离子输运行为表征应用

如上所述，基于 SPM 设备开发的 ESM 技术已被广泛应用于薄膜材料中的离子动力学行为成像[47, 57]，该方法基于接触模式探测电化学过程中针尖局域因离子迁移所引起的晶格应变（由组分变化造成）响应，以表征薄膜中的离子动力学行为。在 ESM 方法之外，基于非接触模式的时间分辨静电力显微术也可被应用于表征功能薄膜中的离子迁移行为。

不同于电子的高迁移率，离子的迁移率较低，因此目前商用扫描探针显微术的电子反馈系统的时间分辨能力可以满足离子迁移行为的表征需求。德国明斯特大学 Schirmeisen 等于 2004 年通过记录针尖共振频率在电压脉冲后的时域频移测量了 0.25 $Na_2O \cdot$ 0.75 GeO_2（NG glass）、0.143 $K_2O \cdot$ 0.286 $CaO \cdot$ 0.571 SiO_2（KCS glass）和 $LiAlSiO_4$ 等玻璃陶瓷固态电解质中的局部离子响应[58, 59]。加拿大麦吉尔大学 Peter Grutter 等应用相同的方法表征了 $LiFePO_4$ 中的离子响应，并展示了 $LiFePO_4$ 纳米片不同空间区域处的离子响应差异[60]。之后，美国华盛顿大学 Ginger 课题组进一步发展了 trEFM 方法在离子动力学方面的表征能力，他们以掺杂了 lithium bis(trifluoromethane)sulfonimide（LiTFSI）的聚合物 poly(ONDI-4) 为研究模型[12]。

图 3.26（a）中未掺杂 LiTFSI 的样品在施加电压脉冲后频移曲线表现出阶跃

函数行为，与之对应的是掺杂样品中持续数十毫秒的频移变化过程，这一过程可视为聚合物中的离子迁移行为导致的缓慢介电弛豫所引起。与表征电子动力学行为时所不同的是，离子迁移行为所引起的针尖共振频率频移 $\Delta\omega_0$ 将使用延展指数函数进行拟合[61]：

$$\Delta\omega_0 = \Delta\omega_{ion} e^{-\left[(t-t_0)/\tau\right]^\beta} + \Delta\omega_f \tag{3-27}$$

其中，$\Delta\omega_{ion}$ 为由离子行为所引起的频移，t_0 为电压脉冲的开始时间，τ 为特征时间常数，β 为延展系数，$\Delta\omega_f$ 为在离子行为开始前所产生的频移。延展指数函数中往往包含了所研究的系统中的多种动力学行为，而且各种动力学行为间较难明确地区分解析，因此相关系统中往往使用平均时间 τ_{avg} 来表示系统的动力学弛豫时间[62]：

$$\tau_{avg} = \frac{\tau}{\beta}\Gamma\left(\frac{1}{\beta}\right) \tag{3-28}$$

其中，$\Gamma\left(\dfrac{1}{\beta}\right)$ 为 gamma 函数。这一数据处理方式调整后，之前表征电子等载流子充电速率的 trEFM 方法就可以直接用于表征功能薄膜中的离子动力学行为。

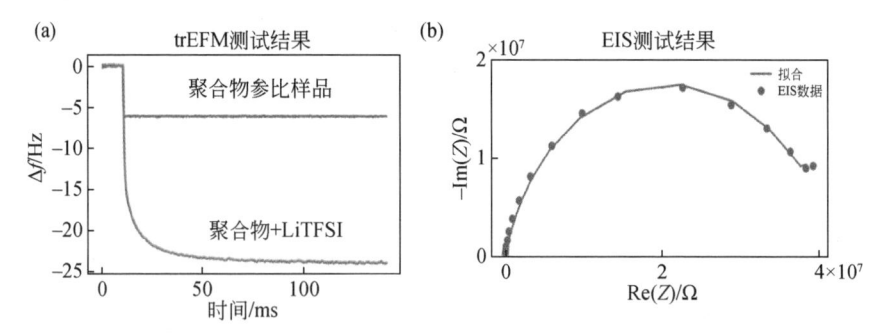

图 3.26　poly(ONDI-4) 聚合物薄膜在掺杂 LiTFSI 前后的电压脉冲后 trEFM 针尖共振频率频移随时间变化曲线（a），以及掺杂 LiTFSI 之后的 EIS 阻抗曲线（b）[12]

现在问题又一次回到：trEFM 方法在微观尺度上所测量到的 τ_{avg} 与宏观测量的离子动力学行为是否一致或有所关联？图 3.26（b）中展示了同一样品的电化学阻抗谱（electrochemical impedance spectroscopy，EIS）表征结果，并应用 Havriliak-Negami 方程对数据进行了拟合[63]：

$$\Delta Z = \frac{R}{\left[1+(i\omega\tau_{EIS})^\alpha\right]^\gamma} \tag{3-29}$$

其中，ΔZ 为阻抗，R 为样品在低频极限下的阻抗，ω 为施加于样品上的电压频率，τ_{EIS} 为系统弛豫时间常数，α 和 γ 是与 τ_{EIS} 相关的系数，i 为虚数（$i^2=-1$）。这里可以注意到，trEFM 测试的是时域中的延展指数动力学行为，而 EIS 测试的是频域中的 Havriliak-Negami 弛豫动力学行为。一般而言，Havriliak-Negami 方程可以被认为是时域中延展指数函数的频域模拟函数[64]，因此 trEFM 在时域中所观测到的延展指数动力学行为可以映射 EIS 在频域中观测到的 Havriliak-Negami 弛豫动力学行为，即 trEFM 方法在微观尺度上所测量到的 τ_{avg} 与 EIS 方法在宏观尺度上测量的离子动力学行为应是一致的。图 3.27 展示了在不同 LiTFSI 掺杂浓度但相同侧链长度的聚合物薄膜中 [图 3.27（a）～（c）]，以及具有不同侧链长度（即不同离子迁移率）但相同 LiTFSI 掺杂浓度的聚合物薄膜中[图 3.27（d）]trEFM 的测试结果 τ_{avg} 和 EIS 的测试结果 τ_{EIS} 之间均具有正线性相关性，因此 τ_{avg} 可以显示出聚合物薄膜中由侧链长度变化引起的离子电导率变化[12]。

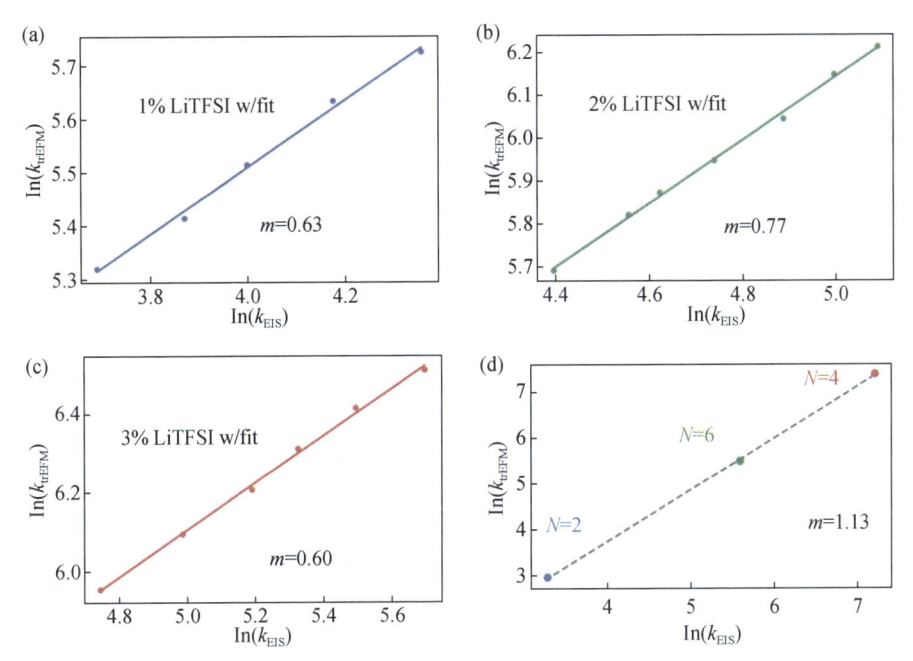

图 3.27 1%（a）、2%（b）和 3%（c）LiTFSI 掺杂浓度的 poly(ONDI-4) 聚合物薄膜的 trEFM 弛豫速率（$k_{trEFM} = 1/\tau_{avg}$）和 EIS（$k_{EIS} = 1/\tau_{EIS}$）弛豫速率关系，以及不同侧链长度的 poly(ONDI-4) 聚合物薄膜在 LiTFSI 掺杂后的 k_{trEFM} 和 k_{EIS} 的关系（d）[12]。在这里，k_{trEFM} 和 k_{EIS} 之间产生了亚线性关系，斜率范围为 0.6～0.77，这可能是由于它们分别定义于时域和频域之中，而 k_{trEFM} 实质上是一个时域加权平均值。不过 k_{trEFM} 和 k_{EIS} 随掺杂剂浓度和侧链长度的变化趋势一致，证明 trEFM 的表征结果可以映射传统 EIS 表征所观察到离子动力学行为信息

trEFM 对于 τ_{avg} 的空间分辨率（～25nm）表征能力使得其可以和其他的 SPM 方法 [图 3.28（a）]，如轻巧模式、相位模式以及光致力显微术（photoinduced force microscopy，PiFM）等，相配合通过空间对准关系在微观尺度上建立离子动力学与材料形貌和组分之间的关联［图 3.28（b）］，为深度理解功能薄膜材料的构效关系提供更为深入的实验证据和系统理解[12]。

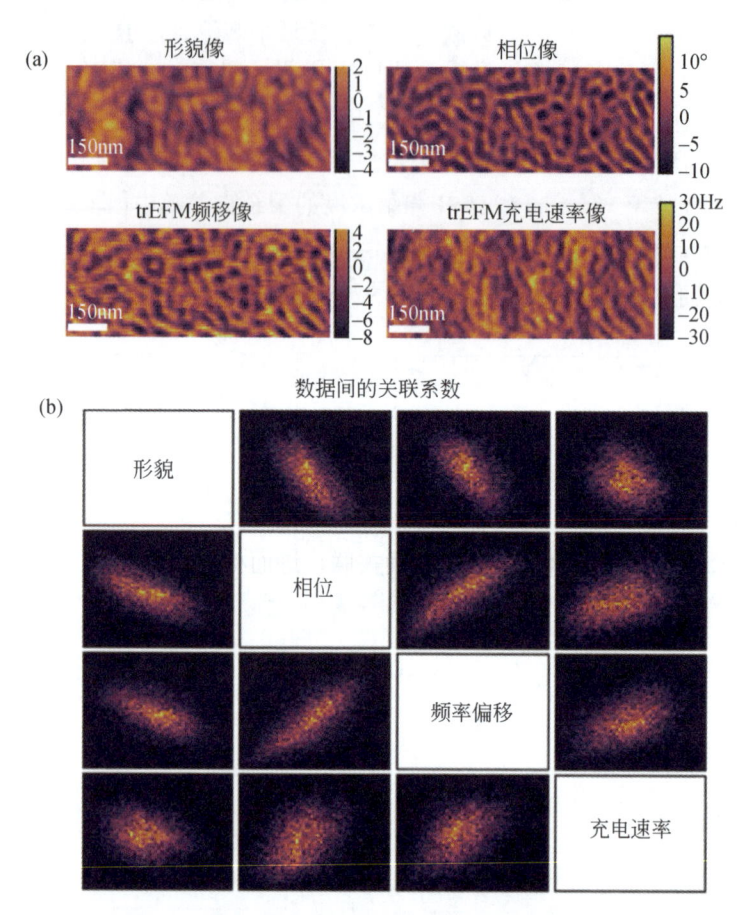

图 3.28 poly（ONDI-4）聚合物薄膜掺杂 LiTFSI 之后的形貌像、相位像、trEFM 频移像和 trEFM 充电速率像（a），这些像之间的关联系数分析（b）显示了不同物理参量之间的内在关联程度[12]

3.4 总结与展望

利用 SPM 的高空间分辨率和多模式表征能力，对功能薄膜材料/器件进行多物理场模式的定量表征分析是深入研究理解材料/器件构效关系的重要未来发展方向之一。基于扫描探针显微术开发的 trEFM 等具备时间分辨能力的 SPM 表征方法可以在非接触模式下对样品中的载流子或离子迁移行为进行空间分辨成像表征，并且探测到的时间常数信息是可以与外量子效率（EQE）或电化学阻抗谱（EIS）

等宏观方法所探测的器件性能参数相映射的。目前，SPM 的时间分辨能力可以对 100ns 以上时间尺度的载流子或离子动力学行为产生有效的动态响应，但是这一时间尺度对于当前 EQE 可以达 90%以上的高性能有机光伏器件和钙钛矿光伏器件中的载流子动力学而言，仍显不足。同时，光生载流子的复合行为对于器件的开路电压等参数具有重要意义，然而在光伏器件中光生载流子的复合速率也是超过了一般商用 SPM 设备的系统响应范围，这就对 SPM 设备的针尖偏移激光探测器的信噪比、针尖振动频率、针尖探测系统的热稳定性即电学响应稳定性、系统的带宽处理能力和原始信号的高速数字化处理能力等提出了更高的要求。目前的商用 SPM 设备（如 Asylum Research Cypher VRS1250）已能够实现视频级（每秒 45 帧）的原位动态形貌扫描能力，依靠最新的 SPM 硬件技术发展，相信时间分辨 SPM 技术的时间分辨能力可以达至亚纳秒级别甚至更快的速度。这将使得 SPM 技术具备如瞬态荧光光谱或者瞬态吸收光谱那样的对载流子甚至激子的复合行为的分辨表征能力，这将为目前的光电能量转换和人工光合作用等功能材料器件的构效关系的系统理解提供更为全面细致的实验数据支持。在此基础上，材料中在针尖作用局域范围内的载流子或离子的动力学行为（trEFM 技术）可以与其形貌（轻敲模式）、材料组分（光诱导力显微术或光热诱导共振显微术）和介电行为（介电力显微术）等物理化学参数实现准确关联，进而构建出组分–载流子动力学–电学性能等多物理场耦合体系，并应用机器学习等数据科学工具对所获取的海量 SPM 技术表征数据进行系统分析[65]，从而深入挖掘不同物理化学参量间的内在关联，为未来的功能材料优化预测及相关的材料基因库建设提供可靠的核心数据支持。

参 考 文 献

[1] Gesuele F. Ultrafast hyperspectral transient absorption spectroscopy: Application to single layer graphene [J]. Photonics, 2019, 6: 95.

[2] Bredar A R C, Chown A L, Burton A R, et al. Electrochemical impedance spectroscopy of metal oxide electrodes for energy applications [J]. ACS Applied Energy Materials, 2020, 3: 66-98.

[3] Butt H J, Cappella B, Kappl M. Force measurements with the atomic force microscope: Technique, interpretation and applications [J]. Surf Sci Rep, 2005, 59: 1-152.

[4] Bonnell D A, Basov D N, Bode M, et al. Imaging physical phenomena with local probes: From electrons to photons [J]. Rev Mod Phys, 2012, 84.

[5] Lu W, Wang D, Chen L W. Near-static dielectric polarization of individual carbon nanotubes[J]. Nano Lett, 2007, 7: 2729-2733.

[6] Jiang L, Wu B, Liu H, et al. A general approach for fast detection of charge carrier type and conductivity difference in nanoscale materials [J]. Adv Mater, 2013, 25: 7015-7019.

[7] Ma E Y, Cui Y T, Ueda K, et al. Mobile metallic domain walls in an all-in-all-out magnetic insulator [J]. Science, 2015, 350: 538-541.

[8] Nault L, Taofifenua C, Anne A, et al. Electrochemical atomic force microscopy imaging of redox-immunomarked proteins on native potyviruses: From subparticle to single-protein resolution [J]. ACS Nano, 2015.

[9] Jakob D S, Wang H M, Zeng G H, et al. Peak force infrared-Kelvin probe force microscopy [J]. Angew Chem Int Ed, 2020, 59: 16083-16090.

[10] Takihara M, Takahashi T, Ujihara T. Minority carrier lifetime in polycrystalline silicon solar cells studied by photoassisted Kelvin probe force microscopy [J]. Appl Phys Lett, 2008, 93: 021902.

[11] Cox P A, Glaz M S, Harrison J S, et al. Imaging charge transfer state excitations in polymer/fullerene solar cells with time-resolved electrostatic force microscopy [J]. J Phys Chem Lett, 2015, 6: 2852-2858.

[12] Harrison J S, Waldow D A, Cox P A, et al. Noncontact imaging of ion dynamics in polymer electrolytes with time-resolved electrostatic force microscopy [J]. ACS Nano, 2019, 13: 536-543.

[13] Giridharagopal R, Rayermann G E, Shao G Z, et al. Submicrosecond time resolution atomic force microscopy for probing nanoscale dynamics [J]. Nano Lett, 2012, 12: 893-898.

[14] Peng J, Sokolov S, Hernangómez-Pérez D, et al. Atomically resolved single-molecule triplet quenching [J]. Science, 2021, 373: 452-456.

[15] Green M A. The path to 25% silicon solar cell efficiency: History of silicon cell evolution [J]. Progress in Photovoltaics: Research and Applications, 2009, 17: 183-189.

[16] Clarke T M, Durrant J R. Charge photogeneration in organic solar cells [J]. Chem Rev, 2010, 110: 6736-6767.

[17] Allen T G, Bullock J, Yang X, et al. Passivating contacts for crystalline silicon solar cells [J]. Nat Energy, 2019, 4: 914-928.

[18] Kim J Y, Lee J W, Jung H S, et al. High-efficiency perovskite solar cells [J]. Chem Rev, 2020, 120: 7867-7918.

[19] Servaites J D, Ratner M A, Marks T J. Organic solar cells: A new look at traditional models [J]. Energ Environ Sci, 2011, 4: 4410-4422.

[20] Lee H, Lee W, Lee J H, et al. Surface potential analysis of nanoscale biomaterials and devices using Kelvin probe force microscopy [J]. Journal of Nanomaterials, 2016, 2016: 4209130.

[21] Shao G, Glaz M S, Ma F, et al. Intensity-modulated scanning Kelvin probe microscopy for probing recombination in organic photovoltaics [J]. ACS Nano, 2014.

[22] Coffey D C, Ginger D S. Time-resolved electrostatic force microscopy of polymer solar cells

[J]. Nat Mater, 2006, 5: 735-740.

[23] Koster L J A, Mihailetchi V D, Ramaker R, et al. Light intensity dependence of open-circuit voltage of polymer: Fullerene solar cells [J]. Appl Phys Lett, 2005, 86: 123509.

[24] Groves C, Reid O G, Ginger D S. Heterogeneity in polymer solar cells: Local morphology and performance in organic photovoltaics studied with scanning probe microscopy [J]. Acc Chem Res, 2010, 43: 612-620.

[25] Mikhnenko O V, Blom P W M, Nguyen T Q. Exciton diffusion in organic semiconductors[J]. Energ Environ Sci, 2015, 8: 1867-1888.

[26] Jiang K, Zhang J, Peng Z, et al. Pseudo-bilayer architecture enables high-performance organic solar cells with enhanced exciton diffusion length [J]. Nat Commun, 2021, 12: 468.

[27] Vandewal K, Albrecht S, Hoke E T, et al. Efficient charge generation by relaxed charge-transfer states at organic interfaces [J]. Nat Mater, 2014, 13: 63-68.

[28] Cox P A, Glaz M S, Harrison J S, et al. Imaging charge transfer state excitations in polymer/fullerene solar cells with time-resolved electrostatic force microscopy [J]. J Phys Chem Lett, 2015, 2852-2858.

[29] Reid O G, Rayermann G E, Coffey D C, et al. Imaging local trap formation in conjugated polymer solar cells: A comparison of time-resolved electrostatic force microscopy and scanning Kelvin probe imaging [J]. J Phys Chem C, 2010, 114: 20672-20677.

[30] Yazdanian S M, Marohn J A, Loring R F. Dielectric fluctuations in force microscopy: Noncontact friction and frequency jitter [J]. J Chem Phys, 2008, 128: 224706.

[31] Albrecht T R, Grütter P, Horne D, et al. Frequency modulation detection using high-Q cantilevers for enhanced force microscope sensitivity [J]. J Appl Phys, 1991, 69: 668-673.

[32] Giridharagopal R, Precht J T, Jariwala S, et al. Time-resolved electrical scanning probe microscopy of layered perovskites reveals spatial variations in photoinduced ionic and electronic carrier motion [J]. ACS Nano, 2019, 13: 2812-2821.

[33] Rivnay J, Inal S, Collins B A, et al. Structural control of mixed ionic and electronic transport in conducting polymers [J]. Nat Commun, 2016, 7: 11287.

[34] 史美伦. 交流阻抗谱原理及应用 [M]. 北京: 国防工业出版社, 2001.

[35] Lee W, Prinz F B, Chen X, et al. Nanoscale impedance and complex properties in energy-related systems [J]. Mrs Bull, 2012, 37: 659-667.

[36] O'Hayre R, Lee M, Prinz F B. Ionic and electronic impedance imaging using atomic force microscopy [J]. J Appl Phys, 2004, 95: 8382-8392.

[37] Kalinin S V, Bonnell D A. Scanning impedance microscopy of electroactive interfaces[J]. Appl Phys Lett, 2001, 78: 1306-1308.

[38] O'Hayre R, Feng G, Nix W D, et al. Quantitative impedance measurement using atomic force

microscopy [J]. J Appl Phys, 2004, 96: 3540-3549.

[39] Xie X, Kwon O, Zhu D M, et al. Local probe and conduction distribution of proton exchange membranes [J]. J Phys Chem B, 2007, 111: 6134-6140.

[40] Bussian D A, O'Dea J R, Metiu H, et al. Nanoscale current imaging of the conducting channels in proton exchange membrane fuel cells [J]. Nano Lett, 2007, 7: 227-232.

[41] Kwon O, Wu S, Zhu D M. Configuration changes of conducting channel network in Nafion membranes due to thermal annealing [J]. J Phys Chem B, 2010, 114: 14989-14994.

[42] Louie M W, Hightower A, Haile S M. Nanoscale electrodes by conducting atomic force microscopy: Oxygen reduction kinetics at the Pt | $CsHSO_4$ interface [J]. ACS Nano, 2010, 4: 2811-2821.

[43] Jesse S, Kumar A, Arruda T M, et al. Electrochemical strain microscopy: Probing ionic and electrochemical phenomena in solids at the nanometer Level [J]. Mrs Bull, 2012, 37: 651-658.

[44] Kalinin S, Balke N, Jesse S, et al. Li-ion dynamics and reactivity on the nanoscale [J]. Materials Today, 2011, 14: 548-558.

[45] Simolka M, Heim C, Friedrich K A, et al. Visualization of local ionic concentration and diffusion constants using a tailored electrochemical strain microscopy method [J]. J Electrochem Soc, 2019, 166: A5496.

[46] Morozovska A N, Eliseev E A, Balke N, et al. Local probing of ionic diffusion by electrochemical strain microscopy: Spatial resolution and signal formation mechanisms [J]. J Appl Phys, 2010, 108.

[47] Balke N, Jesse S, Morozovska A N, et al. Nanoscale mapping of ion diffusion in a lithium-ion battery cathode [J]. Nat Nanotechnol, 2010, 5: 749-754.

[48] Amatucci G G, Tarascon J M, Klein L C. CoO_2, the end member of the lix CoO_2 solid solution [J]. J Electrochem Soc, 1996, 143: 1114.

[49] Balke N, Eliseev E A, Jesse S, et al. Three-dimensional vector electrochemical strain microscopy [J]. J Appl Phys, 2012, 112.

[50] Chen Q N, Adler S B, Li J. Imaging space charge regions in Sm-doped ceria using electrochemical strain microscopy [J]. Appl Phys Lett, 2014, 105.

[51] Kumar A, Ciucci F, Morozovska A N, et al. Measuring oxygen reduction/evolution reactions on the nanoscale [J]. Nat Chem, 2011, 3: 707-713.

[52] Balke N, Jesse S, Kim Y, et al. Real space mapping of Li-ion transport in amorphous Si anodes with nanometer resolution [J]. Nano Lett, 2010, 10: 3420-3425.

[53] Amanieu H Y, Thai H N M, Luchkin S Y, et al. Electrochemical strain microscopy time spectroscopy: Model and experiment on $LiMn_2O_4$ [J]. J Appl Phys, 2015, 118.

[54] Chung D W, Balke N, Kalinin S V, et al. Virtual electrochemical strain microscopy of

polycrystalline LicoO$_2$ films [J]. J Electrochem Soc, 2011, 158: A1083.

[55] Luchkin S Y, Romanyuk K, Ivanov M, et al. Li transport in fresh and aged LiMn$_2$O$_4$ cathodes via electrochemical strain microscopy [J]. J Appl Phys, 2015, 118.

[56] Alikin D O, Ievlev A V, Luchkin S Y, et al. Characterization of LiMn$_2$O$_4$ cathodes by electrochemical strain microscopy [J]. Appl Phys Lett, 2016, 108.

[57] Zhu J, Lu L, Zeng K Y. Nanoscale mapping of lithium-ion diffusion in a cathode within an all-solid-state lithium-ion battery by advanced scanning probe microscopy techniques [J]. ACS Nano, 2013, 7: 1666-1675.

[58] Schirmeisen A, Taskiran A, Fuchs H, et al. Probing ion transport at the nanoscale: Time-domain electrostatic force spectroscopy on glassy electrolytes [J]. Appl Phys Lett, 2004, 85: 2053-2055.

[59] Roling B, Schirmeisen A, Bracht H, et al. Nanoscopic study of the ion dynamics in a LiAlSiO$_4$ glass ceramic by means of electrostatic force spectroscopy [J]. Phys Chem Chem Phys, 2005, 7: 1472-1475.

[60] Mascaro A, Wang Z, Hovington P, et al. Measuring spatially resolved collective ionic transport on lithium battery cathodes using atomic force microscopy [J]. Nano Lett, 2017, 17: 4489-4496.

[61] Williams G, Watts D C. Non-symmetrical dielectric relaxation behaviour arising from a simple empirical decay function [J]. Transactions of the Faraday Society, 1970, 66: 80-85.

[62] Johnston D C. Stretched exponential relaxation arising from a continuous sum of exponential decays [J]. Phys Rev B, 2006, 74.

[63] Havriliak S, Negami S A. Complex plane representation of dielectric and mechanical relaxation processes in some polymers [J]. Polymer, 1967, 8: 161-210.

[64] Havriliak S, Havriliak S J. Comparison of the Havriliak-Negami and stretched exponential functions [J]. Polymer, 1996, 37: 4107-4110.

[65] Strelcov E, Belianinov A, Hsieh Y H, et al. Deep data analysis of conductive phenomena on complex oxide interfaces: Physics from data mining [J]. ACS Nano, 2014, 8: 6449-6457.

第 4 章　扫描探针显微术在电催化中的应用

设计高效、稳定的电催化剂是电催化领域中具有挑战性的科学问题之一。深入了解电催化反应的过程与机理是构建高性能电催化剂的基础。电化学扫描探针显微术（ECSPM）能够在原子及分子水平上对催化体系的结构以及催化反应的过程进行原位表征，有助于直观地理解催化反应的机理，因此已成为电催化研究中有力的表征手段之一。

4.1　电化学扫描探针显微术

ECSPM 通常包括电化学扫描隧道显微术（ECSTM）、电化学原子力显微术（ECAFM）、扫描电化学显微术（SECM）和扫描电化学电位显微术（SECPM）等技术，能够在（亚）纳米尺度上提供电极/电解液界面的结构以及演化信息。本节将对这些技术的特点进行简要介绍。

1982 年，IBM 的两位科学家 G. Binnig 和 H. Rohrer 成功研制了世界上第一台扫描隧道显微镜（STM）[1]。几年后，Itaya 等将电化学电位控制系统与 STM 技术结合，发展了能够在水溶液中成像的 ECSTM[2]。ECSTM 具有原子级空间分辨率，它的出现使研究人员能够在水溶液中原位观察电极的表面结构与形貌随电位的变化，对电极界面电化学过程的研究具有重要意义。1986 年，Binnig 等研发了首台原子力显微镜（AFM）[3]。随着 AFM 的工作环境扩展至水溶液中[4, 5]，ECAFM 于 1991 年成功问世[6]。ECAFM 的出现弥补了 ECSTM 无法研究非导电样品的局限，极大地扩展了 ECSPM 的应用。

在 SECM 中，通过使用超微电极作为探针，研究人员可在获得电极表面形貌信息的同时了解样品局域的导电性以及反应活性，其空间分辨率与探针的尺寸及形状密切相关[7]。SECM 具有多种成像模式，分别适用于研究不同的电化学体系。例如，在基体产生/探针收集（SG/TC）模式中，通过检测探针的电流信号，能够实现样品表面不同位置电化学反应活性的定量比较[8]。通过检测探针电位，SECPM 可实现对样品双电层的研究，其空间分辨率可以媲美 ECSTM 与 ECAFM。同时，相较于 ECSTM，SECPM 具有能够研究弱导电性样品的优势。目前，SECPM 已被应用于电极表面离子吸附以及氧化膜形成等电化学过程的研究中[9, 10]。

4.2 电催化反应与电催化剂

目前，日益严峻的能源危机与气候问题已成为经济与社会发展所面临的巨大挑战[11-13]。从能源结构上看，煤、石油、天然气等化石燃料有限的储量与使用过程中所造成的环境污染和碳排放等问题已受到广泛关注[14-16]。新能源技术的开发与推广是解决这些问题的有效手段之一[17-19]。锂电池、燃料电池、电解水制氢等基于电化学的能源存储与转化技术受到了研究人员的广泛青睐[20-23]。其中，电催化剂材料的效率对能源器件的性能有着决定性的影响。作为高效电催化剂设计的先决条件之一，电催化反应机理的研究随着电化学与表面科学的发展而日益深入。多种先进的分析技术与表征手段均被用于电催化反应与电催化剂的研究中，有效促进了电化学能源技术的应用[24-26]。本节将会对重要的基本电催化反应与不同类型的电催化剂进行系统介绍，并在此基础上展示金属卟啉/酞菁作为一类重要的电催化体系的研究。

4.2.1 电催化反应

在电化学能源转化过程中起关键作用的基本电催化反应包括氧还原反应（ORR）、析氧反应（OER）、析氢反应（HER）、CO_2 还原反应等。

电催化 ORR 是燃料电池与金属-空气电池中的阴极反应，其反应路径与机理已被广泛讨论[27]。一般认为，电催化 ORR 有两种可能的路径，一种是 O_2 通过四电子的转移直接还原生成 OH^- 或 H_2O；另一种是通过两步两电子的转移过程以 H_2O_2 为中间产物完成[27, 28]。O_2 吸附于活性位点后可能发生裂解生成 O 原子，O 原子的生成是四电子还原的必要步骤，因此 O_2 裂解的难易可从一定程度上反映催化剂的产物选择性[29]。作为反应的基元步骤，电催化 ORR 中的质子转移（PT）、电子转移（ET）以及质子耦合电子转移（PCET）过程已被广泛研究[30]。值得一提的是，催化位点或反应条件（如电解液酸碱度、电解质等）的改变可能会使电催化 ORR 的路径产生较大变化。例如吡嗪类氮掺杂碳基催化剂催化的 ORR，其在酸性溶液中易生成中间产物 H_2O_2，而在碱性环境中倾向于采取四电子的反应路径生成 OH^-[31]。对于某些苝酰亚胺衍生物催化剂而言，其在全 pH 范围内均对 H_2O_2 的生成保持较高的法拉第效率[32]。常用于电催化 ORR 的催化剂包括贵金属催化剂（如 Pt、Au 等）、分子催化剂（如金属卟啉、酞菁等）以及碳基催化剂（如氮掺杂石墨烯等）[33]等。

电催化 OER 与 HER 分别为全电解水的阳极与阴极反应，其中 HER 作为制取氢能的重要方法被广泛研究[34]。常用的高效 HER 催化剂是传统的贵金属 Pt，其催化活性与稳定性均优于其他材料[35]。近年来,随着过渡金属二硫化物(TMD)的发展,其在电催化 HER 方面的潜力被逐渐开发[36, 37]。研究人员利用掺杂、修饰等改性手段制备了各种基于 TMD 材料的高效 HER 催化剂。对于电催化 OER 而言,其反应动力学较慢,因此在某些情况下被视为全电解水制氢的制约。电催化 OER 的反应路径可视为 ORR 的逆过程,其复杂程度通常要高于 HER。在酸性与碱性环境中,M-O 与 M-OH 等物种均作为电催化 OER 的重要中间产物参与转化[38]。其中生成 O_2 的路径有两种,一种是溶液中的氧原子与 M-O 物种中的氧原子直接结合;另外一种是通过生成 M-OOH 中间物种完成。一般认为,中间物种中金属与含氧基团作用的强弱是决定催化剂 OER 性能的关键因素。常用于电催化 OER 的催化剂包括过渡金属氧化物与氢氧化物、基于金属卟啉的多孔材料及碳纳米管等[39]。从全电解水实际应用的角度上看,阴极的 HER 需要消耗电解液中大量的 H^+,而阳极的 OER 中 M-OH 物种的生成则在碱性环境中更加有利。因此,开发酸性环境中高效的 OER 催化剂与碱性环境中的高效 HER 催化剂对全电解水的应用有着重要意义。

电催化 CO_2 还原反应被认为是缓解温室效应的有效手段,同时可以生成具有高附加值的化学产品。与一般的电催化反应类似,电催化 CO_2 还原反应包括反应物吸附、催化转化与产物脱附三个基本步骤。但与前文中介绍的反应有所区别的是,CO_2 还原的中间产物与路径通常更加多样化,可能的产物包括 CO、甲烷、甲酸、乙烯等,产物的生成往往需要多步电子与质子转移过程[40]。以 CO 的生成为例,M-COOH 中间物种的生成以及后续的 PCET 步骤对 CO 的选择性有着重要影响[41]。催化剂的改变可能会使反应路径产生较大变化,从而影响主要产物。例如,对于 Cu(111)、Cu(100) 及 Cu(110),其催化 CO_2 还原的主产物分别为甲烷、乙烯与乙醇[42]。此外,电解液中离子(如 Ba^{2+},Mg^{2+} 等)的变化也会改变反应路径[43]。由于与 HER 的电位区间部分重合,H_2 是电催化 CO_2 还原反应中主要的副产物,可能会对催化剂的效率造成影响。因此,通过合理设计电催化剂以提高产物选择性并抑制副反应的发生是电催化 CO_2 还原研究中重要的科学问题。目前,常用于电催化 CO_2 还原反应的催化剂包括贵金属催化剂(Pd 基催化剂)、铜基催化剂、金属酞菁等[44]。

除上述介绍的几类基本电催化反应外,近年来多种新型电催化反应也吸引了研究人员的广泛关注,如氮还原反应[45]被认为是一种能够在工业合成氨领域产生重要影响的新技术。同时,在燃料电池中作为阳极反应的 CO 与有机小分子电氧化也为高效电池的发展提供了新的机遇[46, 47]。这些电催化反应的机理通常比较复杂,同时其高效催化剂的设计也是具有挑战性的科学问题。

4.2.2 电催化剂

在电催化体系中，常用的电催化剂一般可以按贵金属催化剂与非贵金属催化剂分为两类。其中部分贵金属催化剂的催化活性与稳定性较好，但较高的成本在一定程度上限制了其大规模应用。随着材料科学的发展，研究人员们设计了多种性能优异的非贵金属催化剂，其中包括分子催化剂[48]、碳基催化剂[49]以及新型多孔材料[50]等。研究电催化剂的构效关系及其在催化反应中的作用机制，并在此基础上设计更加高效稳定的催化剂是研究人员们一直以来关心的问题。

对于贵金属催化剂，其催化性能受形貌、晶面、尺寸等因素影响，相关研究已经比较深入。例如，Lu 等[51]构建了一种对 CO_2 还原反应具有高活性与选择性的纳米多孔银催化剂。其多孔结构具有较大的比表面积，有利于反应的进行。同时弯曲的内表面为催化反应的发生提供了大量高活性的催化位点。实验表明，其对 CO 的选择性为 92%，远高于普通的多晶银催化剂，同时催化活性也有显著提升。作者认为，多孔银催化剂可以稳定 CO_2 在活性位点上的吸附，从而有利于中间体的生成与转化并降低反应能垒。不同的电解液环境同样可能影响贵金属催化剂的催化活性。Kumeda 等[52]利用原位红外光谱技术研究了疏水阳离子对 Pt(111) 单晶电极催化 ORR 的影响。研究人员向 $HClO_4$ 电解液中添加含有不同长度碳链的四烷基氨基正离子，其疏水程度随碳链长度的增加而升高。实验表明，碳链越长，Pt(111)催化 ORR 的活性越高，其中在加入四己基氨基正离子的电解液中 Pt(111)的催化活性比在 $HClO_4$ 中提升了约八倍。结合光谱表征数据，其作者认为疏水阳离子周围的水化层破坏了氢氧根、水等非活性物种在催化剂表面的稳定吸附结构，从而有利于 ORR 的进行。

分子催化剂具有明确的活性位点结构，同时其催化性质可通过引入不同的取代基进行调控，因此常被用作电催化反应研究的模型催化剂。Warczak 等[32]将常用的有机半导体材料苝酰亚胺衍生物分子用于电催化 ORR 中，发现其在全 pH 范围内均倾向于采取两电子的还原路径生成 H_2O_2，具有较高的法拉第效率。Lin 等[53]构建了含有不同醌类结构的碳基小分子催化剂，并将其应用于电催化 OER 的研究中。实验表明，芳香有机分子中的羰基具有较好的电催化 OER 活性，分布于纳米碳材料边缘的每一个羰基对催化反应的贡献大致相同。此外，酚羟基由于可以与羰基通过 PCET 过程相互转化，因此同样具有一定的 OER 活性。其作者认为共轭体系的扩展将有助于其 OER 活性的进一步提升。除上述碳基分子外，过渡金属卟啉与酞菁类分子也是一类非常重要的催化剂[54]。其中催化性能突出的钴酞菁等分子已被应用于电催化 CO_2 还原反应中[55]。同时其明确的 M-N$_4$ 配位结构也使之成为催化活性位点构效关系研究的理想模型体系。

随着纳米碳材料的发展，高效、低成本的碳基催化剂吸引了研究人员的广泛关注。有研究表明，碳基催化剂的催化活性来源于其中的掺杂原子，掺杂原子可以改变其周边的局域电子密度，从而提升碳材料的本征催化性能[31]。以氮掺杂石墨烯为例，其中氮元素的掺杂形式可能有吡啶型、吡咯型、石墨型等。研究不同形式杂原子的催化性能差异对高效催化剂的合成具有十分重要的意义。Guo 等[56]构建了含有不同掺杂形式氮原子的高定向热解石墨（HOPG）模型体系，通过研究发现其催化 ORR 的活性主要来源于吡啶型氮原子。根据进一步的机理研究，其作者认为氮原子的引入使其近邻的碳原子活化，具有一定的路易斯酸性，充当了 ORR 的活性位点。Gong 等[57]合成了氮掺杂碳纳米管并发现其具有较高的催化 ORR 活性。氮原子作为电子受体，使其近邻碳原子具有较高的正电荷密度，从而有助于其 ORR 活性的提升。

多孔材料具有较大的比表面积，催化活性位点可以充分暴露并与反应物接触，因此在电催化研究中受到广泛青睐。近年来，共价有机框架（COFs）材料被广泛应用于电催化剂的构建中。Lin 等[58]合成了基于钴卟啉的 COF-366-Co，并将其应用于电催化 CO_2 还原反应中。实验发现，相比于单体分子，COF-366-Co 具有更优异的催化活性，同时对 CO 的选择性较好。其作者认为 COF 的共轭结构优化了活性中心钴的电子性质，从而有助于其催化活性的提升。在进一步实验中，Diercks 等[59]考察了侧链上电子效应不同的取代基对 COF-366-Co 催化活性的影响。实验结果表明，引入具有一定吸电子效应的基团对催化活性的提升有所帮助，这与取代基对活性中心电子性质的调控有关。

4.2.3 金属卟啉/酞菁类电催化模型体系的研究

过渡金属卟啉与酞菁类分子催化性能优异，同时具有明确的 $M-N_4$ 配位结构，因此常被用作电催化反应机理研究的模型体系。在此基础上，研究人员构建了多种基于金属卟啉/酞菁结构单元的高效电催化剂。本节将会介绍金属卟啉/酞菁分子作为模型催化剂在不同电催化反应机理研究中的应用。

1. 氧还原反应（ORR）

铁、钴、镍等Ⅷ B 族金属通常具有丰富的氧化态，因此基于Ⅷ B 族金属的催化剂在电催化领域具有广阔的应用前景[60]。以Ⅷ B 族金属为中心的卟啉与酞菁分子也常被用于电催化研究中。例如，钴酞菁（CoPc）具有较好的电催化 ORR 活性，Li 等[61]研究了其在水/有机溶剂界面催化 ORR 的机理。电化学测试与光谱分析数据表明，反应中催化剂 CoPc 在两相界面经历了 PCET 过程。CoPc 首先在有机相中与 O_2 结合，所形成的中间物种在相界面处与水溶液中的质子作用发生质子转移，生成 H_2O_2。同时催化剂的电荷转移通过有机相中的二茂铁辅助完成。相界面处的反应避免了电极的基底效应对催化剂的影响，有助于理解生物体系中的部分电催化过程。在此基础上，Patir 等[62]进一步研究了全氟取代的钴酞菁分子（CoFPc）在相界面处催化 ORR 的过程。有机相中的电子给体四硫富瓦烯对反应中的电子转移过程起着重要作用。实验表明反应倾向于采取两电子的转移过程生成 H_2O_2。

由于与血红素结构类似，铁卟啉衍生物常被用于 ORR 中载氧的相关研究。Matson 等[63]研究了吡啶取代的铁卟啉催化 ORR 的性质。实验表明，吡啶取代基上氮的位置对 ORR 的路径以及产物选择性有较大影响。当氮原子位于四号位时，反应倾向于采取四电子的还原路径生成 H_2O；而当吡啶位于二号位时，经由两电子还原生成的 H_2O_2 是主要产物。作者认为，在 O_2 吸附于活性位点后，位置更近的吡啶氮原子有助于与溶液中的水通过氢键结合形成稳定的复合物，从而影响反应中的质子转移过程。Costentin 等[64]研究了 N-甲基阳离子取代的铁卟啉分别做均相与异相催化剂的差异。虽然铁卟啉分子在玻碳电极上的吸附较弱，但其做异相催化剂的催化性能与在水溶液中做均相催化剂时相当。当 O_2 与活性位点结合后，Fe^{II}-O_2 复合物会迅速质子化并生成过氧化复合物，过氧化复合物的转化直接决定了反应的产物选择性。实验结果表明异相催化比均相催化更易生成 H_2O_2。其作者认为相比于均相催化，异相催化中基底作为配体与活性中心的相互作用较强，从而对反应中间体的质子化起到了一定的促进作用。

调控金属卟啉活性中心的电子性质可以有效改善其催化性能，其中引入轴向配体是一种常见的修饰策略。Zhou 等[65]利用带有含氮配位基团的巯基苯作为轴向配体，在 Au 电极表面构建了轴向配位的钴卟啉催化剂。实验表明 4-巯基吡啶配位对催化剂催化性能的改善要优于另外两种配体。产物的选择性没有随配体的改变发生明显变化，均倾向于生成 H_2O_2。理论模拟表明轴向配体的引入可以明显改变活性中心 Co 的电子密度与前线轨道，从而影响反应中间产物的生成与转化过程。

2. 析氧反应（OER）与析氢反应（HER）

金属卟啉分子常被用于 OER 与 HER 电催化剂的构筑中。Wang 等[66]研究了不同含氮阳离子取代的钴卟啉催化 OER 的活性与机理。实验表明，在卟啉间位上引入缺电子的咪唑阳离子取代基有利于提高其催化活性，其产氧速率与法拉第效率均明显高于其他取代基修饰的钴卟啉。此外，修饰后的催化剂具有较好的稳定性，在反应中不会被氧化。机理研究表明反应中会生成 Co^{IV}-O 阳离子中间体，溶液中的缓冲碱对其形成有促进作用。进一步研究发现缓冲碱有利于反应中的质子转移过程，并可以促进 O—O 键的生成，从而降低反应的起始电位。Liu 等[67]构建了 N-甲基吡啶阳离子取代的铜卟啉作为中性环境中的高效 OER 催化剂。在生物催化体系中铜对 O—O 键的生成与断裂有较好的诱导作用。实验表明催化剂分子在中性环境中催化 OER 的过电位较小，效率较高。此外，其在酸性环境中可以通过两电子氧化生成 H_2O_2。该结果说明酸性环境中的 OER 可能通过两步与 H_2O_2 相关的步骤完成，这为理解酸性环境中的 OER 机理提供了依据。

金属卟啉分子作为重要的结构基元在 OER 催化剂的构建中起着关键作用。Bhunia 等[68]合成了基于钴卟啉与芘的共轭微孔聚合物，并将其应用于电催化 OER 中。实验结果表明其具有较大的比表面积，有利于催化反应的进行。同时，催化剂催化 OER 的电流密度较高，说明其具有较好的催化活性。芘作为电子受体的引入使骨架中的电荷转移效率大幅提升。理论模拟结果表明材料的最高占据分子轨道（HOMO）基本集中在卟啉上；而最低未占据分子轨道（LUMO）基本集中在芘上，实现了较好的电荷分离效果，有利于电催化 OER 中电荷转移速率的提升。Huang 等[69]合成了基于 4-氰基苯基取代的铜卟啉与锌卟啉的超分子复合物催化剂。氰基的引入为复合物的形成提供了配位位点。从电子效应的角度上看，氰基具有共轭的 π 电子体系，有利于催化剂导电性的提升。此外氰基作为吸电子基团，在复合物骨架中可以很好地促进电荷转移，从而提升催化剂的活性。实验结果表明，使用铜卟啉与锌卟啉构筑的配位复合物分别为 0 维与 2 维结构，其中铜卟啉复合物催化 OER 的性能更好。作者认为铜卟啉的活性来源于其较多的未配位位点。

金属卟啉在电催化 HER 中同样表现出了一定的应用潜力。Khusnutdinova 等[70]构建了双核铜卟啉，并将其用于电催化 HER 中。相比于单核铜卟啉分子，双核铜卟啉在 HER 中的过电位更低，催化电流密度更大。同时其催化反应速率也大幅提升。双核铜卟啉中两个铜原子之间的相互作用能够改变活性中心的电子性质，从而提升其催化活性，这为卟啉电催化剂的构建与修饰提供了新的思路。

3. CO_2 还原反应

因具有优异的催化 CO_2 还原反应的活性，金属酞菁分子被广泛应用于高效催化剂的构筑中。Wang 等[71]发现钴酞菁对 CO_2 还原反应具有较高的催化活性，当在酞菁上引入 N-甲基阳离子修饰后，其稳定性、催化电流以及产物中 CO 的选择性均有进一步提升。同时催化剂分子在弱酸性、中性与碱性环境中均展现出了良好的性能。Zhang 等[72]选取不同的金属酞菁分子作为模型体系，利用理论模拟与电化学分析技术研究了不同分子催化 CO_2 还原反应的机理差异。理论模拟显示，M-CO_2，M-COOH 与 M-CO 是反应中重要的中间产物。相较于其他催化剂分子，钴酞菁在反应中形成的三种中间产物能量更低，更加有利于催化反应的进行。实验结果与理论模拟能够很好地吻合，即钴酞菁的催化性能要高于另外几种金属酞菁，同时其产生 CO 的法拉第效率可达 99%。

研究人员尝试利用分子修饰策略来进一步提升金属酞菁催化 CO_2 还原反应的性能。Morlanés 等[73]利用吸电子的氟原子修饰钴酞菁，发现其展现了更优异的电化学稳定性。根据反应机理，活性中心 Co 会首先从二价还原为一价，然后与 CO_2 结合发生后续的转化步骤。氟原子的引入使得 Co 的还原更易进行，同时稳定了还原后的中间物种，从而提高了催化剂的稳定性。催化剂分子在电极表面的吸附也随取代基的引入得到了增强。Zhang 等[74]利用氰基修饰钴酞菁，并将其与碳纳米管复合，构建了具有高的反应活性、稳定性与产物选择性的电催化剂（如图 4.1 所示）。催化剂在碳纳米管表面的分散状态有利于其充分暴露活性位点，同时碳材料的高导电性使得电子传输更加有利。另外，吸电子氰基的引入有助于活性位点的还原，同样可以促进催化反应的进行。

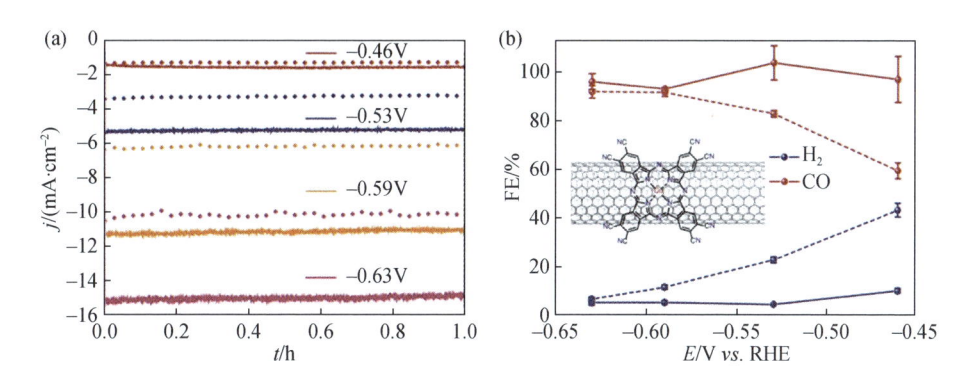

图 4.1 氰基钴酞菁（实线）与钴酞菁（虚线）复合于碳纳米管后的（a）电流-时间曲线与（b）法拉第效率[74]

除酞菁外，金属卟啉在电催化 CO_2 还原反应中也有大量应用。Shen 等[75]研究了钴卟啉催化的 CO_2 还原反应，发现主要产物为 CO，同时伴有少量甲醇与甲烷等副产物。产物的选择性与法拉第效率随溶液中质子浓度不同而变化。作者认为这与 CO_2 自由基（$CO_2·$）在活性位点上的吸附有关，降低其形成势垒是提高催化剂活性的关键因素。Azcarate 等[76]研究了卟啉环上取代基的电子效应对铁卟啉催化 CO_2 还原反应的影响。实验发现，吸电子基团的引入会促进活性位点的还原，从而有利于降低过电势，但反应速率也会随之降低；给电子基团的影响则相反。在两种效应中找到平衡点是通过取代基修饰策略优化分子催化剂性能的关键。

4.3 电化学扫描隧道显微术在电催化研究中的应用

4.3.1 模型体系的构建

在催化领域中，表面催化过程与机理的深入认识往往有助于异相催化的发展。

伴随着表面科学与表面分析技术的进步，研究人员对催化反应中表面过程的认识也逐渐深入。目前，研究人员已将各种具有高时空分辨、物种分辨的表面表征手段应用于电催化机理的研究中[77, 78]。但真实催化剂较为复杂的结构为这些表征技术的应用带来了一定困难。因此，构建结构明确、能够代表真实催化剂并适于机理研究的模型电催化体系成了研究人员重点关注的问题。在电催化研究中如何解决材料鸿沟被认为是关键的科学问题之一[79, 80]。材料鸿沟指的是用于机理研究的模型催化剂与实用的真实催化剂之间的差异。如果不能很好地构建合适的模型催化体系以解决材料鸿沟，反应机理的研究可能会失去意义。STM作为电催化研究中重要的表面分析技术之一，其原理便决定了所研究的样品应当具有一定的导电性与较好的平整度。通过对真实催化体系进行分析、总结，研究人员构建了多种能代表催化剂中活性位点同时适合STM研究的模型电催化剂[81, 82]。本节将分别从贵金属催化剂、非贵金属催化剂与碳基催化剂三个方面对模型催化体系的构建展开介绍。

1. 贵金属催化剂

由于具有较好的催化活性与电化学稳定性，贵金属催化剂被广泛应用于高效电催化剂的构建中，其中部分已投入商品化生产[83]。单晶电极作为一类传统并且常用的贵金属催化剂的模型体系，常被用于STM研究中。例如，可在STM图像中观察到高指数晶面电极Pt（557）基底在不同氢分压下的表面形貌差异，并同时发现这一差异与其催化氢氧化反应的活性密切相关[84]。

通过真空环境中的气相沉积，研究人员可以在基底表面制备金属纳米颗粒，并将其作为贵金属催化剂的一种模型体系。通过控制沉积的温度与速度，便可制备具有不同形貌与结构特征的金属纳米颗粒。例如，Motin等[85]通过在HOPG表面沉积Pt制备了Pt/C催化剂的模型体系。当Pt的沉积量为0.31mol时，可以在STM图像中清楚地观察到对比度较高的Pt纳米颗粒，其平均直径为2nm。而当提高Pt的沉积量至0.74mol时，其平均直径变为3.6nm。进一步测试表明模型催化剂的催化性能接近商用的Pt/C催化剂。基于贵金属的双金属催化剂能够发挥金属位点间的协同效应，从而提升其催化性能，因此吸引了研究人员的关注。表面合金是研究双金属催化剂的一类常用的模型体系。Chen等[86]在Pt(111)表面通过气相沉积制备了Pt/Fe合金。如图4.2（a）所示，在STM图像中能够观察到Fe沉积于Pt表面后形成的沉积层，其中较亮的带状结构为此类表面合金的特征结构，来源于不同金属晶格之间的位错。亮带周围随机分布的较暗区域为沉积的Fe原子[图4.2（b）]，而其较低的对比度则来源于从Fe至Pt的电子转移。电极表面的合金纳米颗粒作为另一种重要的模型体系，同样可以通过气相沉积制备得到。Zhou等[87]合成并利用STM研究了CeO_x(111)表面的Ni/Ru颗粒，并发现在CeO_2表面沉积的颗粒尺寸要大于 $CeO_{1.75}$ 表面，推断这是由于 $CeO_{1.75}$ 中缺失的氧原子为 Ni/Ru 颗粒的成核提供了更多的缺陷位点，从而导致其颗粒密度变高，尺寸下降。

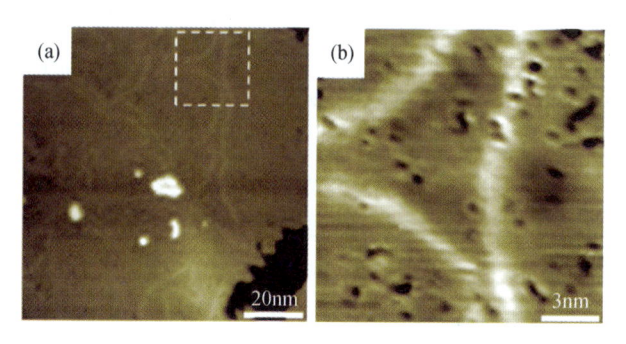

图 4.2 (a) Pt(111) 表面 Fe 沉积层的 STM 图像，(b) 为白色曲线框处的放大图像[86]

电化学沉积（简称电沉积）是通过电位控制在电极表面形成金属修饰层的过程。电沉积技术具有较强的可操作性，适用体系广泛，因此通过电沉积在金属基底表面修饰另一种金属的方法被广泛应用于制备双金属模型催化剂[88,89]。STM 可用于研究沉积层的结构与电沉积的不同阶段。例如，Di 等[90]利用原位 STM 研究了电位对 Co 在 Au(111) 表面沉积的影响。实验表明，在较负的电位下 Co 沉积层的生长主要表现为横向尺寸扩大，而在较正的电位下，横向与纵向的生长是同时发生的。生长模式的转变主要是由于不同电位下 Co 沉积速率的不同。Aitchison 等[91]通过欠电位沉积在含氯离子的电解液中制备了 Au(111) 表面上的 Cu 修饰层。由于氯离子的存在，可以在 STM 图像中观察到（1×1）Cu 修饰层表面的氯离子（5×5）吸附结构。而在酸性环境中无氯离子情况下，Cu 沉积层展现为无序结构，这一差异与氯离子的存在与否密切相关。电沉积也可以在离子液体中完成，这有助于实现水溶液中不稳定的模型催化剂的制备。例如，Ehrenburg 等[92]利用电沉积在 1-丁基-1-甲基吡咯烷鎓双（氰基）亚胺盐（[BMP][DCA]）中制备了 Au(111) 表面的 Ag 吸附层，沉积过程中可以通过原位 STM 观察到 Ag 吸附单层的结构由（4×4）转变为（1×1）。

2. 非贵金属催化剂

有机小分子催化剂往往具有较明确的活性位点结构与较好的可修饰性，因此是代表非贵金属催化剂的一类非常重要的模型体系。有机分子在电极表面的吸附层可以通过其在固-气或固-液界面的自组装构建。例如，可通过真空中的气相沉积实现金属卟啉或酞菁类分子自组装结构的构筑，STM 可用于在分子水平上研究其组装结构[93]。Buchner 等[94]利用超高真空 STM（UHV-STM）研究了钴卟啉衍生物在 Ag(111) 表面沉积后形成的组装结构，通过调控表面覆盖度与退火条件，可以在 STM 图像中观察到四种不同的结构。通过共沉积中心金属不同的金属卟啉或酞菁分子，可实现在电极表面制备含双金属位点的催化模型体系。Scudiero 等[95]通过气相沉积构建了钴酞菁与镍卟啉的共组装结构，可以在 STM 图像中观察到呈现为较高对比度的钴中心与较低对比度的镍中心。碳基分子催化剂的有序组装结构同样可以通过气相沉积制备。例如，Yang 等[96]在石墨烯表面制备了苝酰亚胺衍生物的吸附单层，STM 图像显示其吸附构型呈现为扶手椅型或锯齿型，石墨烯的存在有效增强了基底与分子之间的电荷转移。

固-液界面自组装是制备分子模型催化剂有序吸附结构的一种重要方式（如图 4.3 所示）。液相沉积的过程通常比真空中的气相沉积复杂，涉及溶剂与基底的共同作用。STM 有助于研究分子液相沉积的过程及所形成的结构。例如，Bhattarai 等[97]研究了八乙基钴卟啉与八乙基镍卟啉在辛苯/Au(111)界面的自组装机理。不同温度下的 STM 实验表明两种分子的吸附速率较为接近，并远高于其脱附速率，说明组装结构的形成为动力学控制的过程。

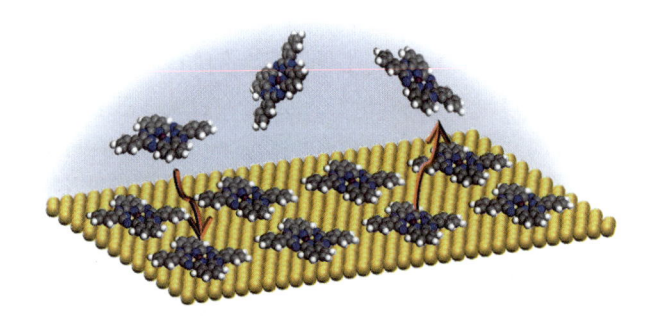

图 4.3 固-液界面处液相沉积示意图

具有较大的共轭体系与可控的结构基元通过表面配位反应构建的二维金属有机配合物被认为是一类理想的电催化模型体系。配位反应是重要的表面反应之一，通过金属-氧/氮配位键连接的金属有机催化剂往往具有较好的催化活性[98, 99]。金属与含氮基团（如氨基、氰基等）之间较强的配位作用对此类催化模型体系的构建有着重要帮助。Wurster 等[100]利用 UHV-STM 研究了 Au(111) 电极表面基于金属卟啉的双金属配合物催化剂，铁卟啉与钴卟啉衍生物中吡啶取代基上的氮原子为另一种金属中心的引入提供了配位位点。如图 4.4（a）所示，区别于金属卟啉自组装所形成的紧密排列，配位反应后双金属催化剂的表面结构呈现为四方排列。电化学测试表明，双金属催化剂催化的 OER 活性要明显高于单组分金属卟啉[图 4.4（b）]。图 4.4（c）为催化反应进行后电极表面的 STM 图像，从其中可以看出表面形成了一些团簇结构，催化剂的有序性没有得到保留。进一步的 X 射线光电子能谱（XPS）表征证实催化活性位点仍存在于电极表面。

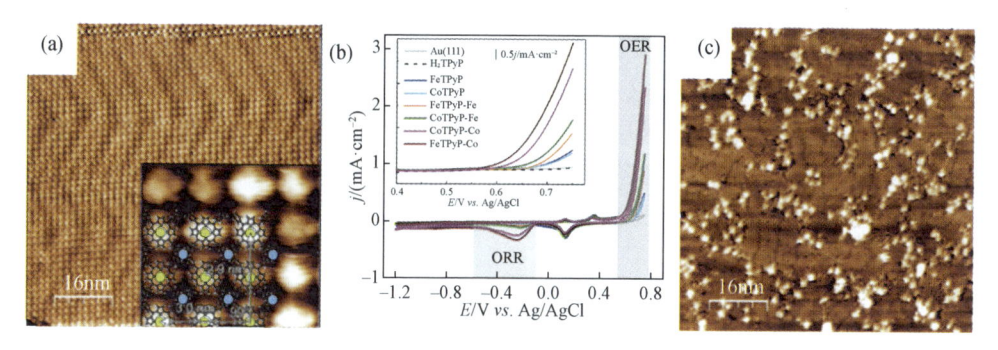

图 4.4 （a）CoTPyP-Co 催化剂在 Au(111)表面的 STM 图像；（b）不同催化剂在 Ar 饱和的 0.1mol/L NaOH 中催化 OER 的循环伏安曲线；（c）催化反应进行后 CoTPyP-Co 催化剂的 STM 图像[100]

3. 碳基催化剂

不含金属位点的碳基催化剂作为一类有发展潜力的电催化剂，因其具有多样化的结构与良好的电子传输性质引起了研究人员的广泛关注[101]。通过表面聚合反应生成的碳基催化剂是适于 STM 研究的理想模型体系之一，其明确的活性位点结构能够很好地代表真实催化体系[102]。表面聚合反应可以通过控制温度、电位等外界条件引发，目前已发展成为一种自下而上的构建碳基模型催化剂的有效手段［如图 4.5（a）所示］。多种通过表面聚合反应构建的零维与一维碳材料（如碳量子点、碳纳米管、碳纳米纤维等）已被广泛应用于电催化研究中[103]。对于二维碳基催化剂而言，可控合成对其应用有着重要意义。为此，研究人员已尝试将多种表面聚合反应应用于二维碳基催化剂的构建中。例如，Alexa 等[104]在 Au(111)表面通过乌尔曼偶联反应构建了二维共价有机聚合物，并将其应用于碱性环境中的 HER。如图 4.5（b）所示，作者选取了含有不同数量氮原子的有机小分子作为反应单体，从 STM 图像中观察到反应前形成的 P-N$_3$ 网格的多孔结构［如图 4.5（c）所示］。电化学测试表明，二维聚合物修饰的 Au(111)电极在 0.1mol/L NaOH 溶液中催化 HER 的活性要远高于未修饰的 Au(111)电极［图 4.5（d）］。作者在电催化反应后对样品进行了 STM 表征以测试其稳定性。结果表明 P-N$_3$ 的多孔结构能够在反应中保持稳定。

4.3.2 电催化剂结构的表征

1. 金属与金属氧化物催化剂

STM 具有原子级的空间分辨率，与电化学测试技术结合便可在亚纳米尺度上研究电催化剂的构效关系。金属与金属氧化物催化剂的表面结构能够影响催化活性位点的化学环境，进而改变其催化性能。因此，催化剂的催化活性和选择性在一定程度上会受到不同晶面取向与表面形貌（如台阶、平台、缺陷等）的影响[105]。同时，活性位点的催化性能与其周边原子配位数密切相关，催化剂的稳定性又在一定程度上决定于其原子间作用力的强弱。因此，在原子水平上研究催化剂的表面结构对电催化剂的设计具有重要意义。

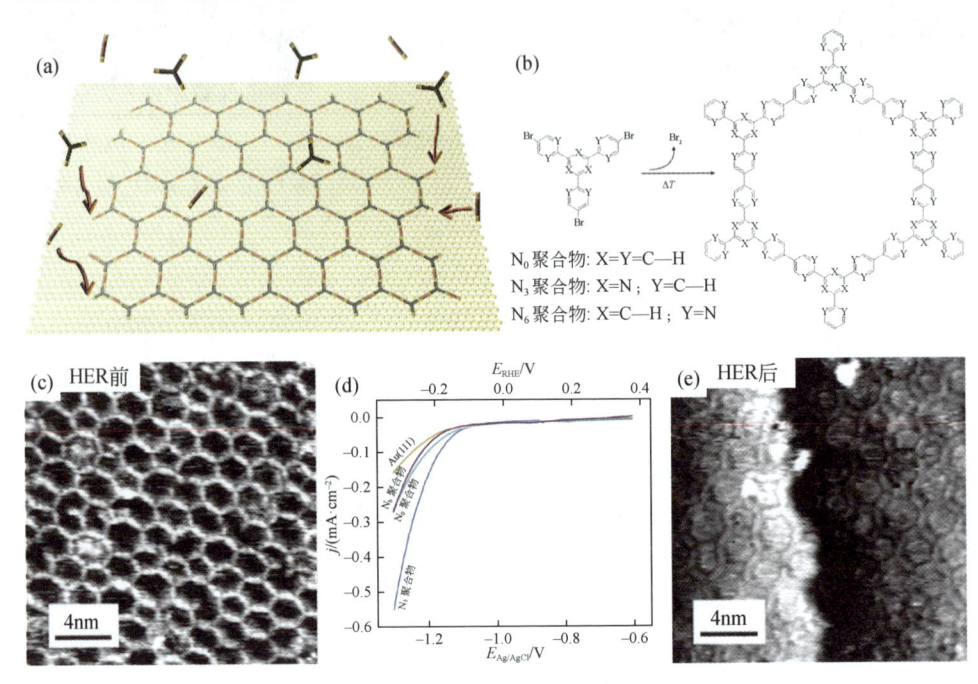

图4.5 （a）电极表面聚合反应的示意图；（b）用于碱性环境中 HER 的二维聚合物的合成；（c）P-N$_3$ 催化剂在 HER 前的 STM 图像；（d）不同催化剂在 Ar 饱和的 0.1 M NaOH 中催化 HER 的极化曲线；（e）P-N$_3$ 催化剂在 HER 后的 STM 图像[104]

  Kettner 等[106]利用 STM 研究了沉积于形貌不同的 HOPG 表面的 Pd 模型催化剂结构。实验表明，当用 Ar$^+$ 或 O$^+$ 轰击 HOPG 后，其表面会生成大量的缺陷与薄片，尺寸在 10nm 左右。这些结构在 Pd 的沉积中充当了成核位点，因此在沉积后可观察到密集排列的 Pd 纳米颗粒。而在未轰击的 HOPG 表面，Pd 的沉积会形成面积较大的岛状结构。Pd 纳米颗粒的形成对催化活性的提升有一定的帮助。Xu 等[107]利用 ECSTM 研究了双电层电位控制下多晶 Pt 表面生长的 Pt 岛状结构。在初始阶段，薄片状的 Pt 岛尺寸迅速变大，当接近 100nm 时其水平方向的生长停止，而高度缓慢增加。利用高分辨 ECSTM 成像对 Pt 岛的表面结构进行研究可以得知，其表面原子呈六次对称排列，晶面取向为(111)。同时，在表面上能够观察到 Pt 岛生长过程中伴随产生的 Pt 团簇。铜基催化剂是电催化 CO$_2$ 还原反应中的一类重要催化剂,其产物选择性随晶面取向与结构不同存在较大差异。Kim 等[108]利用 ECSTM 原位观察了负电位下多晶铜催化剂的结构变化。实验表明,在 0.1mol/L KOH 溶液中,-0.9V(相对于标准氢电极)电位下,多晶铜会在 30 分钟内转化为 Cu(111)结构,随后转化为 Cu(100)结构。这一现象有助于理解反应过程中 Cu 催化剂的选择性随时间的变化规律。合金催化剂以其优异的性能与较低的贵金属用量吸引了研究人员的广泛关注。合金催化剂的结构随金属性质不同而有所差异,Wan 等[109]利用 ECSTM 研究了 Pt-Fe 合金薄膜的重构过程。电化学测试前,合金表面呈现为粗糙的菜花状结构。随着电位循环圈数的增加,表面的粗糙结构逐渐转变为较为光滑的 Pt(111)。进一步实验证实,这一转变过程可能包含表面 Fe 原子的溶解与 Pt 皮层的形成。

表面合金的结构与稳定性与原子间相互作用力密切相关。Beckord 等[110]利用 UHV-STM 研究了 Pt(111)表面的 Ag_xPt_{1-x} 合金的结构与电化学稳定性。室温下 Ag 在 Pt(111)表面的沉积开始于台阶位点,最终形成覆盖全部平面的 Ag 单原子层。将样品退火至 900K 后,表面的 Ag 原子扩散至 Pt 基底中形成表面合金。作者对不同比例的表面合金进行电化学稳定性测试。实验发现,当 Ag 在合金中的占比大于 50%时,在电位循环至 0.95 V(相对于可逆氢电极)后可以在表面上观察到孔洞出现,其高度与单原子层接近。孔洞的形成来源于表面 Ag 原子的溶解。对于 Ag 占比小于 50%的合金,在电位循环过程中无法观察到孔洞的形成。作者认为这一差异来源于表面合金层中 Pt 原子对近邻 Ag 原子的稳定作用。当 Ag 原子的比例高于 50%时,表面 Pt 原子的减少导致 Ag 原子的稳定性下降,从而在电化学处理过程中溶解。

过渡金属氧化物催化剂被广泛应用于电催化 OER 中。Buchner 等[111]利用 STM 观察了 Co_3O_4、Ni 修饰的 Co_3O_4 及尖晶石型 $Ni_xCo_{3-x}O_4$ 的表面形貌与结构,并进一步通过电化学表征手段研究了其催化 ORR 与 OER 的性能。在 STM 图像中可以观察到 Co_3O_4 与 $Ni_xCo_{3-x}O_4$ 表面的外延岛状结构以及 Ni 修饰的 Co_3O_4 表面被 Co_3O_4 包裹的 Ni 团簇。从高分辨 STM 图像中可以观察到 $Ni_xCo_{3-x}O_4$ 表面两种金属氧化物的晶胞。电化学测试显示这几种材料具有相近的 OER 活性,均高于多晶 Pt。ORR 测试表明相比于 Co_3O_4,Ni 修饰的 Co_3O_4 与 $Ni_xCo_{3-x}O_4$ 具有更高的活性,其作者认为性能的差异来源于 Ni 的引入带来的电子传输能力的改变。

2. 分子催化剂

STM 可在纳米尺度上研究分子催化剂在电极表面自组装所形成吸附层的结构,这有助于研究分子催化剂的构效关系。例如,研究分子的吸附构象有助于理解分子与基底间的相互作用。此外,分子的表面密度在一定程度上取决于分子间作用力的强弱,这些作用可以影响活性位点的电子性质及催化剂的稳定性,从而影响催化性能[55, 112]。Barlow 等[113]研究了钴酞菁与钴卟啉在 Au(111)/云母表面气相沉积所形成的双组分吸附层的结构。在 STM 图像中可以观察到三种组装结构不同的区域。第一种是由钴卟啉分子自组装形成的近四方结构，单胞尺寸为 1.35 ± 0.15 nm，形成的驱动力为钴卟啉分子间较强的相互作用。第二种结构是由 1:1 的钴卟啉与钴酞菁分子共同组成，两种分子交替成行排列。在 STM 图像中可以清楚地看出两种分子的区别，钴卟啉分子呈圆形而钴酞菁分子呈四叶草形。其作者认为混合结构的形成是因为钴卟啉与钴酞菁的分子间相互作用强于钴酞菁分子之间的相互作用。第三种结构被作者称为"二维流动相"结构，主要由快速扩散的钴酞菁分子组成。由于在室温下分子的运动速率比 STM 的成像速率快，因此无法观察到清晰的分子图像。当降温至 176 K 时，可以观察到运动速率降低的分子在表面以链状、团簇或单分散形式排列。

Yoshimoto 等[114]利用 ECSTM 在 HClO$_4$ 溶液中研究了 CoPc 在 Au(111)表面的组装结构。实验中通过将基底浸泡在溶液中蘸样制备得到 CoPc 单分子层。在 STM 图像中可以观察到 CoPc 单分子呈四次对称，每个分子由中心亮点及周围四个亮点共同组成，亮点分别归属为中心的钴离子与酞菁上的苯环。实验发现，随着蘸样时间的延长，CoPc 的组装结构由四方转为 $c(5 \times 6\sqrt{3})$ 和 $(3\sqrt{3} \times 3\sqrt{3})R30°$（如图 4.6 所示）。进一步实验证实结构的转变来源于 CoPc 与基底间较强的相互作用。Ponce 等[115]利用 ECSTM 研究了轴向配位的铁酞菁分子的结构，发现其被配体锚定后在 STM 图像中的对比度明显升高。电化学测试证实配位后铁酞菁的催化活性高于未配位的分子。

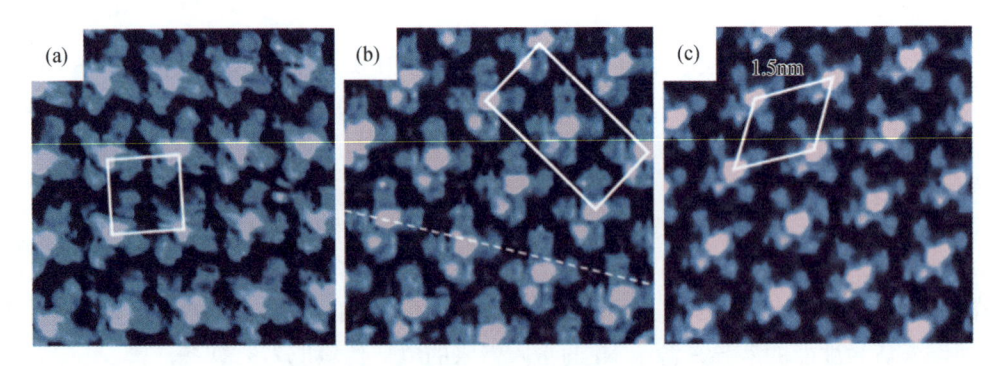

图 4.6　CoPc 分子在 Au(111)表面形成的自组装结构的 STM 图像：(a) 四方结构；(b) $c(5 \times 6\sqrt{3})$；(c) $(3\sqrt{3} \times 3\sqrt{3})R30°$ [114]

含氮原子的有机小分子可被用作碳基催化剂的模型体系，以研究不同掺杂原子的构效关系。Shibuya 等[116]利用 STM 研究了二苯基[a, c]吖啶(DA)在 HOPG 表面的组装结构，其中氮原子的掺杂形式为吡啶型。DA 分子可以在电极表面形成高度有序的组装结构，其单胞相对于基底为（$\sqrt{31} \times \sqrt{54}$）。理论模拟显示 DA 分子在表面的吸附构型为平面型。电化学测试表明 DA 修饰的电极催化 ORR 的活性与 N 掺杂 HOPG 相当，同时与氮原子的密度有关。

3. 二维材料

氮掺杂石墨烯是一类重要的二维材料，具有良好的电子传输性质，被广泛应用于 ORR 和 CO_2 还原反应催化剂的构建中。在氮掺杂石墨烯中，不同氮原子的掺杂形式对其催化活性有一定影响。一般认为，氮原子的引入可以活化其近邻的碳原子，从而提升碳材料本征的催化活性[31, 56]。STM 可用于在原子尺度上研究氮掺杂石墨烯的结构及电子性质。例如，可在 STM 图像中观察到氮掺杂石墨烯中的石墨型氮原子[117]。每个氮原子周围出现的长尾状结构是由于氮掺杂引起的电子散射。通过分析 STM 图像可知氮原子的掺杂在空间上呈随机分布，其表面浓度在 0.23%~0.35% 之间。Joucken 等[118]利用 STM 研究了氮掺杂石墨烯中吡啶型和石墨型氮的区别。在 STM 图像中可以观察到吡啶型氮的中心相对较暗，这是由于氮原子到近邻碳原子的电荷转移所致。

TMD 材料具有优异的 HER 活性，因此被广泛应用于全电解水催化剂的构筑中以降低成本[36]。MoS_2 作为 TMD 材料的代表，利用 STM 研究其催化活性位点与催化机理对催化性能的提升有着重要意义。Jaramillo 等[119]利用 STM 结合电化学表征技术研究了 HER 活性位点在 MoS_2 纳米催化剂表面的分布。通过控制退火温度与时间，作者在 Au(111) 表面制备了尺寸不同的 MoS_2 纳米粒子。单分散的 MoS_2 纳米粒子在电极表面呈现为三角形结构。进一步利用电化学分析技术测试不同尺寸的 MoS_2 催化 HER 的活性，并将其交换电流密度分别对 MoS_2 的面积与周长作图。电流密度与周长呈较好的线性关系，而与面积无明显关系。据此可以推断，MoS_2 催化 HER 的活性位点主要分布于纳米粒子的边缘区域而非中心平台区域。Pető 等[120]研究了氧掺杂的 MoS_2 单层的结构与催化性能。当将 MoS_2 单层暴露于氧气气氛中，氧原子可以自发掺杂到 MoS_2 中。STM 图像中的低对比度三角形区域为 MoS_2 单层中的硫缺陷，其中的亮点为掺杂的氧原子。氧掺杂后的 MoS_2 具有良好的稳定性。电化学测试表明其催化 HER 的活性相比于未修饰的 MoS_2 有所增强。作者认为活性增强的原因是掺杂的氧位点对氢物种有更好的吸附。

因具有较大的比表面积与多样化的结构，二维金属有机框架材料被认为是一种有应用潜力的电催化剂。Grumelli 等[121]利用 STM 研究了二维金属有机配位网格中金属与配体的催化作用。作者在表面分别构建了铁原子与 1,3,5-苯三酸与 5,5-双(4-吡啶)-2,2-双吖啶配位的有序网格结构，其中氧原子与氮原子分别作为配位位点与铁原子相互作用。在催化反应中，铁原子通过顶位吸附的方式在轴向上吸附氧，因此具有一定的催化 ORR 活性。电化学测试表明催化剂催化 ORR 倾向于采取两电子还原路径进行。其作者认为 O_2 还原至 H_2O_2 的过程是由暴露的 Au 基底与网格中的氧原子辅助完成的，而铁原子主要催化了 H_2O_2 还原至 H_2O 的过程。网格中较高的铁原子密度对催化活性的提升更为有利。进一步实验表明，电极表面铁团簇的催化活性与稳定性要低于有序网格，这是因为配体的存在使得铁原子形成了较好的单原子结构，并且延缓了催化剂活性衰减的过程。将铁原子替换为锰原子后，ORR 的路径转为四电子还原，说明金属活性中心对催化反应路径有着重要影响。

4.3.3 电催化过程的研究

一般认为，电催化反应包含三个阶段：反应物在活性位点上的吸附，中间物种的催化转化以及产物的脱附[122]。接下来介绍利用原位/非原位 STM 技术在纳米尺度上研究反应物在电极表面的吸附与扩散以及电催化转化过程。

1. 反应物的吸附与扩散

反应物在活性位点上的吸附是电催化反应的首要步骤，对后续的电子及质子转移过程有着重要影响[31]。反应物在不同催化体系中以及不同条件下的吸附行为可能截然不同。反应物与催化位点作用所形成的新物种可能会在 STM 图像中呈现与催化剂不同的轮廓或对比度，因此通过分析不同条件下 STM 图像的差异便可能了解反应物的吸附行为。Friesen 等[123]利用 STM 研究了 HOPG 表面的八乙基钴卟啉（CoOEP）与 O_2 的结合。在 STM 图像中同时观察到呈现为亮点与暗点的两种物种，其中较暗的物种归属为 CoOEP-O_2。作者认为 HOPG 对氧吸附物种的形成有着重要影响，其作为具有给电子效应的配体可以稳定 Co 与 O_2 的相互作用。Sedona 等[124]在真空环境中研究了 Ag(110) 表面的铁酞菁（FePc）与 O_2 相互作用所形成的物种。随着表面覆盖度的升高，FePc 可以在电极表面形成不同的组装结构。当将 FePc 暴露于 O_2 后，不同组装结构中的 FePc 呈现出了不同的吸附行为。在低密度组装结构中，部分 FePc 与 O_2 作用可转化为较暗物种。当将样品退火以除去 O_2 后，吸附物种全部转化为较亮的 FePc 分子。结合理论模拟，作者将较暗的物种归属为 FePc-O_2-Ag 复合物。这一复合物是由 O_2 与 FePc、基底共同作用所形成的。在高密度组装结构中，暴露的 O_2 前后均无法观察到吸附物种的亮暗变化，因此可认为该结构中的 FePc 不能很好地与 O_2 相互作用。其作者认为不同组装结构中催化剂与 O_2 结合能力的差异可能会对其催化性能产生影响。

在一些催化体系中，O_2 与催化剂作用可发生 O—O 键断裂，形成 O 原子吸附物种。Hulsken 等[125]发现在吸附单层中锰卟啉可以与氧结合生成具有较高对比度的 Mn=O 物种。STM 实验表明高对比度物种的空间分布倾向于采取近邻排列，作者认为这可能与 O_2 在锰位点上的均裂有关。Den Boer 等[126]利用 STM 技术观

察到了锰卟啉与 O_2 作用后形成的多种对比度不同的吸附物种，其中 O 原子吸附物种同样存在空间分布的近邻效应。

O_2 分子与 O 原子的吸附可能在同一催化体系中同时存在，结合吸附物种在 STM 图像中呈现的特征差异可实现对不同吸附物种的分辨。Nguyen 等[127]研究了在不同基底表面 CoPc 与氧结合形成的吸附物种。如图 4.7 所示，在 Ag(111) 表面可以形成多种含氧物种，但在 Au(111) 与 Cu(111) 表面均无法观察到类似物种，其作者认为这与不同基底催化 O_2 裂解的活性差异有关。

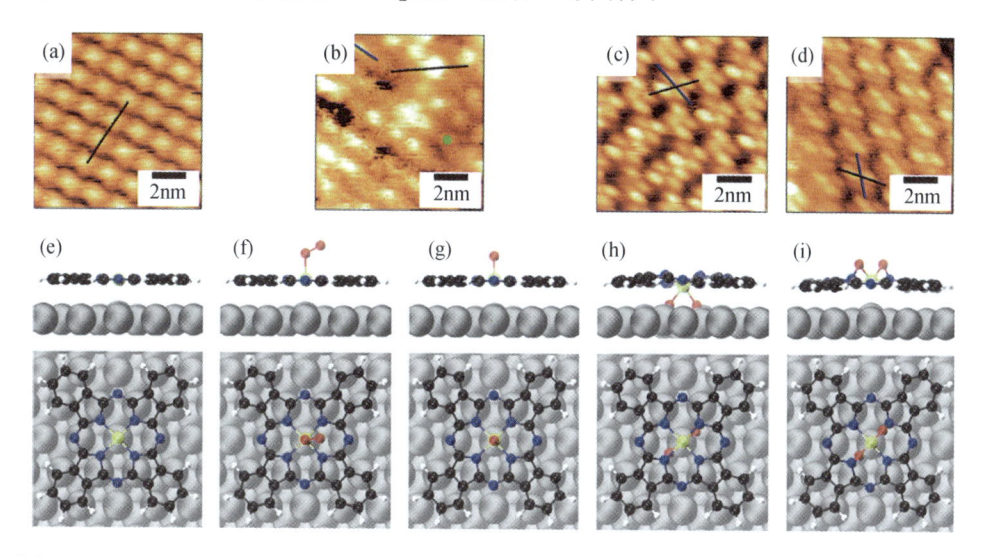

图 4.7 Ag(111)表面 CoPc（e），O_2/CoPc（a）和（f），O/CoPc（b）和（g），CoPc/(O)$_2$（c）和（h），(O)$_2$/CoPc（d）和（i）的 STM 图像与吸附构型[127]

除 O_2 外，其他气体分子（如含氮、硫等元素的气体）也可以在金属卟啉的活性位点上吸附，其吸附行为对工业催化剂的发展有着重要意义。Chang 等[128]利用 UHV-STM 研究了 NH_3、NO_2 与 O_2 在钴卟啉上的吸附。在 STM 图像中，钴卟啉分子呈现为中心对比度较高的三瓣结构。当暴露于 NH_3、NO_2 与 O_2 后，其轮廓分别转化为中心对比度更高的单一亮点结构、矩形环状结构与正方环状结构。STM 图像中物种轮廓的差异来源于不同气体在钴位点的吸附。Kim 等[129]研究了 NO 在 meso-四苯基钴卟啉（CoTPP）上的吸附。其作者将加入 NO 气体后电极表面形成的明亮环状结构归因于 CoTPP-NO 复合物的形成，结合理论模拟可知 NO 以倾斜构型吸附于钴位点。

与反应物的吸附类似，其在电极表面的扩散同样对电催化反应有一定的影响，通常会影响反应的动力学。研究人员利用拥有超快成像速度的视频级快速扫描 STM（video-STM）研究电极表面吸附物种扩散的动力学[130]。Wei 等[131]利用

video-STM 研究了不同电位下 CO 在 Pt(111)表面的扩散。在实验中可以观察到 CO 吸附于电极表面形成的(2×2)有序结构。video-STM 实验表明随着电位的正移，CO 在表面的移动性变强，作者认为这可能与表面缺陷结构在不同电位下的变化有关。

2. 催化过程的原位表征

ECSTM 已被广泛应用于电催化反应过程的原位研究中[132]。通过 ECSTM 电位控制，研究人员可以调控电极表面电催化反应的发生与停止，因此可以实现对电催化相关过程的原位监测。利用 ECSTM 在纳米尺度上对电催化反应进行原位研究有助于了解催化活性位点的作用机制与构效关系，从而为高效催化剂的设计提供帮助。

贵金属催化剂在电催化反应中的表面形貌变化与其催化活性与稳定性有着密切关系。Inukai 等[133]研究了 Pt(111)表面的台阶结构与其催化 CO 氧化反应活性之间的关系。如图 4.8 所示，在电位循环过程中，弯曲的 Pt(111)台阶会逐渐变得平直。对于 Pt 的其他晶面，同样可以观察到台阶平直化的现象。随着台阶结构的变化，其电催化 CO 氧化反应的起始电位变高，活性变差[图 4.8（c）]。其作者认为这可能与平直的台阶结构中活性较高的缺陷位点较少有关。同时在平直的台阶周围可以形成吸附紧密的 CO 保护层，从而阻止反应物与催化位点的进一步接触，不利于催化反应的进行。Jacobse 等[134]利用原位 ECSTM 研究了 Pt(111)电极在氧化还原循环（oxidation-reduction cycles，ORCs）中表面结构与电化学信号的变化。其作者把 ORCs 中 Pt(111)表面的粗糙化过程分为两个阶段。在成核与生长阶段，纳米岛状结构的数量变多，尺寸变大；在后期生长阶段，岛状结构的生长主要表现为高度增长，其横向尺寸基本不变。通过电化学测试可以发现，Pt(111)表面电化学活性（氢吸附电荷量）的增加主要集中在第二阶段，这说明后期生长阶段所产生的台阶位点对其电化学活性贡献较大。

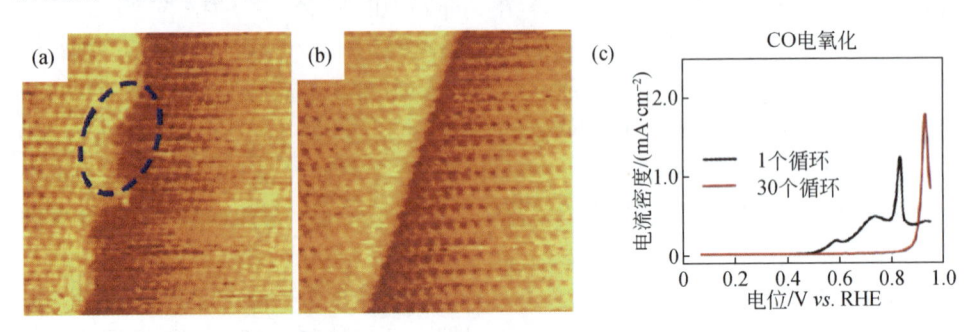

图 4.8 （a，b）CO 饱和的 0.1 M HClO₄ 溶液中 Pt(111)表面的 STM 图像：（a）电位循环前；（b）循环 30 圈后；（c）CO 饱和的 0.1 M HClO₄ 溶液中 Pt(111)电极的循环伏安曲线图[133]

Maurice 等[135]利用原位 ECSTM 研究了 0.1 M NaOH 溶液中的可溶性物种在 Cu(111) 电极表面的吸附与脱附。溶液物种的吸附通常与电极氧化的不同阶段中催化剂的活性变化密切相关。实验表明,溶液中物种的吸附优先发生于台阶位点。在吸附阶段,Cu(111) 表面变得粗糙,可以观察到有 Cu 岛状结构的生成。这些过程在物种的脱附阶段能够可逆进行。结合 STM 图像与电荷转移数量的定量分析可知吸附的可溶性物种为溶液中的氢氧根。

Pfisterer 等[136]基于原位 ECSTM 发展了电流噪声分析技术,以了解催化活性位点在贵金属催化剂表面的分布。当调整基底电位使电催化反应发生时,针尖与活性位点间的电流噪声信号强度会远高于非活性位点。噪声大小的空间分布可以清晰地显示在 STM 图像中,通过分析图像便可得知催化剂表面活性位点的空间分布。例如对 Pt(111) 催化的 HER,反应开启后台阶处的噪声强度远高于平台处,这说明其活性位点主要分布于台阶周围。

研究人员尝试利用原位 ECSTM 研究分子催化剂在反应中的演化,从而更好地理解分子电催化反应的过程与机理。Gu 等[137]利用原位 ECSTM 研究了 FePc 催化 ORR 的过程[图 4.9(a)]。电化学测试表明 FePc 具有较好的催化 ORR 活性[图 4.9(b)]。原位 ECSTM 实验发现,反应前 O_2 能够吸附于 FePc 上形成高对比度的 FePc-O_2 复合物[图 4.9(c)]。在调整样品电位开始反应后,可以观察到高对比度的 FePc-O_2 复合物转化为低对比度的 FePc 分子[图 4.9(d)]。该实验为了解 Fe-N_4 活性中心催化 ORR 的机理提供了直接证据。类似地,能够在 CoTPP 催化 ORR 过程中观察到高对比度的 O_2 吸附物种与低对比度的催化剂分子间的可逆转化过程[138]。Wang 等[139]利用原位 ECSTM 研究了 CoTPP 催化 OER 的过程。如图 4.9(e)所示,CoTPP 分子在碱性环境中催化 OER 的活性远高于在中性与酸性环境中。在 KOH 溶液中,能够观察到 OER 进行前 OH^- 吸附于 Co 位点所形成的中间对比度较低、二次对称的 CoTPP-OH^- 物种[图 4.9(f)]。反应开始后,可以通过原位 ECSTM 观察到 CoTPP-OH^- 物种转化为 CoTPP 分子[图 4.9(g)]。

Facchin 等[140]选取铁酞菁分子作为模型催化剂,利用 ECSTM 原位研究了 Fe-N_4 与 Fe-N_4-Cl 位点催化 ORR 的差异。从循环伏安曲线中可以发现,ORR 进行前,三价铁被还原为二价铁,并且还原峰与 ORR 峰位置接近,因此认为铁的还原是 ORR 进行的首要步骤。在惰性气氛中,可以通过原位 ECSTM 实验观察到高对比度的 $Fe^{III}Pc$ 还原为低对比度的 $Fe^{II}Pc$ 的过程。在 O_2 气氛中,能够观察到高对比度的 Fe-O_2 复合物的形成。O_2 在 Fe-N_4 与 Fe-N_4-Cl 位点上的吸附构型分别为端基吸附与侧向吸附。电化学测试结果表明,Fe-N_4-Cl 位点催化 ORR 的活性优于 Fe-N_4 位点。该作者认为这一差异主要来源于同时作为轴向配体与共吸附质的 Cl 对催化活性位点的影响。此外,研究人员利用原位 ECSTM 在分子水平上研究了 CoPc 催化 CO_2 还原反应的动力学[141]。在实验中能够观察到电极表面对比度较高的

CoPc-CO$_2$ 复合物。实验表明，随着 CoPc 的还原，CoPc-CO$_2$ 复合物的比例逐渐升高。该作者利用 ECSTM 电位阶跃实验研究了催化反应初始阶段的动力学。一般认为，CoPc 催化 CO$_2$ 还原反应的初始阶段包括 CoPc 的还原与 CO$_2$ 在 Co^I 位点的吸附。通过对两个步骤的速率常数进行半定量分析，该作者认为 CO$_2$ 的结合是反应初始阶段的决速步。

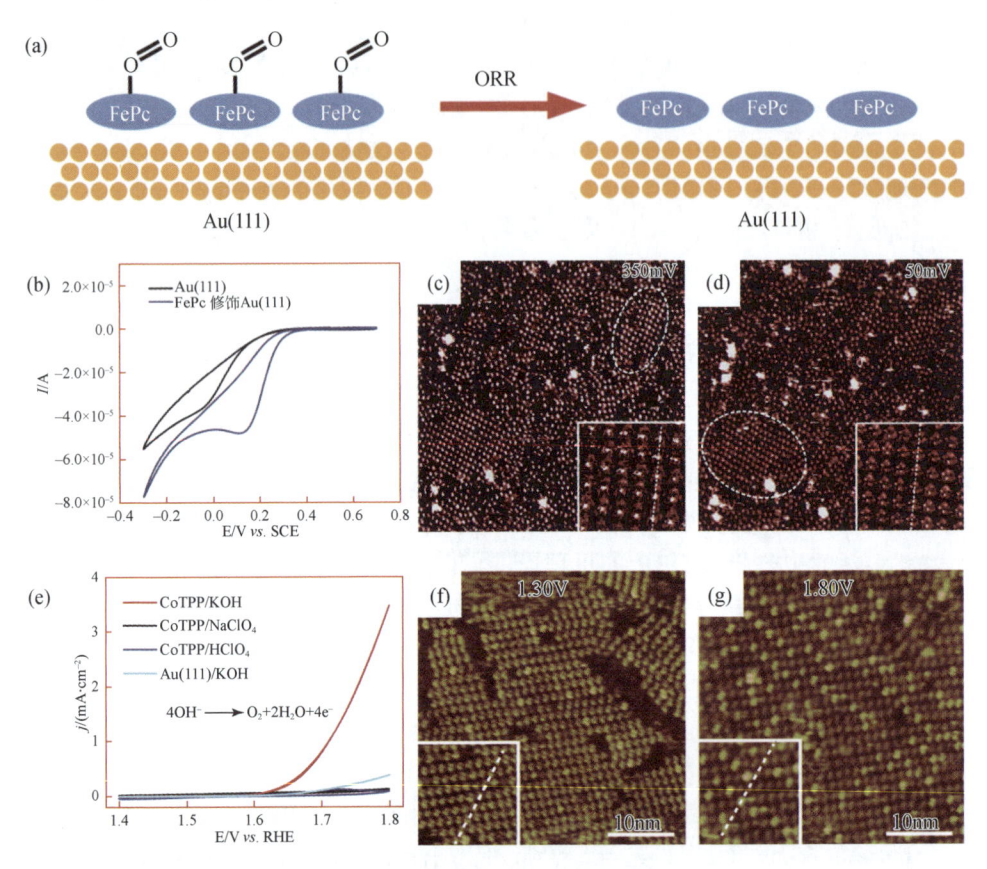

图 4.9 （a）FePc 催化 ORR 过程；（b）Au(111) 与 FePc 修饰的 Au(111) 电极在 O$_2$ 饱和的 0.1 M HClO$_4$ 溶液中的循环伏安曲线图；（c, d）O$_2$ 饱和的 0.1 M HClO$_4$ 溶液中 FePc 催化 ORR 的原位 ECSTM 图像：（c）ORR 未进行，（d）ORR 进行[137]；（e）CoTPP 修饰的 Au(111) 电极在 HClO$_4$、KOH、NaClO$_4$ 溶液中的循环伏安曲线图；（f, g）0.1 M KOH 溶液中 CoTPP 催化 OER 的原位 ECSTM 图像：（f）OER 未进行，（g）OER 进行[139]

4.4 膜电极的结构与演化

膜电极作为燃料电池、锂电池等能源器件中的关键组件之一，直接影响了电池的性能、寿命及成本。膜电极中的核心部分是催化层，其界面为涉及反应物、质子与电子的转化过程提供了场所。研究人员通过调控不同材料的化学组成及结构特征设计并合成了许多具有较高电化学活性和稳定性的催化层材料，如金属[142]、金属氧化物[143]、过渡金属二硫化物[144]、石墨烯及衍生物[145]、金属有机框架材料[146]、共价有机框架材料[147]、无定形高聚物[148]及复合材料[149]等。并在此基础上，将这些材料应用于电池器件的构建中，取得了优异的性能。例如，合金薄膜材料具有 ORR 活性高和成本低的优点，被认为是燃料电池中 Pt 正极材料的理想替代品之一。同时，作为一类有代表性的锂离子电池负极材料，金属氧化物与石墨相比具有更高的能量密度。将其制成膜电极后，离子和电子的扩散路径短，有效缓解了金属氧化物负极在锂化/脱锂过程中所导致的明显的体积变化，提高了电极的结构稳定性和循环稳定性，并减少了副反应的发生[150]。

利用表面分析技术研究膜电极的结构及在反应中的演化过程有助于了解催化反应的机理，从而建立结构与性能间的构效关系。同时，膜电极材料表面相对平整，其表面形貌及其在电化学循环和电催化过程中的结构演化适于 ECSPM 技术表征。其中，AFM 能够在实空间中对表界面结构进行成像分析，并能够在研究材料形貌的同时获得材料的表面电势等电学信息，因此已被广泛应用于膜电极的研究中。Behzad 团队[151]利用 AFM 研究了纳米多孔不锈钢（NPSS）/Cu 负载的 Pd 薄膜材料的合成过程。在三圈电化学循环沉积 Cu 后，NPSS 表面平均直径分别为 79nm 和 10nm 的孔的尺寸分别缩小为 65nm 和 2.4nm。在六圈电化学循环后，无法在表面上观察到孔结构的存在，同时材料的表面粗糙度大幅下降。实验表明，在 NPSS/Cu 上制备的多孔 Pd 薄膜材料同时具有活性面积高和 Pd 载量低的优点，在催化甘油氧化反应中表现出较高的催化活性和稳定性。能够在电化学环境中成像的 ECAFM 可以有效地对电极/电解液界面形貌及其在电化学循环中的结构演化进行原位研究。例如，Compton 团队[152]利用原位 ECAFM 研究了不同沉积条件对 PbO_2 恒电位沉积物形貌的影响。实验表明，在高 pH 和低沉积电位时，PbO_2 沉积物在 AFM 图像中呈现为半球状；而在高 pH 和高沉积电位或低 pH 和低沉积电位时，PbO_2 沉积于表面形成低对比度的无定形沉积物；在低 pH 和高沉积电位时，能够观察到高对比度无定形沉积物的形成。沉积条件对薄膜形貌、生长速度、表面积、粗糙度均有重要影响。Huang 团队[153]通过 ECAFM 实验发现并研究了 CuO 纳米棒阵列组成的薄膜电极材料在锂化/脱锂过程中出现的"呼吸"过程。实验结果表明，薄膜中的裂隙在充电过程中扩张，在放电过程中闭合，从而在图像中呈现为类似于"呼吸"的行为。其作者认为这一"呼吸"过程的发现在一定程度上证明了 CuO 薄膜电极的形成在电化学循环过程中具有可逆性。Brummel 团队[142]研究了 PtNi 合金薄膜电极材料的形貌随电化学循环的变化。在 0.05~1.5V（相对于可逆氢电极）的电化学循环过程中，PtNi 合金纳米颗粒中的 Pt 溶解后重新吸附于颗粒表面。ECAFM 实验表明，颗粒的尺寸经过 Ostwald 熟化过程逐渐变大，同时其表面性质与 Pt 相似，证实了这一过程的发生。

AFM 技术不仅可以在纳米尺度上研究材料的表面形貌，还可以表征薄膜材料的力学性能，其中力谱测试等功能模块可用于研究材料的机械强度、杨氏模量等性质。在电化学循环过程中，薄膜电极表面原位形成的固体/电解液界面膜（SEI 膜）的结构及机械强度对电极的循环稳定性、活性以及安全性有重要影响。利用原位 AFM 技术研究 SEI 膜在反应中的演化过程有利于深入理解电极表面的电化学机制，从而有助于优化薄膜电极材料的设计，并提升电化学储能器件的性能[150]。此外，电解液中的溶剂、做支撑的电解质与添加剂均对不同薄膜电极材料上所形成的 SEI 膜的性质有一定的影响。利用 AFM 技术研究不同条件下 SEI 膜的表面形貌、形成过程与机械强度，有助于深入理解电极反应中的界面过程以及电极材料的构效关系。例如，Chen 团队[154]利用 AFM 技术研究了 MnO 薄膜负极材料上 SEI 膜的机械性质和演化过程。实验表明，SEI 膜在 0.8V（相对于 Li^+/Li）左右开始形成。当电位低于 0.3 V 时，MnO 转化为 LiO_2/Mn。进一步利用 AFM 压痕测试研究所形成的 SEI 膜，结果表明 MnO 薄膜表面的 SEI 膜由无机内层和较软的有机外层构成。此外，电解质中的添加剂能够影响 MnO 上形成的 SEI 膜的机械强度[155]。碳酸亚乙烯酯添加剂可以促进厚且软的 SEI 膜的形成，其在充电过程中会部分分解；而二草酸硼酸锂可以促进 MnO 表面薄且硬的稳定 SEI 膜的形成，其在充电过程中不易分解。在电解液中共同加入碳酸亚乙烯酯和二草酸硼酸锂添加剂并调控适当比例，可以促进具有恰当的厚度和硬度的 SEI 膜形成，使其兼有电化学稳定性和对电极体积变化的适应性。

在膜电极/电解液界面性质的研究中，将 AFM 与元素分析及结构分析技术（如光电子能谱、X 射线衍射等）结合有助于在形貌与化学组成两方面同时研究膜电极的结构与演化过程[156]。例如，原位 X 射线衍射技术已被广泛应用于研究电极材料在电化学过程中的相变等结构变化[157]。Yoon 团队[158]利用原位 XRD 与 AFM 研究了 RuO_2 负极材料的锂化过程。在开始阶段 RuO_2 放电生成 $LiRuO_2$，在继续锂化的过程中，通过插层形成的 $LiRuO_2$ 分解成 LiO_2 和纳米尺寸的 Ru 金属。Lin 团队[159]结合 AFM 与 XRD 技术详细阐述了 ZnO 转化反应和 Zn 合金化反应的路径及其与电化学性能的关系。

4.5　总结与展望

本章主要介绍了 ECSPM 技术在电催化研究中的应用。ECSPM 技术具有高空间分辨率与原位表征的优势，能够在原子及分子尺度上获得有关电催化剂的结构、活性以及电催化反应过程等信息。针对不同的电催化反应，研究人员已开发出多种制备方法来构建不同的电催化模型体系，如气相沉积、液相沉积、表面反应等。利用先进的 ECSPM 技术，研究人员可以对模型体系的结构及其在催化反应中的变化进行原位/非原位研究，从而深入理解催化剂的构效关系与催化反应的机理。此外，ECSPM 技术还可用于研究催化活性位点的分布、电极的稳定性以及膜电极的结构与演化等性质，为高效电催化剂的设计与优化提供了借鉴。因此，ECSPM 技术已成为电催化领域中重要的表征手段之一。

ECSPM 技术在电催化研究中取得了许多重要突破，其进一步应用仍面临着部分挑战。其一是，催化模型体系的构建。构建适于 ECSPM 技术研究的同时能很好地反映真实催化剂的催化模型体系是电催化研究中重要的科学问题之一。当前，电催化剂的设计正朝着低成本、高效率、高稳定性的方向发展，大量复合催化剂被广泛应用。例如，实用的非贵金属催化剂，如单原子催化剂和碳基催化剂，因其高效、低成本等优点而被广泛关注。在其制备过程中通常采取高温碳化合成策略，可能会导致活性位点的结构不均一，因此无法直接用于反应机理研究。构建具有明确、均一活性位点结构的模型体系，并将其应用于催化机理研究具有重要的科学意义和挑战性。模型催化体系是电催化研究的基础，理想的模型催化剂可以最大限度地发挥 ECSPM 技术在电催化研究中的优势，从而弥合催化研究中的材料鸿沟。例如，经化学修饰的过渡金属卟啉、酞菁以及其他具有明确结构的分子催化剂已经被广泛用作单原子催化剂中 M-N$_x$ 位点的模型体系。通过表面反应构建具有特定结构特征（如含 π 共轭结构或亚稳态活性位点）的模型催化剂并利用 ECSPM 技术研究其作用机制与反应机理（如基底效应、火山曲线、电解质效应等）在今后的电催化研究中将成为重要的方向之一。其二是，将 ECSPM 技术与其他表征手段结合以实现对催化体系的全面研究。引入具有化学分辨能力的表征技术（如光谱、光电子能谱等）有助于更好地研究电催化中的表面过程与机理。例如，可以借助 ECSPM 技术与原位红外光谱共同揭示部分贵金属催化剂失活过程中的结构与化学成分、氧化态的变化。将 ECSPM 技术的空间分辨率与光谱等表面分析技术的化学分辨能力结合，有助于博采众长，从而实现在纳米尺度上研究电催化反应中特定区域的结构与表面物种的演化过程。例如，能够在水溶液中同时获得样品的形貌信息与拉曼光谱的电化学针尖增强拉曼光谱技术（EC-TERS）在金属酞菁催化 ORR 的研究中发挥了重要作用[127, 160]。总的来说，能代表真实催化剂的模型催化体系的设计与构建以及具有高时空分辨率的原位 ECSPM 技术的发展为深入研究电催化剂与电催化反应提供了有效的帮助，从而间接促进了高性能电化学能源储存、转化器件的进步。

参 考 文 献

[1] Binnig G, Rohrer H, Gerber C, et al. Surface studies by scanning tunneling microscopy[J]. Phys Rev Lett, 1982, 49: 57-61.

[2] Itaya K, Tomita E. Scanning tunneling microscope for electrochemistry—A new concept for the *in situ* scanning tunneling microscope in electrolyte solutions [J]. Surf Sci, 1988, 201: L507-L512.

[3] Binnig G, Quate C F, Gerber C. Atomic force microscope[J]. Phys Rev Lett, 1986, 56: 930-933.

[4] Drake B, Prater C B, Weisenhorn A L, et al. Imaging crystals, polymers, and processes in water with the atomic force microscope [J]. Science, 1989, 243: 1586-1589.

[5] Manne S, Butt H J, Gould S A C, et al. Imaging metal atoms in air and water using the atomic force microscope [J]. Appl Phys Lett, 1990, 56: 1758-1759.

[6] Manne S, Massie J, Elings V B, et al. Electrochemistry on a gold surface observed with the atomic force microscope [J]. J Vac Sci Technol, B, 1991, 9: 950-954.

[7] Oja S M, Fan Y, Armstrong C M, et al. Nanoscale electrochemistry revisited [J]. Anal Chem, 2016, 88: 414-430.

[8] Zoski C G. Review-advances in scanning electrochemical microscopy (SECM) [J]. J Electrochem Soc, 2015, 163: H3088-H3100.

[9] Traunsteiner C, Tu K, Kunze Liebhäuser J. High-resolution imaging of the initial stages of oxidation of Cu(111) with scanning electrochemical potential microscopy [J]. Chem Electro Chem, 2015, 2: 77-84.

[10] Kunze J, Maurice V, Klein L H, et al. *In situ* scanning tunneling microscopy study of the anodic oxidation of Cu(111) in 0.1 M NaOH [J]. J Phys Chem B, 2001, 105: 4263-4269.

[11] Pike R, Philip E. Powering the world with sunlight [J]. Energy Environ Sci, 2010, 3: 173-173.

[12] Browne M P, Redondo E, Pumera M. 3D printing for electrochemical energy applications [J]. Chem Rev, 2020, 120: 2783-2810.

[13] Sheng T, Xu Y F, Jiang Y X, et al. Structure design and performance tuning of nanomaterials for electrochemical energy conversion and storage [J]. Acc Chem Res, 2016, 49: 2569-2577.

[14] Armaroli N, Balzani V. Towards an electricity-powered world[J]. Energy Environ Sci, 2011, 4: 3193-3222.

[15] Cook T R, Dogutan D K, Reece S Y, et al. Solar energy supply and storage for the legacy and nonlegacy worlds [J]. Chem Rev, 2010, 110: 6474-6502.

[16] Simon P, Gogotsi Y. Capacitive energy storage in nanostructured carbon–electrolyte systems [J]. Acc Chem Res, 2013, 46: 1094-1103.

[17] Baxter J, Bian Z, Chen G, et al. Nanoscale design to enable the revolution in renewable energy

[J]. Energy Environ Sci, 2009, 2: 559-588.

[18] Zhou G, Xu L, Hu G, et al. Nanowires for electrochemical energy storage[J]. Chem Rev, 2019, 119: 11042-11109.

[19] Gust D, Moore T A, Moore A L. Solar fuels via artificial photosynthesis [J]. Acc Chem Res, 2009, 42: 1890-1898.

[20] Seh Zhi W, Kibsgaard J, Dickens Colin F, et al. Combining theory and experiment in electrocatalysis: Insights into materials design [J]. Science, 2017, 355: eaad4998.

[21] Li L, Wang P, Shao Q, et al. Metallic nanostructures with low dimensionality for electrochemical water splitting [J]. Chem Soc Rev, 2020, 49: 3072-3106.

[22] Wang C Y. Fundamental models for fuel cell engineering [J]. Chem Rev, 2004, 104: 4727-4766.

[23] Meng Y S. Introduction: Beyond Li-ion battery chemistry [J]. Chem Rev, 2020, 120: 6327-6327.

[24] Tan J, Liu D, Xu X, et al. *In situ/operando* characterization techniques for rechargeable lithium–sulfur batteries: A review [J]. Nanoscale, 2017, 9: 19001-19016.

[25] Li J, Gong J. Operando characterization techniques for electrocatalysis[J]. Energy Environ Sci, 2020, 13: 3748-3779.

[26] Nguyen L, Tao F F, Tang Y, et al. Understanding catalyst surfaces during catalysis through near ambient pressure X-ray photoelectron spectroscopy [J]. Chem Rev, 2019, 119: 6822-6905.

[27] Zhong L, Li S. Unconventional oxygen reduction reaction mechanism and scaling relation on single-atom catalysts [J]. ACS Catal, 2020, 10: 4313-4318.

[28] Antoine O, Bultel Y, Durand R. Oxygen reduction reaction kinetics and mechanism on platinum nanoparticles inside Nafion® [J]. J Electroanal Chem, 2001, 499: 85-94.

[29] Fantauzzi D, Zhu T, Mueller J E, et al. Microkinetic modeling of the oxygen reduction reaction at the Pt(111)/gas interface [J]. Catal Lett, 2015, 145: 451-457.

[30] Francke R, Schille B, Roemelt M. Homogeneously catalyzed electroreduction of carbon dioxide—methods, mechanisms, and catalysts [J]. Chem Rev, 2018, 118: 4631-4701.

[31] Noffke B W, Li Q, Raghavachari K, et al. A model for the pH-dependent selectivity of the oxygen reduction reaction electrocatalyzed by N-doped graphitic carbon [J]. J Am Chem Soc, 2016, 138: 13923-13929.

[32] Warczak M, Gryszel M, Jakešová M, et al. Organic semiconductor perylenetetracarboxylic diimide (PTCDI) electrodes for electrocatalytic reduction of oxygen to hydrogen peroxide[J]. Chem Commun, 2018, 54: 1960-1963.

[33] Pegis M L, Wise C F, Martin D J, et al. Oxygen reduction by homogeneous molecular catalysts and electrocatalysts [J]. Chem Rev, 2018, 118: 2340-2391.

[34] Lewandowska Andralojc A, Baine T, Zhao X, et al. Mechanistic studies of hydrogen evolution in aqueous solution catalyzed by a tertpyridine–amine cobalt complex [J]. Inorg Chem, 2015, 54: 4310-4321.

[35] Sheng W, Gasteiger H A, Shao Horn Y. Hydrogen oxidation and evolution reaction kinetics on platinum: Acid vs alkaline electrolytes [J]. J Electrochem Soc, 2010, 157: B1529.

[36] Choudhary N, Islam M A, Kim J H, et al. Two-dimensional transition metal dichalcogenide hybrid materials for energy applications [J]. Nano Today, 2018, 19: 16-40.

[37] Browne M P, Novotný F, Manzanares Palenzuela C L, et al. 2H and 2H/1T-transition metal dichalcogenide films prepared via powderless gas deposition for the hydrogen evolution reaction [J]. ACS Sustainable Chem Eng, 2019, 7: 16440-16449.

[38] Suen N T, Hung S F, Quan Q, et al. Electrocatalysis for the oxygen evolution reaction: Recent development and future perspectives [J]. Chem Soc Rev, 2017, 46: 337-365.

[39] Lyu F, Wang Q, Choi S M, et al. Noble-metal-free electrocatalysts for oxygen evolution [J]. Small, 2019, 15: 1804201.

[40] Handoko A D, Wei F, Jenndy, et al. Understanding heterogeneous electrocatalytic carbon dioxide reduction through operando techniques [J]. Nat Catal, 2018, 1: 922-934.

[41] Long C, Li X, Guo J, et al. Electrochemical reduction of CO_2 over heterogeneous catalysts in aqueous solution: Recent progress and perspectives [J]. Small Methods, 2019, 3: 1800369.

[42] Gattrell M, Gupta N, Co A. A review of the aqueous electrochemical reduction of CO_2 to hydrocarbons at copper [J]. J Electroanal Chem, 2006, 594: 1-19.

[43] Zhao J, Wei Y F, Cai Y L, et al. Highly selective and efficient reduction of CO_2 to methane by activated alkaline earth metal hydrides without a catalyst [J]. ACS Sustainable Chem Eng, 2019, 7: 4831-4841.

[44] Wu J, Sharifi T, Gao Y, et al. Emerging carbon-based heterogeneous catalysts for electrochemical reduction of carbon dioxide into value-added chemicals [J]. Adv Mater, 2019, 31: 1804257.

[45] Zhang L, Ji X, Ren X, et al. Efficient electrochemical N_2 reduction to NH_3 on MoN nanosheets array under ambient conditions [J]. ACS Sustainable Chem Eng, 2018, 6: 9550-9554.

[46] Van Spronsen M A, Frenken J W M, Groot I M N. Surface science under reaction conditions: CO oxidation on Pt and Pd model catalysts [J]. Chem Soc Rev, 2017, 46: 4347-4374.

[47] Iwasita T. Electrocatalysis of methanol oxidation [J]. Electrochim Acta, 2002, 47: 3663-3674.

[48] Yagi M, Kaneko M. Molecular catalysts for water oxidation [J]. Chem Rev, 2001, 101: 21-36.

[49] Zhu X, Hu C, Amal R, et al. Heteroatom-doped carbon catalysts for zinc–air batteries: Progress, mechanism, and opportunities [J]. Energy Environ Sci, 2020, 13: 4536-4563.

[50] Zhao M, Ou S, Wu C D. Porous metal–organic frameworks for heterogeneous biomimetic

catalysis [J]. Acc Chem Res, 2014, 47: 1199-1207.

[51] Lu Q, Rosen J, Zhou Y, et al. A selective and efficient electrocatalyst for carbon dioxide reduction [J]. Nat Comm, 2014, 5: 3242.

[52] Kumeda T, Tajiri H, Sakata O, et al. Effect of hydrophobic cations on the oxygen reduction reaction on single crystal platinum electrodes [J]. Nat Comm, 2018, 9: 4378.

[53] Lin Y, Wu K H, Lu Q, et al. Electrocatalytic water oxidation at quinone-on-carbon: A model system study [J]. J Am Chem Soc, 2018, 140: 14717-14724.

[54] Gottfried J M. Surface chemistry of porphyrins and phthalocyanines[J]. Surf Sci Rep, 2015, 70: 259-379.

[55] Sun L, Reddu V, Fisher A C, et al. Electrocatalytic reduction of carbon dioxide: Opportunities with heterogeneous molecular catalysts [J]. Energy Environ Sci, 2020, 13: 374-403.

[56] Guo D, Shibuya R, Akiba C, et al. Active sites of nitrogen-doped carbon materials for oxygen reduction reaction clarified using model catalysts [J]. Science, 2016, 351: 361-365.

[57] Gong K, Du F, Xia Z, et al. Nitrogen-doped carbon nanotube arrays with high electrocatalytic activity for oxygen reduction [J]. Science, 2009, 323: 760-764.

[58] Lin S, Diercks Christian S, Zhang Y B, et al. Covalent organic frameworks comprising cobalt porphyrins for catalytic CO_2 reduction in water [J]. Science, 2015, 349: 1208-1213.

[59] Diercks C S, Lin S, Kornienko N, et al. Reticular electronic tuning of porphyrin active sites in covalent organic frameworks for electrocatalytic carbon dioxide reduction[J]. J Am Chem Soc, 2018, 140: 1116-1122.

[60] Motoo S, Furuya N. Electrocatalysis by ad-atoms: Part Ⅷ Ag, Pb, Te and Tl ad-atoms for ethylene reduction [J]. J Electroanal Chem Interfacial Electrochem, 1982, 139: 105-117.

[61] Li Y, Wu S, Su B. Proton-coupled O_2 reduction reaction catalysed by cobalt phthalocyanine at liquid/liquid interfaces [J]. Chemistry - A European Journal, 2012, 18: 7372-7376.

[62] Patir I H. Fluorinated-cobalt phthalocyanine catalyzed oxygen reduction at liquid/liquid interfaces [J]. Electrochim Acta, 2013, 87: 788-793.

[63] Matson B D, Carver C T, Von Ruden A, et al. Distant protonated pyridine groups in water-soluble iron porphyrin electrocatalysts promote selective oxygen reduction to water [J]. Chem Comm, 2012, 48: 11100-11102.

[64] Costentin C, Dridi H, Savéant J M. Molecular catalysis of O_2 reduction by iron porphyrins in water: heterogeneous versus homogeneous pathways [J]. J Am Chem Soc, 2015, 137: 13535-13544.

[65] Zhou Y, Xing Y F, Wen J, et al. Axial ligands tailoring the ORR activity of cobalt porphyrin[J]. Sci Bull, 2019, 64: 1158-1166.

[66] Wang D, Groves J T. Efficient water oxidation catalyzed by homogeneous cationic cobalt

porphyrins with critical roles for the buffer base [J]. Proc Natl Acad Sci USA, 2013, 110: 15579.

[67] Liu Y, Han Y, Zhang Z, et al. Low overpotential water oxidation at neutral pH catalyzed by a copper (ii) porphyrin [J]. Chem Sci, 2019, 10: 2613-2622.

[68] Bhunia S, Bhunia K, Patra B C, et al. Efficacious electrochemical oxygen evolution from a novel Co (II) porphyrin/pyrene-based conjugated microporous polymer [J]. ACS Appl Mater Interfaces, 2019, 11: 1520-1528.

[69] Huang Z, Zhang M, Lin H, et al. Comparison of two water oxidation electrocatalysts by copper or zinc supermolecule complexes based on porphyrin ligand [J]. RSC Adv, 2018, 8: 40054-40059.

[70] Khusnutdinova D, Wadsworth B L, Flores M, et al. Electrocatalytic properties of binuclear Cu (II) fused porphyrins for hydrogen evolution [J]. ACS Catal, 2018, 8: 9888-9898.

[71] Wang M, Torbensen K, Salvatore D, et al. CO_2 electrochemical catalytic reduction with a highly active cobalt phthalocyanine [J]. Nat Comm, 2019, 10: 3602.

[72] Zhang Z, Xiao J, Chen X J, et al. Reaction mechanisms of well-defined metal–N_4 sites in electrocatalytic CO_2 reduction [J]. Angew Chem Int Ed, 2018, 57: 16339-16342.

[73] Morlanés N, Takanabe K, Rodionov V. Simultaneous reduction of CO_2 and splitting of H_2O by a single immobilized cobalt phthalocyanine electrocatalyst[J]. ACS Catal, 2016, 6: 3092-3095.

[74] Zhang X, Wu Z, Zhang X, et al. Highly selective and active CO_2 reduction electrocatalysts based on cobalt phthalocyanine/carbon nanotube hybrid structures [J]. Nat Comm, 2017, 8: 14675.

[75] Shen J, Kortlever R, Kas R, et al. Electrocatalytic reduction of carbon dioxide to carbon monoxide and methane at an immobilized cobalt protoporphyrin [J]. Nat Comm, 2015, 6: 8177.

[76] Azcarate I, Costentin C, Robert M, et al. Dissection of electronic substituent effects in multielectron-multistep molecular catalysis. electrochemical CO_2-to-CO conversion catalyzed by iron porphyrins [J]. J Phys Chem C, 2016, 120: 28951-28960.

[77] Li X, Yang X, Zhang J, et al. *In situ/operando* techniques for characterization of single-atom catalysts [J]. ACS Catal, 2019, 9: 2521-2531.

[78] Stangl A, Muñoz Rojas D, Burriel M. *In situ* and *operando* characterisation techniques for solid oxide electrochemical cells: Recent advances [J]. J Phys Energy, 2020, 3: 012001.

[79] Xia Y, Campbell C T, Roldan Cuenya B, et al. Introduction: Advanced materials and methods for catalysis and electrocatalysis by transition metals [J]. Chem Rev, 2021, 121: 563-566.

[80] Exner K S. Recent advancements towards closing the gap between electrocatalysis and battery science communities: The computational lithium electrode and activity–stability volcano plots

[J]. ChemSusChem, 2019, 12: 2330-2344.

[81] Nartova A V, Gharachorlou A, Bukhtiyarov A V, et al. New Pt/alumina model catalysts for STM and *in situ* XPS studies [J]. Appl Surf Sci, 2017, 401: 341-347.

[82] Besenbacher F, Lauritsen J V, Wendt S. STM studies of model catalysts [J]. Nano Today, 2007, 2: 30-39.

[83] Lang P, Yuan N, Jiang Q, et al. Recent advances and prospects of metal-based catalysts for oxygen reduction reaction [J]. Energy Technol, 2020, 8: 1900984.

[84] Montano M, Tang D C, Somorjai G A. Scanning tunneling microscopy (STM) at high pressures. Adsorption and catalytic reaction studies on platinum and rhodium single crystal surfaces [J]. Catal Lett, 2006, 107: 131-141.

[85] Motin A M, Haunold T, Bukhtiyarov A V, et al. Surface science approach to Pt/carbon model catalysts: XPS, STM and microreactor studies [J]. Appl Surf Sci, 2018, 440: 680-687.

[86] Chen H, Wang R, Huang R, et al. Surface and subsurface structures of the Pt–Fe surface alloy on Pt(111) [J]. J Phys Chem C, 2019, 123: 17225-17231.

[87] Zhou Y, Du L, Zou Y, et al. A STM study of Ni-Rh bimetallic particles on reducible CeO_2(111) [J]. Surf Sci, 2019, 681: 47-53.

[88] Gao Y, Wu Y, He H, et al. Potentiostatic electrodeposition of Ni–Se–Cu on nickel foam as an electrocatalyst for hydrogen evolution reaction [J]. J Colloid Interface Sci, 2020, 578: 555-564.

[89] Wu Y, Lian J, Wang Y, et al. Potentiostatic electrodeposition of self-supported NiS electrocatalyst supported on Ni foam for efficient hydrogen evolution [J]. Mater Des, 2021, 198: 109316.

[90] Di N, Damian A, Maroun F, et al. Influence of potential on the electrodeposition of Co on Au(111) by *in situ* STM and reflectivity measurements [J]. J Electrochem Soc, 2016, 163: D3062-D3068.

[91] Aitchison H, Meyerbröker N, Lee T L, et al. Underpotential deposition of Cu on Au(111) from neutral chloride containing electrolyte [J]. Phys Chem Chem Phys, 2017, 19: 24146-24153.

[92] Ehrenburg M R, Molodkina E B, Broekmann P, et al. Underpotential deposition of silver on Au(111) from an air-and water-stable ionic liquid visualized by *in-situ* STM [J]. ChemElectroChem, 2019, 6: 1149-1156.

[93] Auwärter W, Weber Bargioni A, Riemann A, et al. Self-assembly and conformation of tetrapyridyl-porphyrin molecules on Ag(111) [J]. J Chem Phys, 2006, 124: 194708.

[94] Buchner F, Comanici K, Jux N, et al. Polymorphism of porphyrin molecules on Ag(111) and how to weave a rigid monolayer [J]. J Phys Chem C, 2007, 111: 13531-13538.

[95] Scudiero L, Hipps K W, Barlow D E. A self-organized two-dimensional bimolecular structure [J]. J Phys Chem B, 2003, 107: 2903-2909.

[96] Yang H, Mayne A J, Comtet G, et al. STM imaging, spectroscopy and manipulation of a

self-assembled PTCDI monolayer on epitaxial graphene [J]. Phys Chem Chem Phys, 2013, 15: 4939-4946.

[97] Bhattarai A, Mazur U, Hipps K W. A single molecule level study of the temperature-dependent kinetics for the formation of metal porphyrin monolayers on Au(111) from solution [J]. J Am Chem Soc, 2014, 136: 2142-2148.

[98] Sugawara Y, Kobayashi H, Honma I, et al. Effect of metal coordination fashion on oxygen electrocatalysis of cobalt–manganese oxides [J]. ACS Omega, 2020, 5: 29388-29397.

[99] Luo F, Zhu J, Ma S, et al. Regulated coordination environment of Ni single atom catalyst toward high-efficiency oxygen electrocatalysis for rechargeable zinc-air batteries [J]. Energy Stor Mater, 2021, 35: 723-730.

[100] Wurster B, Grumelli D, Hötger D, et al. Driving the oxygen evolution reaction by nonlinear cooperativity in bimetallic coordination catalysts [J]. J Am Chem Soc, 2016, 138: 3623-3626.

[101] Sanchez Valencia J R, Dienel T, Gröning O, et al. Controlled synthesis of single-chirality carbon nanotubes [J]. Nature, 2014, 512: 61-64.

[102] Ruffieux P, Wang S, Yang B, et al. On-surface synthesis of graphene nanoribbons with zigzag edge topology [J]. Nature, 2016, 531: 489-492.

[103] Koch M, Ample F, Joachim C, et al. Voltage-dependent conductance of a single graphene nanoribbon [J]. Nat Nanotechnol, 2012, 7: 713-717.

[104] Alexa P, Lombardi J M, Abufager P, et al. Enhancing hydrogen evolution activity of Au(111) in alkaline media through molecular engineering of a 2D polymer [J]. Angew Chem Int Ed, 2020, 59: 8411-8415.

[105] Cheula R, Maestri M, Mpourmpakis G. Modeling morphology and catalytic activity of nanoparticle ensembles under reaction conditions [J]. ACS Catal, 2020, 10: 6149-6158.

[106] Kettner M, Stumm C, Schwarz M, et al. Pd model catalysts on clean and modified HOPG: Growth, adsorption properties, and stability [J]. Surf Sci, 2019, 679: 64-73.

[107] Xu Q, He T, Wipf D O. *In situ* electrochemical STM study of the coarsening of platinum islands at double-layer potentials [J]. Langmuir, 2007, 23: 9098-9103.

[108] Kim Y G, Baricuatro J H, Javier A, et al. The evolution of the polycrystalline copper surface, first to Cu(111) and then to Cu(100), at a fixed CO_2RR potential: A study by operando EC-STM [J]. Langmuir, 2014, 30: 15053-15056.

[109] Wan L J, Moriyama T, Ito M, et al. *In situ* STM imaging of surface dissolution and rearrangement of a Pt–Fe alloy electrocatalyst in electrolyte solution [J]. Chem Comm, 2002, 58-59.

[110] Beckord S, Engstfeld A K, Brimaud S, et al. Electrochemical characterization and stability of Ag_xPt_{1-x}/Pt(111) surface alloys [J]. J Phys Chem C, 2016, 120: 16179-16190.

[111] Buchner F, Eckardt M, Böhler T, et al. Oxygen reduction and evolution on Ni-modified Co$_3$O$_4$(111) cathodes for Zn–Air batteries: A combined surface science and electrochemical model study [J]. ChemSusChem, 2020, 13: 3199-3211.

[112] Wang J, Gan L, Zhang Q, et al. A water-soluble Cu complex as molecular catalyst for electrocatalytic CO$_2$ reduction on graphene-based electrodes [J]. Adv Energy Mater, 2019, 9: 1803151.

[113] Barlow D E, Scudiero L, Hipps K W. Scanning tunneling microscopy study of the structure and orbital-mediated tunneling spectra of cobalt (II) phthalocyanine and cobalt (II) tetraphenylporphyrin on Au(111): Mixed composition films [J]. Langmuir, 2004, 20: 4413-4421.

[114] Yoshimoto S, Tada A, Suto K, et al. Adlayer structures and electrocatalytic activity for O$_2$ of metallophthalocyanines on Au(111): In situ scanning tunneling microscopy study [J]. J Phys Chem B, 2003, 107: 5836-5843.

[115] Ponce I, Silva J F, Oñate R, et al. Enhancement of the catalytic activity of fe phthalocyanine for the reduction of O$_2$ anchored to Au(111) via conjugated self-assembled monolayers of aromatic thiols as compared to cu phthalocyanine [J]. J Phys Chem C, 2012, 116: 15329-15341.

[116] Shibuya R, Kondo T, Nakamura J. Bottom-up design of nitrogen-containing carbon catalysts for the oxygen reduction reaction [J]. ChemCatChem, 2018, 10: 2019-2023.

[117] Zhao L, He R, Rim K T, et al. Visualizing individual nitrogen dopants in monolayer graphene [J]. Science, 2011, 333: 999-1003.

[118] Joucken F, Tison Y, Lagoute J, et al. Localized state and charge transfer in nitrogen-doped graphene [J]. Phys Rev B, 2012, 85: 161408.

[119] Jaramillo Thomas F, Jørgensen Kristina P, Bonde J, et al. Identification of active edge sites for electrochemical H$_2$ evolution from MoS$_2$ nanocatalysts [J]. Science, 2007, 317: 100-102.

[120] Pető J, Ollár T, Vancsó P, et al. Spontaneous doping of the basal plane of MoS$_2$ single layers through oxygen substitution under ambient conditions [J]. Nat Chem, 2018, 10: 1246-1251.

[121] Grumelli D, Wurster B, Stepanow S, et al. Bio-inspired nanocatalysts for the oxygen reduction reaction [J]. Nat Comm, 2013, 4: 2904.

[122] Upare P P, Yoon J W, Hwang D W, et al. Design of a heterogeneous catalytic process for the continuous and direct synthesis of lactide from lactic acid [J]. Green Chem, 2016, 18: 5978-5983.

[123] Friesen B A, Bhattarai A, Mazur U, et al. Single molecule imaging of oxygenation of cobalt octaethylporphyrin at the solution/solid interface: Thermodynamics from microscopy [J]. J Am Chem Soc, 2012, 134: 14897-14904.

[124] Sedona F, Di Marino M, Forrer D, et al. Tuning the catalytic activity of Ag(110)-supported Fe phthalocyanine in the oxygen reduction reaction [J]. Nat Mater, 2012, 11: 970-977.

[125] Hulsken B, Van Hameren R, Gerritsen J W, et al. Real-time single-molecule imaging of oxidation catalysis at a liquid–solid interface [J]. Nat Nanotechnol, 2007, 2: 285-289.

[126] Den Boer D, Li M, Habets T, et al. Detection of different oxidation states of individual manganese porphyrins during their reaction with oxygen at a solid/liquid interface [J]. Nat Chem, 2013, 5: 621-627.

[127] Nguyen D, Kang G, Hersam M C, et al. Molecular-scale mechanistic investigation of oxygen dissociation and adsorption on metal surface-supported cobalt phthalocyanine [J]. J Phys Chem L, 2019, 10: 3966-3971.

[128] Chang M H, Kim N Y, Chang Y H, et al. O_2, NO_2 and NH_3 coordination to Co-porphyrin studied with scanning tunneling microscopy on Au(111) [J]. Nanoscale, 2019, 11: 8510-8517.

[129] Kim H, Chang Y H, Lee S H, et al. Visualizing tilted binding and precession of diatomic NO adsorbed to Co-porphyrin on Au(111) using scanning tunneling microscopy [J]. Chem Sci, 2014, 5: 2224-2229.

[130] Rahn B, Magnussen O M. Sulfide surface dynamics on Cu(100) and Ag(100) electrodes in the presence of c (2×2) halide adlayers [J]. ChemElectroChem, 2018, 5: 3073-3082.

[131] Wei J, Amirbeigiarab R, Chen Y X, et al. The dynamic nature of CO adlayers on Pt(111) electrodes [J]. Angew Chem Int Ed., 2020, 59: 6182-6186.

[132] Liang Y, Pfisterer J H K, McLaughlin D, et al. Electrochemical scanning probe microscopies in electrocatalysis [J]. Small Methods, 2019, 3: 1800387.

[133] Inukai J, Tryk D A, Abe T, et al. Direct STM elucidation of the effects of atomic-level structure on Pt(111) electrodes for dissolved CO oxidation [J]. J Am Chem Soc, 2013, 135: 1476-1490.

[134] Jacobse L, Huang Y F, Koper M T M, et al. Correlation of surface site formation to nanoisland growth in the electrochemical roughening of Pt(111) [J]. Nat Mater, 2018, 17: 277-282.

[135] Maurice V, Strehblow H H, Marcus P. *In situ* STM study of the initial stages of oxidation of Cu(111) in aqueous solution [J]. Surf Sci, 2000, 458: 185-194.

[136] Pfisterer J H K, Liang Y, Schneider O, et al. Direct instrumental identification of catalytically active surface sites [J]. Nature, 2017, 549: 74-77.

[137] Gu J Y, Cai Z F, Wang D, et al. Single-molecule imaging of iron-phthalocyanine-catalyzed oxygen reduction reaction by *in situ* scanning tunneling microscopy [J]. ACS Nano, 2016, 10: 8746-8750.

[138] Cai Z F, Wang X, Wang D, et al. Cobalt-porphyrin-catalyzed oxygen reduction reaction: A

scanning tunneling microscopy study [J]. ChemElectroChem, 2016, 3: 2048-2051.

[139] Wang X, Cai Z F, Wang D, et al. Molecular evidence for the catalytic process of cobalt porphyrin catalyzed oxygen evolution reaction in alkaline solution[J]. J Am Chem Soc, 2019, 141: 7665-7669.

[140] Facchin A, Kosmala T, Gennaro A, et al. Electrochemical scanning tunneling microscopy investigations of FeN$_4$-based macrocyclic molecules adsorbed on Au(111) and their implications in the oxygen reduction reaction [J]. ChemElectroChem, 2020, 7: 1431-1437.

[141] Wang X, Cai Z F, Wang Y Q, et al. *In situ* Scanning Tunneling Microscopy of Cobalt-Phthalocyanine-Catalyzed CO$_2$ Reduction Reaction [J]. Angew Chem Int Ed, 2020, 59: 16098-16103.

[142] Olaf B, Fabian W, Ivan K, et al. Structural transformations and adsorption properties of PtNi nanoalloy thin film electrocatalysts prepared by magnetron co-sputtering [J]. Electrochim Acta, 2017, 251: 427-441.

[143] Makgae M E, Theron C C, Przybylowicz W J, et al. Preparation and surface characterization of Ti/SnO$_2$-RuO$_2$-IrO$_2$ thin films as electrode material for the oxidation of phenol [J]. Mater Chem Phys, 2005, 92: 559-564.

[144] Li C T, Lee C P, Li Y Y, et al. A composite film of TiS$_2$/PEDOT: PSS as the electrocatalyst for the counter electrode in dye-sensitized solar cells [J]. J Mater Chem A, 2013, 1: 14888.

[145] Raj M A, John S A. Fabrication of electrochemically reduced graphene oxide films on glassy carbon electrode by self-assembly method and their electrocatalytic application [J]. J Phys Chem C, 2013, 117: 4326-4335.

[146] Ahrenholtz S R, Epley C C, Morris A J. Solvothermal preparation of an electrocatalytic metalloporphyrin MOF thin film and its redox hopping charge-transfer mechanism [J]. J Am Chem Soc, 2014, 136: 2464-2472.

[147] Tavakoli E, Kakekhani A, Kaviani S, et al. *In situ* bottom-up synthesis of porphyrin based covalent organic frameworks [J]. J Am Chem Soc, 2019, 141: 19560-19564.

[148] Kuzmin S M, Chulovskaya S A, Koifman O I, et al. Poly-porphyrin electrocatalytic films obtained via new superoxide-assisted electrochemical deposition method [J]. Electrochem Commun, 2017, 83: 28-32.

[149] Ye B, Huang L, Hou Y, et al. Pt(111) quantum dot decorated flower-like αFe$_2$O$_3$ (104) thin film nanosheets as a highly efficient bifunctional electrocatalyst for overall water splitting[J]. J Mater Chem A, 2019, 7: 11379-11386.

[150] Zhang Z, Said S, Smith K, et al. Characterizing batteries by *in situ* electrochemical atomic force microscopy: A critical review [J]. Adv Energy Mater, 2021, 11: 2101518.

[151] Rezaei B, Havakeshian E, Ensaf A A. Fabrication of a porous Pd film on nanoporous stainless

steel using galvanic replacement as a novel electrocatalyst/electrode design for glycerol oxidation [J]. Electrochim Acta, 2014, 136: 89-96.

[152] Hyde M E, Jacobs R M J, Compton R G. An AFM study of the correlation of lead dioxide electrocatalytic activity with observed morphology [J]. J Phys Chem B, 2004, 108: 6381-6390.

[153] Chen Y, Peng X, Fan X, et al. Suppressing volume change and *in situ* electrochemical atom force microscopy observation during the lithiation/delithiation process for CuO nanorod array electrodes [J]. J Solid State Electrochem, 2019, 23: 367–377.

[154] Zhang J, Wang R, Yang X, et al. Direct observation of inhomogeneous solid electrolyte interphase on MnO anode with atomic force microscopy and spectroscopy [J]. Nano Lett, 2012, 12: 2153-2157.

[155] Zhang J, Yang X, Wang R, et al. Influences of additives on the formation of a solid electrolyte interphase on MnO electrode studied by atomic force microscopy and force spectroscopy [J]. J Phys Chem C, 2014, 118: 20756-20762.

[156] Cresce A, Russell S M, Baker D R, et al. *In situ* and quantitative characterization of solid electrolyte interphases [J]. Nano Lett, 2014, 14: 1405-1412.

[157] Zhang G, Xiong T, He L, et al. Electrochemical *in situ* X-ray probing in lithium-ion and sodium-ion batteries [J]. J Mater Sci, 2017, 52: 3697-3718.

[158] Kim Y, Muhammad S, Kim H, et al. Probing the additional capacity and reaction mechanism of the RuO_2 anode in lithium rechargeable batteries [J]. ChemSusChem, 2015, 8: 2378-2384.

[159] Feng L, Chen Z, Chen R, et al. A pseudo-solid-state cell for multiplatform *in situ* and *operando* characterization of Li-ion electrodes [J]. J Power Sources, 2018, 400: 198-203.

[160] Nguyen D, Kang G, Chiang N, et al. Probing molecular-scale catalytic interactions between oxygen and cobalt phthalocyanine using tip-enhanced Raman spectroscopy [J]. J Am Chem Soc, 2018, 140: 5948-5954.

第 5 章　扫描探针显微术在储能电化学中的应用

5.1　背　　景

发展可再生能源、提高非化石能源占比是当今世界应对能源危机的主要方法之一。风能、太阳能等可再生能源的发展与利用在一定程度上缓解了能源危机，然而这些能源的输出具有间歇性和不可持续性，以及与能量需求不匹配等问题，因此发展高效、绿色、移动、便捷、智能的先进储能技术是有效利用可再生能源的关键[1]。二次可充电电池是一类极具发展潜力的储能技术。目前，研究人员已开发出多种电池体系以满足不同应用领域对储能技术的需求。在电池运行过程中，其充放电反应主要发生在电极-电解质界面，界面化学、电化学过程直接影响电池循环寿命、倍率性能等。深入了解电极-电解质界面组成-结构-性能之间的构效关系，有利于实现电极界面结构与过程的精准调控。电化学扫描探针显微术（ECSPM）具有空间分辨率高、环境适应性好、多模态耦合等优势，能够在微纳尺度下实时监测界面电化学、化学反应过程，为复杂电化学界面反应机理提供可视化依据。在本章我们主要介绍锂离子/锂金属电池、锂硫电池、锂氧电池及固态锂金属电池在运行过程中的表界面问题以及环境型 ECSPM 在相关问题研究中的应用。

5.1.1　储能电化学过程中的表界面问题

近年来，锂离子电池普遍应用于各类便携式电子产品和电动汽车[2]。在目前使用的锂离子电池中，正极和负极均为锂离子嵌入/脱嵌材料［图 5.1（a）］。在充电过程中，锂离子从正极脱出嵌入负极；放电过程中，锂离子从负极脱出嵌入正极[3]。锂离子电池多使用液态有机溶剂电解质，因此固-液界面是锂离子电池中最重要的界面之一，主要包括正极材料与电解液所形成的界面以及负极材料与电解液所形成的界面。由于正极、电解液、负极组分之间化学势不匹配，电池运行过程中正极和负极表面会形成一层或多层固体电解质中间相［正极固体电解质中间相（CEI）或负极固体电解质中间相（SEI）］。CEI/SEI 膜的结构与性质直接影响锂离子嵌入/脱出的电位、速率、可逆性等，进而影响电池性能[4]。为了有效调控电极-电解质界面过程，实现电池的长循环寿命和高容量，深入理解和优化正极-电解质和负极-电解质的界面反应至关重要。

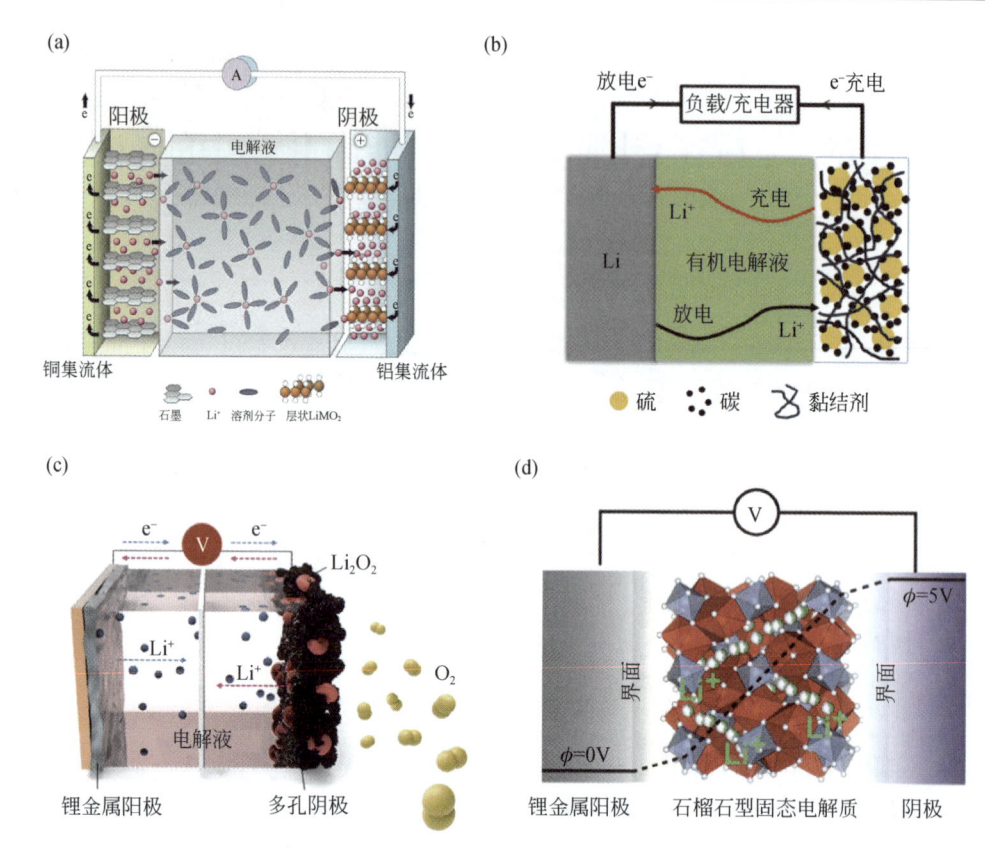

图 5.1 （a）锂离子电池[5]，（b）锂硫电池[6]，（c）锂-氧电池[7]，（d）固态锂金属电池[8]工作原理示意图

受限于嵌入型正负极理论比容量的限制，锂离子电池的比能量难以突破 300W·h/kg 这一极限值。金属锂拥有极高的理论比容量（3860mA·h/g）和最低的电化学势（-3.04V，相对于标准氢电极），是最有潜力的高能量密度二次电池负极材料之一。为了满足电子设备、电动汽车等对高续航能力的迫切需要，以锂金属作为负极的储能体系被认为是下一代高能量密度电池的有效解决方案。不同于锂离子电池中锂离子的嵌入/脱出机制，在锂金属电池中金属锂负极通过转换反应实现锂离子的可逆存储与释放，即充电过程中电解质中的锂离子在锂负极表面得到电子被还原成锂原子沉积在电极表面，而在放电过程中锂负极表面的锂原子失去电子变为锂离子溶解在电解质中。然而，金属锂的高反应活性使其与已知的几乎所有电解液溶剂、锂盐发生不同程度的反应，形成 SEI。该过程造成电解液和金属锂的消耗并可能产生气体。同时，金属锂在电化学沉积过程中产生的枝晶容易刺穿隔膜，触发电池短路，引发安全问题[9, 10]。明确锂金属-电解液界面处化学/

电化学反应机制，在微观尺度下解析枝晶生长的临界条件是构建锂金属二次电池稳定化学/电化学界面的关键之一。

由元素硫组成正极，以金属锂为负极的锂硫电池具有高达 2600W·h/kg 的理论能量密度，远超出目前最先进的锂离子电池[11]。并且硫元素在自然界中储量丰富、价格低廉且对环境友好，因此锂硫电池被认为是最具发展前景的电化学储能体系之一。在锂硫电池中，锂硫化学/电化学过程主要发生在电极-电解液界面。在硫正极-电解液界面处主要发生锂硫转化反应，包括硫的开环及多种多硫化物之间的相互转化，涉及固-液-固相转变等复杂过程［图 5.1（b）］。由于硫和硫化物的离子电导率低、硫化物相互转化时体积变化大等因素，锂硫电池仍面临循环可逆性差、倍率性能低等挑战。此外，中间多硫化物扩散到锂负极造成锂负极腐蚀粉化，阻碍锂离子在负极-电解液界面处的均匀沉积/溶解，进一步影响电池循环稳定性[11]。在微观尺度原位追踪电极-电解液界面结构演变、相转化等过程能够为揭示电极反应机制提供可靠证据，助力锂硫电池的优化设计。

以 O_2 为正极活性物质，以金属锂为负极的锂氧（Li-O_2）电池具有超高的理论能量密度（～3458W·h/kg），被认为是电动汽车的终极电池[12]。Li-O_2 电池的运行基于 O_2 在多孔电极表面可逆的还原与析出，该过程涉及固-液-气多相界面反应［图 5.1（c）］。由于反应产物过氧化锂（Li_2O_2）离子、电子导电性差且不溶于有机溶剂，其在电极表面的堆积会钝化电极，阻碍后续反应进行，因此，Li-O_2 电池常存在过电位大、循环效率低等问题。通过调控多孔电极组分、结构、电解液环境等条件可以改变氧气、中间反应物种在电极表面的吸附强度、电荷转移速度等，进而实现反应产物形貌、尺寸以及分布的调控，改善电池性能[13-15]。深入理解 Li-O_2 界面反应机制，阐明催化剂、电压、电流密度等外界条件对锂氧电池充放电过程的微观调控机理，是构建高比能 Li-O_2 电池的前提。

伴随电池能量密度的提高，电池的安全性日益受到关注。全固态电池使用固态电解质取代传统有机电解液，能够有效避免电解液泄漏、易燃等问题，同时可以抑制锂枝晶的生长，提高电池安全性。因此，固态锂金属电池成为当今储能领域的研究热点之一［图 5.1（d）］[16]。在固态锂金属电池中存在着多种固-固界面，如固态电解质与正负极之间的界面、电极内部颗粒之间的界面，以及电解质内部颗粒之间的界面等。固-固界面接触差等问题制约着固态锂金属电池的发展[17]。不同于液态电解液能够充分浸润电极，在全固态电池中固态电解质与电极之间为点接触，容易产生裂缝和气孔，使得界面阻抗增大。此外，固态电解质-金属锂界面处以及固态电解质-正极界面处（电）化学副反应的发生进一步降低电池的循环可逆性[18]。理解多种固-固界面对外界条件的响应特性和演化规律有助于提出降低界面电阻和提升界面稳定性的策略。

5.1.2 电化学扫描探针显微术在储能电化学的应用

原位表征技术的应用拓展了研究人员对电池充放电过程中界面反应机理的认识。一方面，在原位表征过程中不需要拆解电池、转移样品等，能够避免电池材料在转移过程中界面结构破坏及样品化学组成的变化。另一方面，电池中的界面反应是一个持续时间长、多步反应连续或是同时进行的过程，原位表征技术能够实时跟踪电极的界面电化学过程，为理解界面反应机理提供可靠依据[19]。作为原位表征方法中重要的一员，SPM 推动了界面反应原位研究从宏观尺度到微观水平的发展。SPM 具有空间分辨率高、界面侵扰性小等优势，同时能够在液相下工作。将 SPM 与电化学反应装置相结合（电化学扫描探针显微术，ECSPM）可以在分子/纳米/微米尺度上实现界面电化学反应的原位可视化研究。比如，电化学扫描隧道显微术（ECSTM）能够在复杂电化学条件下捕捉电极材料表面单原子/分子演化信息，为理解电极反应过程提供原子/分子尺度证据[20]。然而，受限于充放电过程中电极材料导电性以及体积变化，难以满足 STM 对样品高导电性以及高平整度的要求，因此 ECSTM 在二次电池相关研究中的应用相对较少。相比之下，ECAFM 能够在纳米到微米尺度上实时监测电极界面反应动态演变过程。此外，根据反馈物理量的不同，在获得表面结构形貌信息的同时，ECAFM 还可以获得表面力学、电学等信息，实现多维度、多尺度探究界面反应过程[21]。通过环境控制，使 ECAFM 在氩气氛围中运行，满足环境敏感的电化学储能器件对运行环境的要求。

近年来，ECAFM 被广泛应用于各类二次电池界面反应机理的相关研究中，为建立界面微观演化与电池电化学性能之间的关联性提供了可靠依据。例如，针对锂离子/锂金属电池中 SEI 膜微观形成机制不明晰等问题，研究人员利用原位 ECAFM 探究了石墨、锂、硅、二硫化钼等负极表面 SEI 膜成核电位、形貌、生长速率/模式、分布规律及其物理化学性质对离子传输行为的影响机制，为锂离子/锂金属电池中人工界面膜的构筑、电解质改良、电极材料优化等提供了参考[22-25]。针对锂硫、锂氧电池中多相/多步界面转换反应动力学滞缓等问题，研究人员利用原位 ECAFM 追踪了电极表面反应产物［硫化锂（Li_2S）、Li_2O_2 等］在不同荷电状态下的动态生长/分解行为，研究了温度、电解液组分、催化电极等对界面反应过程的调控机制，构建了界面电荷传输、反应速率和界面反应路径等与电池的循环效率、倍率、寿命等性能的相关性，为改善界面反应可逆性、提高界面反应动力学提供了新思路[26-28]。针对全固态锂金属电池中界面化学/电化学稳定性差以及物理接触不良等问题，研究人员利用原位 ECAFM 解析了固态锂金属电池中充放电过程中正极-固态电解质界面 CEI 膜形态和模量演化规律、固态电解质的机械稳定性以及固态电解质-锂负极界面处锂沉积/溶解行为等，揭示了固态锂金属电池中界面演化与失效机理，有利于构筑稳定高效的固-固界面[29, 30]。

本章将聚焦于 ECAFM 在锂离子/锂金属电池、锂硫电池、锂氧电池以及固态锂金属电池等储能器件中的研究进展，展开系列讨论。

5.2 锂离子/锂金属电池界面过程

传统的锂离子电池以能够可逆地插入及脱出锂离子的嵌锂化合物作为正极材料，以具有层状结构的石墨作为负极材料。充电时，锂离子从正极材料的晶格中脱出，经过电解质后插入到负极材料的晶格中，使得负极富锂，正极贫锂；放电时，锂离子从负极材料的晶格中脱出，经过电解质后插入到正极材料的晶格中，使得正极富锂，负极贫锂[2]。在锂离子电池中，电极-电解质界面电化学反应主要包括正/负极锂化/去锂化过程以及 SEI 的成核与生长过程（图 5.2）。为了有效调控电极-电解质界面过程，实现锂离子电池的长循环寿命和能量密度，深入理解电极-电解质界面反应至关重要[31]。

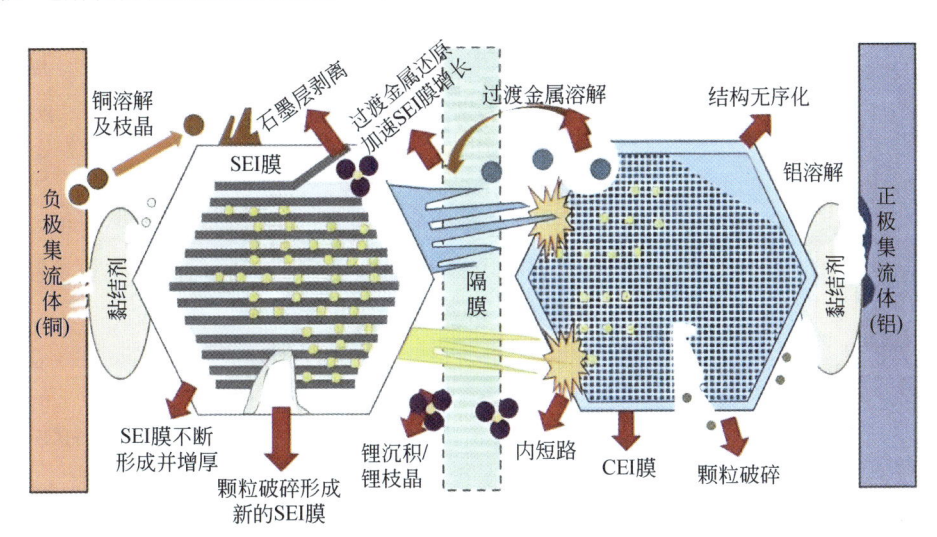

图 5.2 锂离子电池中的主要界面问题和衰减机制[32]

传统石墨类碳负极界面的挑战主要包括锂离子和溶剂分子的共嵌过程以及快充条件下"析锂"行为[33]。除了经典的石墨负极，硅负极因其具有高达 4200mA·h/g 的理论比容量而被认为是最具潜力的负极材料之一[34]。但是其较大的体积膨胀（~300%）以及不稳定 SEI 的生长与演化会造成首圈容量的明显衰减以及长循环过程中活性物质的脱落[35]。由于金属锂具有"质量轻、能量高"的优势，锂金属电池作为新一代能源储存技术，成为当前前沿研究热点之一[36-40]。然而，金属锂的高反应活性使其易与有机溶剂、锂盐发生反应，生成不稳定 SEI。该反应会导致金属锂和电解液的利用率降低，并伴随大量气体产生。此外，金属锂的高活性、表面 SEI 的锂离子扩散能垒较高以及金属锂的不均匀沉积会导致锂枝晶的形成，进而刺穿隔膜，造成电池短路，引发金属锂电池的安全隐患问题。金属锂负极表面的电化学过程主要包括 SEI 的成核和生长、锂沉积/溶解过程以及不均匀沉积引发锂枝晶的生长等三个方面，三者相互作用，共同影响着锂负极界面的电化学性能、稳定性和安全性能[41-43]。因此，深入理解和认识上述电化学过程对于解决界面问题和提升电池性能具有十分重要的基础理论和实际应用意义。

锂离子电池的正极材料主要为具有层状结构的过渡金属氧化物，包括磷酸铁锂（LiFePO$_4$）、钴酸锂（LiCoO$_2$）、锰酸锂（LiMn$_2$O$_4$）和三元镍钴锰酸锂材料（LiNi$_x$Co$_y$Mn$_{1-x-y}$O$_2$，NCM）[44, 45]。正极材料作为活性锂的存储部件，是制约现阶段锂离子电池性能提升的主要因素之一。充电至高电压时，正极材料中金属元素氧化至高价态，同时伴随组分的转变、相转移过程以及体相结构的变化。因为正极材料元素的组成和含量/梯度的不同会引起晶格参数的变化及晶格失配，由此产生的诱导应力容易导致材料产生晶间或晶内裂纹，并引发裂纹的传播，造成材料结构破坏，从而引起电化学性能的衰减[46]。此外，正极-电解质界面 CEI 膜的厚度、成分、力学性质以及动力学演化过程对电池性能具有重要影响[47, 48]。深入理解与正极材料关联的科学问题，如结构演变过程、容量衰减机制以及电极-电解质界面反应，对于电池系统的优化设计具有深远的科学与现实意义。

ECAFM 具有高空间分辨、界面低侵扰的优点，可以在纳米尺度上实现实时监测锂离子/锂金属电池充放电过程中电极-电解质界面 SEI 膜的成核生长及锂枝晶生长等界面演化过程，为理解界面反应机理提供可靠依据。

5.2.1 石墨负极过程

经典的石墨负极表界面过程，原位 ECAFM 监测了高定向热解石墨（HOPG）电极表面在含有 1.5M 双（三氟甲磺酰）亚胺锂（LiTFSI）盐的碳酸亚乙酯（EC）电解液中的 SEI 成核与生长过程[49]。研究结果表明，电压降低至 1.5V 时，有反应产物在 HOPG 表面台阶边缘处累积，对应于 Li$^+$ 溶剂化分子的还原过程。随后，在 1.0V 左右观测到 SEI 沿 HOPG 台阶平面生长，该过程与碳酸盐物质（如 EC）的还原过程有关。电压低于 0.6V 时，SEI 几乎全部覆盖了 HOPG 电极表面，对 HOPG 电极表面的 5μm×5μm 区域进行持续扫描，由于针尖与样品之间微弱的相互作用力，使得柔韧、附着力差的 SEI 表层被刮除，暴露出坚硬、附着力强的底层 SEI 结构，表明 SEI 具有异质双层结构。

Pan 等利用原位 ECAFM 与电化学石英晶体微天平（EQCM）进一步定量研究了 HOPG 表面 SEI 的生长过程[3]。在典型的碳酸盐电解质体系 [1M 六氟磷酸锂

（LiPF$_6$）溶解于等摩尔 EC/碳酸二甲酯（DMC）溶剂]中，原位 ECAFM 结果显示，随电位降低，有微小的岛状结构不规则地分布在 HOPG 电极表面。EQCM 与 X 射线光电子能谱结果表明该过程对应于 LiF 的生成。当电压降至 0.74V，SEI 膜开始在 HOPG 表面台阶边缘处形成，且台阶高度逐渐增加。这主要是由于与 Li$^+$ 共嵌入 HOPG 层间的溶剂分子还原导致的。当低于 0.6V，由于溶剂化 Li$^+$ 共嵌入不再发生，所以台阶高度不再增长，如图 5.3（b），（c）所示。

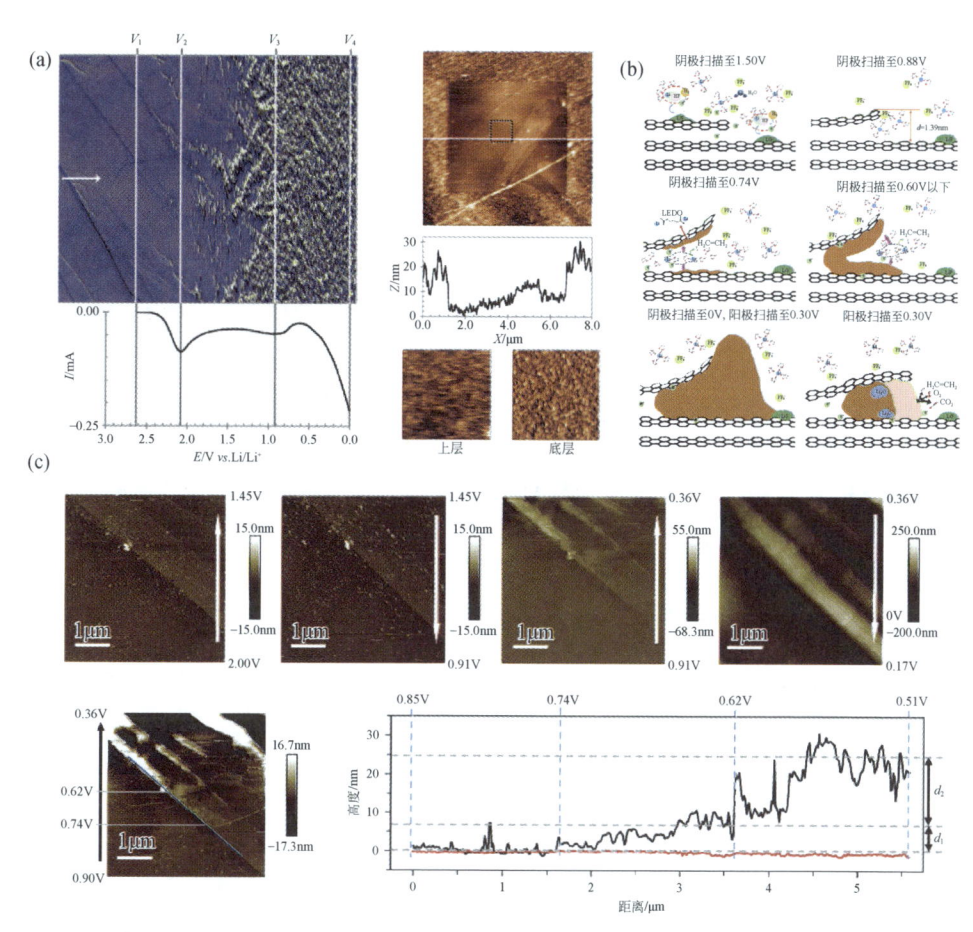

图 5.3 （a）（左图）在循环伏安法（CV）以 5mV/s 的扫速从 OCP 开始扫描至 SEI 形成期间，HOPG 表面（3.5μm×4.5μm）原位动态形成 SEI 膜的过程，电解液为含有 1.5M LiTFSI 的 EC 溶液。（右图）在 0V 重复扫描 5μm×5μm 区域后 HOPG 表面的 AFM 图像（8μm×8μm），揭示黑色虚线（1μm×1μm）区域内上下两层 SEI 的特征；（b）HOPG 电极表面首圈 SEI 形成与锂化过程的原位 AFM 图像；（c）首圈锂化过程中 SEI 形成与演化过程的化学结构示意图[3]

为了调控电极表面 SEI 的性质与动态生长行为，提高锂盐浓度[50, 51]、改变锂盐种类[52]及加入电解液添加剂[25]等多种策略被广泛地使用。在常规锂盐浓度

（1.0M）电解液体系中，SEI 形成初期，SEI 膜主要沿 HOPG 表面台阶边缘生长。随着电位负移，HOPG 台阶边缘不断增高，这是由于更多共嵌入 HOPG 层间的溶剂化分子被还原导致的。大量还原产物的堆积导致 HOPG 发生层间剥离，破坏电极结构 [图 5.4（a）～（k）]。当电解液中锂盐的浓度增加到 3.37M 时，可以观察到一层致密且均匀的纳米颗粒状的 SEI 覆盖整个电极表面 [图 5.4（l）～（s）]。致密且均匀的 SEI 膜可以抑制溶剂分子共嵌入，有效提升了电极-电解液界面稳定性[50]。在更高盐浓度的水系电解液体系（含 21M LiTFSI 盐）中，原位 ECAFM 揭示了其中 SEI 形貌与机械性能演变过程。研究结果表明，在高盐浓度的水系电解质体系中，厚度约为 4～6nm 的 SEI 不均匀地分布在 HOPG 电极表面。SEI 包含模量为 30±10GPa 的刚性区域和模量低于 1～2GPa 的柔性区域，表明该 SEI 层包含刚性无机物和弹性有机物[51]。锂盐是电解液中的重要组成部分，除了锂盐的浓度，锂盐

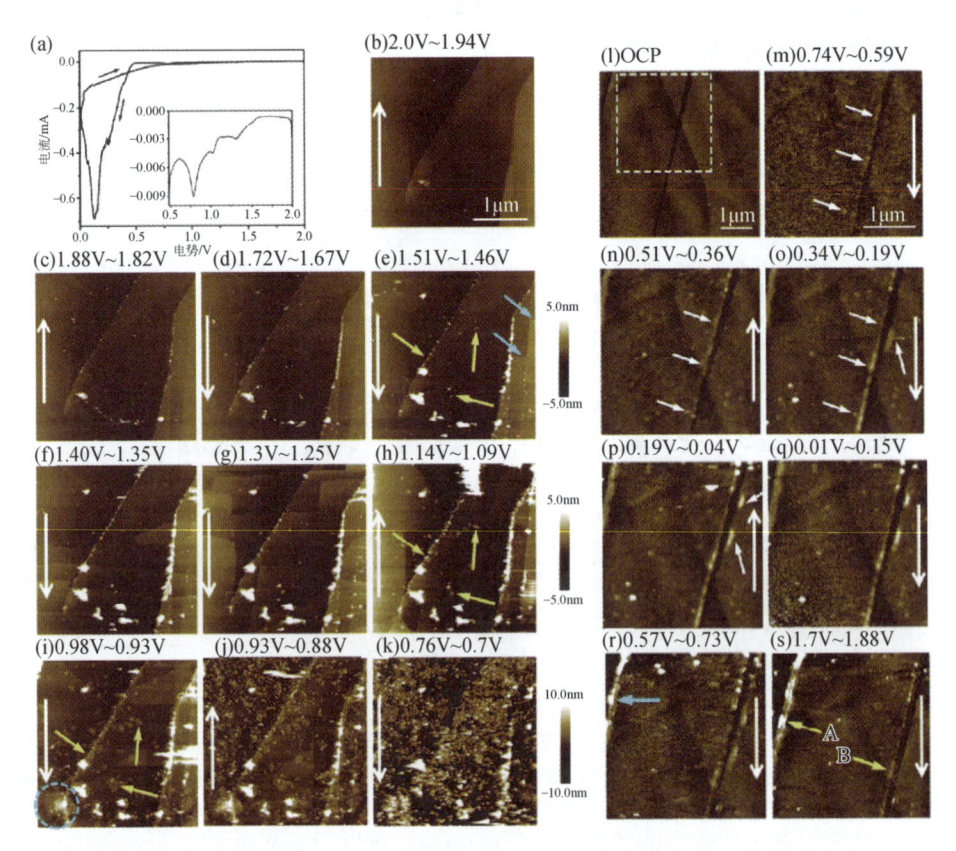

图 5.4 （a）HOPG 电极在 1.0M LiTFSI/DMSO 电解液中的循环伏安曲线图，扫描速度为 0.2mV/s，中间插图显示了电流高于 0.5V 的 CV 曲线。（b）～（k）HOPG 电极在 1.0M LiTFSI/DMSO 电解液中的原位 AFM 图像。在 3.37M 高浓度的 LiTFSI 基电解液中，HOPG 电极在(l)OCP,(m)～(p) 充电和（q）～（s）放电过程中的原位 AFM 图像[51]

种类也能够有效地调控 SEI 的形貌与组成[52]。使用 LiFSI 作为电解液中的锂盐时，纳米颗粒状 SEI 倾向于在 HOPG 边缘处成核，然后在二维平面内扩散生长，最终形成一层薄膜状的 SEI 结构 [图 5.5（a）～（h）]。而在基于 LiTFSI 盐的电解液体系中，HOPG 电极表面倾向于形成松散堆叠生长的 SEI，该层 SEI 难以有效阻挡溶剂化离子和其他阳离子的共嵌入过程，容易引起电极结构的破坏[图 5.5（i）～（n）]。

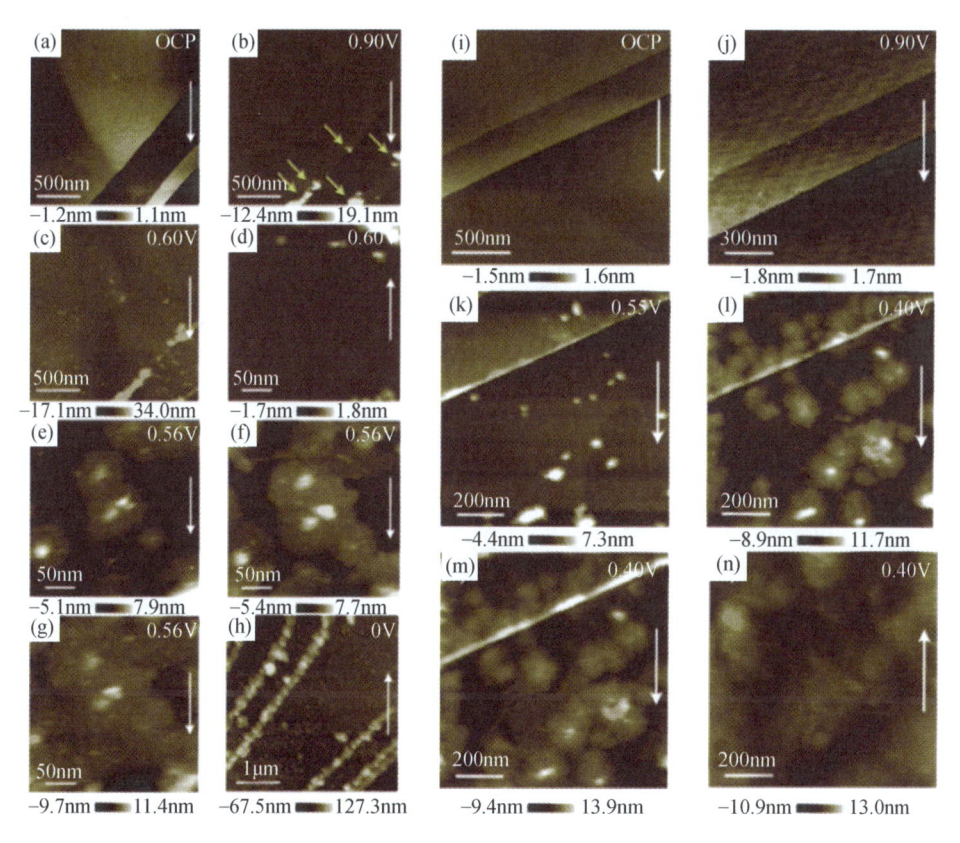

图 5.5 在（a）OCP 和（b）～（h）充电过程中 HOPG 电极/LiFSI 基电解液界面处的 SEI 演变过程的原位 AFM 图像；在（i）OCP 和（j）～（n）充电过程中 HOPG 电极/LiTFSI 基电解液界面处 SEI 成核与生长过程的原位 AFM 图像[52]

众所周知，锂离子电池中负极材料表面的力学模量会随着电化学过程的进行以及 SEI 的形成而发生变化。电极表面的力学性质会影响界面反应过程，进一步影响电池的性能。为了揭示其中的微观反应机制，Deng 等使用 ECAFM 原位监测在 LiTFSI/EC/DEC 电解液中 HOPG 电极表面 SEI 力学性质演化[53]。研究结果表明，由于形成的 SEI 电子阻挡能力不足以阻碍其进一步地生长，SEI 的厚度会随着循环的进行而增加。在该过程中 SEI 的 Derjaguin-Müller-Toporov（DMT）模量在 23～67MPa 之间变化。Shen 等利用 ECAFM 发现，相比较于 EC 基电解液，在氟代碳酸乙烯酯（FEC）基电解液中能形成更硬（平均 1498MPa）、更致密富含 LiF 的 SEI[54]。该体系可以抑制金属锂枝晶的生长，这归因于该 SEI 层具有更高的机械强度和更大的电阻，从而抑制了锂离子在负极表面持续地累积。该结果表明了具有均匀且高模量的 SEI 层对于提高电极的循环稳定性的重要性。ECAFM 也可用于研究电解液成分对 SEI 稳定性的影响。研究结果表明，与使用碳酸亚乙烯酯（VC）添加剂相比，酰亚胺的锂盐（例如 LiTFSI）的存在会诱导更薄且热稳定性更低的 SEI 层形成[55]，这可能会导致低力学模量（45MPa）的 SEI 生长。将 AFM 实验结果与原子理论模拟相结合，验证了在含有 1M LiPF$_6$ 的 EC/DMC 电解液中，SEI 层的力学模量可以在 2.4～58.1GPa 的范围内进行变化，具体的模量大小需取决于聚合物、有机和无定形无机物的成分与比例[56]。研究人员通过使用 ECAFM 进一步比较了 HOPG 和工业级石墨负极材料表面 SEI 的形貌与力学性能[57]。研究结果表明，在 HOPG 上，SEI 在台阶边缘和基面同时以两种不同的形态形成，边缘位置的 SEI 比基面更厚、更软（图 5.6）。此外，在 EC/EMC 电解液中加入 VC/FEC 添加剂，可以降低 SEI 的厚度和粗糙度并增加其力学模量，从而进一步稳

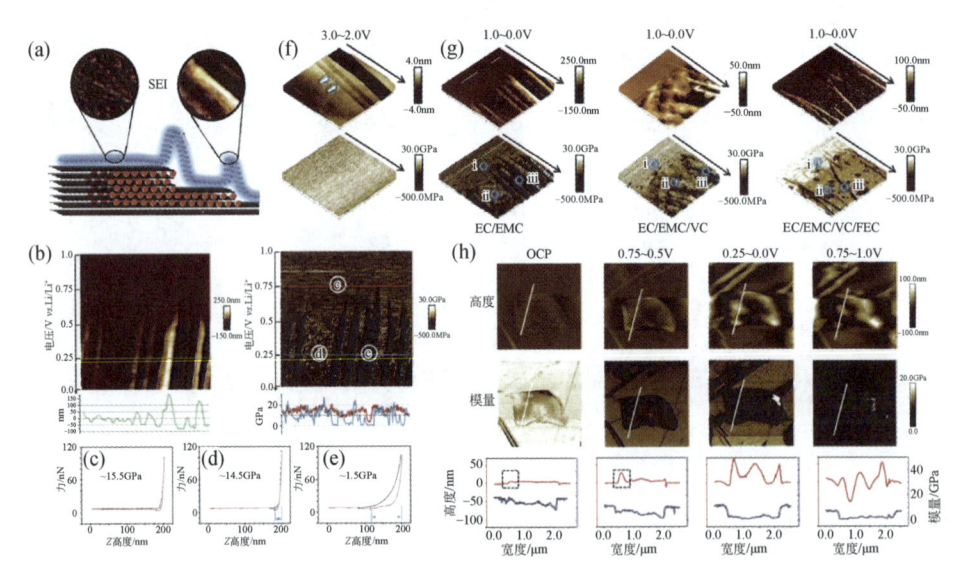

图 5.6 （a）石墨负极边缘和基面不同 SEI 形态的示意图。（b）在 EC/EMC 电解液中，充电过程中 HOPG 表面的形貌（左）和模量（右）的放大图像。（c）～（e）为（b）中三个选定点的力曲线。（f）和（g）在 EC/EMC 电解液中获得的形貌（上排）和模量（下排）的 3D 图像：（f）在 EC/EMC 电解液体系中从 3.0V 充电至 2.0V 的形貌与模量图；（g）第一次放电过程（1.0～0.0V）中 HOPG 电极表面结构形貌与成分图，电解液分别为 EC/EMC、EC/EMC/VC、EC/EMC/VC/FEC。（h）在单个石墨颗粒上观察到类似的高度增加和模量减少的现象。所有图像都在 10μm×10μm 的区域内[57]

定电极-电解液界面并提高电池性能。ECAFM 结果显示商用石墨电极表面 SEI 的生长基本过程与 HOPG 电极相似，但由于起始材料结构显著不同（如台阶边缘的密度、尺寸等），导致 SEI 的演化行为有所差异。由于较高的边基比，石墨颗粒电极的 SEI 覆盖率更高，模量则较低，这种差异对电池材料以及电池性能产生影响。

5.2.2 硅负极过程

硅负极具有超高的理论比容量，被认为是下一代高能量密度锂离子电池理想的负极材料之一，但是循环过程中巨大的体积膨胀和不稳定的 SEI 会导致活性物质的粉化与脱落。深入理解锂-硅合金化/去合金化过程中电极的体积膨胀以及界面 SEI 形成的微观机制，有利于优化电极材料和构筑稳定界面。为了探究锂-硅合金/去合金反应的各向异性，Shi 等使用具有特定晶面的单晶硅负极作为工作电极，利用原位 ECAFM 技术探究其在充放电过程中电极-电解液界面结构的演化过程与反应机制[58]。研究结果表明，在 Si（111）电极-电解液界面，锂-硅合金化反应倾向于沿着<121>晶面进行，并且电极结构演变为纳米棒状[图 5.7（a）~（h）]。而在 Si（100）电极-电解液界面，锂-硅合金化反应倾向于沿着垂直于电极表面的<100>晶面进行，平整的 Si（100）电极表面演化为锥形并且会产生裂纹[图 5.7（i）~（p）]。

为了进一步探究循环过程中在硅电极表面产生的纳米裂纹的演化过程，Kumar 等利用原位 ECAFM 观察了硅电极边缘和角落区域的表面裂纹的动态演变[图 5.8（a）][59]。在锂化开始时，岛状结构的边缘开始横向滑动，SEI 内部产生应力，导致现有裂缝的打开。从 0.2~0.05V 的锂化过程中硅电极边缘高度分布图中可以看出，随着充电进行，这些裂纹变得越来越宽、越深。并且，这些纳米裂纹在锂化过程中不会被新的分解产物填满。虽然在之前的研究中新产生的 SEI 被认为会在裂缝内生长，但实验表明额外的 SEI 生长不足以填补在实验中观察到的裂缝。对此有两种可能的解释：一种可能性是裂纹仅穿过顶部有机层，并没有到达 SEI 和 Si 的界面，从而导致进一步的 SEI 形成；另一种是，裂缝一直延伸到 SEI 和 Si 界面，但填充密度更高的无机化合物只发生在裂缝底部。AFM 成像的固有局限性导致难以阐明这些裂缝底部的行为。然而，在硅的边缘和角落均观察到的裂纹且无法愈合的状态是可靠且可重复的。这些结果为深入理解硅电极表面 SEI 性质以及纳米裂纹的演化规律提供了实验依据。

ECAFM 不仅在原位成像方面有优势，还能通过分析力曲线来研究电极表面 SEI 的力学性质。硅负极表面 SEI 的力曲线和可能的相应的过程如图 5.8（b）所示。通常，其有七种典型的力曲线[60]。根据力曲线的特征，提出锂化的硅电极表面复杂 SEI 的可能微观结构。黑色实线是未循环硅负极的典型力学机械性能曲线，即使压痕深度很小，力也会急剧增加，表明 Si 电极表面非常坚硬。红色虚线是循

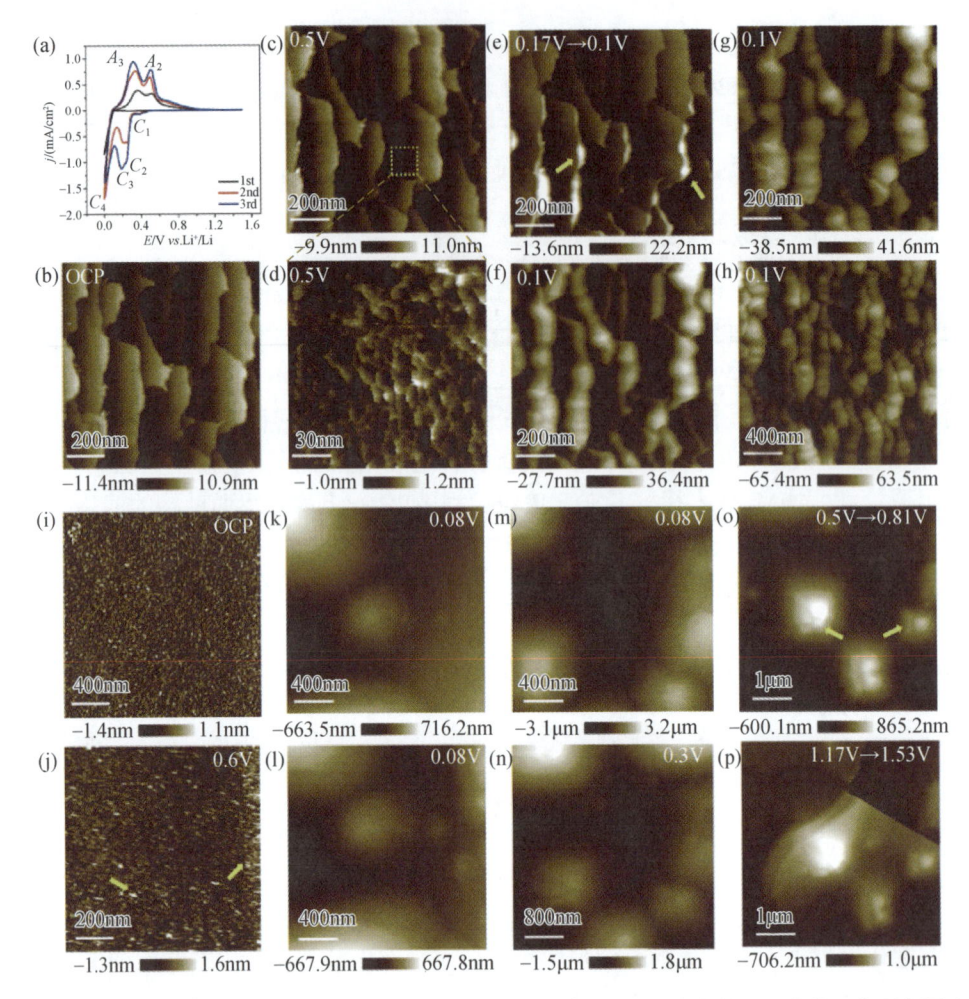

图5.7 （a）Si（111）电极在含有0.5M LiFSI的BMP⁺FSI⁻电解液中的CV曲线，电压范围为0.01～1.5V，扫描速度为1mV/s。(b)～(h) Si（111）电极在（b）OCP、充电至（c）和（d）0.5V、(e) 0.17V至0.1V和(f)～(h) 0.1V的原位AFM图像。在含有0.5M LiFSI的BMP⁺FSI⁻电解液中，Si（100）电极/电解液界面在（i）OCP、充电至（j）0.6V、(k)～(m) 0.08V，放电至（n）0.3V、(o) 0.5V至0.81V和(p) 1.17V至1.53V过程中的原位AFM图像[58]

环后的锂化硅负极裸露表面的典型力曲线，它也是一种线性响应，但斜率低于未循环Si电极的响应。据此可以认为，在循环过程中Si电极表面形成的非晶Li-Si合金样品变得比初始非晶硅的力学模量要低。蓝色虚线的力曲线表现为初始缓慢增加，然后是平稳增加到急剧增加。前者被认为是相对较软的SEI的机械响应，后者是SEI膜下方形成的Li-Si合金的响应，因为其斜率与循环后硅电极表面的力曲线相当。从图5.8（d）中可以看出，压痕深度 d = 0nm是针尖在Si电极表面的起始接触点，弹性（0～20nm，压痕曲线中的线性斜率）和塑性屈服（20～52nm，与弹性区域相比斜率减小）的区域均存在于该力曲线中。由此可以推断出该检测区域被单层 SEI 膜覆盖。另一种类型的力曲线如图 5.8（f）所示，在 0~18nm 和 18~70nm 两个区域可以分别看到弹性和塑形屈服区域。与图 5.8（d）相比，可以认为该区域被具有双层结构的 SEI 覆盖，如图 5.8（g）所示，因为在同一区域不同深度具有不同的机械响应。类似地，在 Si 电极表面上也可以看到三层结构。如图 5.8（h）和（i）所示，每层均由一组弹性和塑形区域组成，在同一区域不同深度存在三组这样的力学响应。如图 5.8（j）和（k），在某些情况下，力曲线会跳到某个值，然后显示如上所述的单层或双层响应。这可能是由漂浮在表面上的坚硬小颗粒的存在引起的。针尖首先接触小颗粒，当施加更大的力时，针尖会推动小颗粒。与图 5.8（j）类似，如图 5.8（m），SEI 层中不同深度处存在小硬颗粒的假设也是合理的。如图 5.8（n），随着压痕深度的增加，力逐渐增加，但当针尖的压痕深度进一步增加时，力反而发生下降，之后力继续升高。力曲线中力值的下降意味着尖端接触的地方在某个地方是空的，由于 SEI 膜形成过程中存在气体的产生，SEI 中可能存在微孔或中孔结构，因此图 5.8（n）力曲线对应的电极结构很可能为如图 5.8（o）所示的 SEI 里存在气泡。利用 ECAFM 的原位成像表征以及机械性能的响应探究有利于深入理解硅负极表面的 SEI 性质，进一步指导硅基锂离子电池的发展与应用。

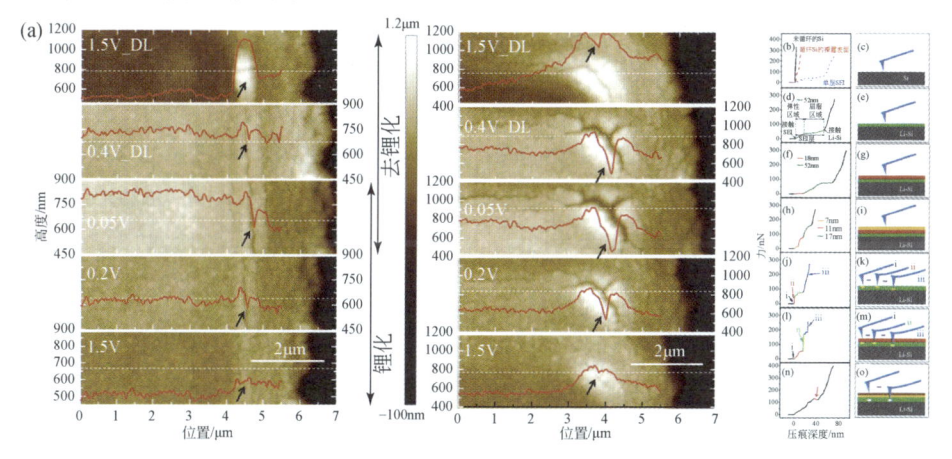

图 5.8 （a）第三次循环期间，图案化无定形 Si 电极的边缘（左）和角落处（右）裂纹演变的原位 AFM 图像。黑色箭头指出 SEI 层中裂纹的位置[59]。在 0.05V 的恒电位保持期间，SEI 裂缝仍然存在（即，此处额外的 SEI 形成不足以填充裂缝），实线等高线表示沿每个 AFM 形貌图中虚线部分的高度截面。硅负极表面 SEI 典型的分层结构，力曲线图：（b）未循环硅、循环后锂化硅的表面和 SEI 的力学响应，（d）、（f）和（h）分别是单层、双层和三层 SEI，（j）硬质颗粒，（l）夹在两个软质层中的硬质颗粒，（n）气泡，（c）、（e）、（g）、（i）、（k）、（m）和（o）分别是上述结构的可能模型[60]

5.2.3 锂负极过程

锂金属具有超高的理论比容量(3860mA·h/g)，同时具有低电化学电位(-3.04V *vs.*标准氢电极)，因此被认为是最具发展潜力的负极材料之一。锂金属表面 SEI 的结构、成分、力学性质等对界面的形貌演化、电化学性质和电池性能具有至关重要的影响作用[61-63]。理想的锂负极表面 SEI 应具备致密、平整、光滑的特点，有一定的结构和合理的机械弹性，以及高的锂离子电导率。SEI 一般具有几纳米到几百纳米的厚度，对于空气和水分的敏感性较强，且极易受高能电子束影响而损坏，因此锂负极表面 SEI 的深入研究对于监测的环境条件和仪器的精确度提出了较大的挑战；另外，SEI 在锂负极表面的生长是一个动态的过程，沉积的金属锂表面原位生长的 SEI 层随着金属锂的沉积和溶解而发生持续的变化，增大了研究 SEI 的技术难度。

通过分段解析不同分层结构的 SEI 层对应的 AFM 力曲线，可以得出 SEI 层的力学特性，根据无机层和有机层的力学性质差异进而分析 SEI 的垂直分层结构。Gu 等[64]通过分析 AFM 力曲线对锂负极表面 SEI 的结构和力学性质进行了系统性研究。首先，他们建立了一种简单的基于恒电势-恒电流联合控制策略的电化学抛光方法，实现了对金属锂表面的电化学调控和 SEI 的原位成膜。研究表明，抛光后的金属锂电极表面具有平整、光滑的 SEI 膜 [图 5.9（a），（b）]，该 SEI 膜呈现出无机物嵌入、有机物交联的软硬相间的多层膜结构特征 [图 5.9（c）~（e）]，其离子电导率也得到明显的提升。这种微观平整、均匀且兼具优良柔韧性的 SEI 膜具有优越的电化学性能，对锂枝晶的生长具有良好的抑制效果，能够提高界面稳定性和电池循环性能。

利用基于 AFM 的纳米压痕测试法，可以评估 SEI 的局部力学特性，从而预测其在循环过程中的稳定性。Wang 等[65]有针对性地构建了一系列具有已知组成及结构的单层和多层 SEI 膜 [图 5.9（f）]，包括具有确定的化学成分和空间排列、刚度不同的三种单层 SEI 以及更复杂的多层 SEI。对上述 SEI 膜进行 AFM 纳米压痕测试，并将其作为标准结果来衡量未知 SEI 膜的厚度、粗糙度以及力学模量等特性。这些特征与相应的金属锂负极的电化学循环性能进一步相关联，可以快速评估未知 SEI 膜的物化特性及电化学性能。Gao 等[66]精确地测量了 SEI 的力学模量（E）和弹性应变极限（ε_Y）。研究表明，SEI 的最大弹性变形能与其循环稳定性有紧密关系，高的最大弹性变形能允许 SEI 通过可逆的弹性变形，完全消耗负极膨胀所施加的能量。因此，可通过 SEI 吸收的"最大弹性变形能"来预测 SEI 的稳定性，且在锂和钾金属电池中得到验证。Shen 等[67]利用纳米压痕测试法对循环后的锂负极以及氟化石墨修饰后的锂负极表面生成的 SEI 性质进行对比，发现锂负极表面的 SEI 硬而脆，颗粒具有相对较大的粒径且分布不均匀，更容易为枝晶和死锂的生长提供优先的位点。而锂负极在经过氟化石墨的修饰后，其表面生成的 SEI 更加光滑和平整，具有更好的柔韧性，更易适应锂负极表面的体积形变，有助于形成均匀且高质量的稳定界面层。

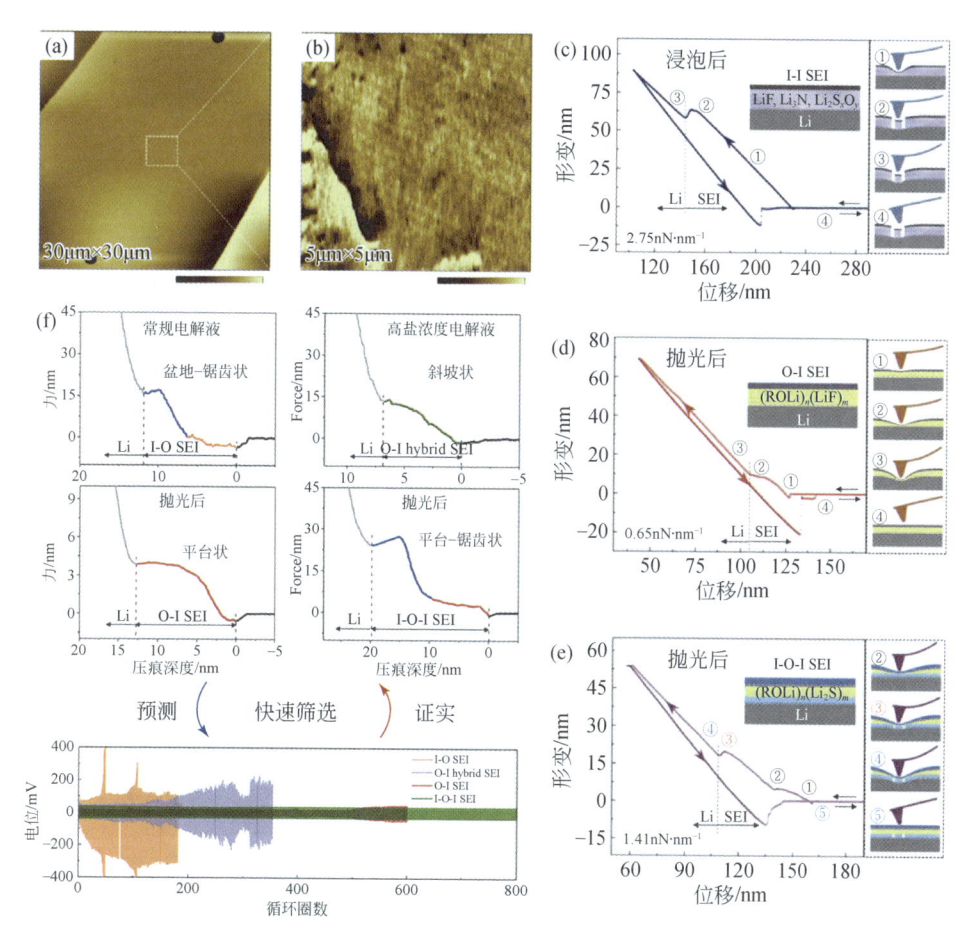

图 5.9 （a）电化学沉积的金属锂表面；（b）金属锂表面 SEI 的微观形貌；（c）浸泡电解液后、（d）电化学溶解-沉积过程单电势步骤抛光后（O-I 结构的 SEI）以及（e）电化学溶解-沉积过程多电势步骤抛光后（I-O-I 结构的 SEI）的金属锂表面的 AFM 力曲线图；（f）AFM 纳米压痕测试法用于 SEI 膜评估与电化学性能的预测[64]

在充分解析 SEI 形貌、结构和力学性质以及各因素之间关系的同时，研究人员也试图从多种角度探求调控 SEI 生长的方式和途径。Lang 等[68]通过精确控制硝酸锂（LiNO$_3$）添加剂的含量，实现了对金属锂负极-电解液界面 SEI 膜结构、形貌与生长模式的有效调控。在含有 1wt% LiNO$_3$ 的电解液体系中，不均匀且无定形的 SEI 膜伴随疏松的纳米颗粒在电极-电解液界面处形成，进一步导致覆盖有褶皱状 SEI 膜的锂枝晶的成核。将 LiNO$_3$ 的含量提升至 5wt%，能够在界面处原位追踪到一层致密均匀的有机-无机复合 SEI 膜（图 5.10），其具有无定形-纳米颗粒的复合双层结构以及刚柔并济的力学特性，在循环过程中为稳定界面以及提升电池性能提供了保障。

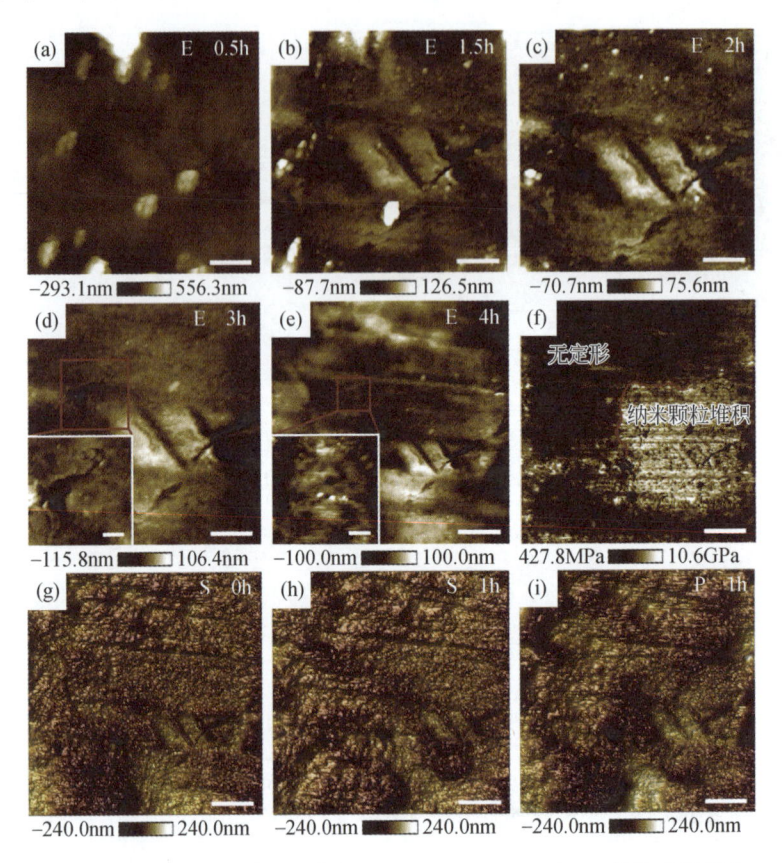

图 5.10　含有 5wt% LiNO$_3$ 的电解液体系中，(a)～(e) OCP 下 SEI 层生成的原位 AFM 图像，(f) 为 (e) 图对应的模量图；(g)～(i) 锂沉积/溶解过程中的三维的界面 AFM 形貌图[68]
比例尺：(a)～(d) 1μm，(d) 和 (e) 中插图 300nm、(e)～(i) 2μm

与石墨等传统负极材料的锂离子嵌脱反应原理不同，在循环过程中，锂负极表面会发生游离态锂离子和化合态锂的相互转变，这意味着锂负极的体积会经历较大的变化，极易导致电池内部压力变化以及界面不稳定。并且，锂沉积溶解的过程中往往伴随着其表面 SEI 层的原位演化，两者的紧密相关性体现了负极-电解质界面过程的整体性和复杂性，同时也大大增加了观测和分析难度。因此，深入研究金属锂沉积和溶解过程的演化过程和循环特性对理解和进一步优化电池界面具有十分重要的意义。

Shi 等[69]利用环境型 ECAFM 研究了负极-电解质界面的锂沉积和溶解行为，

成功监测到类球状金属锂颗粒表面原位生长的 SEI 层的动态演化过程。原位研究发现，在首圈锂沉积过程中，类球状的金属锂颗粒成核并逐渐长大；在锂溶解过程中，伴随着金属锂的不断溶出，直接观察到颗粒表面的 SEI 壳层发生明显的皱缩和塌陷 [图 5.11 (a)]。在随后的循环过程中，沉积的金属锂颗粒优先在无 SEI 层残留的位置成核并生长，体现了该 SEI 层对界面的钝化作用 [图 5.11 (b)]。在连续的锂沉积和溶解过程中，SEI 层的反复生成和塌陷造成了活性物质的持续消耗；同时，负极-电解质界面不断累积的 SEI 层增大了界面离子传输阻抗，最终导致电池性能衰退。这些关于锂沉积溶解过程以及原位生长在类球状金属锂表面的 SEI 层演化过程的直接可视化依据，揭示了负极退化的界面机制，对金属锂电池中电极的优化设计和界面构筑具有重要意义。

图 5.11　PC 基液态电解质中的锂沉积溶解过程。(a) 第一圈锂沉积和溶解过程：类球状金属锂颗粒的成核和生长，以及锂溶出后 SEI 壳层的皱缩和塌陷；(b) 第二圈锂沉积和溶解过程[69]

Kitta 等[70]利用 AFM 获得的形貌信息结合黏附力分布状态的演变分析了锂负极表面非均相沉积过程的反应机制（图 5.12）。首先，金属锂在负极表面进行最初始的沉积，其表面随即覆盖了一层电解质分解产生的 SEI。随着锂离子在界面处逐渐被还原，新的锂金属表面不断形成。因此，新生长的锂颗粒物表面的 SEI 层很薄，其表面黏附力低于其他覆盖着较厚 SEI 的颗粒表面。而锂离子优先在覆盖较薄 SEI 层的颗粒物表面发生转移并转化为沉积物，因此这些生长良好的颗粒物表面的 SEI 将会长期维持一个较薄的状态，继续诱导金属锂在这些位置优先进行沉积。这个过程循环往复，造成锂沉积过程在同一位置的持续进行，最终导致锂枝晶的形成。以上结果表明，电池服役状态下锂负极表面黏附力分布的演化能够反映电池界面状态的变化，对于了解金属锂的非均相沉积至关重要，并可能有助于设计抑制锂枝晶生长的均匀界面层。

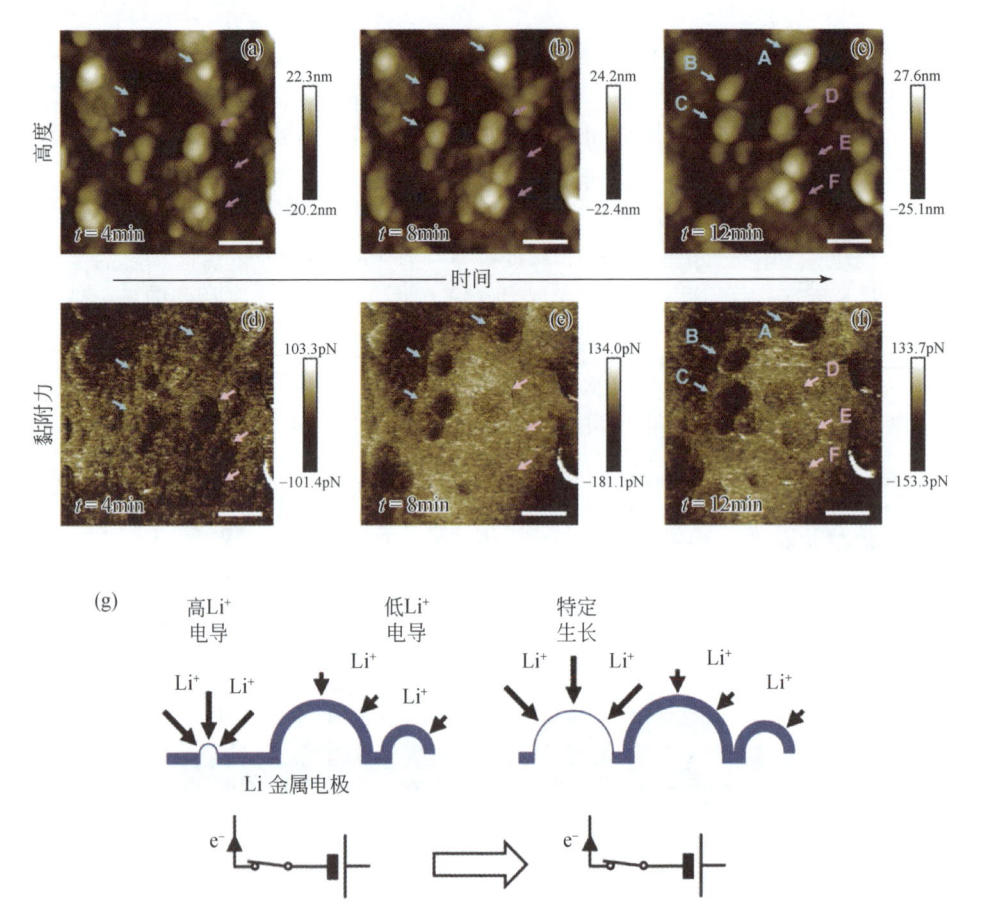

图 5.12 （a）～（c）锂负极表面锂的电化学沉积过程的 AFM 形貌图，（d）～（f）为图（a）～（c）分别对应的黏附力分布图像，（g）锂沉积过程中的颗粒生长模型[70]
(a)～(f) 比例尺为 100nm

构筑人工 SEI 膜是调控锂负极表面沉积/溶解过程均匀性的有效途径之一。Li 等[71]构筑了一层聚丙烯酸锂（LiPAA）SEI 膜，其通过自适应的界面调控，有效地实现了金属锂沉积/溶解的动态调控。锂沉积溶解过程的原位 AFM 实验[图 5.13（a）]结果表明，未经修饰的金属锂负极表面发生了较大的体积变化，循环后电极表面粗糙度显著增大 [图 5.13（b），（c）]，而人工 SEI 膜修饰后的金属锂负极在充放电循环过程中的体积变化始终维持在较小范围内，锂沉积溶解呈现平滑、均匀的状态。由于 LiPAA 聚合物膜具有良好的黏结性与稳定性，能够有效地减少界面副反应并改善金属锂沉积溶解的均匀性，从而显著提高金属锂负极的电化学性能与循环稳定性 [图 5.13（d），（e）]。在金属锂负极表面构筑功能性 SEI 膜，有助于调节锂沉积溶解行为的动力学过程，有望实现金属锂在高比能二次电池体系中的实际应用与发展。

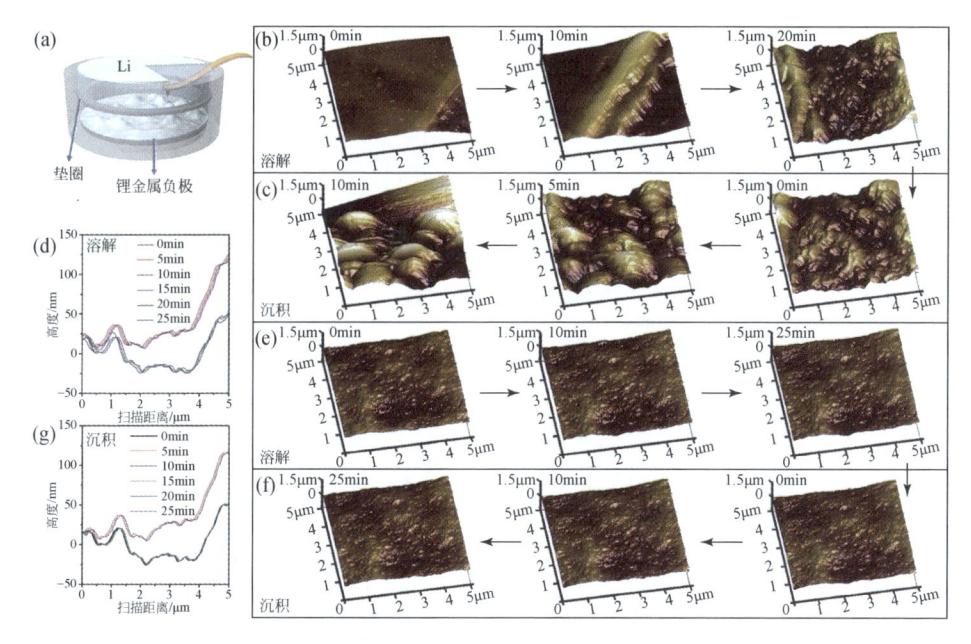

图 5.13 （a）原位 AFM 电化学池的示意图，（b）、(c) 无 LiPAA 和 (e)、(f) 有 LiPAA 人工 SEI 膜修饰的金属锂在（b）、(e) 溶解和（c）、(f) 沉积过程中的原位 AFM 图像，(d) 无 LiPAA 修饰的金属锂在溶解过程中的高度变化，(g) 有 LiPAA 修饰的金属锂在沉积过程中的高度变化[71]

由于循环过程中锂负极表面电流分布不均匀、界面层生长不平整等原因，负极表面的锂离子会发生局部沉积，导致产生苔藓状、针状和树枝状等形态不规则的沉积物，我们将其统称为锂枝晶[72-74]。一方面，锂枝晶的产生会增大活性锂与电解质的接触面积，导致生成更多的 SEI，在锂溶出时，枝晶极易断裂，进而与负极基底失去电接触而生成"死锂"进一步增大活性物质的损失；另一方面，锂枝晶持续不断生长会刺穿电池隔膜，引发电池的局部短路，可能造成热失控甚至火灾、爆炸等安全事故[75-77]。

Shi 等[22]利用原位光学显微镜对凝胶电解质中锂枝晶的形态演化过程进行了实时追踪，其研究发现，锂沉积形态呈现出"均匀沉积-苔藓状枝晶-树枝状枝晶"的演变过程。进一步实现了枝晶表面 SEI 层的可视化观测，并结合 AFM 与电化学阻抗谱（EIS）联用的方法对锂枝晶表面 SEI 层的形貌、力学模量以及局域离子电导率进行了系统的研究（图 5.14）。研究结果显示，原位生长在锂枝晶表面的 SEI 层呈现出直径为 $4.0\pm0.72\mu m$、厚度约 $0.53\pm0.11\mu m$ 的球壳状结构[图 5.14(b)]，且具有高于凝胶电解质 20 倍的模量 [图 5.14（d）] 以及高达 6.02×10^{-4} S cm^{-1} 的局部离子电导率 [图 5.14（e）,（f）]，揭示了该枝晶表面原位生长的 SEI 层具备作为单独的固态电解质以抑制锂枝晶快速生长的潜力。

图 5.14 (a),(c) 凝胶电解质表面和 (b),(d) 锂枝晶表面 SEI 层的 AFM 形貌和 DMT 模量分布图,(e) AFM-EIS 联用装置示意图,(f) SEI 层的局域阻抗图[22]

Zhang 等[78]巧妙地将 AFM 与环境透射电子显微镜(AFM-ETEM)结合起来,对锂晶须形态的原位变化进行了实时观测,并进行了应力的测量。图 5.15(a)~(c) 为 AFM-ETEM 观察和测量单个锂晶须的原位电化学实验的具体装置,该装置由金属锂电极、固态电解质 Li_2CO_3 和 AFM 硅探针针尖对电极组成。将电弧放电的多壁碳纳米管(CNT)连接到 ETEM 中的 AFM 针尖以促进晶须成核,在晶须生长之前,单个锂球状体首先在 CNT 与 Li_2CO_3/Li 衬底之间的接触点成核,然后沿 CNT 生长(图 5.15)。在锂的生长过程中,因 ETEM 腔内存在 CO_2 气体,一层厚度约为 5~20nm 的 Li_2CO_3 迅速覆盖了锂晶须表面。这种超薄 Li_2CO_3 层起到了稳定锂晶须的作用,防止其受到电子束损害,从而保证了 ETEM 内部原位成像和应力测量的正常进行。研究结果表明,锂晶须生长过程通常可以分为三个阶段。

首先，球状的锂金属在 AFM 针尖和 Li$_2$CO$_3$/Li 之间的界面上成核，球状锂的直径与其生长时间成平方根的关系，说明是扩散控制的生长过程。接着，锂晶须开始沿径向生长，而直径没有明显变化，晶须内部的轴向应力不断累积。最后，锂晶须不再随施加电压的增加而沿纵向生长，而是突然发生弯曲后塌陷，这种屈曲不稳定性是由细长晶须上较大的轴向压缩载荷引起的。

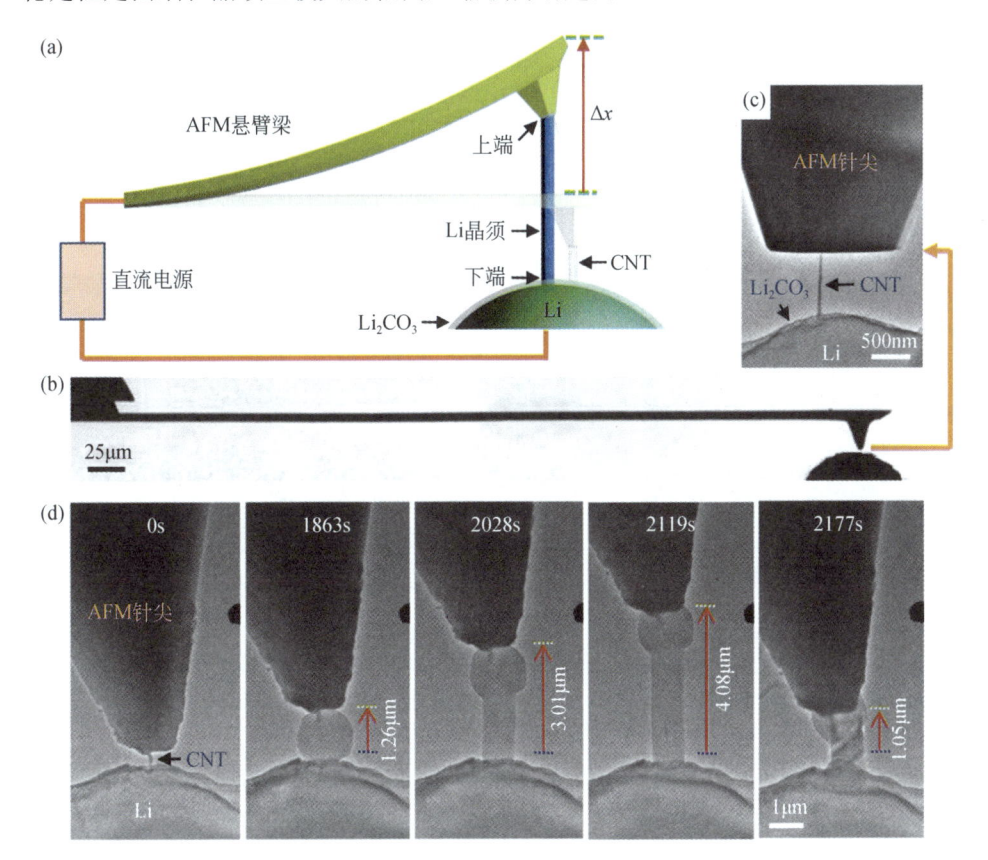

图 5.15 （a）原位 AFM-ETEM 表征装置示意图，（b）AFM 探针接近金属锂和（c）附有碳纳米管的 AFM 探针的 TEM 图像，（d）锂枝晶晶须生长过程的原位 TEM 图像[78]

利用扫描探针技术，以及将该技术与 EIS、TEM 等手段联用的方法研究金属锂负极表面电化学过程，为 SEI 的成核和生长、锂沉积和溶解以及枝晶的生长等电化学过程提供了系统而深入的见解，丰富了对电池界面形貌、力学性质、电化学性能及其与电池性能的构效关系的认识和理解。在此基础上，进一步从设计高质量界面层和均匀化锂沉积/溶解过程的角度优化电极结构、电解质组成和界面构筑方式，对提高电池循环性能和安全性能具有重要的意义。

5.2.4 正极过程

层状 LiCoO$_2$ 材料是锂离子电池体系中应用最广泛的正极材料之一,了解其 CEI 的界面演变和特性对于电池性能至关重要。通过使用 ECAFM,Lu 等[79]成功地研究了在 LiCoO$_2$ 晶体的基面和边缘处 CEI 形成的动态过程。由于 Li$^+$ 嵌入/脱出的过程高度依赖于晶体的取向,因此在 LiCoO$_2$ 晶体的基面处没有观察到明显的 CEI,如图 5.16(a)～(d)所示。而在 LiCoO$_2$ 晶体的边缘处,在高电压条件下可以观测到具有松散纤维结构的 CEI。由于该 CEI 的稳定性较差,其在低电压下便会分解 [图 5.16(e)～(h)]。这些结果表明调控正极表面成分对提高 LiCoO$_2$ 的稳定性具有重要意义。

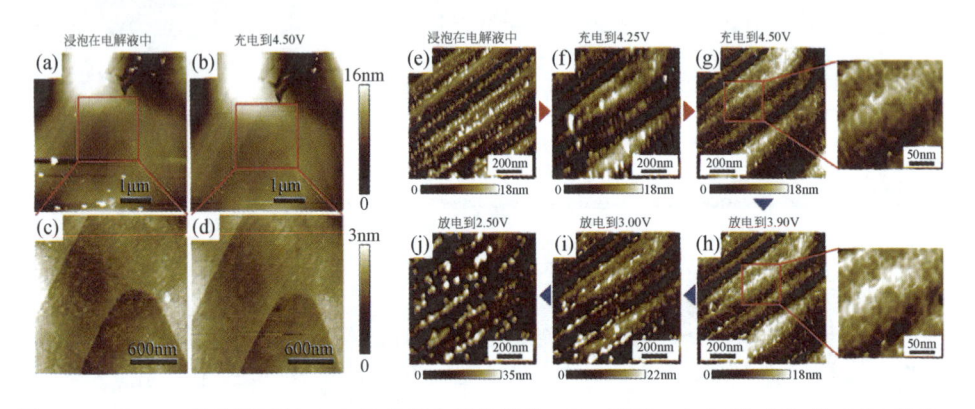

图 5.16 LiCoO$_2$ 晶体基面处 CEI 形成和分解的原位 AFM 图像:(a)和(c)为 OCP 状态,(b)和(d)为充电至 4.50V 后的电极表面状态。LiCoO$_2$ 晶体边缘处 CEI 形成和分解的原位 AFM 图像:(e)浸入电解液中,(f)充电至 4.25V,(g)充电至 4.50V,(h)放电至 3.90V,(i)放电至 3.00V,(j)放电至 2.50V [79]

原位 ECAFM 已被广泛地用于实时监测正极晶体表面的动态成像[80,81],Bi 等[80]在充放电过程中,通过原位 ECAFM 研究了约 3mm 大小的 LiNi$_{0.76}$Mn$_{0.14}$Co$_{0.1}$O$_2$(NMC76)单晶的结构演化规律。在充电过程中,从 OCP 到 4.50V(相对于 Li$^+$/Li)的过程中,在晶体结构的侧面观察到纳米级裂纹结构的产生与形成,而这些裂纹在放电过程中消失。此外,由于极化过程中相邻层之间的滑移,因而在侧面出现宽的滑移台阶。充电至 4.20V,在晶体的侧面可以观察到更宽的滑移台阶,到 4.50V 时,滑移台阶更多、更宽(约 85nm)。当电池电位降低到 4.19V 时,滑移台阶的宽度减小,表明原子层恢复到原来的位置。微米级单晶正极提供了一个清晰的平台来观察晶格滑移所引起的机械退化。以上实验结果也进一步表明了 ECAFM 在探究正极结构演化方面独特的优势。

5.3 锂硫电池正极-电解液界面转化反应过程

锂离子电池在过去的几十年里给便携式电子设备和电动汽车等领域带来了巨大的变化，然而其受限的能量密度已经越来越难满足当前迅速发展的社会需求。开发高能量密度的新型电池成为目前电池领域研究的热点。与锂离子电池的嵌入-脱出机理不同，锂硫电池以硫为正极，金属锂为负极，通过多电子转移的转化反应进行，平均电压为2.1V，具有1672mA·h·g^{-1}的超高理论比容量和2600W·h·kg^{-1}的理论能量密度，几乎比锂离子电池高了一个数量级，展现出广阔的应用前景。此外，硫元素在自然界中储量丰富、成本低廉和环境友好[11]。

基于硫单质和金属锂之间的电化学转化反应，锂硫电池能够实现化学能和电能之间的转化。如图5.17，锂硫电池充放电总反应式为：

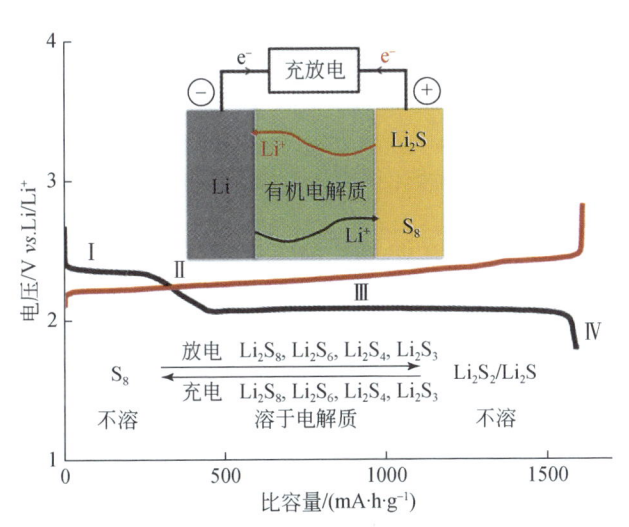

$$S_8 + 16Li \rightleftharpoons 8Li_2S \tag{5-1}$$

图5.17 典型的锂硫电池充放电曲线示意图[82]

在锂硫的电化学放电过程中，主要有两个放电平台，转化机理可以概括为两个过程，即从硫到多硫化物的固液还原，然后是液-固 Li_2S 沉积[82]。在考虑具有代表性的多硫化物物种时，这两个过程可以进一步分为四个阶段：

（1）从 S_8 到可溶性长链 Li_2S_8 的固液两相还原过程：

$$S_8(s) + 2Li^+ + 2e^- \longrightarrow Li_2S_8(l) \tag{5-2}$$

（2）Li_2S_8 到可溶性短链 Li_2S_4 的两步还原过程，涉及液-液单相反应：

$$3Li_2S_8(l) + 2Li^+ + 2e^- \longrightarrow 4Li_2S_6(l) \tag{5-3}$$

$$2Li_2S_6(l) + 2Li^+ + 2e^- \longrightarrow 3Li_2S_4(l) \tag{5-4}$$

（3）可溶性 Li_2S_4 在约 2.1V 的较长低电压平台处还原为不溶的 Li_2S_2 和 Li_2S：

$$Li_2S_4(l) + 2Li^+ + 2e^- \longrightarrow 2Li_2S_2(s) \tag{5-5}$$

$$Li_2S_4(l) + 6Li^+ + 6e^- \longrightarrow 4Li_2S(s) \tag{5-6}$$

（4）Li_2S_2 进一步还原为 Li_2S 的固-固转换反应：

$$Li_2S_2(s) + 2Li^+ + 2e^- \longrightarrow 2Li_2S(s) \tag{5-7}$$

然而，电极-电解质界面，特别是正极-电解液界面的电化学不稳定，阻碍着锂硫电池的商业化。如图 5.18，对于硫正极过程，主要面临着以下挑战：①硫和硫化物的固有绝缘性和缓慢的氧化还原动力学问题。在液态锂硫电池体系中，由于 Li_2S_2 和 Li_2S 等电子/离子绝缘的不溶性物质生成，正极表面逐渐形成一层不利于电子/离子输运的钝化层，导致放电反应提前结束，电池容量受到限制。此外，Li_2S 在充电过程中分解的活化能较高，导致氧化动力学缓慢。②多硫化物的穿梭效应。在正极和电解质形成固液界面的情况下，高可溶性的多硫化物会在浓度梯度的驱动下扩散到负极侧，与金属锂发生不可逆的副反应。同时，剩余多硫化物被还原为短链多硫化物，随后在充电过程中穿梭回正极侧进行再氧化。多硫化物的穿梭效应导致活性硫含量降低和低库仑效率。③正极结构的不稳定性。室温下 α-S_8 晶态的硫和放电最终产物 Li_2S 的密度分别为 2.07g·cm^{-3} 和 1.66g·cm^{-3}，这会导致电池在充放电循环中产生约 80%的体积变化，进而使电极结构破坏，影响循环性能[83]。

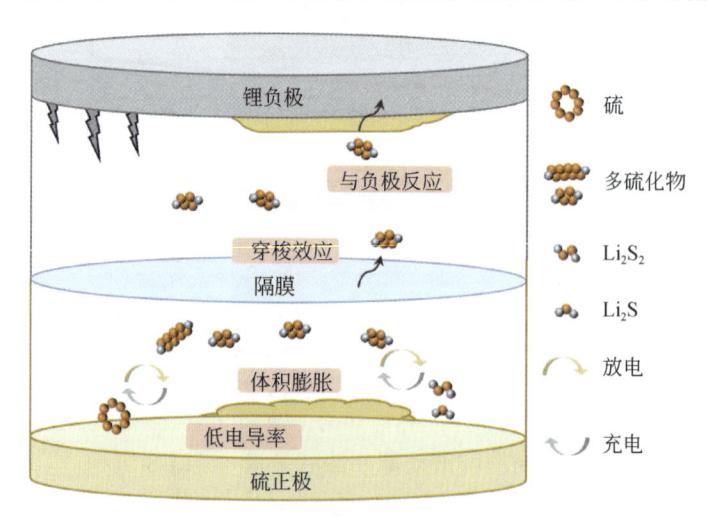

图 5.18 锂硫电池存在的界面问题示意图

研究锂硫电池的基本反应机制对于解决上述问题，并进一步提高电池的整体性能至关重要。在过去的几十年里，先进表征技术的发展促进了对锂硫电池机理的理解，为研究人员的优化策略提供了可靠的理论依据。目前 ECSPM 技术已经有效地推进了锂硫电池循环过程中正极-电解液界面反应机制研究，在组分的微观结构与宏观电化学性能之间建立了桥梁，为锂硫电池的优化设计提供了更科学的指导[84]。

5.3.1 正极转化反应过程

与锂离子电池的插层反应不同，锂硫电池中的正极转化反应过程非常复杂。通常，硫和硫化锂的转化不是一步反应，而是涉及一个非常复杂的多电子反应，并且在反应过程中会产生多硫化物中间体。因此，通过先进表征手段深入地了解锂硫电池正极转化过程中的反应机制，对于推动锂硫电池的商业化发展非常重要。

直到 21 世纪初，SPM 技术主要用来表征锂硫电池正负极形貌并测量其尺寸大小，这些参数在电池的整体电化学性能中起着重要作用[85]。SPM 不仅可以研究材料表面的形貌及其在循环过程中的演化过程，还可以得到材料其他性质的演变规律，如电子和离子电导率。Cañas 等用导电原子力显微镜研究了硫正极的电导率，并结合 X 射线衍射（XRD）及电化学阻抗谱（EIS）等技术，证实了锂硫电池循环后正极界面会形成绝缘层，导致正极界面电阻变大[86]。同样地，Elazari 等也利用 AFM 研究了锂硫软包电池不同循环阶段下硫正极形貌和电导率的变化[87]。

Hiesgen 等通过 AFM 对不同方法制备的硫正极样品进行了纳米级形貌、电化学和力学等方面的比较。如图 5.19，实验同时得到了悬浮喷涂的聚偏二氟乙烯正极（SC-PVDF）的形貌、形变、黏附力、DMT 模量、峰值力隧道电流和峰值力定量纳米力学等信息，通过这些信息可以区分正极表面的不同物质，为正极材料的

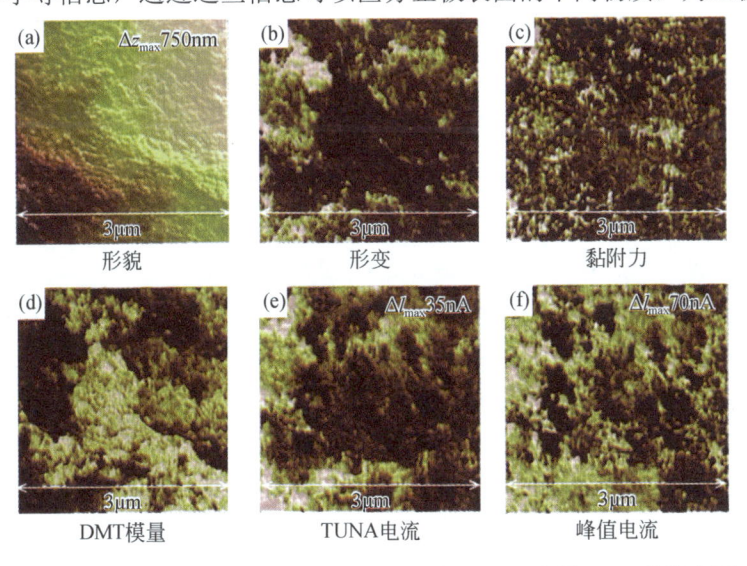

图 5.19 SC-PVDF 样品循环前的 AFM 图。(a) 形貌图，(b) 形变图，(c) 黏附力图，(d) DMT 模量图，(e) TUNA 电流图，(f) 峰值电流图（颜色越亮，数值越高）[88]

设计和优化提供理论指导。SC-PVDF 正极材料表面的大部分区域表现出高 DMT 模量 [图 5.19（d）]，说明该处是相对硬/具有弹性的材料（较亮的颜色表示具有较高模量的区域），同时表现出较低的形变。可以观察到，在表面中模量较低的区域黏附力较高。在图 5.19（e）中 TUNA 电流图的中心电流密度较低，而相应的模量特别高，形变相对较小。而由于硫的绝缘性，高硫含量的区域表现出低电流密度，因此说明扫描的区域材料分布不均匀，在中心有一个富硫区域[88]。

非原位和半原位的测试表征方法很难反映电池真实环境下的电化学过程，原位表征手段能够避免烦琐的后处理过程，实时地观察同一界面位置的电化学行为，直观地给出电池充放电过程中的真实演化情况。如图 5.20，Lang 等利用原位电化学 AFM，在 HOPG 电极和多硫化物电解液界面观察到了不溶性 Li_2S_2 和 Li_2S 的产生[89]。颗粒状 Li_2S_2 在放电早期沉积并逐渐聚集 [图 5.20（c）]，随放电深入，片层 Li_2S 产生并迅速沉积 [图 5.20（f）]，覆盖下层 Li_2S_2。在充电过程中，Li_2S 溶解，但 Li_2S_2 仍会残留在 HOPG 表面 [图 5.20（l）]，并随循环次数增多聚集，认为是性能衰减的主要原因。

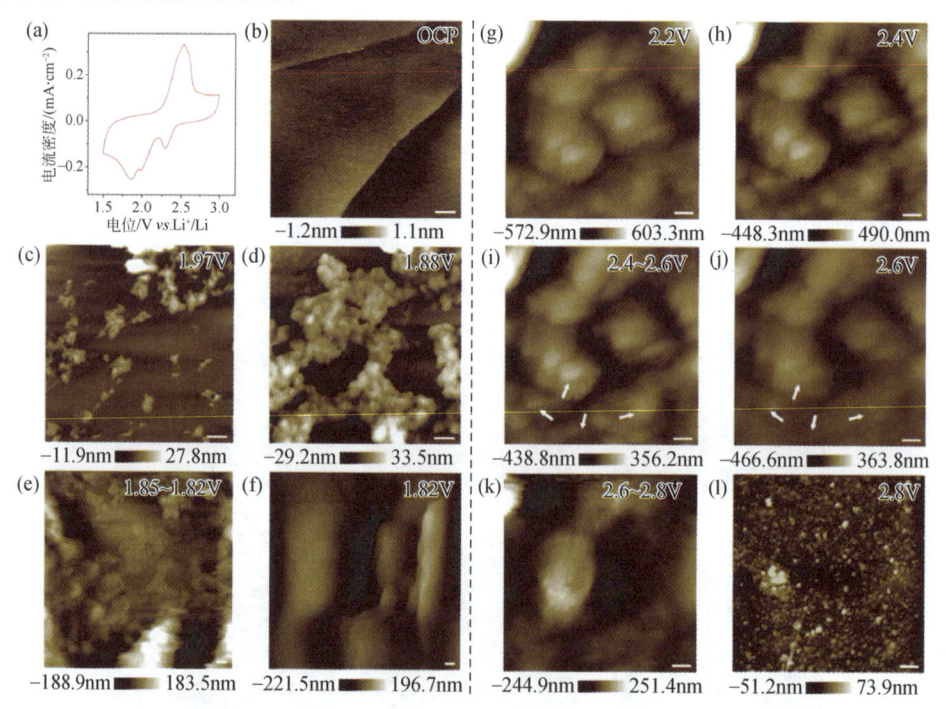

图 5.20 Li/PS 电池首圈充放电过程的原位 AFM 研究。(a) Li/PS 电池的首圈循环伏安曲线，扫速为 $1mV·s^{-1}$；(b) 开路电压；电位负移至 (c) 1.97V，(d) 1.88V，(e) 1.85~1.82V，(f) 1.82V 的原位 AFM 图；电位正移至 (g) 2.2V，(h) 2.4V，(i) 2.4~2.6V，(j) 2.6V，(k) 2.6~2.8V，(l) 2.8V 的原位 AFM 图[89]

图中比例尺均为 100nm

扫描电化学显微术（SECM）作为一种非接触式无损检测技术，具有多种工作模式，且根据探针超微电极尺寸的不同，可以实现微米级至纳米级的超高空间分辨率。如图 5.21，Mahankali 等使用 AFM-SECM 在纳米尺度下原位研究了锂硫电池正极表面 Li_2S/Li_2S_2 在氧化过程中形貌与其电化学活性的相互依赖关系[90]。图 5.22 描述了在氧化过程中，Li_2S/Li_2S_2 在碳基底表面不同氧化电位下的高度、电流和相位图像。如图 5.22（a），为了避免相邻粒子之间的反应对尖端电流的影响，选取了单个 Li_2S/Li_2S_2 粒子进行研究。在 2.5V 电位下，不溶性硫化物 Li_2S/Li_2S_2 的高度和体积相比第一列氧化前的状态都有所下降，这是由于它们被氧化为可溶性的 Li_2S_6。然而，在这个电位下粒子上的尖端电流更高，这一观察结果与控制实验相似。有趣的是，Li_2S/Li_2S_2 在 2.6V 时高度增加，在 2.7V 时的高度进一步增加，表明颗粒在较高的氧化电位下会生长。同时，2.6V 下的电流图说明粒子的尖端电流开始下降，在 2.7V 时进一步减少[见图 5.22（g），（h）中的黑色虚线圆圈]，而基底其他区域的电流保持不变。为了进一步分析 Li_2S/Li_2S_2 粒子的尖端电流的不均匀性，对比了相位图，证明了电流图中粒子的导电部分和绝缘部分可以分别对应于 Li_2S_2 和 Li_2S。因此，在充电电位下，Li_2S_2 容易被氧化，产生中间的多硫化物，而部分电化学不可逆的 Li_2S 仍残留在电极界面。这与之前提出的锂硫电池中可能的 Li_2S 氧化机制预测结果一致：短链多硫化物氧化产生的高阶多硫化物与 Li_2S 发生化学/电化学反应直至其完全转化。

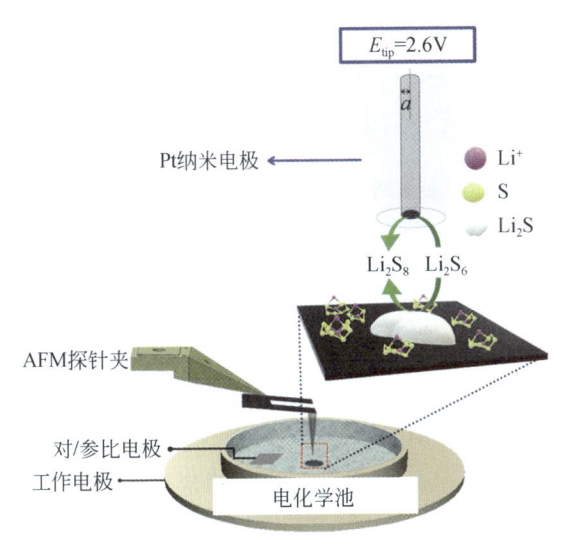

图 5.21 AFM-SECM 电化学池的示意图[90]

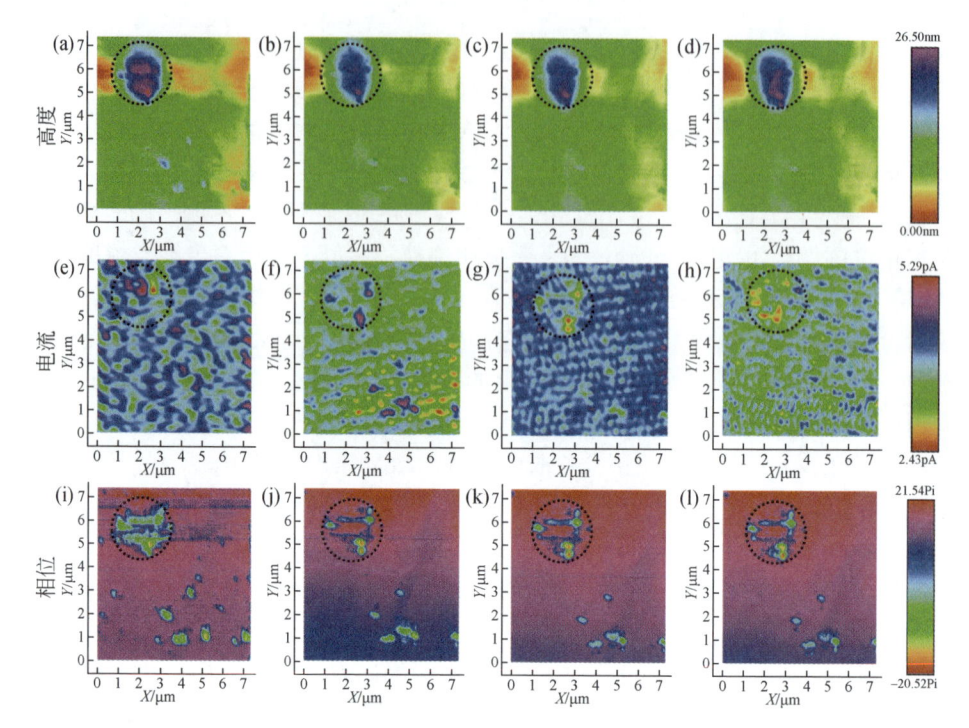

图 5.22 在氧化过程中，Li_2S/Li_2S_2 在碳表面的 AFM-SECM 图：高度图（第一行）、电流图（第二行）和相位图（第三行）；（a），（e），（i）第一列是 Li_2S/Li_2S_2 在玻碳电极表面恒流沉积后的图像；第二、第三和第四列图像分别对应（b），（f），（j）2.5V；（c），（g），（k）2.6V 和（d），（h），（l）2.7V（相对于 Li/Li^+）下 Li_2S 的氧化；E_{tip}=2.6V[90]

5.3.2 界面优化和调控机制

作为一类典型的锂金属电池，锂硫电池中电极-电解液界面的稳定及修饰一直是研究重点，目前已经提出了包括开发理想硫宿主材料[91, 92]、调整电解质组成[93, 94]和在电极上形成保护涂层[95, 96]等各种稳定界面的策略。要推动锂硫电化学反应界面改善策略的稳步发展，需要提高对电极-电解液界面化学及电化学反应的基本认识和理解，进一步探索电解质中多硫化物的物种组成和形成机理，这对于实现高硫利用率和长循环电池寿命至关重要。

Lang 等采用原位 ECAFM，在纳米尺度下探究高温效应（60℃）[97]和锂盐[24]的作用，发现其可以影响正极-电解质界面上硫化物的形成。如图 5.23，在 LiFSI 盐电解质中，观察到相比于室温，在 60℃的高温下，放电过程中球形 Li_2S 成核之后会生长一层无定形保护膜 [见图 5.23（d）]，这主要是由于 LiFSI 的高温分解所导致，经对比实验和理论模拟，认为该层纳米网络结构可以通过物理限域以及化学吸附双重作用捕获电解液中多硫化物，抑制多硫化物穿梭效应，防止两电极上副反应的发生，增强锂硫电化学反应性能，提高循环过程中氧化可逆性以及电极电导。如图 5.24，还观察了混合锂盐 LiTFSI-LiFSI 基电解液中 HOPG/Li$_2$S$_8$ 界面硫化物在充放电过程中的形貌演变和动力学过程，发现界面产物 Li$_2$S 以片层和球状两种形貌沉积。结合理论计算，发现锂盐对于界面 Li$_2$S 沉积形貌和结构具有直接的调控作用。在分解过程中，Li$_2$S⟨200⟩方向主导了其分解的路径和行为，也直接影响了电池在不同电解液体系中的循环性能。

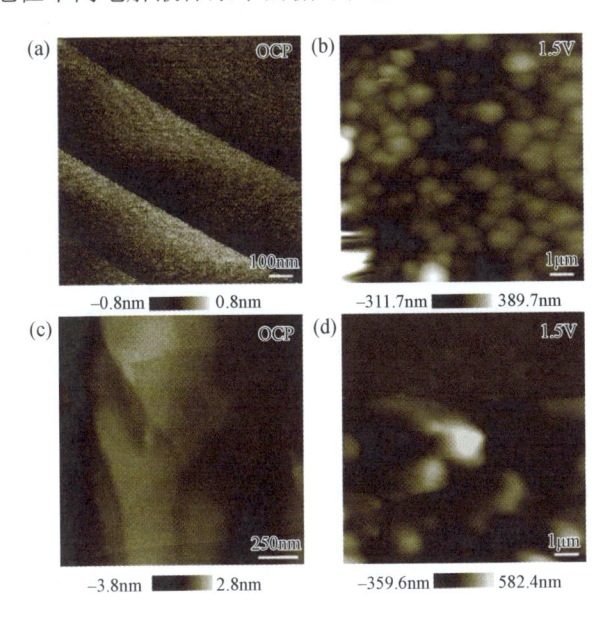

图 5.23　LiFSI 盐 Li-PS 电池在（a），（b）室温和（c），（d）60℃下开路电位和放电至 1.5V 的原位 AFM 研究[97]

在实际商用的锂硫电池中，贫电解质条件（较低的电解质溶液与硫用量比）对于实现高能量密度至关重要。然而，使用贫电解质时活性物质的浸润性会变差，离子输运困难，最终导致硫正极反应动力学变得极其迟缓。Wang 等提出了一种基于离子液体的阳离子与多硫化物阴离子之间的静电引力的设计策略，以促进贫电解质条件下的反应，并通过扫描开尔文探针显微术（SKPFM）和密度泛函理论（DFT）计算得到验证。根据 zeta 电位测试的静电性能数据，提出哌啶基离子液体接枝碳纳米纤维（CNF-PP）具有较高的表面电势，并通过 SKPFM 观察表面电势的空间分布，证明了带正电荷的 CNF-PP 可以提供非接触库仑力来吸附多硫化物，加速物质的输运，从而提高反应动力学。这项工作为静电设计提供了合理的指导，并为贫电解质锂硫电池的开发提供了新的策略[98]。

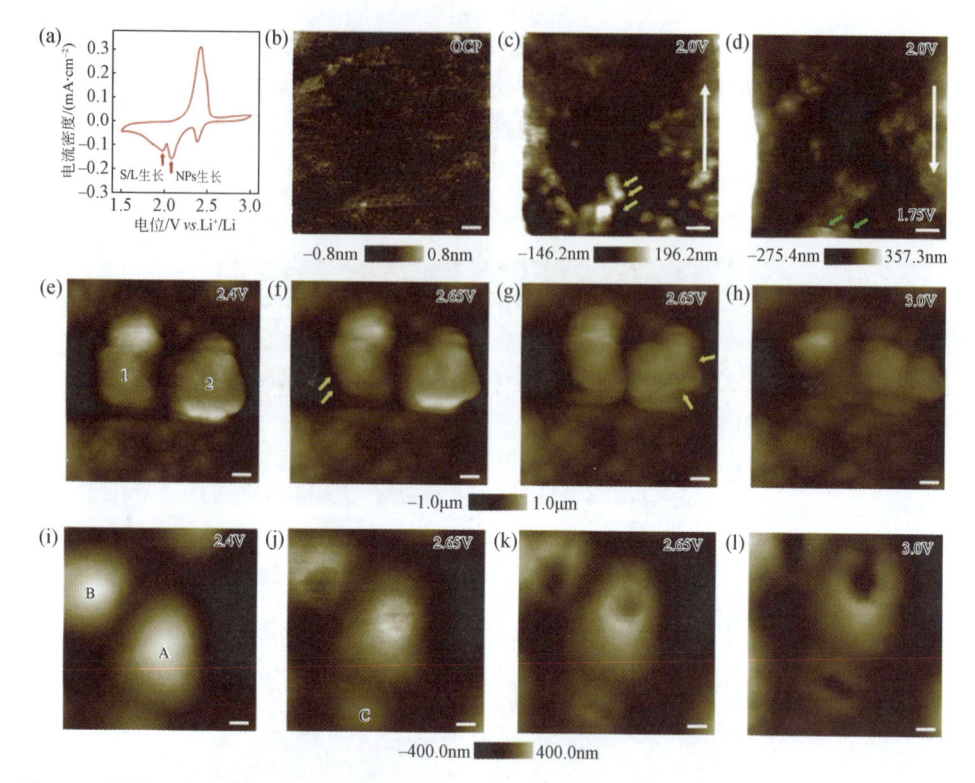

图 5.24 原位 AFM 观察 Li/PS 电池界面硫化物沉积与溶解。(a) LiTFSI-LiFSI 电解液中 Li-PS 电池循环伏安测试曲线，扫描速度为 1mV·s^{-1}，图中 S/L 表示球状和片层产物；(b)～(d) 放电不同阶段 Li-PS 电池 HOPG/电解液界面 AFM 形貌图；(e)～(h) 片层 Li$_2$S 和 (i)～(l) 球状 Li$_2$S 在不同充电状态中的 AFM 形貌图像

图 (b), (c)～(d), (e)～(h), (i)～(l) 的比例尺分别为 50nm, 1μm, 1.5μm 和 500nm[24]

5.3.3 催化电极界面研究

加速硫氧化还原的转化动力学是实现硫正极充分利用的重要途径。催化材料可以促进电荷转移并降低硫正极的反应能垒，在改善硫还原动力学方面显示出巨大优势。近年来，研究者通过在正极或隔膜上加入电催化剂，发现锂硫电池的正极反应动力学明显提升，并且穿梭效应也能得以抑制。继首次证明铂有助于短链多硫化物向长链多硫化物的转化后，其他金属，包括镍、钴、钌、铱、铁和钼，也被发现具有电催化作用。类似地，黑磷和碳材料中掺杂的氮、硫和硼在多硫化物的转化中也表现出电催化作用。此外，过渡金属复合物，如硫化物、氮化物、磷化物、碳化物和异质结构对正极反应的电催化作用也能提升电池的比容量，并抑制多硫化物的穿梭[99]。

尽管电催化材料的应用取得了重大进展，但由于复杂的多步电子转移反应，其潜在的转化机制仍然不清晰，对于多硫化物的吸附和电催化转化路径等细节还有待于进一步探究。开发先进的表征技术准确分析硫还原过程中硫物质的结构演变和催化剂活性，从而深入了解硫还原转化机制，对锂硫电池的发展至关重要。

由单分散金属原子组成的单原子金属催化剂（SACs）具有理论上100%的原子利用效率，较传统块状或纳米颗粒催化剂具有更高的活性，已被引入锂硫电池以提升电化学性能。Zhang 等在 N 掺杂碳基底（NC）上负载了新型单原子铌（Nb-SACs）催化剂，固定多硫化物与提高催化性能[100]。如图 5.25(a)~(c)，基于 Nb-SAs@NC 的锂硫电池展现出更低的过电位、更强的电流响应、优异的循环性能和倍率性能。为了说明负载催化剂对锂负极的保护作用，对使用 S@Nb-SAs@NC 和 S@NC 正极

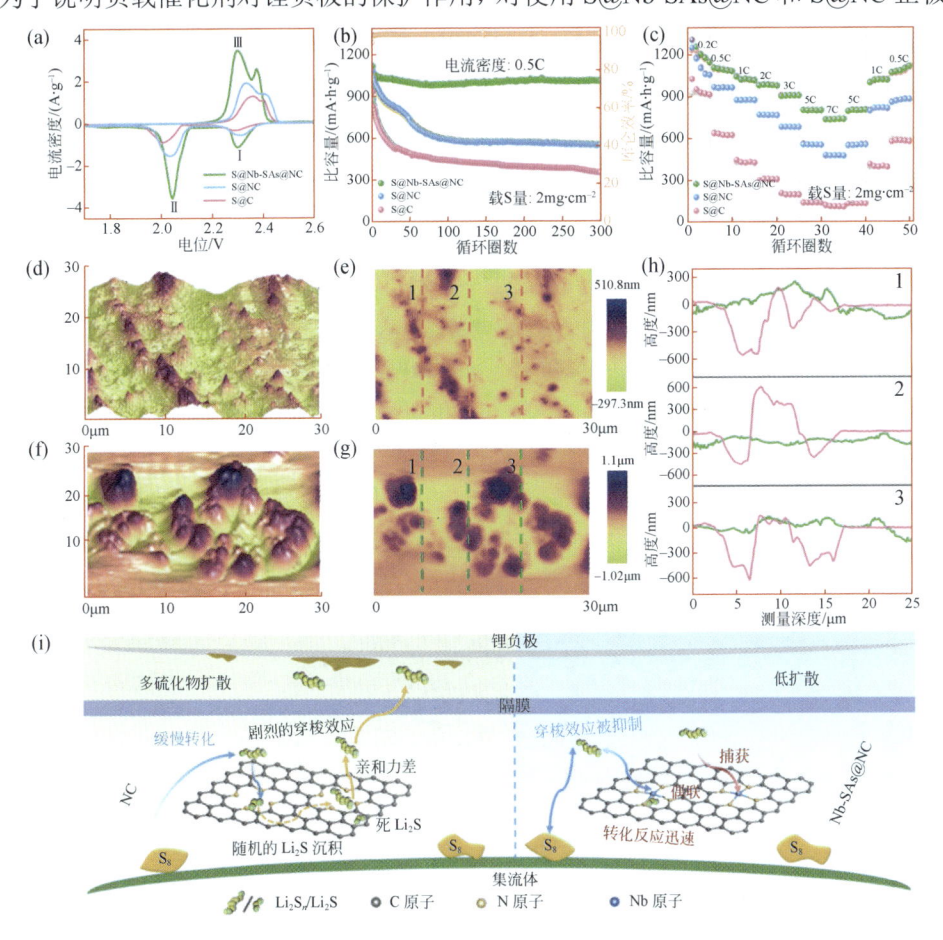

图 5.25 锂硫电池 S@Nb-SAs@NC 催化正极研究。使用 S@C，S@NC，S@Nb-SAs@NC 正极的锂硫电池（a）循环伏安曲线，（b）循环性能曲线，（c）倍率性能曲线；使用（d），（e）S@Nb-SAs@NC 和（f），（g）S@NC 正极的锂硫电池中的锂负极的 AFM 高度图；（h）是与（e）和（g）图像中红色和绿色虚线对应的测量位置的高度图；（i）NC（左）和 Nb-SAs@NC（右）正极上的"捕获-偶联-转化"机理示意图[100]

的锂硫电池中循环后的锂负极进行了 AFM 表征，S@Nb-SAs@NC 电池的锂负极表面平坦致密［图 5.25（d）～（e）］，而 S@NC 电池的锂负极表面粗糙［图 5.25（f）～（g）］，结合 XPS 等数据，说明基于"捕获-偶联-转化"机制 Nb-SAs@NC 可以有效增强多硫化物的可逆转化，进而抑制穿梭效应［图 5.25（i）］。

对隔膜进行功能化设计是提高锂硫电池性能可行且简单的方法之一，目前已有许多新型功能隔膜在实际电池应用中显示出了巨大的潜力。如图 5.26，Shen 等在聚丙烯（PP）隔膜上制造了负载钴酞菁（CoPc）的超薄轻质氧化石墨烯（GO）层，通过 AFM 表征了制备的新型隔膜的形貌，发现 CoPc 均匀分散在 GO 片上［图 5.26（b）～（c）］。带有 CoPc@GO-PP 隔膜的电池相比常用的 PP 隔膜表现出更低的过电位和良好的循环稳定性，在 0.5C 循环 250 圈后具有 919mA·h·g^{-1} 的高比容量[101]。

锂硫电池的界面反应特性及演变过程是决定其性能和寿命的关键因素。Li 团队通过 SECM 氧化还原电流的响应来进一步证明其合成的由 Fe、Co、Ni、Mn、Zn 五种元素组成的纳米高熵合金（HEAs）在锂硫电池多相转化过程中的催化效果[102]。在放电过程中，由可溶性 Li$_2$S$_4$ 向不溶性 Li$_2$S$_2$ 的转化被认为是最缓慢的步骤。添加纳米 HEAs 表现出较低的塔费尔斜率和较高的交换电流密度，并且 SECM 表明纳米 HEAs 负载的碳整体表现出较大的电流响应，添加纳米 HEAs 的电流密度值是对照样品的两倍，证明了纳米 HEAs 能够加速氧化还原动力学，表现出良好的催化作用。

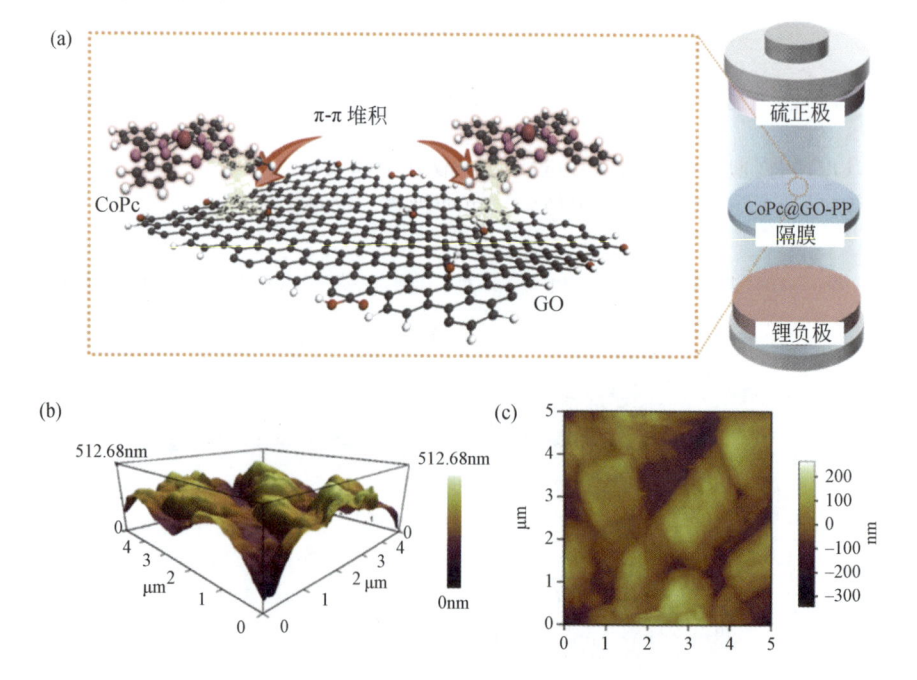

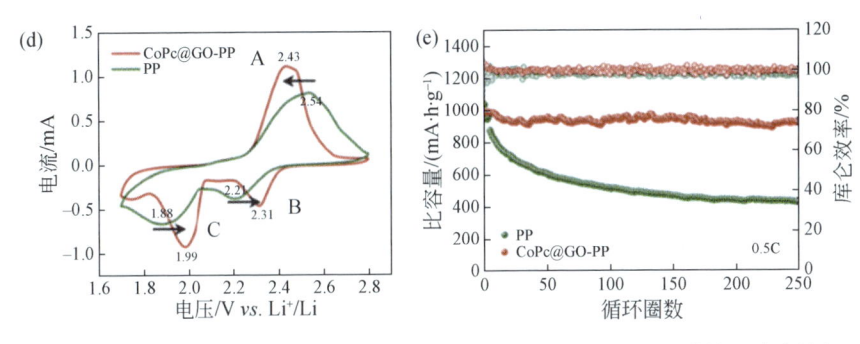

图 5.26 锂硫电池 CoPc@GO-PP 隔膜研究。(a) 使用 CoPc@GO-PP 隔膜的锂硫电池机理示意图；(b)，(c) CoPc@GO-PP 隔膜的 AFM 图；使用 CoPc@GO-PP 隔膜和 PP 隔膜的锂硫电池的 (d) 循环伏安曲线图和 (e) 0.5C 下的循环性能图[101]

5.4 锂氧电池正极-电解液界面电化学过程

以氧气为正极活性物质，以金属锂为负极的 Li-O$_2$ 电池因具有超高的理论能量密度而受到广泛关注[12, 103-106]。Li-O$_2$ 电池的运行是基于氧气在正极表面上的可逆还原与析出以及金属锂在锂负极处的可逆溶解与沉积（图 5.27）。若不考虑参与电极反应的氧气质量，Li-O$_2$ 电池的能量密度可达 11430W·h/kg，与化石燃料相当，因此 Li-O$_2$ 电池被认为是电动汽车的终极电池。然而 Li-O$_2$ 电池的发展至今仍面临着诸多挑战。首先，Li-O$_2$ 电极反应所需活化能高，电极反应动力学缓慢。其次，放电产物 Li$_2$O$_2$ 的离子、电子导电性差且不溶于有机电解液体系，Li$_2$O$_2$ 在氧正极的堆积阻塞 O$_2$ 的传输通道，界面电化学反应难以持续进行。此外，氧气还原中间体 O$_2^-$ 具有强反应活性，O$_2^-$ 进攻电解液分子以及电极，产生大量反应副产物。这些原因导致 Li-O$_2$ 电池的过电位大、可逆性差、循环效率低，阻碍了 Li-O$_2$ 电池的发展。

Li-O$_2$ 电池在充放电过程中涉及固-液-气多相界面反应，并同时涉及多步复杂物理（电）化学过程，包括离子扩散、电子转移、放电产物的生成/分解、锂负极表面 SEI 的形成与演化等。这些复杂的电极界面反应过程与电池性能直接相关，因此充分理解电极界面反应机理是实现 Li-O$_2$ 电池实际应用的关键科学基础之一。借助于先进的原位表征技术，例如原位表面增强拉曼（SERS）、原位 X 射线光电子能谱、原位电化学微分质谱等，研究人员对 Li-O$_2$ 电池充放电过程中反应活性中间物种的转化、反应产物化学价态的改变、界面副产物归属等方面已经有了较为深入的认识[107, 19]。将 AFM 与电化学反应装置相耦合，可以实现 Li-O$_2$ 电池中电极-电解液界面反应过程的实时追踪，为理解 Li-O$_2$ 界面反应机制提供纳米级可视化依据。目前，针对氧气正极转化反应过程电池中的界面反应问题，研究人员利用 AFM 直接追踪氧正极表面放电产物的形貌、尺寸、沉积/分解行为、氧化还原动力学等对电池的循环、倍率、寿命等性能的影响规律，在阐明界面反应与 Li-O$_2$ 电池性能之间的相关性方面取得了突出进展。

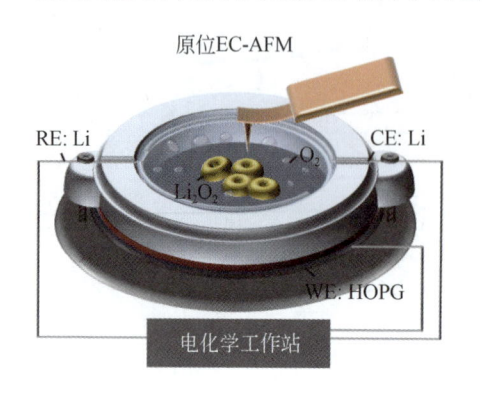

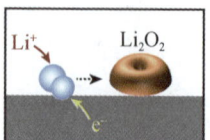

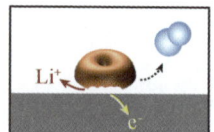

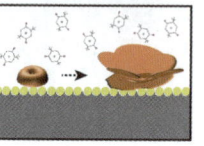

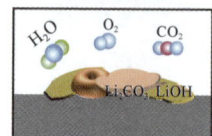

图 5.27 Li-O$_2$ 模型电池[108]及部分电极/电解液界面反应示意图

5.4.1 氧气正极转化反应过程

与传统锂离子电池不同，Li-O$_2$ 电池的正极并不直接与锂离子发生脱嵌反应，而是生成、储存和分解固体放电产物的场所。在放电过程中，氧气首先经过一电子还原反应生成中间体超氧化锂（LiO$_2$）[反应式（5-8）][109, 110]。一般认为 LiO$_2$ 可以通过表面路径或溶液路径生成 Li$_2$O$_2$。表面路径是指在低给体数（DN）电解液中，LiO$_2$ 倾向于吸附在电极表面，并经过进一步的一电子还原反应[反应式（5-9）]生成 Li$_2$O$_2$。受限于 Li$_2$O$_2$ 较差的离子、电子导电率，由表面路径生成的 Li$_2$O$_2$ 通常呈厚度<10nm 的薄膜状结构。溶液路径是指在高 DN 值电解液中，LiO$_2$ 易扩散到有机电解液中，并经过化学歧化反应[反应式（5-10）]生成 Li$_2$O$_2$。在溶液生长路径中 LiO$_2$ 的还原无需电子，因此还原产物 Li$_2$O$_2$ 具有较大的尺寸结构，电池表现出更大的放电容量[111, 112]。在充电过程中，相比较于大尺寸的 Li$_2$O$_2$，薄膜状 Li$_2$O$_2$ 与电极贴合更为紧密，因此薄膜状 Li$_2$O$_2$ 能够在更小的氧化过电位下分解、释放出氧气[反应式（5-11）][113-116]。

$$Li^+ + O_2 + e^- \longrightarrow LiO_2 \quad (5\text{-}8)$$

$$LiO_2 + Li^+ + e^- \longrightarrow Li_2O_2 \quad (5\text{-}9)$$

$$2LiO_2 \longrightarrow Li_2O_2 + O_2 \quad (5\text{-}10)$$

$$Li_2O_2 \longrightarrow 2Li^+ + 2e^- + O_2 \quad (5\text{-}11)$$

电极界面上放电产物的形貌、尺寸、生长/分解行为、反应速率等直接与电池的过电位、循环效率等性能相关，因此在微观层次揭示充放电过程中正极-电解液界面结构演化有助于构建界面结构与电池性能的相关性。基于此，研究人员利用原位 AFM 将 Li-O$_2$ 电池界面产物成核、生长、分解过程可视化，探讨了放电产物的成核位点分布、优势生长/分解界面、生长/分解动力学等问题，揭示了不同电解液体系中 Li-O$_2$ 界面反应微观机制。例如，Wen 等利用原位 ECAFM 研究了四乙二醇二甲醚（TEGDME）基电解液（低 DN 值电解液）中膜状 Li$_2$O$_2$ 在 HOPG 上的生成与分解过程，首次在纳米尺度上实现了 Li-O$_2$ 电池中正极-电解液界面反应过程可视化。原位实验发现，在电池放电过程中，纳米颗粒先在 HOPG 表面台阶边缘处形成，随后快速生长成为片层状结构，最后演化成为厚度为~5nm 的 Li$_2$O$_2$ 薄膜 [图 5.28（a）~（d）]。在充电过程中，膜状 Li$_2$O$_2$ 的分解电位与其厚度有关，较厚的膜需要在更高的氧化过电位下分解[117]。Hong 等进一步研究了膜状 Li$_2$O$_2$ 的氧化分解过程。研究发现在较低的充电电位 3.2~3.7V（vs. Li/Li$^+$）下，膜状 Li$_2$O$_2$ 中较薄的部分先分解，该过程伴随氧气与超氧化物的溢出。充电至更高电压时，较厚的膜从其边缘处开始分解，之后沿横向方向进行，表明膜状 Li$_2$O$_2$ 的侧壁更利于离子、电子传输 [图 5.28（e）~（h）][118]。

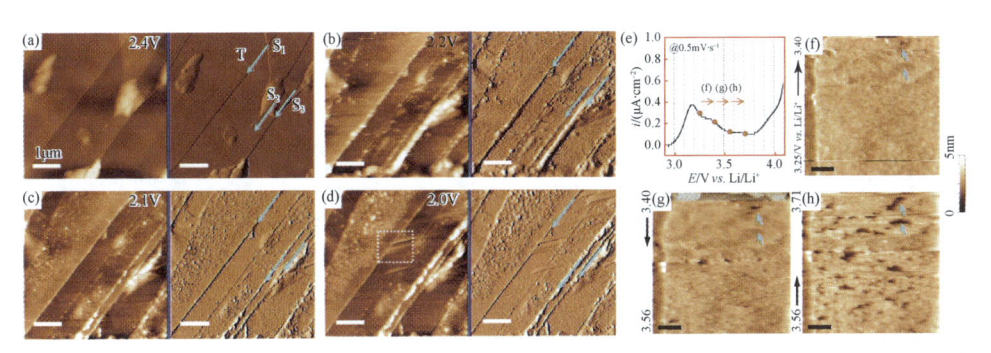

图 5.28 （a）~（d）TEG-基电解液体系（0.5M LiTFSI/TEGDME）中薄膜状 Li$_2$O$_2$ 在 HOPG 电极表面沉积过程的原位 AFM 图像，比例尺为 1μm；（e）Li-O$_2$ 电池充电曲线。扫速为 0.5mV/s，电解液为 0.5M LiTFSI/TEGDME[117]；（f）~（h）薄膜状 Li$_2$O$_2$ 在 HOPG 电极表面分解过程的原位 AFM 图像，比例尺为 500nm，黑色箭头指示 AFM 扫描方向[118]

Shen 等利用原位 ECAFM 观察了二甲基亚砜（DMSO）基电解液（高 DN 值电解液）中 Li$_2$O$_2$ 在 HOPG 表面的成核、生长和氧化过程。作者发现，随放电进行，HOPG 表面有纳米颗粒沉积，然后形成直径为 300~400nm、厚度约为 100nm 的环形结构 Li$_2$O$_2$。AFM 图像显示，环形 Li$_2$O$_2$ 是由厚度为~10nm 的纳米片螺旋排列而成 [图 5.29（a）~（d）]。充电过程中，CV 曲线显示 3.60V 时已开始出现阳极峰，而在原位 AFM 观察中，直至 3.82V 环状 Li$_2$O$_2$ 仍未发生明显分解。充电后期，观察到 Li$_2$O$_2$ 突然从电极表面消失。作者认为此时环形 Li$_2$O$_2$ 的分解主要为自下而上的方式，当底层 Li$_2$O$_2$ 完全分解后，上部分 Li$_2$O$_2$ 直接从电极表面脱附，造成不可逆的容量衰减 [图 5.29（e）~（h）]。该课题组进一步探究了充电速率对环形 Li$_2$O$_2$ 氧化分解过程的影响机制。研究发现在较小充电速率（0.5μA·cm^{-2}）

下，充电过程中环形 Li_2O_2 上表面的纳米片层破碎，表明 Li_2O_2 的分解可以发生在 Li_2O_2/电解液界面。此外，Li_2O_2 的外围厚度、中心厚度以及直径随充电容量的变化曲线显示出 Li_2O_2 的外围厚度以较快且恒定的速度减小，而中心厚度以及直径的变化呈现两个明显不同的阶段。充电前期 Li_2O_2 的直径迅速衰减而在充电后期衰减速率减半。Li_2O_2 中心厚度的衰减速率则表现出相反的变化趋势。增大充电速率会促进 Li_2O_2-电极界面处 Li_2O_2 的分解，加快 Li_2O_2 从电极表面脱落，造成电池容量不可逆的衰减 [图 5.29（i）～（o）]。以上原位实验结果为理解 Li-O_2 电池充电机理提供了纳米尺度上的可视化证据，为精准调控 Li-O_2 界面反应提供了重要依据[108]。

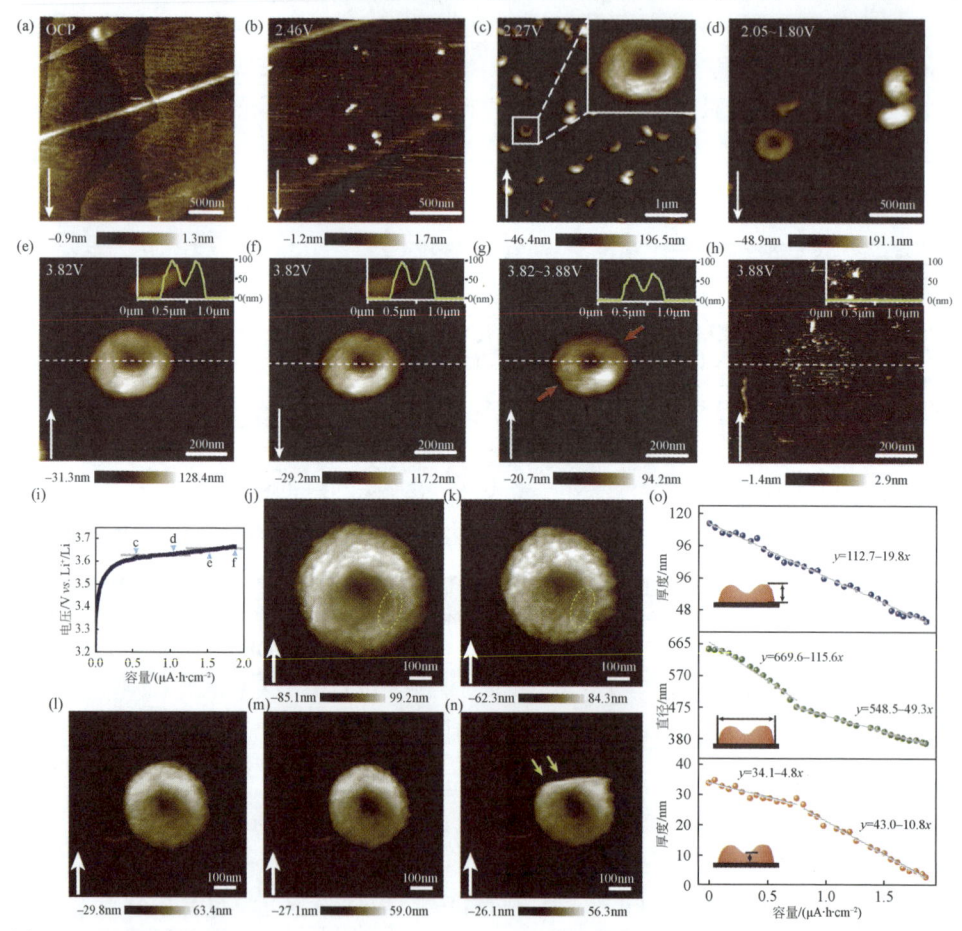

图 5.29 Li-O_2 电池（a）～（d）放电与（e）～（h）充电过程中 HOPG 电极表面的原位 AFM 图像，电解液为 0.5M LiTFSI/DMSO；（i）Li-O_2 电池充电曲线。充电速率为 0.5μA/cm^2，电解液为 0.5M LiTFSI/DMSO；（j）～（n）环形 Li_2O_2 在 HOPG 电极表面分解过程的原位 AFM 图像；（o）充电过程中环形 Li_2O_2 外围厚度、直径及中心厚度随充电容量变化曲线。白色箭头为 AFM 扫描方向[108]

5.4.2 电解液添加剂介导界面反应机制

通过引入 H_2O、$LiNO_3$ 等电解质添加剂，可以促进放电过程中溶液介导的大尺寸 Li_2O_2 生长，显著提高放电容量。研究人员利用原位 AFM 探究了添加剂介导下氧还原反应（ORR）产物结构特征和充电过程中放电产物分解行为。例如，Liu 等利用原位 ECAFM 探究了 DMSO 基电解液中水添加剂调控 $Li-O_2$ 反应机理。原位 AFM 实验发现，电池放电至 2.1V 时，长为 50~80nm、高度为 20~40nm、厚度为 ~20nm 的棒状 Li_2O_2 铺满整个扫描区域。在充电过程中，电压升至 4.0V 以前，放电产物无明显形貌改变，认为 Li_2O_2 的分解主要发生在 Au 电极-Li_2O_2 界面，而在更高充电电位 4.4V 下，Li_2O_2 从界面消失[26]。进一步，研究人员发现随 DMSO 基电解液中 H_2O 含量继续增加，正极放电产物 Li_2O_2 由无序分布的环状结构演变为沿电极表面台阶边缘有序分布的片层状结构［图 5.30（a）~（h）］。此外，原位 AFM 直接观察到环形以及片层状 Li_2O_2 在 Li_2O_2-电解液界面上的生长过程，表明此时 Li_2O_2 的绝缘性并不会限制自身的生长。充电过程中，相较于环形 Li_2O_2，

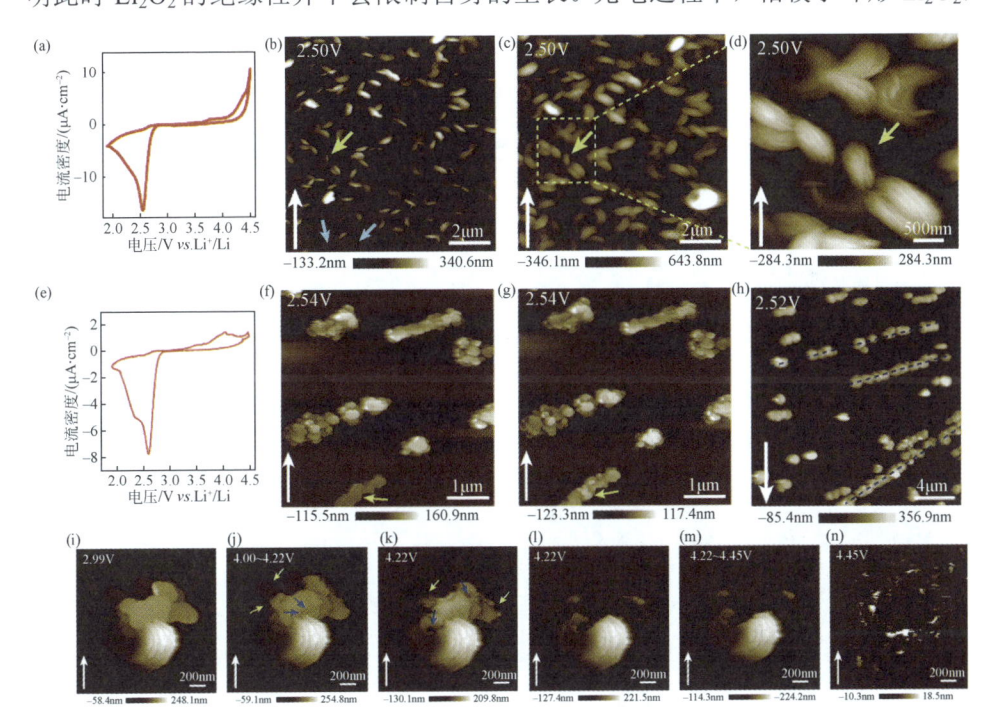

图 5.30 电解液水分含量为（a）~（d）~6000ppm 以及（e）~（h）~12000ppm 时 $Li-O_2$ 电池 CV 曲线以及放电过程中 HOPG 电极表面的原位 AFM 图像。电解液为 0.5M LiTFSI/DMSO；（i）~（n）环形 Li_2O_2 与片层状 Li_2O_2 在 HOPG 电极表面分解过程的原位 AFM 图像。白色箭头为 AFM 扫描方向[119]

1ppm=10^{-6}

片层状 Li$_2$O$_2$ 在更低的氧化电位优先分解,且具有更快的分解动力学[图 5.30(i)~(n)]。理论计算结合旋转圆环电极实验结果表明,在 DMSO 基电解液中,H$_2$O 分子的引入可以有效提高反应中间体 LiO$_2$ 的热力学稳定性,进而促进 Li$_2$O$_2$ 的异相成核、生长,改变放电产物的形貌和分布[119]。

可溶性催化剂是一类特殊的电解液添加剂,其本身是一类可溶于有机电解液并具有氧化还原活性的分子,它可以促进 Li$_2$O$_2$ 的生长/氧化发生在 Li$_2$O$_2$/电解液界面,从而避免催化剂被绝缘 Li$_2$O$_2$ 钝化以及电极仅催化直接接触的 Li$_2$O$_2$ 等问题。利用原位 AFM,研究人员追踪了可溶性催化剂介导的 Li-O$_2$ 界面反应过程,从反应起始电位原位、产物形貌与分布、产物生长/分解方式等方面阐明了可溶性催化剂能够降低电池过电位、改善循环可逆性的微观机制。

图 5.31(a)~(f)显示了含可溶性催化剂 2,2,6,6-四甲基哌啶氧化物(TEMPO)

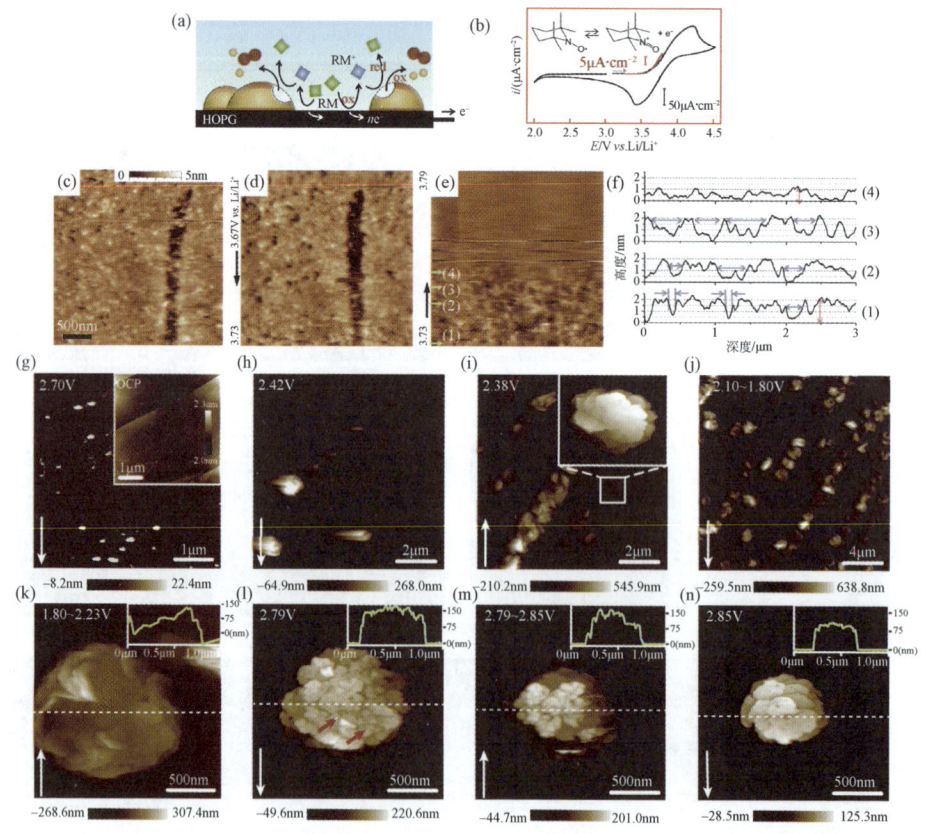

图 5.31 (a) 可溶性催化剂催化 Li$_2$O$_2$ 分解示意图;(b) TEMPO 在 0.5M LiTFSI/TEGDM 电解液中的氧化还原曲线;(c)~(e) TEMPO 介导的薄膜状 Li$_2$O$_2$ 分解过程的原位 AFM 图像;(f)为(e)中黄色箭头指示处剖面高度曲线[118];0.5M LiTFSI/DMSO 电解液中添加 5mM DBBQ 后,Li-O$_2$ 电池(g)~(j)放电以及(k)~(n)充电过程中 HOPG 电极表面原位 AFM 图像;白色箭头为 AFM 扫描方向[27]

电解液中薄膜状 Li_2O_2 的分解过程。随着充电电位升高，电解液中 $TEMPO^+$ 浓度增加，Li_2O_2 薄膜上的纳米坑逐渐变宽，并伴随 Li_2O_2 薄膜厚度降低。相比较于无催化条件，Li_2O_2 薄膜的分解速率明显加快，显示了可溶性催化剂在克服 Li_2O_2 电荷传输缓慢方面的优势[118]。由于催化活性优异，2,5-二叔丁基-1,4-苯醌（DBBQ）是 $Li-O_2$ 电池中应用较为广泛的一种可溶性催化剂。DMSO 基电解液中融入 DBBQ 后，$Li-O_2$ 界面反应过程如图 5.31（g）～（h）所示。放电过程中，高度为～60nm 的纳米颗粒沿 HOPG 台阶边缘沉积，随后生长成微米级的花状 Li_2O_2。充电过程中，花状 Li_2O_2 的外层出现许多纳米凹坑，随充电进行，厚度约为 60nm 的外层剥落，露出内部结构[图 5.31（k）～（n）]。这种在三维方向上由外向内的分解途径促进了 Li_2O_2 的可逆分解。这些结果为理解 DBBQ 提高 $Li-O_2$ 电池的性能提供了纳米级可视化依据[27]。

5.4.3 催化电极界面反应机制

构筑高效催化电极以促进放电产物的生成和分解是实现 $Li-O_2$ 电池实际应用的有效策略之一。电极的催化活性与其纳米结构的构筑具有紧密相关性。因此，在纳米尺度上原位探究电极催化 $Li-O_2$ 电化学反应过程，理解催化电极纳米结构影响 $Li-O_2$ 反应的微观机制，对 $Li-O_2$ 电池中高效催化剂的优化设计具有重要指导意义。Wen 等在 TEG 基电解液中追踪了 $Li-O_2$ 放电产物在纳米多孔金电极上的成核、生长及分解过程。在放电过程中，Li_2O_2 优先在多孔金韧带边缘处成核生长，并进一步演化成为致密的薄膜。充电过程中膜状结构迅速消失，表明 Li_2O_2 的分解可能优先发生在多孔金-Li_2O_2 界面[120]。利用 AFM 分辨率高的特点，可以实现不同纳米结构电极上 $Li-O_2$ 反应过程的同步追踪。研究人员利用原位 ECAFM 探究了复合 Au 基催化电极的纳米结构对 $Li-O_2$ 界面反应的调控机制。研究发现，紧密堆砌的 Au 纳米颗粒（直径～15nm）能够有效促进放电产物 Li_2O_2 在较低电压下的充分氧化分解；孔径为 5nm，韧带宽度为 14nm 的多孔 Au 能够有效促进大尺寸 Li_2O_2 在较高电压下的成核生长。此外，由于成核电位的差异，在不同纳米结构的交界处，可能存在竞争反应。适当增大放电速率可以减弱竞争反应，诱导放电产物在电极表面均匀沉积，进而增大放电容量，减小电池过电位 [图 5.32（a）～（q）][28]。

由于电池循环过程中催化电极表面形貌的持续演变导致电极反应处于动态变化之中，因此在纳米尺度直接观察复杂电化学条件下催化电极形貌演化规律及其与催化活性的相关性具有一定的挑战性。利用原位 ECAFM，研究人员实现了 $Li-O_2$ 电池循环过程中 Pt 纳米颗粒电极表面形貌的动态演变过程的可视化，并监测了电极纳米结构演化对 $Li-O_2$ 界面反应行为的影响，建立了催化电极形貌演化规律与其催化活性的直接关联性。原位实验观察到氧化还原循环（ORC）诱导 Pt 纳米颗粒尺寸增大直至从电极表面脱附。在首圈放电反应过程中，表面颗粒直径为~5nm 的 Pt 纳米颗粒电极主要通过表面路径促进 O_2 的还原，生成纳米片结构的放电产物 Li_2O_2。ORC 进行至 80 圈，Pt 纳米颗粒电极表面颗粒直径增长至~10nm。生长的 Pt 纳米颗粒促进了放电过程中 O_2 还原方式从表面路径到溶液介导路径的转换，并显著提高了放电容量。ORC 250 圈后，伴随一部分 Pt 纳米颗粒与电极分离，反应产物的成核电位下降，反应动力学放缓，电池的容量和可逆性明显降低［图 5.32（q）］。这些研究结果为深入理解催化反应过程中催化剂表面形貌与其催化活性的演变规律提供了直接证据[121]。

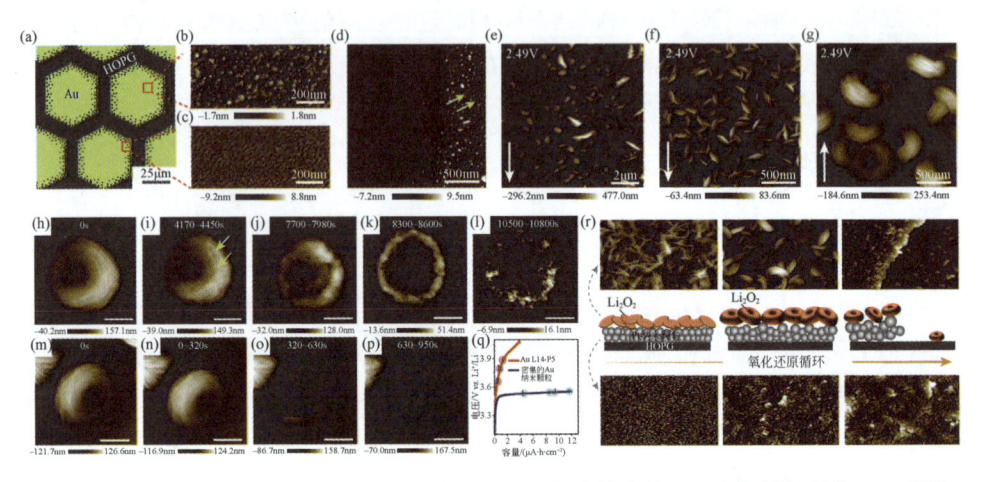

图 5.32 （a）复合纳米结构 Au 基电极示意图；（b）紧密堆砌的 Au 纳米颗粒区域 AFM 图像；（c）多孔 Au 区域 AFM 图像；（d）紧密堆砌的 Au 纳米颗粒区域与多孔 Au 区域交界处 AFM 图像；（e）～（g）放电过程中复合纳米结构 Au 基电极表面原位 AFM 图像，白色箭头为 AFM 扫描方向。充电过程中，环状 Li_2O_2 在（h）～（l）Au 纳米颗粒电极以及在（m）～（p）多孔 Au 电极表面分解过程的原位 AFM 图像；（q）充电曲线。充电速率为 $4\mu A/cm^2$，比例尺为 200nm[28]。（r）Li-O_2 电池循环过程中 Pt 纳米颗粒电极表面形貌演化及其表面 Li-O_2 反应过程演变示意图[121]

5.5 固态金属锂电池界面演化与失效机理

在当今化石燃料高速消耗的趋势中，可充电锂离子电池被认为是更清洁、更可持续的分布式能源供应设备。然而，有机液态电解质的安全性和能量密度仍是限制其发展的两个主要瓶颈。通过使用固态电解质（SSEs）取代传统的液态电解质在电池领域中取得了巨大的突破，不仅降低了安全风险，还有助于扩大电化学窗口，从而实现高能量密度需求。然而，固态电解质对应性能的关键评价指标包含：①高离子电导率，$\sigma_{Li}^+ > 10^{-4} S \cdot cm^{-1}$；②优异的机械强度，以抑制锂枝晶的渗透；③高锂离子迁移数；④高化学稳定性[122]。

一般来说，固态电解质可分为固态聚合物电解质（SPEs）、无机固态电解质（ISEs）和复合固态电解质（SCEs）。SPEs 由聚合物基体与锂盐组成，具有良好的工艺性、柔韧性、安全性，且与电极界面接触较好，但离子电导率较低（<10^{-4}S·cm^{-1}），热稳定性和电化学稳定性较差。相反，ISEs 具有较高的离子电导率（10^{-3}～10^{-2}S·cm^{-1}）、较宽的电化学窗口和较高的机械强度，但界面不稳定，与电极的浸润性较差。上述缺点严重限制了 SPEs 和 ISEs 在锂电池中的商业应用。由 SPEs 和无机填料构成的 SCEs 继承了两者的优点，被认为是未来全固态锂电池最有前途的候选电解质之一[123,124]。

在液态电池中，电解液可以充分渗透到电极中，在克服电子传递间隙的前提下，活性物质可以充分发生化学反应。而在固态电池中，由于固态电解质流动性差，与电极之间接触面积小，导致界面兼容性较差，界面阻抗大，制约固态锂电池发展。以硫化物基全固态电池为例，界面问题主要集中在以下几个方面，如图 5.33。

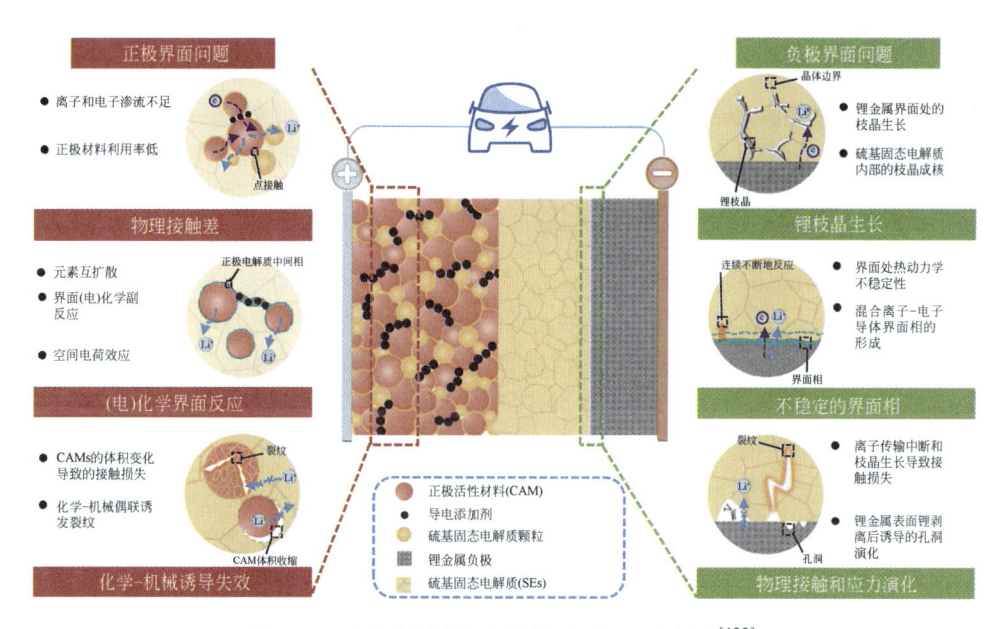

图 5.33 硫基全固态锂电池的界面问题示意图[125]

首先，界面上的刚性物理接触会减少有效的相互作用面积。固态电解质和电极颗粒的刚性以及颗粒表面的粗糙度使得它们难以紧密接触，即点对点接触，从而减少了二者之间锂离子的有效迁移面积。而且，在锂化和去锂化过程中，界面的刚性接触不易容纳活性物质的大体积变化，从而导致局部应力不均匀分布和界面结构破坏，如电极和固态电解质内部裂纹的产生或固态电解质与电极分离，甚至固态电解质层的脆性断裂。其次，固态电解质-电极界面上缓慢的电荷转移增加了界面电阻。当电极工作电位超出固态电解质的电化学稳定窗口时，界面上会发生不可逆的寄生反应，并驱动生成高电子导电性或有限离子导电性的复杂界面，这相应地会加速界面恶化。再次，硫化物固态电解质与活性材料之间 Li^+ 化学势的差异会导致在界面处形成一定厚度的局域 Li^+ 耗尽层，即空间电荷层（SCL），这可能会阻碍 Li^+ 在界面上的扩散和迁移。另外，锂枝晶在固态电解质-Li 负极界面堆积，持续渗透到固态电解质内部导致电池短路。一方面，非均匀界面导致电场和 Li^+ 通量分布不均匀，从而导致 Li 枝晶的形核和生长。另一方面，在电镀过程中，固态电解质内部缺陷会优先驱动电解质中裂纹扩展，随后锂枝晶在其内部成核生长。因此，全面深入地了解这些界面问题对于设计优异的固-固界面，提高固态锂金属电池的性能至关重要[125]。

目前已有大量的先进的非原位和原位表征技术应用到固态金属锂电池中，提供了关于结构演化、氧化还原机制、固体电解质间中间相形成、副反应发生和锂离子输运特性等信息[126-128]。因此，本章节讨论 SPM 在固态金属锂电池界面演化与失效机理的研究，从正极-电解质界面、负极-电解质界面和固态电解质三个方面对界面的形成机理和研究现状进行阐述，并总结固-固界面相关的科学问题，以更好地理解固态锂电池的基本问题，为提高电池性能提供理论指导。

5.5.1 正极-电解质界面演化

尽管固态电解质的体相锂离子电导率的提升取得了很大的进展，但难以形成浸润性良好的固-固接触，从而高界面电阻严重阻碍固态电池的大规模应用。然而，与锂金属负极相比，由于正极是由活性物质、电子导体和黏结剂等多种物质混合而成，电极内部存在更复杂的界面，在循环过程中存在较多的界面失效问题，包括正极过渡金属溶出、颗粒表面界面膜形成、气体溶出、晶格失配以及界面副反应等，从而导致机械性能差、化学和电化学稳定性差，造成电池失效[129, 130]。在这里，我们总结了正极-固态电解质的界面问题，包括 CEI 膜形成和 SCL 效应。

对于稳定性较差的界面，电极与电解质之间容易发生副反应，尤其在第一圈循环过程中，存在不可逆的容量消耗，形成 SEI/CEI，稳定的 SEI/CEI 有助于提高电池的循环稳定性。为了探索该层 CEI 物理化学性能，Guo 等利用 ECAFM，在聚醚丙烯酸酯（ipn-PEA）凝胶固态锂金属电池中，监测到 $LiNi_{0.5}Co_{0.2}Mn_{0.3}O_2$（NCM523）正极颗粒在纳米尺度上充放电过程中的正极界面的实时演化，见图 5.34[131]。当电池充电至 4.08V 并保持 1h 后，首次在 NCM523 颗粒的局部区域观察到纳米纤维状产物，后随着充电的继续进行，逐渐演化成絮状结构，后放电至 3.4V 时，电极表面最终覆盖一层约为 11nm 厚的 CEI 膜。通过成分表征证实该层 CEI 由富 LiF、ROLi 和 $ROCO_2Li$ 等有机物内层和 Li_2CO_3、LiF 等无机外层组成。

与之相对应的 DMT 模量值也随着产物的沉积先升高后降低。这一力学信息辅证了 CEI 膜的存在，可视化信息为正极界面相的形成、正极表面化学和机械稳定性的演变提供了直接的证据。

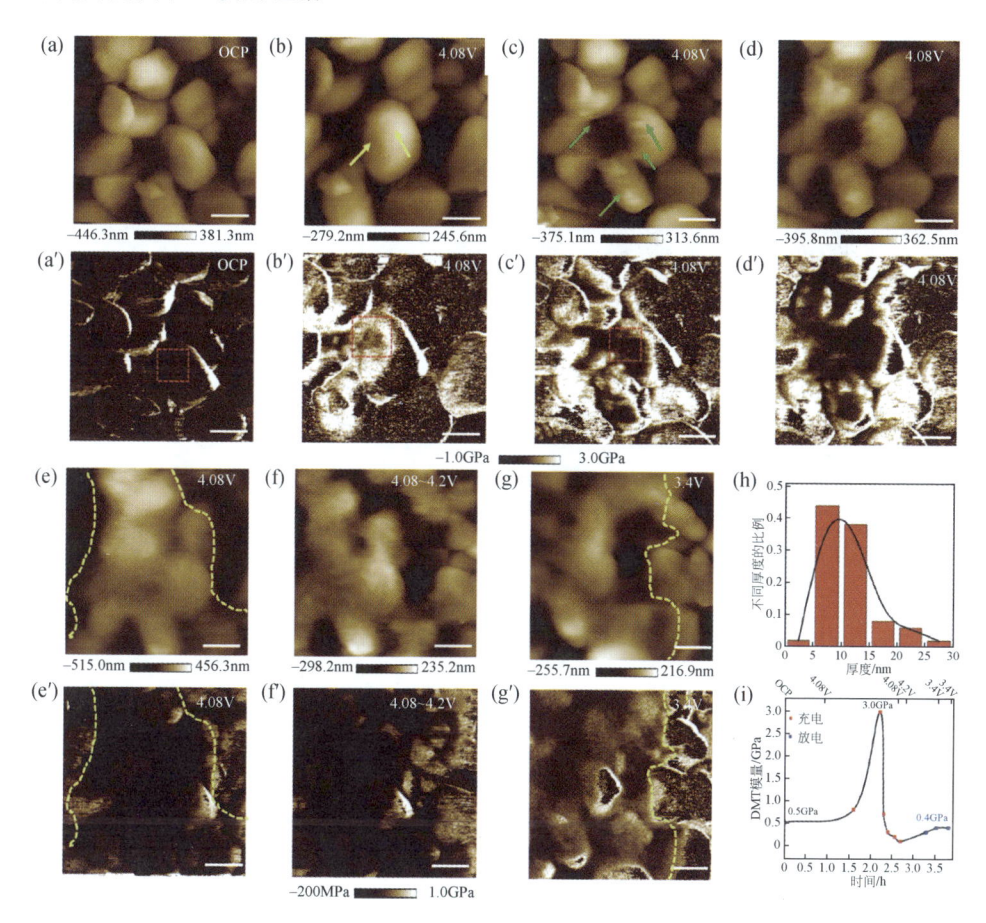

图 5.34　NCM523 电极表面 CEI 膜演化。(a)～(g) 形貌和 (a')～(g') DMT 模量；(h) 薄膜厚度的高斯统计分布直方图；(i) 电极表面平均 DMT 模量[131]

在固态电池中，SCL 效应主要发生在正极-固态电解质界面，特别是硫化物固态电解质与高压氧化物正极界面。当硫化物固态电解质与正极接触时，会形成界面电化学势差，锂离子会从固态电解质向氧化物正极侧迁移，形成空间电荷层，以补偿界面处的功函数差[132]。在正极表面预先涂覆保护层[133]或原位形成保护层[134]都是抑制空间电荷层的有效办法。已有研究表明将锂离子良导电过渡层 $Li_{1.4}Al_{0.4}Ti_{1.6}(PO_4)_3$（LATP）包覆在正极材料外，可以缓解极化，增强动力学特性。Liang 等利用原子力显微镜界面势分析，证实 LATP 过渡层可以在界面处提供一个平缓的势降，从而增强界面动力学[135]。对比图 5.35（c）和（d），L-NCM（LATP coated-NCM）电位波动较小，并选取图 5.35（a）和（b）中的白线虚线框进行轴承分析，最终得到界面电势统计分布直方图［图 5.35（f）～（g）］，L-NCM 的平均电位为 0.214V，低于 P-NCM（pristine-NCM）的 0.280V，平均电位下降约 66mV。这些结果证明了 LATP 过渡层有效地缓解了界面极化，削弱了空间电荷层，提高了电池循环稳定性和动力学性能。缓冲层的设计为增强固-固界面稳定性和固态电池的动力学性能提供了一种简便的策略。

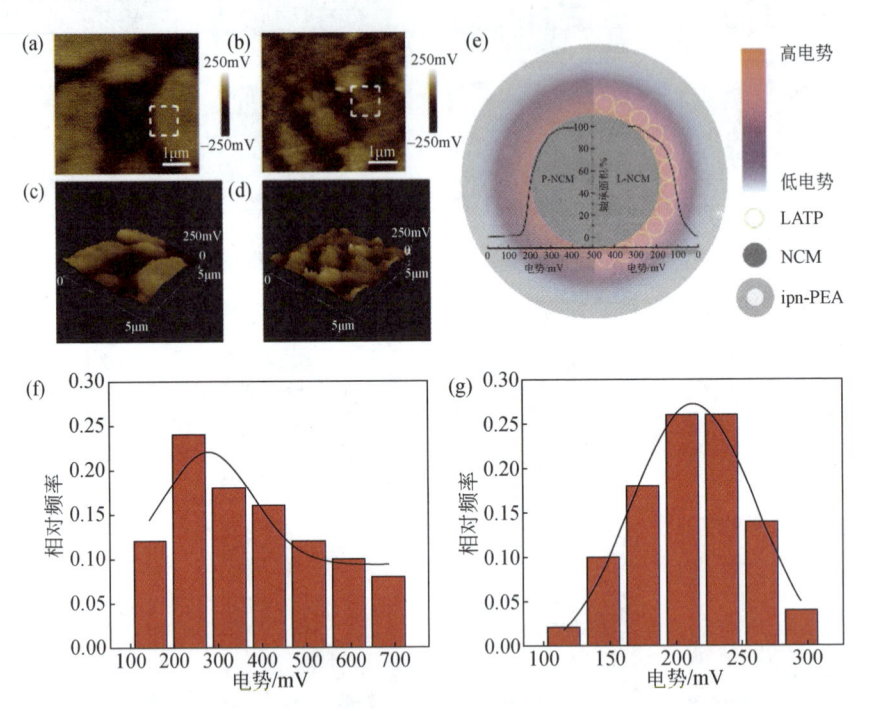

图 5.35 AFM 界面势图及相应的 3D 图像。(a)，(c) P-NCM；(b)，(d) L-NCM；(e) 两个正极电势分布图［(a)，(b) 中白色虚线框］；(f) P-NCM 和 (g) L-NCM 的界面电势的高斯统计分布直方图[135]

5.5.2 负极-电解质界面演化

锂金属负极的高理论比容量和较低的氧化还原电位满足了下一代高能量密度电池的需求。然而，在循环过程中，不均匀的锂金属沉积/溶解，形成不连续的 SEI 层，导致锂枝晶生长，不仅降低电池库仑效率，导致金属锂和电解质的不可逆消耗，甚至造成内部短路，带来热失控、电池着火和爆炸的安全隐患。虽然理论上高机械强度的固态电解质能物理抑制反应中锂枝晶的生长，但实际研究表明，大部分的固态电池体系中仍观察到了枝晶的生长[136]。研究锂电池循环过程中锂金属负极的界面行为，对于理解固态电池失效机制和改进未来储能设备的设计至关重要。

锂金属与固态电解质固-固接触较差，且其高还原性的特点导致界面热力学不稳定，易发生化学反应，增大界面电阻。通过在负极/电解质间引入缓冲层，有望改善界面稳定性，诱导均匀的锂沉积，抑制锂枝晶的生长。在 NASICON-型 $Li_{1.5}Al_{0.5}Ge_{1.5}P_3O_{12}$（LAGP）陶瓷电解质和锂金属电极之间引入具有高离子导电性的自愈合聚合物电解质层（SHEs），由于其良好的界面兼容性，对锂枝晶的形成起到有效的抑制作用，提高了电池循环性能[137]。非原位原子力显微镜力学测量表明 [图 5.36（a）、(b)]，在经历 10 次锂沉积/溶解过程后，锂金属电极和聚合物改性的 LAGP 固态电解质之间形成了光滑且坚固的 SEI 层。该层 SEI 膜比无缓冲层的 SSEs 更易诱导均匀的锂沉积和溶解。除此之外，Yan 等通过 Mg_3N_2 层修饰聚氧化乙烯（PEO），调控聚合物电解质与锂金属负极界面，以期均匀锂离子或电子的分布。实验结果证明中间层 Mg_3N_2 可以原位转化成由快离子导体 Li_3N 和电子良导体的 Mg 金属组成的混合离子/电子导电层，缓冲了锂离子浓度梯度，提高了循环过程中电流分布的均匀性[138]。对比反应 5 圈后的未修饰 PEO 和 Mg_3N_2 修饰 PEO 的锂金属表面粗糙度和电流分布，结果表明，修饰层 Mg_3N_2 体系中的锂金属表面更加光滑、坚固，电流分布更加均匀。

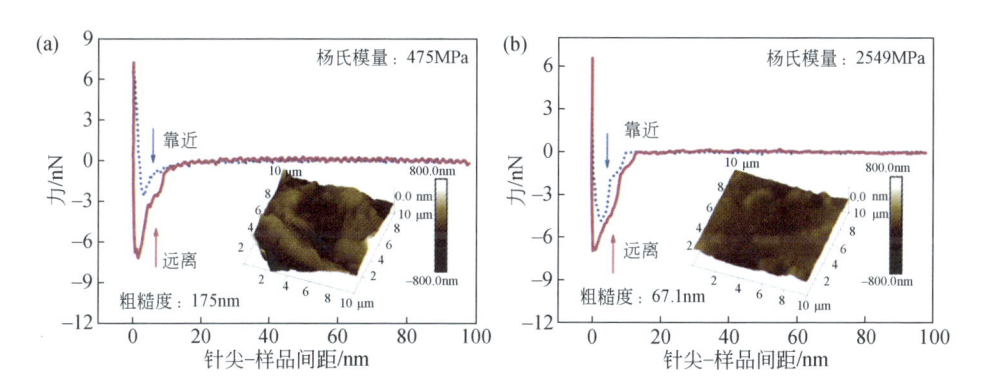

图 5.36 力-位移图和锂金属负极 AFM 三维形貌图：(a) LAGP-诱导 SEI；(b) SHEs-诱导 SEI[137]

除了引入缓冲层外，用合金层或合金负极材料代替金属锂，可以在负极和 SSEs 间构筑稳定的固-固界面。合金负极材料，如铟（In），具有较高容量和稳定的电极-电解质界面优势，有利于形成均匀的 SEI，避免锂枝晶的生长。Wan 等通过 ECAFM 实现了锂负极和 $Li_{10}GeP_2S_{12}$（LGPS）固态电解质体系的锂沉积/溶解过程的原位可视化[139]。如图 5.37（a）～（p）所示，铟负极-固态电解质界面在锂化过程中形成了均匀的 SEI 膜和二维均匀生长的 Li_xIn 片层，在去锂化过程中

Li$_x$In 片层均匀皱缩，表现出良好的界面可逆性。通过构建人工界面层（例如 Au 或 Ag 合金层），也可以提高界面反应可逆性。例如，研究人员发现引入 Ag 合金层可以在锂电镀过程中诱导更均匀的锂核分布，且可以促进锂的可逆剥离[140]。这些发现拓宽了对固态锂金属电池中电化学锂沉积/溶解过程的理解。

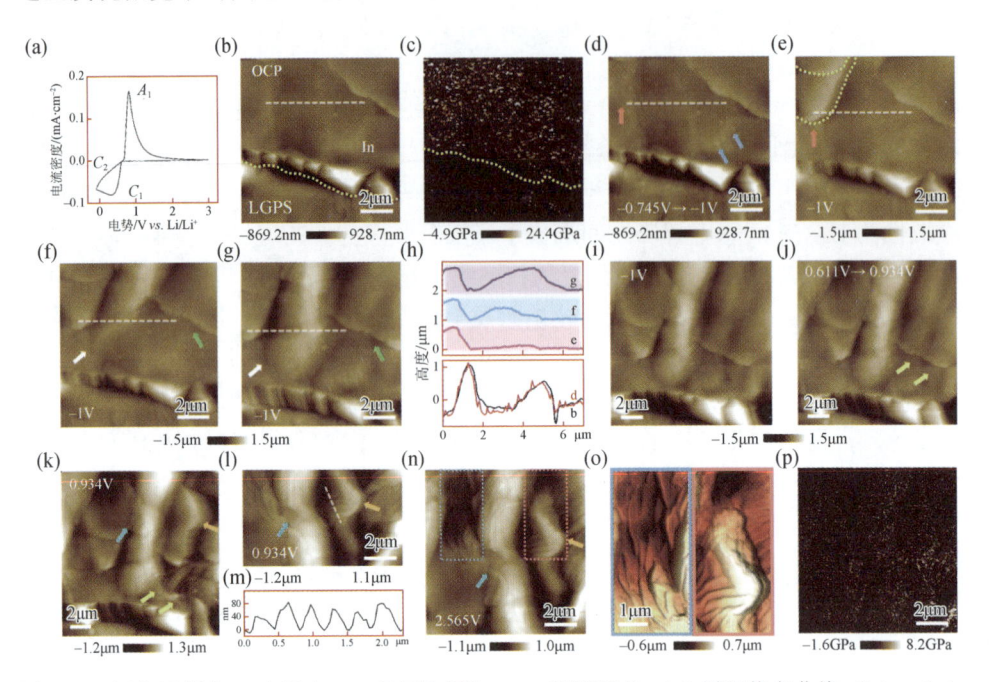

图 5.37　锂化过程中 In 电极上 SEI 壳层的原位 AFM 形貌演化：(a) 循环伏安曲线；(b)～(g)、(i)～(n) 和 (p) 为不同电位下 AFM 图像和相应的 DMT 模量图；(h) 与 (m) 为电极表面高度剖面；(o) 3D AFM 皱折结构[139]

5.5.3　固态电解质动态演化

到目前为止，在所有主流的无机陶瓷固态电解质中都观察到枝晶生长，而这些会导致固态电解质分裂、破碎和失效。锂枝晶的形成和生长来源于不平衡或不均匀离子、电子迁移。因此，要进一步开发固态电池，了解 SSEs 体相离子和电子迁移至关重要。Jiang 等对 Li$_3$PS$_4$（LPS）固态电解质进行离子和电子传输纳米级分辨成像研究[141]。发现在 SSEs 中，离子迁移是高度不均匀的，离子电流在 LPS 和聚合物/LPS 复合固态电解质的 LPS 区域有一到两个数量级的波动。这种离子电流由于多晶和玻璃陶瓷材料中晶粒的取向不同，离子会沿着不同晶轴传输，不稳定的电流分布会加速锂枝晶的形成和生长。此外，在复合固态电解质中，聚合物颗粒会阻挡离子在陶瓷电解质中的传输，所以在聚合物-LPS 边界处出现电流的急剧转变，且离子电流会随着聚合物粒径的减小和循环的延长而降低。在固态锂电池中，SSEs 的表面形貌直接影响电池局部电导率，通过利用间歇性接触交流扫描电化学显微术（ic-ac-SECM），可以同时测量 SSEs 的局域形貌和离子电导率[142]。图 5.38（a）、（b）展示了使用 ic-ac-SECM 在 250μm×250μm 范围内获得的大粒径 LLZO 颗粒形貌和阻抗图。200μm 的凸起晶粒对应低阻抗区域，但被高阻抗边界所包围。其他研究者证实该现象是由 LLZO 的晶界处存在 Al 的富集所导致[143,144]。所以在多晶样品中，晶粒取向的差异会形成高度不匹配和能量不稳定的晶界，最终导致晶界结构和化学成分的差异。

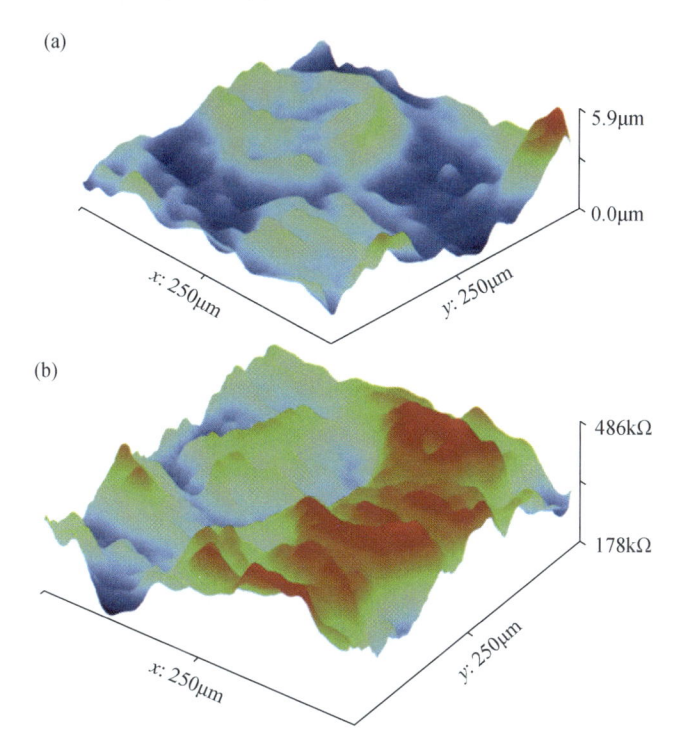

图 5.38 ic-ac-SECM 在 250μm 范围内获得 LLZO 形貌图（a）和阻抗图（b）[142]

Lu 等利用导电原子力显微镜（c-AFM）通过定点施加偏压以诱导枝晶生长。研究结果表明晶粒内部在-10V 高压下仍保持较好的导通，而在晶界处，仅施加-0.2V 的电压就发生了枝晶穿刺[145]。该定量测试结果说明多晶陶瓷对枝晶的抑制存在短板效应。通过对比 LLZO 的晶粒和晶界的模量，可以发现晶粒内部的模量为 145GPa，明显高于晶界处（120GPa）。尽管晶界处力学模量显著下降，但与锂金属相比，仍偏高。因此，弹性软化不是影响锂枝晶生长的唯一因素。然而，这种机械不均匀性可能是锂优先沉积的引发剂，这与 Porz 等提出的 Griffith-like 裂纹扩展机制一致[146]。除了机械成因外，界面局部电势分布也可能是锂成核的诱因。事实上，在晶界处，存在电荷耗尽或富集区域，也称为空间电荷层区域[147]。通过使用 KPFM 测量电势的局部分布，发现与晶粒内部相比，LLZO 在晶界处的表面电位下降 10mV[145]。电势下降对应于电荷的积累或锂离子的消耗，最终导致界面电导率的降低，进而导致金属锂不均匀沉积。而在电池短路后，通过非原位 c-AFM 的测量，发现沿着晶界的电流比掺 Ta 的 LLZTO 中内部晶粒电流大，进一步证明了锂金属更倾向沿晶界沉积[148]（图 5.39）。

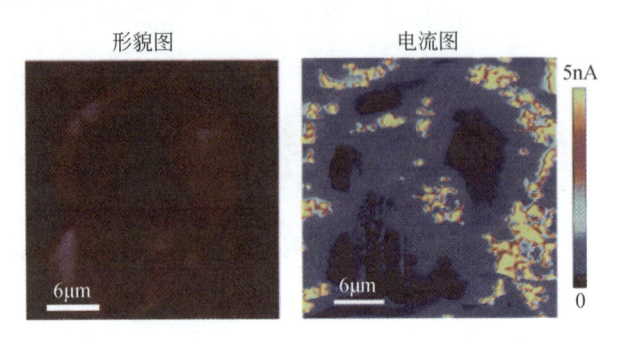

图 5.39　经过多次充放电循环后的短路 LLZTO 样品的形貌图和电流分布图[148]

SSEs 在反复充放电过程中，易产生形变，并造成电池结构的破坏，大大地降低了电池的寿命。Song 等利用原位电化学原子力显微术探究了纳米尺度下复合电解质的结构演化，研究电解质机械稳定性问题[149]。图 5.40（a）为 OCP 下 PEO-LLZTO-LiTFSI 复合电解质的 AFM 形貌图。对比 PEO（1）和 LLZTO 陶瓷

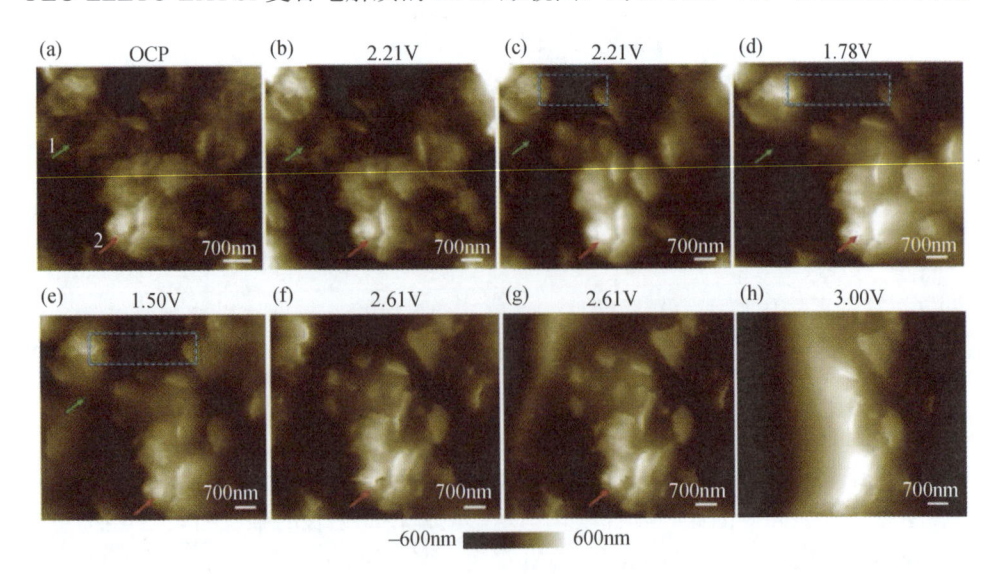

图 5.40　复合电解质 PEO-LLZTO-LiTFSI 原位 AFM 形貌演化：（a）～（e）第一圈放电和（f）～（h）第一圈充电[149]

填料（2）两个区域，随着 2.21V 处电位负移，PEO 链开始变得模糊（绿色箭头），且逐渐由纤维状的 PEO 链变成非晶态结构［图 5.40（c）］。此外，LLZTO 粒子也逐渐模糊，最终导致 PEO 基体中 LLZTO 粒子间的距离从 1.30μm 增加到 2.36μm，说明复合电解质在循环过程中不稳定且内部粒子移动性逐渐增强。在这种极端条件下，聚合物和填料粒子的形态变化严重影响了复合电解质的稳定性。当电池充电时，复合电解质的体积继续扩展，直到无法区分复合电解质中各自形貌。该工作证明了多硫化物在循环过程溶解在复合电解质中，逐渐削弱 PEO 聚合物网络和 LLZTO 粒子间的相互作用，从而降低了复合电解质的机械稳定性。

5.6 总结与展望

近年来，借助于 ECSPM 技术以及多种 SPM 联用技术，研究人员探究了锂离子电池、锂金属电池、固态锂金属电池等储能体系的界面结构演变规律以及外场调控机制，为理解构效关系、优化界面结构提供了重要依据。然而电化学储能体系中依然存在许多界面问题需要更加深入地研究，因此从以下三方面发展 ECSPM 技术有望进一步推动储能领域的发展。①与纳米谱学技术的联用。在界面化学/电化学反应的研究中，同时获取界面结构演化以及化学组分转化信息将对复杂界面的结构和性质研究提供重要的依据。将 SPM 与具有高化学敏感性的纳米谱学技术（如纳米红外等）联用，可以在获得界面结构演化信息的同时实现在纳米尺度下对界面化学组分转化过程的实时监测，有利于深入理解界面反应路径。②液相体系中的快速 SPM。SPM 是依赖于压电陶瓷的逐点扫描技术，不利于快速表面反应过程的跟踪。发展液相中的快速扫描 SPM，进一步提高 SPM 时间分辨率，可以实现在电化学条件下监测界面电化学反应的中间过程和路径，为动力学过程的深入研究提供技术支撑。③材料体相的 SPM 及联用技术。SPM 是强大的表面分析手段，但却难以探测电极材料内部性质。通过发展针尖调制和外场激励等联用方法使 SPM 能够在一定程度上探测表面下一定深度层面的信息，对于全面了解器件工作以及失效机制具有十分重要的意义。

此外，扩展储能电化学研究体系也是重要的发展方向。例如：①固态金属-空气电池。固态金属-空气电池中存在固-固，固-气等多种界面，界面反应往往同时涉及多步复杂物理化学过程。在微观尺度上深入理解不同界面处化学/电化学反应机理，定量建立电极-电解质界面结构与电池性能的构效关系有利于优化电极-电解质界面并构建高比能固态金属-空气电池。通过合理设计固态金属-空气模型电池，创造电池真实运行环境并利用多种测量模式耦合的 AFM，可以实现界面处非平均化演化信息的多角度实时监测，为理解界面反应机制提供纳米级可视化依据。②超级电容器。超级电容器是一种介于传统电容器与电池之间的电源，具有功率密度高、充放电时间短、循环寿命长等优势，其在工业、军事、交通、消费类电子产品等领域得到越来越广泛的应用。明确各类超级电容器的双电层储荷机制与失效机制是提高电极材料储荷能力、发展高稳定性电解液，提升电容器性能的关键之一。通过利用和控制 AFM 探针与电极表面的长程力，可以实现对电极表面双电层结构的测量，有望在分子尺度揭示电容器的双电层储荷机制与失效机制。

参 考 文 献

[1] Goodenough J B, Gao H. A perspective on the Li-ion battery[J]. Sci China Chem, 2019, 62: 1555-1556.

[2] Xu K. Nonaqueous liquid electrolytes for lithium-based rechargeable batteries[J]. Chem Rev, 2004, 104: 4303-4418.

[3] Liu T, Lin L, Bi X, et al. *In situ* quantification of interphasial chemistry in Li-ion battery[J]. Nat Nanotechnol, 2019, 14: 50-56.

[4] He Y, Ren X, Xu Y, et al. Origin of lithium whisker formation and growth under stress[J]. Nat Nanotechnol, 2019, 14: 1042-1047.

[5] Xu K. Nonaqueous liquid electrolytes for lithium-based rechargeable batteries[J]. Chem Rev, 2004, 104: 4303-4418.

[6] Manthiram A, Fu Y, Chung S H, et al. Rechargeable lithium–sulfur batteries[J]. Chem Rev, 2014, 114: 11751-11787.

[7] Kwak W J, Rosy, Sharon D. et al. Lithium–oxygen batteries and related systems: Potential, status, and future[J]. Chem Rev, 2020, 120: 6626-6683.

[8] Wang C, Fu K, Kammampata S P, et al. Garnet-type solid-state electrolytes: Materials, interfaces, and batteries[J]. Chem Rev, 2020, 120: 4257-4300.

[9] Wan J, Xie J, Kong X, et al. Ultrathin, flexible, solid polymer composite electrolyte enabled with aligned nanoporous host for lithium batteries[J]. Nat Nanotechnol, 2019, 14: 705-711.

[10] Wang S H, Yin Y X, Zuo T T, et al. Stable Li metal anodes via regulating lithium plating/stripping in vertically aligned microchannels[J]. Adv Mater, 2017, 29: 1703729.

[11] Bruce P G, Freunberger S A, Hardwick L J, et al. Li-O$_2$ and Li-S batteries with high energy storage[J]. Nat Mater, 2011, 11: 19-29.

[12] Girishkumar G, McCloskey B, Luntz A C, et al. Lithium−air battery: Promise and challenges[J]. J Phys Chem Lett, 2010, 1: 2193-2203.

[13] Lu J, Cheng L, Lau K C, et al. Effect of the size-selective silver clusters on lithium peroxide morphology in lithium–oxygen batteries[J]. Nat Commun, 2014, 5: 4895.

[14] Xu S M, Liang X, Wu X Y, et al. Multistaged discharge constructing heterostructure with enhanced solid-solution behavior for long-life lithium-oxygen batteries[J]. Nat Commun, 2019, 10：5810.

[15] Song L N, Zhang W, Wang Y, et al. Tuning lithium-peroxide formation and decomposition routes with single-atom catalysts for lithium–oxygen batteries[J]. Nat Commun, 2020, 11：2191.

[16] Lu Y, Zhao C Z, Yuan H, et al. Critical current density in solid-state lithium metal batteries：Mechanism, influences, and strategies[J]. Adv Funct Mater, 2021, 31：2009925.

[17] Ning Z, Jolly D S, Li G, et al. Visualizing plating-induced cracking in lithium-anode solid-electrolyte cells[J]. Nat Mater, 2021, 20：1121-1129.

[18] Xiao Y, Wang Y, Bo S H, et al. Understanding interface stability in solid-state batteries[J]. Nat Rev Mater, 2019, 5：105-126.

[19] Liang Z, Zou Q, Wang Y, et al. Recent progress in applying *in situ/operando* characterization techniques to probe the solid/liquid/gas interfaces of Li-O_2 batteries[J]. Small Methods, 2017, 1：1700150.

[20] Wang X, Cai Z F, Wang D, et al. Molecular evidence for the catalytic process of cobalt porphyrin catalyzed oxygen evolution reaction in alkaline solution[J]. J Am Chem Soc, 2019, 141：7665-7669.

[21] Liu D, Shadike Z, Lin R, et al. Review of recent development of *in situ/operando* characterization techniques for lithium battery research[J]. Adv Mater, 2019, 31：e1806620.

[22] Shi Y, Wan J, Liu G X, et al. Interfacial evolution of lithium dendrites and their solid electrolyte interphase shells of quasi-solid-state lithium-metal batteries[J]. Angew Chem Int Ed, 2020, 59：18120-18125.

[23] Lang S Y, Shen Z Z, Hu X C, et al. Tunable structure and dynamics of solid electrolyte interphase at lithium metal anode[J]. Nano Energy, 2020, 75：104967.

[24] Lang S Y, Xiao R J, Gu L, et al. Interfacial mechanism in lithium-sulfur batteries：How salts mediate the structure evolution and dynamics[J]. J Am Chem Soc, 2018, 140：8147-8155.

[25] Wan J, Hao Y, Shi Y, et al. Ultra-thin solid electrolyte interphase evolution and wrinkling processes in molybdenum disulfide-based lithium-ion batteries[J]. Nat Commun, 2019, 10：3265.

[26] Liu C, Ye S. *In situ* atomic force microscopy (AFM) study of oxygen reduction reaction on a gold electrode surface in a dimethyl sulfoxide (DMSO)-based electrolyte solution[J]. J Phys Chem C, 2016, 120：25246-25255.

[27] Shen Z Z, Lang S Y, Shi Y, et al. Revealing the surface effect of the soluble catalyst on oxygen reduction/evolution in Li-O_2 batteries[J]. J Am Chem Soc, 2019, 141：6900-6905.

[28] Shen Z Z, Zhou C, Wen R, et al. Surface mechanism of catalytic electrodes in lithium-oxygen batteries: How nanostructures mediate the interfacial reactions[J]. J Am Chem Soc, 2020, 142: 16007-16015.

[29] Wan J, Song Y X, Chen W P, et al. Micromechanism in all-solid-state alloy-metal batteries: Regulating homogeneous lithium precipitation and flexible solid electrolyte interphase evolution[J]. J Am Chem Soc, 2020, 143: 839-848.

[30] Song Y X, Shi Y, Wan J, et al. Direct tracking of the polysulfide shuttling and interfacial evolution in all-solid-state lithium-sulfur batteries: a degradation mechanism study[J]. Energy Environ Sci, 2019, 12: 2496-2506.

[31] Nitta N, Wu F, Lee J T, et al. Li-ion battery materials: present and future[J]. Mater Today, 2015, 18: 252-264.

[32] Birkl C R, Roberts M R, McTurk E, et al. Degradation diagnostics for lithium ion cells[J]. J Power Sources, 2017, 341: 373-386.

[33] Cai W, Yao Y X, Zhu G L, et al. A review on energy chemistry of fast-charging anodes[J]. Chem Soc Rev, 2020, 49: 3806-3833.

[34] Li H, Yamaguchi T, Matsumoto S, et al. Circumventing huge volume strain in alloy anodes of lithium batteries[J]. Nat Commun, 2020, 11: 1584.

[35] Breitung B, Baumann P, Sommer H, et al. *In situ* and operando atomic force microscopy of high-capacity nano-silicon based electrodes for lithium-ion batteries[J]. Nanoscale, 2016, 8: 14048-14056.

[36] Manthiram A, Knight J C, Myung S T, et al. Nickel-rich and lithium-rich layered oxide cathodes: Progress and perspectives[J]. Adv Energy Mater, 2015, 6: 1501010.

[37] Masquelier C, Croguennec L. Polyanionic (phosphates, silicates, sulfates) frameworks as electrode materials for rechargeable Li (or Na) batteries[J]. Chem Rev, 2013, 113: 6552-6591.

[38] Whittingham M S. History, evolution, and future status of energy storage[J]. Proceedings of the IEEE, 2012, 100: 1518-1534.

[39] Xu W, Wang J, Ding F, et al. Lithium metal anodes for rechargeable batteries[J]. Energy & Environmental Sci, 2014, 7: 513-537.

[40] Tarascon J M, Armand M. Issues and challenges facing rechargeable lithium batteries[J]. Nature, 2001, 414: 359-367.

[41] Zheng J, Kim M S, Tu Z, et al. Regulating electrodeposition morphology of lithium: towards commercially relevant secondary Li metal batteries[J]. Chem Soc Rev, 2020, 49: 2701-2750.

[42] Cheng X B, Zhang R, Zhao C Z, et al. Toward safe lithium metal anode in rechargeable batteries: A review[J]. Chem Rev, 2017, 117: 10403-10473.

[43] Lu D, Shao Y, Lozano T, et al. Failure mechanism for fast-charged lithium metal batteries with

liquid electrolytes[J]. Adv Energy Mater, 2014, 5: 1400993.

[44] Maleki Kheimeh Sari H, Li X. Controllable cathode–electrolyte interface of Li[Ni$_{0.8}$Co$_{0.1}$Mn$_{0.1}$]O$_2$ for lithium ion batteries: A review[J]. Adv Energy Mater, 2019, 9: 1901597.

[45] Zhang Z, Said S, Smith K, et al. Characterizing batteries by *in situ* electrochemical atomic force microscopy: A critical review[J]. Adv Energy Mater, 2021, 11: 2101518.

[46] Cabana J, Kwon B J, Hu L. Mechanisms of degradation and strategies for the stabilization of cathode–electrolyte interfaces in Li-ion batteries[J]. Acc Chem Res, 2018, 51: 299-308.

[47] Wu Y, Liu X, Wang L, et al. Development of cathode-electrolyte-interphase for safer lithium batteries[J]. Energy Stor Mater, 2021, 37: 77-86.

[48] Kühn S P, Edström K, Winter M, et al. Face to face at the cathode electrolyte interphase: From interface features to interphase formation and dynamics[J]. Adv Mater Interfaces, 2022, 9: 2102078.

[49] Cresce A, Russell S M, Baker D R, et al. *In situ* and quantitative characterization of solid electrolyte interphases[J]. Nano Lett, 2014, 14: 1405-1412.

[50] Liu X R, Wang L, Wan L J, et al. *In situ* observation of electrolyte-concentration-dependent solid electrolyte interphase on graphite in dimethyl sulfoxide[J]. ACS Appl Mater Interfaces, 2015, 7: 9573-9580.

[51] Zhang H, Wang D, Shen C. *In-situ* EC-AFM and *ex-situ* XPS characterization to investigate the mechanism of SEI formation in highly concentrated aqueous electrolyte for Li-ion batteries[J]. Appl Surf Sci, 2020, 507: 145059.

[52] Shi Y, Yan H J, Wen R, et al. Direct visualization of nucleation and growth processes of solid electrolyte interphase film using *in situ* atomic force microscopy[J]. ACS Appl Mater Interfaces, 2017, 9: 22063-22067.

[53] Deng X, Liu X, Yan H, et al. Morphology and modulus evolution of graphite anode in lithium ion battery: An *in situ* AFM investigation[J]. Sci China Chem, 2013, 57: 178-183.

[54] Shen C, Hu G, Cheong L Z, et al. Direct observation of the growth of lithium dendrites on graphite anodes by *operando* EC-AFM[J]. Small Methods, 2017, 2: 1700298.

[55] Sharova V, Moretti A, Diemant T, et al. Comparative study of imide-based Li salts as electrolyte additives for Li-ion batteries[J]. J Power Sources, 2018, 375: 43-52.

[56] Shin H, Park J, Han S, et al. Component-/structure-dependent elasticity of solid electrolyte interphase layer in Li-ion batteries: Experimental and computational studies[J]. J Power Sources, 2015, 277: 169-179.

[57] Zhang Z, Smith K, Jervis R, et al. *Operando* electrochemical atomic force microscopy of solid-electrolyte interphase formation on graphite anodes: The evolution of SEI morphology

and mechanical properties[J]. ACS Appl Mater Interfaces, 2020, 12: 35132-35141.

[58] Shi Y, Wan J, Li J Y, et al. Elucidating the interfacial evolution and anisotropic dynamics on silicon anodes in lithium-ion batteries[J]. Nano Energy, 2019, 61: 304-310.

[59] Kumar R, Tokranov A, Sheldon B W, et al. *In situ* and *operando* investigations of failure mechanisms of the solid electrolyte interphase on silicon electrodes[J]. ACS Energy Lett, 2016, 1: 689-697.

[60] Zheng J, Zheng H, Wang R, et al. 3D visualization of inhomogeneous multi-layered structure and Young's modulus of the solid electrolyte interphase (SEI) on silicon anodes for lithium ion batteries[J]. Phys Chem Chem Phys, 2014, 16: 13229-13238.

[61] Wang L, Menakath A, Han F, et al. Identifying the components of the solid-electrolyte interphase in Li-ion batteries[J]. Nat Chem, 2019, 11: 789-796.

[62] Yan C, Jiang L L, Yao Y X, et al. Nucleation and growth mechanism of anion-derived solid electrolyte interphase in rechargeable batteries[J]. Angew Chem Int Ed, 2021, 60: 8521-8525.

[63] Tikekar M D, Choudhury S, Tu Z, et al. Design principles for electrolytes and interfaces for stable lithium-metal batteries[J]. Nat Energy, 2016, 1: 16114.

[64] Gu Y, Wang W W, Li Y J, et al. Designable ultra-smooth ultra-thin solid-electrolyte interphases of three alkali metal anodes[J]. Nat Commun, 2018, 9: 1339.

[65] Wang W W, Gu Y, Yan H, et al. Evaluating solid-electrolyte interphases for lithium and lithium-free anodes from nanoindentation features[J]. Chem, 2020, 6: 2728-2745.

[66] Gao Y, Du X, Hou Z, et al. Unraveling the mechanical origin of stable solid electrolyte interphase[J]. Joule, 2021, 5: 1860-1872.

[67] Shen X, Li Y, Qian T, et al. Lithium anode stable in air for low-cost fabrication of a dendrite-free lithium battery[J]. Nat Commun, 2019, 10: 900.

[68] Lang S Y, Shen Z Z, Hu X C., et al. Tunable structure and dynamics of solid electrolyte interphase at lithium metal anode[J]. Nano Energy, 2020, 75: 104967.

[69] Shi Y, Liu G X., Wan J, et al. *In-situ* nanoscale insights into the evolution of solid electrolyte interphase shells: Revealing interfacial degradation in lithium metal batteries[J]. Sci China Chem, 2021, 64: 734-738.

[70] Kitta M, Sano H. Real-time observation of Li deposition on a Li electrode with operand atomic force microscopy and surface mechanical imaging[J]. Langmuir, 2017, 33: 1861-1866.

[71] Li N W, Shi Y, Yin Y X, et al. A flexible solid electrolyte interphase layer for long‐life lithium metal anodes[J]. Angew Chem Int Ed, 2018, 57: 1505-1509.

[72] Jana A, Woo S I, Vikrant K S N, et al. Electrochemomechanics of lithium dendrite growth[J]. Energy & Environmental Sci, 2019, 12: 3595-3607.

[73] Foroozan T, Sharifi-Asl S, Shahbazian-Yassar R. Mechanistic understanding of Li dendrites

growth by *in-situ/operando* imaging techniques[J]. J Power Sources, 2020, 461: 228135.

[74] Xiao J. How lithium dendrites form in liquid batteries[J]. Science, 2019, 366: 426-427.

[75] Liu H, Cheng X B, Jin, Z. Recent advances in understanding dendrite growth on alkali metal anodes[J]. EnergyChem, 2019, 1: 100003.

[76] Steiger J, Kramer D, Mönig R. Mechanisms of dendritic growth investigated by *in situ* light microscopy during electrodeposition and dissolution of lithium[J]. J Power Sources, 2014, 261: 112-119.

[77] Han F, Westover A S, Yue J, et al. High electronic conductivity as the origin of lithium dendrite formation within solid electrolytes[J]. Nat Energy, 2019, 4: 187-196.

[78] Zhang L, Yang T, Du C, et al. Lithium whisker growth and stress generation in an *in situ* atomic force microscope–environmental transmission electron microscope set-up[J]. Nat Nanotechnol, 2020, 15: 94-98.

[79] Lu W, Zhang J, Xu J, et al. *In situ* visualized cathode electrolyte interphase on $LiCoO_2$ in high voltage cycling[J]. ACS Appl Mater Interfaces, 2017, 9: 19313-19318.

[80] Bi Y, Tao J, Wu Y, et al. Reversible planar gliding and microcracking in a single-crystalline Ni-rich cathode[J]. Science, 2020, 370: 1313-1317.

[81] Xia Y, Zheng J, Wang C, et al. Designing principle for Ni-rich cathode materials with high energy density for practical applications[J]. Nano Energy, 2018, 49: 434-452.

[82] Manthiram A, Fu Y, Su Y S. Challenges and prospects of lithium–sulfur batteries[J]. Acc Chem Research, 2013, 46: 1125-1134.

[83] Liu T, Hu H, Ding X, et al. 12 years roadmap of the sulfur cathode for lithium sulfur batteries (2009–2020) [J]. Energy Storage Mater, 2020, 30: 346-366.

[84] Lang S Y, Shi Y, Hu X C, et al. Recent progress in the application of *in situ* atomic force microscopy for rechargeable batteries[J]. Curr Opin in Electrochem, 2019, 17: 134-142.

[85] Han K, Shen J, Hao S, et al. Free-standing nitrogen-doped graphene paper as electrodes for high-performance lithium/dissolved polysulfide batteries[J]. ChemSusChem, 2014, 7: 2545-2553.

[86] Cañas N A, Hirose K, Pascucci B, et al. Investigations of lithium–sulfur batteries using electrochemical impedance spectroscopy[J]. Electrochimica Acta, 2013, 97: 42-51.

[87] Elazari R, Salitra G, Talyosef Y, et al. Morphological and structural studies of composite sulfur electrodes upon cycling by HRTEM, AFM and Raman spectroscopy[J]. J Electrochem Soc, 2010, 157: A1131.

[88] Hiesgen R, Sorgel S, Costa R, et al. AFM as an analysis tool for high-capacity sulfur cathodes for Li-S batteries[J]. Beilstein J Nanotechnol, 2013, 4: 611-624.

[89] Lang S Y, Shi Y, Guo Y G, et al. Insight into the interfacial process and mechanism in

lithium-sulfur batteries: An *in situ* AFM study[J]. Angew Chem Int Ed, 2016, 55: 15835-15839.

[90] Mahankali K, Thangavel N K, Arava L M R. In situ electrochemical mapping of lithium-sulfur battery interfaces using AFM-SECM[J]. Nano Lett, 2019, 19: 5229-5236.

[91] Yu Z, Liu M, Guo D, et al. Radially inwardly aligned hierarchical porous carbon for ultra-long-life lithium-sulfur batteries[J]. Angew Chem Int Ed, 2020, 59: 6406-6411.

[92] Ummethala R, Fritzsche M, Jaumann T, et al. Lightweight, free-standing 3D interconnected carbon nanotube foam as a flexible sulfur host for high performance lithium-sulfur battery cathodes[J]. Energy Stor Mater, 2018, 10: 206-215.

[93] Pan H, Han K S, Vijayakumar M, et al. Ammonium additives to dissolve lithium sulfide through hydrogen binding for high-energy lithium-sulfur batteries[J]. ACS Appl Mater Interfaces, 2017, 9: 4290-4295.

[94] Yang W, Yang W, Song A, et al. Pyrrole as a promising electrolyte additive to trap polysulfides for lithium-sulfur batteries[J]. J Power Sources, 2017, 348: 175-182.

[95] Zhao Q, Zheng J, Archer L. Interphases in lithium–sulfur batteries: Toward deployable devices with competitive energy density and stability[J]. ACS Energy Lett, 2018, 3: 2104-2113.

[96] Li G, Huang Q, He X, et al. Self-formed hybrid interphase layer on lithium metal for high-performance lithium-sulfur batteries[J]. ACS Nano, 2018, 12: 1500-1507.

[97] Lang S Y, Shi Y, Guo Y G, et al. High-temperature formation of a functional film at the cathode/electrolyte interface in lithium-sulfur batteries: An *in situ* AFM study[J]. Angew Chem Int Ed, 2017, 56: 14433-14437.

[98] Wang X, Zhang W, Wang D, et al. Ionic liquid-reinforced carbon nanofiber matrix enabled lean-electrolyte Li-S batteries via electrostatic attraction[J]. Energy Stor Mater, 2020, 26: 378-384.

[99] He J, Manthiram A. A review on the status and challenges of electrocatalysts in lithium-sulfur batteries[J]. Energy Stor Mater, 2019, 20: 55-70.

[100] Zhang Y, Kang C, Zhao W, et al. d-p Hybridization-induced "trapping–coupling–conversion" enables high-efficiency Nb single-atom catalysis for Li–S batteries[J]. J Am Chem Soc, 2023, 145: 1728-1739.

[101] Shen C, Li Y, Gong M, et al. Ultrathin cobalt phthalocyanine@graphene oxide layer-modified separator for stable lithium–sulfur batteries[J]. ACS Appl Mater Interfaces, 2021, 13: 60046-60053.

[102] Xu H, Hu R, Zhang Y, et al. Nano high-entropy alloy with strong affinity driving fast polysulfide conversion towards stable lithium sulfur batteries[J]. Energy Stor Mater, 2021, 43: 212-220.

[103] Liu L, Guo H, Fu L, et al. Critical advances in ambient air operation of nonaqueous rechargeable Li-air batteries[J]. Small, 2019, 17: e1903854.

[104] Liu T, Vivek J P, Zhao E W, et al. Current challenges and routes forward for nonaqueous lithium–air batteries[J]. Chem Rev, 2020, 120: 6558-6625.

[105] Jung H G, Hassoun J, Park J B. An improved high-performance lithium-air battery[J]. Nat Chem, 2012, 4: 579-585.

[106] Mitchell R R, Gallant B M, Shao-Horn Y, et al. Mechanisms of morphological evolution of Li$_2$O$_2$ particles during electrochemical growth[J]. J Phys Chem Lett, 2013, 4: 1060-1064.

[107] Gittleson F S, Yao K P C, Kwabi D G, et al. Raman spectroscopy in lithium-oxygen battery systems[J]. ChemElectroChem, 2015, 2: 1446-1457.

[108] Shen Z Z, Zhou C, Wen R, et al. Charge rate-dependent decomposition mechanism of toroidal Li$_2$O$_2$ in Li-O$_2$ batteries[J]. Chin J Chem, 2021, 39: 2668-2672.

[109] Liu W, Shen Y, Yu Y, et al. Intrinsically optimizing charge transfer via tuning charge/discharge mode for lithium-oxygen batteries[J]. Small, 2019, 15: e1900154.

[110] Bryantsev V S, Giordani V, Walker W, et al. Predicting solvent stability in aprotic electrolyte Li-air batteries: Nucleophilic substitution by the superoxide anion radical (O_2^-)[J]. J Phys Chem A, 2011, 115: 12399-12409.

[111] Johnson L, Li C, Liu Z, et al. The role of LiO$_2$ solubility in O$_2$ reduction in aprotic solvents and its consequences for Li-O$_2$ batteries[J]. Nat Chem, 2014, 6: 1091-1099.

[112] Yin Y, Torayev A, Gaya C, et al. Linking the performances of Li–O$_2$ batteries to discharge rate and electrode and electrolyte properties through the nucleation mechanism of Li$_2$O$_2$[J]. J Phys Chem C, 2017, 121: 19577-19585.

[113] Peng Z Q, Freunberger S A, Chen Y H, et al. A Reversible and Higher-Rate Li-O$_2$ Battery[J]. Science, 2012, 337: 563-566.

[114] Cormac O, Laoire S M, Abraham K M. Influence of nonaqueous solvents on the electrochemistry of oxygen in the rechargeable lithium-air battery[J]. J Phys Chem C, 2010, 114: 9178-9186.

[115] Lu Y C, Shao-Horn Y. Probing the reaction kinetics of the charge reactions of nonaqueous Li-O$_2$ batteries[J]. J Phys Chem Lett, 2013, 4: 93-99.

[116] Zhang Y, Zhang X, Wang J, et al. Potential-dependent generation of O$_2$– and LiO$_2$ and their critical roles in O$_2$ reduction to Li$_2$O$_2$ in aprotic Li–O$_2$ Batteries[J]. J Phys Chem C, 2016, 120: 3690-3698.

[117] Wen R, Hong M, Byon, H R. *In situ* AFM imaging of Li–O$_2$ electrochemical reaction on highly oriented pyrolytic graphite with ether-based electrolyte[J]. J Am Chem Soc, 2013, 135: 10870-10876.

[118] Hong M, Yang C, Wong R A, et al. Determining the facile routes for oxygen evolution reaction by *in situ* probing of Li–O$_2$ cells with conformal Li$_2$O$_2$ Films[J]. J Am Chem Soc, 2018, 140: 6190-6193.

[119] Shen Z Z, Lang S Y, Zhou C, et al. *In situ* realization of water-mediated interfacial processes at Nanoscale in aprotic Li-O$_2$ batteries[J]. Adv Energy Mater, 2020, 10: 2002339.

[120] Wen R, Byon H R. *In situ* monitoring of the Li-O$_2$ electrochemical reaction on nanoporous gold using electrochemical AFM[J]. Chem Commun, 2014, 50: 2628-2631.

[121] Shen Z Z, Zhang Y Z, Zhou C, et al. Revealing the correlations between morphological evolution and surface reactivity of catalytic cathodes in lithium-oxygen batteries[J]. J Am Chem Soc, 2021, 143: 21604-21612.

[122] Xu L, Tang S, Cheng Y, et al. Interfaces in solid-state lithium batteries[J]. Joule, 2018, 2: 1991-2015.

[123] Li S, Zhang S Q, Shen L, et al. Progress and perspective of ceramic/polymer composite solid electrolytes for lithium batteries[J]. Adv Sci, 2020, 7: 1903088-1903110.

[124] Manthiram A, Yu X, Wang S. Lithium battery chemistries enabled by solid-state electrolytes[J]. Nat Rev Mater, 2017, 2: 18-33.

[125] Liang Y, Liu H, Wang G, et al. Challenges, interface engineering, and processing strategies toward practical sulfide-based all-solid-state lithium batteries[J]. InfoMat, 2022, 4: e12292.

[126] Zheng Y, Yao Y, Ou J, et al. A review of composite solid-state electrolytes for lithium batteries: Fundamentals, key materials and advanced structures[J]. Chem Soc Rev, 2020, 49: 8790-8839.

[127] Zhao E, Nie K, Yu X, et al. Advanced characterization techniques in promoting mechanism understanding for lithium-sulfur batteries[J]. Adv Funct Mater, 2018, 28: 1707543.

[128] Du M, Liao K, Lu Q, et al. Recent advances in the interface engineering of solid-state Li-ion batteries with artificial buffer layers: Challenges, materials, construction, and characterization [J]. Energy & Environmental Sci, 2019, 12: 1780-1804.

[129] Su S, Ma J, Zhao L, et al. Progress and perspective of the cathode/electrolyte interface construction in all-solid-state lithium batteries[J]. Carbon Energy, 2021, 3: 866-894.

[130] Vetter J, Novák P, Wagner M R, et al. Ageing mechanisms in lithium-ion batteries[J]. J Power Sources, 2005, 147: 269-281.

[131] Guo H J, Wang H X, Guo Y J, et al. Dynamic evolution of a cathode interphase layer at the surface of LiNi$_{0.5}$Co$_{0.2}$Mn$_{0.3}$O$_2$ in quasi-solid-state lithium batteries[J]. J Am Chem Soc, 2020, 142: 20752-20762.

[132] Haruyama J, Sodeyama K, Han L, et al. Space–charge layer effect at interface between oxide cathode and sulfide electrolyte in all-solid-state lithium-ion battery[J]. Chem Mater, 2014, 26:

4248-4255.

[133] Ohta N, Takada K, Zhang L, et al. Enhancement of the high-rate capability of solid-state lithium batteries by nanoscale interfacial modification[J]. Adv Mater, 2006, 18: 2226-2229.

[134] Takada K. Interfacial nanoarchitectonics for solid-state lithium batteries[J]. Langmuir, 2013, 29: 7538-7541.

[135] Liang J Y, Zeng X X, Zhang X D, et al. Mitigating interfacial potential drop of cathode-solid electrolyte via ionic conductor layer to enhance interface dynamics for solid batteries[J]. J Am Chem Soc, 2018, 140: 6767-6770.

[136] Cao D, Sun X, Li Q, et al. Lithium dendrite in all-solid-state batteries: Growth mechanisms, suppression strategies, and characterizations[J]. Matter, 2020, 2: 1-38.

[137] Liu Q, Zhou D, Shanmukaraj D, et al. Self-healing janus interfaces for high-performance LAGP-based lithium metal batteries[J]. ACS Energy Letters, 2020, 5: 1456-1464.

[138] Yan M, Liang J Y, Zuo T T, et al. Stabilizing polymer–lithium interface in a rechargeable solid battery[J]. Adv Funct Mater, 2019, 30: 1908047.

[139] Wan J, Song Y X, Chen W P, et al. Micromechanism in all-solid-state alloy-metal batteries: Regulating homogeneous lithium precipitation and flexible solid electrolyte interphase evolution[J]. J Am Chem Soc, 2021, 143: 839-848.

[140] Kim S, Jung C, Kim H, et al. The role of interlayer chemistry in Li-metal growth through a garnet-type solid electrolyte[J]. Adv Energy Mater, 2020, 10: 1903993.

[141] Jiang C S, Dunlap N, Li Y, et al. Nonuniform ionic and electronic transport of ceramic and polymer/ceramic hybrid electrolyte by nanometer-scale *operando* imaging for solid-state battery[J]. Adv Energy Mater, 2020, 10: 2000219.

[142] Catarelli S R, Lonsdale D, Cheng L, et al. Intermittent contact alternating current scanning electrochemical microscopy: A method for mapping conductivities in solid Li ion conducting electrolyte samples[J]. Front Energy Res, 2016, 4: 1-8.

[143] Li Y, Han J T, Wang C A, et al. Optimizing Li$^+$ conductivity in a garnet framework[J]. J Mater Chem, 2012, 22: 15357-15361.

[144] Li Y, Wang Z, Li C, et al. Densification and ionic-conduction improvement of lithium garnet solid electrolytes by flowing oxygen sintering[J]. J Power Sources, 2014, 248: 642-646.

[145] Lu Z, Yang Z, Li C, et al. Modulating nanoinhomogeneity at electrode-solid electrolyte interfaces for dendrite-proof solid-state batteries and long-life memristors[J]. Adv Energy Mater, 2021, 11: 2003811.

[146] Porz L, Swamy T, Sheldon B W, et al. Mechanism of lithium metal penetration through inorganic solid electrolytes[J]. Adv Energy Mater, 2017, 7: 1701003.

[147] Wu J F, Guo X. Origin of the low grain boundary conductivity in lithium ion conducting

perovskites: $Li_{3x}La_{0.67-x}TiO_3$[J]. Phys Chem Chem Phys, 2017, 19: 5880-5887.

[148] Kim J S, Kim H, Badding M, et al. Origin of intergranular Li metal propagation in garnet-based solid electrolyte by direct electronic structure analysis and performance improvement by bandgap engineering[J]. J Mater Chem A, 2020, 8: 16892-16901.

[149] Song Y X, Shi Y, Wan J, et al. Dynamic visualization of cathode/electrolyte evolution in quasi-solid-state lithium batteries[J]. Adv Energy Mater, 2020, 10: 2000465-2000473.

第6章 扫描探针显微术在光电化学中的应用

6.1 背　　景

发展光电化学材料和器件，推动能源的高效转化，对于实现碳达峰、碳中和的国家重大战略目标具有重要意义。光电化学材料和器件在外加或者内建电场下，光生载流子被收集发电或者注入载流子辐射复合发光的过程中，常伴随着能量转移、氧化还原等，引起光能、电能和化学能之间的相互转化。光电化学材料和器件通常从分子层次设计，但分子特性及其聚集态结构不仅随空间位置改变，而且在实际工况下动态演变，难以通过理论模型准确推测宏观尺度材料和器件的能源转化效率。

本章将聚焦于扫描探针显微术在光电化学材料和器件方面的研究工作。通过充分发挥扫描探针技术高分辨、原位和工况等优势，研究分子特性及其聚集态结构的时空变化规律，从而准确理解光电化学转化过程中的能量转移机制，载流子动力学行为及化学反应路径和载流子动力学等，为分子层次的材料和器件优化设计提供判据，有助于突破能源转化效率瓶颈。

6.2 分子发光和能量转移

分子的本征发光特性是决定光电转化效率的关键因素，在活体成像、新型显示和新能源等领域被广泛关注。而当几个分子距离很近时，发光的过程中还会伴随能量转移。因此，从分子尺度理解本征发光过程和能量转移机制具有重要意义。基于STM技术的针尖增强拉曼光谱（TERS）、针尖增强光致荧光（TEPL）和针尖诱导发光技术（STML）是目前常用的近场光学技术，不仅可以利用STM亚纳米尺度空间分辨能力获得单分子的实空间形貌特征与电子态信息，而且能够引起局域电磁场的针尖增强效应，非常适合研究分子本征发光特性和分子间能量转移[1-6]。

6.2.1 单分子本征发光特性

TERS技术通过使用超高真空STM针尖对局域拉曼信号的增强作用，能够在识别单个分子的同时获得其单分子拉曼光谱，已被广泛应用于单分子催化、二维材料表征、生物大分子结构识别等领域。2013 年董振超团队在超高真空和液氮温度（78K）条件下利用 TERS 系统，在国际上首次实现了单个四（3,5-二叔丁基苯基）卟啉（H_2TBPP）分子的亚纳米分辨拉曼光谱成像（图 6.1）[7]。他们利用金属 Ag 针尖与衬底之间所形成的纳腔等离激元的宽频、局域和增强特性，清晰展示了单个分子内的拉曼振动模式的空间分布，实现了 0.5nm 的高空间分辨率。这项研究结果突破了光学成像手段中衍射极限的瓶颈，将具有化学识别能力的空间成像分辨率提高到一个纳米以下，为研究单分子非线性光学和光化学过程开辟了新的途径。在此基础上，2015 年该团队又利用所研发 TERS 技术的超高空间分辨能力，实现了表面上紧邻的两种结构相似的卟啉衍生物分子的光谱识别[8]。研究结果表明，即使二者同属卟啉分子家族，利用超高分辨的非线性 TERS 技术，仍然可以对接触距离在范德瓦耳斯相互作用范围内（约 0.3nm）的相邻不同卟啉分子进行清晰的化学识别，所测得的拉曼光谱具有各自特征的振动"指纹"，能够明显识别分子的"身份"和结构。该结果是突破化学识别极限能力的一个重要进展。

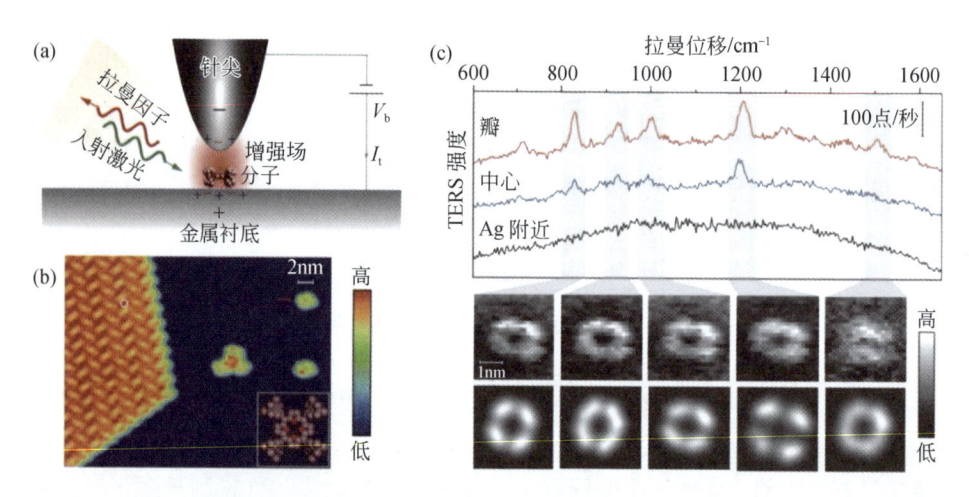

图 6.1 （a）TERS 系统的结构示意图，其中 V_b 为样品偏压，I_t 为隧道电流；（b）亚单层 H_2TBPP 分子在 Ag（111）上的 STM 形貌图，插图为 H_2TBPP 的化学结构模型；（c）Ag（111）表面单个 H_2TBPP 分子的 TERS 光谱［红线：分子的叶状区域，蓝线：分子的中心区域，黑线：Ag（111）衬底区域］及不同振动模式下的光谱成像及理论模拟结果[7]

2016 年，Van Duyne 团队在室温和超高真空环境下利用 TERS 测量了 Cu（111）表面两种亚稳态的 H_2TBPP 异构体的构象转换，并通过线扫描方式分析了特定振动模式下的强度变化，其空间分辨率可以达到 2.6Å，并能够有效区分相邻分子之间的构象差异[9]。2019 年，Apkarian 团队在液氦温度下利用 TERS 技术表征了 Cu（100）表面上单个四苯基钴卟啉（CoTPP）分子，清晰展示了不同振动模式下的空间分布特征，并从原子角度分析了由振动驱动的分子内电荷和电流，将分辨率进一步提高到了 1.67Å[10]。同年，董振超团队提出了一种确定分子化学结构的新方法——扫描拉曼埃分辨显微术（SRP）[11]，再次将空间分辨率提高到 1.5Å。并利用该技术在实空间获得了镁卟啉（MgP）分子各种本征振动模式完整的空间成像图案，并发现和观察到了分子对称和反对称振动模式中显著不同的干涉效应（图 6.2）。研究者以单个 MgP 分子作为模型体系，采用"搭积木"方式把各个化学基团拼接起来，实现对整个分子化学结构的构建。因此，SRP 技术所具备的这种解析未知分子化学结构的能力，将为在单个化学键尺度上确定单分子的化学结构、原位研究表面物理化学过程和表面催化反应等提供新的手段。

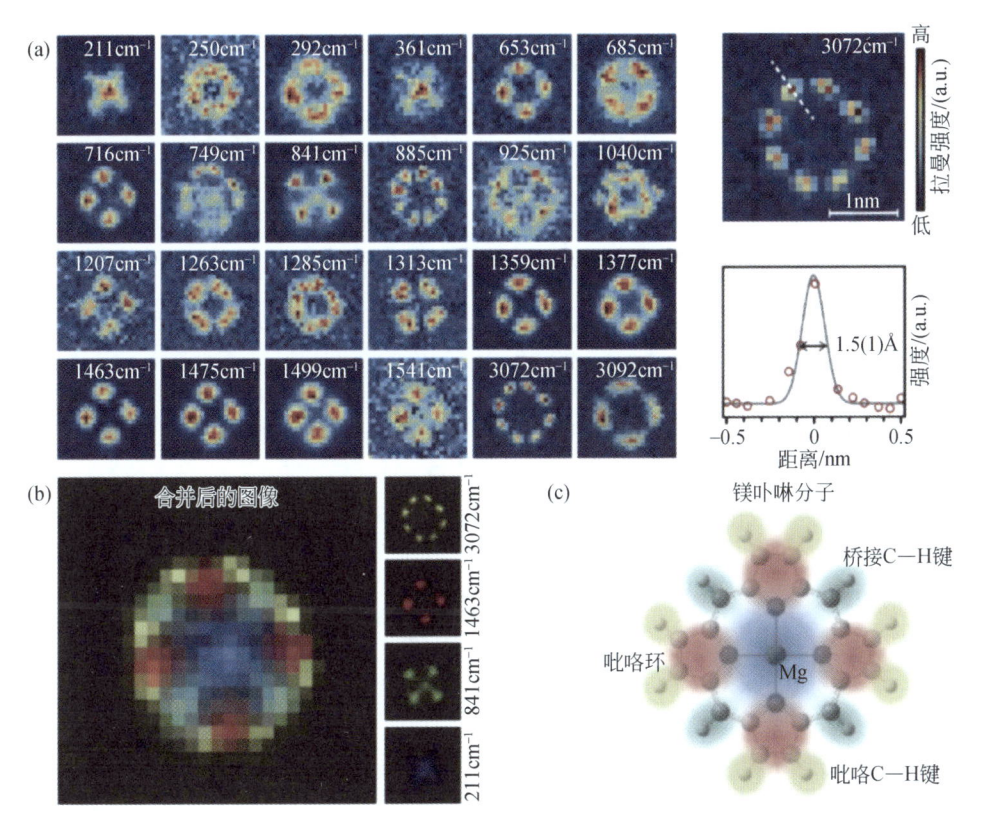

图 6.2 （a）MgP 分子各种不同振动模式的完整 SRP 图像，其中 3072cm^{-1} 模式的 SRP 图像中线条方向的 TERS 强度变化，展示了 1.5Å 的空间分辨率；（b）通过右边四个图案的重叠合成的 SRP 图像；（c）基于 b 图模式空间分布与化学基团信息，采用类似搭积木方式重构 MgP 分子结构的示意图[11]

此外，在单分子水平上探索键的断裂和形成以及相关的结构变化对于理解化学反应的机制至关重要。2017 年，任斌团队[12]利用苯基异氰化物作为探测分子，通过 TERS 表征揭示了 Pd/Au（111）双金属表面上不同位点的催化活性。Pd/Au

等双金属催化剂在各种催化反应中都表现出优异的性能。但由于双金属催化剂结构的复杂性,其结构与反应活性之间的关联一直都是一个难题。任斌研究团队通过借助 TERS 技术在实空间探测亚单层 Pd/Au(111)双金属模型催化剂的位点特异性和物理性质。实验观察到与 Pd 平台上相比,在 Pd 台阶边缘吸附的苯基异氰化物的氮碳键减弱,反应活性增强。结合密度泛函理论证实了这些结果是由于台阶处的低配位 Pd 原子具有更高的 d 带原子分布。2020 年,他们还研究了 Pd/Au(111)双金属表面氢氧自由基的产生与扩散问题[13]。活性氧物种在许多与清洁能源和环境有关的重要催化反应中起着关键作用,但对活性氧生成的活性位点的表征和表面性质的研究仍然具有挑战性。为此该团队利用 TERS 来探测 Pd/Au(111)双金属催化剂表面 OH 自由基的局部生成和扩散。过氧化氢(H_2O_2)可以在金属表面催化生成具有活性的 OH 自由基,然后诱导表面的硫代盐氧化。通过对未反应硫代盐分子空间分布的 TERS 成像,发现 H_2O_2 仅在 Pd 表面产生氢氧自由基,且 Pd 台阶边缘的活性比 Pd 平台高得多,而 Au 表面不活跃。此外,研究还发现 Pd 台阶边缘局部生成的 OH 自由基可以扩散到 Au 和 Pd 表面,并诱导氧化反应,扩散长度约为 5.4nm。因此 TERS 成像不仅揭示了 OH 自由基的活性位点,而且还表征了 OH 自由基在真实空间中的扩散行为。该研究结果对理解活性氧物种参与的催化反应具有重要意义。

2021 年,董振超团队[14]利用低温超高真空 TERS 系统研究了 Cu(100)表面竖直吸附的单个三聚氰胺分子的 TERS 光谱特征,原位跟踪了三聚氰胺分子的断键过程,演示了在单化学键水平上、垂直探测深度约为 4Å 的光谱灵敏度。这不仅证明了分子吸附在衬底的过程中底部的脱氢反应,还观察到光致异构化过程中顶部 N—H 键的断裂以及侧边 N—H 键的形成。此研究结果表明,TERS 对单分子识别的化学和结构敏感性不仅限于平面分子。同年,王兵团队[15]通过将具有原子级化学分辨的 TERS 技术与 Q-plus AFM 技术相结合,研究了并五苯分子在光照下发生的脱氢现象,利用 TERS 的高分辨化学识别能力,重构出了脱氢后的并五苯分子的结构。实验发现 TERS 给出的结构信息与 Q-plus AFM 图像的结果是一致的,即分子两侧的 C—H 键消失了。该实验使得我们能够明确地通过特定的碳氢键断裂将三种五苯衍生物的结构和化学性质联系起来。该策略为确定广泛存在于表面催化、表面合成和二维材料中的化学结构提供了全面的解决方案。同年,Kim 团队[16]也利用 TERS 研究了银表面上 DEBP 分子末端炔烃的相互作用。高不饱和的富π碳骨架可以为低维碳纳米材料提供多样化的结构和光电性能,但合成过程较为复杂。该团队以末端炔烃的耦合为模型体系,展示了一种单化学键水平上识别并可视化生成的π-骨架的方法,利用 STM/STS 和 TERS 在真实空间中解析了碳骨架的特征电子特征和局域振动模式,实验结果显示,适度的表面加热可以形成具有π电子体系的烯炔化合物或多烯化合物。STM、Q-plus AFM 和 TERS 技术相结合,可以对表面上结构类似的物种及其和表面的相互作用进行亚纳米尺度的原子结构和化学结构表征。该技术有望进一步在异相催化、界面化学领域等基础研究中得到广泛的应用,为原位解析表面物理化学过程和光电催化反应提供重要依据。

当物质吸收短波长的光子之后进入激发态,随后立即退激发并发出波长更长的光子,这一现象被称为光致发光或者荧光。2020 年,董振超团队[17]通过精准调控 TEPL 技术的针尖等离激元场和分子电子态,对单分子光致荧光的光物理过程和成像分辨率进行了定量深入的研究。该团队通过精细的针尖修饰方法,在探针尖端构筑了一个原子尺度的银团簇突起结构,并将纳腔等离激元共振模式调控到与入射激光和分子发光的能量均能有效匹配的状态,从而成功实现了亚纳米(~8Å)分辨的单分子光致发光成像(图 6.3),实现了基于 STM 的 TEPL 技术的一个关键问题,即如何抑制由分子与金属衬底之间的直接电子转移引起的荧光猝灭效应。由于 STM 研究需要使用导电衬底,存在分子和金属之间的电荷转移和能量转移,不仅导致非辐射过程被放大并占主导,而且极大限制了空间分辨率的提升,难以适应单分子表征需求。为了得到分子的本征荧光,需要隔绝分子和金属衬底之间的作用,即引入脱耦合层。实验上采用 3 个原子层厚度的氯化钠(NaCl)介电层,用于隔绝酞菁分子与银金属衬底之间的电荷转移。介电层的引入既抑制

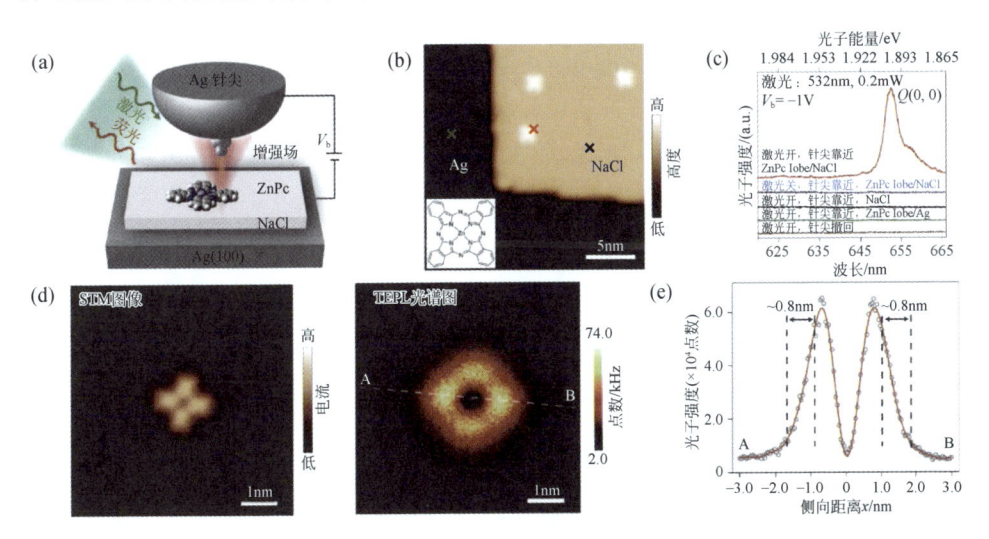

图 6.3 (a)三单层厚度 NaCl/Ag(100)表面上单个 ZnPc 分子产生 TEPL 的实验装置示意图;(b)三个单层厚度的 NaCl 岛和裸露的 Ag(100)表面上分离的 ZnPc 分子的 STM 图像,插图为 ZnPc 的分子结构模型;(c)在图(b)彩色叉标记位置获得的 TEPL 光谱,为了进行比较,图中还显示了激光关闭光谱(蓝色)和尖端收缩光谱(棕色);(d)等高模式下,同时记录的在三单层厚度 NaCl/Ag(100)上单个 ZnPc 分子的 STM 图像和 TEPL 光谱图;(e)d 中虚线处 A-B 的光子强度分布图[17]

了荧光猝灭效应，又规避了远场背景噪声的干扰。实验结果显示，当探针逼近分子时，即便间距在 1nm 以下，光致发光的强度还是一直在随间距的变小而单调增强，通常存在的荧光猝灭现象完全消失。进一步模拟和分析表明，原子级突起的探针与金属衬底形成等离激元纳腔时，纳腔等离激元的共振响应和原子级突起结构的避雷针效应会产生协同作用，从而在针尖下方诱导出显著增强和高度局域的电磁场，将腔模式体积压缩到 $1nm^3$ 以下，使得局域光子态密度及其催生的分子辐射速率极大增加。该效应不仅抑制了针尖逼近分子时的荧光猝灭，而且也使得亚纳米分辨的光致发光成像得以实现。该研究结果实现了扫描近场光学显微领域长期期待的用光解析分子内部结构的目标，为在亚纳米尺度上探测和调控分子局域环境及光与物质相互作用提供了新的技术方法。

STML 是通过高度局域的隧穿电子激发隧道结发光，并测量隧道结发射出的光子信息的技术。STML 的测量结果揭示了隧道结内所发生的电光转换过程，有助于我们从纳米尺度理解能量转移与传递等过程。2003 年裘晓辉和 Wilson Ho 等[2]首次报道了单分子的 STML 成像。他们在 NiAl（110）表面沉积了超薄氧化铝薄膜，成功探测到了 STM 隧穿电子所激发的单个卟啉分子的发射光谱。利用 STM 的高空间分辨率揭示了分子不同位置的光谱差异，为推动分子构象结构的单分子光谱学发展做出了重要贡献。在此之后，该团队[3]同样利用氧化铝作为脱耦合层，观察到了单个 MgP 分子的 STML 光子图，分辨率可以到达亚分子水平。他们的研究结果表明，局部化学环境能够显著影响单分子内部光学跃迁特性。此外，该团队[18]还利用不同的湿化学方法设计合成了具有刚性三足结构的自脱耦合的卟啉分子，并将其沉积在 Au（111）上。实验发现无须额外的脱耦合层即能观察到单个卟啉分子通过隧穿电子激发的电致发光图像。该三足分子电致发光的单极特性结果表明，卟啉分子可能被热电子注入激发，然后激发态通过 Franck-Condon π^*-π 跃迁辐射衰减。这些结果为电致单分子光源的设计开辟了一条新途径。2012 年，Berndt 团队[19]报道了直接吸附在 GaAs（110）表面的（5,10,15,20）-四苯基-21H, 23H-卟啉（TPP）分子的带边电致发光和分子荧光。在 STM 诱导的荧光实验中，有两条重要的荧光通道，即电子在针尖-衬底间的非弹性隧穿过程激发局域在针尖-衬底间的光学等离激元发光和分子激子发光。该实验的荧光光谱结果显示隧穿电流未通过 TPP 分子，因此发光不是由隧穿电流引起的，而是针尖等离子体模式的无辐射能量转移导致的分子激发。

2017 年，董振超团队[20]首次利用 STML 实现了单分子单光子发射（图 6.4）。他们利用 NaCl 薄膜隔绝单个锌酞菁分子（ZnPc）与 Ag（100）衬底之间的直接电荷转移，以避免分子荧光被淬灭。实验结果首次清晰地展示了单个分子在电激励下的单光子发射行为及其单光子源阵列。发光光谱在~1.9eV 附近表现出尖锐的发光峰。通过分子发光强度的偏压依赖关系与分子电子态之间的关联，证实这种情况下分子激子的产生应该主要是通过载流子注入机制来实现的。该研究结果为在纳米尺度研究金属表面分子的光物理现象提供了新的手段。

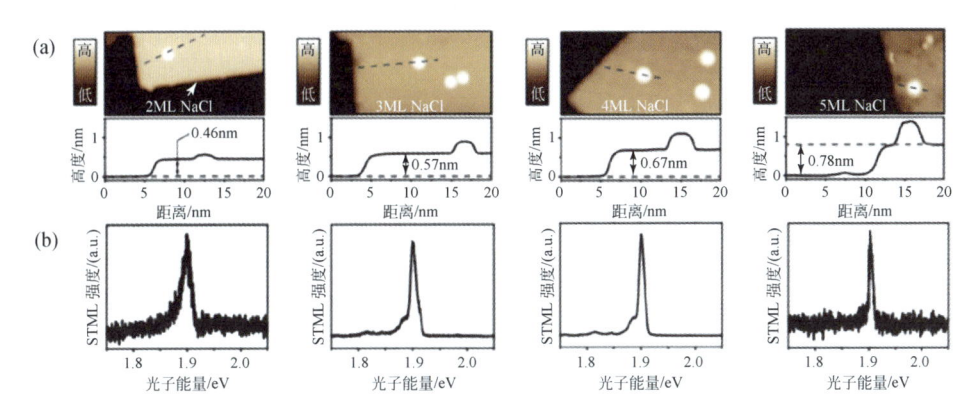

图 6.4 （a）单个 ZnPc 分子分别吸附在 2 分子层（ML）、3ML、4ML 和 5ML 厚的 NaCl 岛上的 STM 图像，NaCl 的层厚通过在图像下方显示的相应高度轮廓（沿虚线）测量结果来验证；（b）不同层厚的 NaCl 上的 ZnPc 分子对应的 STML 光谱[20]

2018 年，Guillaume Schull 团队[6]利用 STML 表征和调控了吸附在 NaCl 覆盖的 Au（111）表面的单个 ZnPc 分子的荧光光谱。荧光光谱显示 ZnPc 分子呈现中性态和氧化态，且两者具有不同的发射能量和振动指纹。通过调节 NaCl 绝缘层的厚度和位于 STM 顶端的等离子体厚度可以控制带电分子的发射。2019 年，董振超团队[21]利用 STML 实现了单分子的上转换发光。早期的研究已经证实了分子上转换电致发光存在于多种情况下，但其微观机制仍处于争论中。为此，该团队实现了自由基酞菁分子（H_2Pc）分子上转换电致发光，明确地排除了基于分子间耦合的机制。特别是，偏压相关的发射强度显示出三个不同的非线性电流依赖区域，这可以归因于非弹性电子散射和载流子注入过程相互作用引起的交叉行为。

通过电荷注入在有机分子中形成激子是有机发光二极管（OLED）的一个重要过程，2019 年，Yousoo Kim 团队[22]报道了使用 STM 对单分子电致发光的研究，并演示了一种利用带电分子选择性形成 T1 激子的简单方法。他们将 3,4,9,10-苝四羧基二酸酐（PTCDA）分子吸附在覆盖有三单层 NaCl 薄膜的 Ag（111）上，利用 STM 探针将 PTCDA 分子 HOMO 能级上的电子抽走，制备了一个带负电荷的分子，形成三重态激子。调控针尖偏压发现，在高电压下显示磷光和荧光信号，在低电压下只有磷光发生，表明 T1 激子形成具有选择性。磷光的偏压依赖性和微分电导测量结果表明，T1 激子的主要形成机制是自旋选择性电子从带负电荷的 PTCDA 分子中去除。这些基础研究有望在未来的新型 OLED 分子设计中发挥指导作用。

综上所述，在单分子尺度探索发光特性，能够直观地揭示分子结构与本征光电化学特性的构效关系，有望在未来的新型光电化学材料和器件的分子设计中发挥重要的指导作用。

6.2.2 分子聚集体中的能量转移

分子间的能量转移是指能量从供体分子转移到受体分子的过程，它可以经由辐射途径，通过供体分子辐射出的光子被受体分子重新吸收来实现，也可以经由非辐射途径，通过分子间相互作用直接实现，而后者更受大家的关注。非辐射能量转移在人造光收集系统、生物传感器和有机分子半导体等新兴领域有重要意义。人们通常认为分子间的能量转移是以递进式的非相干传递来实现的，即由接受能量的分子传送给相邻的下一个分子。尽管不断有新的实验数据表明，分子间的高效能量转移可能具有一定的相干性，但目前对它的研究主要采用光谱分析和超快激子动力学分析等光学探测手段[23-26]，难以准确分辨受体分子之间能量转移过程中的相干和非相干传递形式。而 STML 技术不仅突破了光学衍射极限的限制，而且结合 STM 的单分子操纵能力可以有效调控分子聚集态结构，能够直观地研究分子间荧光共振能量转移的基本机制。

1. 同种分子间的能量转移

在分子系统中，多个发光体可以通过相干偶极相互作用形成离域的集体态，它们在分子间能量转移以及量子体系设计等方面具有重要的作用。2017 年 Guillaume Schull 团队[27]利用 STML 技术得到了 ZnPc 多聚体的电子振动峰的实空间成像。该团队同样利用 NaCl 绝缘层来隔绝单个的 ZnPc 分子与 Ag（100）衬底之间的直接电荷转移。通过电子激发 ZnPc 分子，STML 光谱在 1.9eV 左右表现出尖锐的具有分子特征的发光峰，与 ZnPc 分子的荧光相对应。此外，光谱在较低的能量范围也显示了一些较弱的发光峰，这些发光峰与分子的振动模式有关，并构成了被探测分子的光谱"指纹"。基于 STM 探针，研究团队获得了亚纳米分辨率的分子振动信号。该方法可以用于区分吸附在表面的不同分子，是向亚纳米分辨率的分子振动模式光谱迈出的决定性一步。

对于该体系，2016 年董振超团队利用自主研发的亚纳米空间分辨的电致荧光光谱成像技术，从实空间层面系统地研究了分子间的各种偶极耦合方式与特性（见图 6.5）。该团队[4]利用 STM 探针操纵可控构筑了 ZnPc 的二聚体，其中心间距约为 1.45nm。结合 STML 技术，将高度局域的隧穿电子注入到 STM 探针下方的一个分子中，将其激发至激发态。通过测量二聚体的电致荧光光谱，证实二聚体的光谱特征变得与孤立的单个分子完全不同，荧光峰发生了劈裂。进一步地，通过在 ZnPc 分子二聚体的不同位置来激发分子，并进行亚纳米空间分辨的电致荧光成像，实验发现分子二聚体主要有五个特征荧光峰，分别对应于五个模式，这些空间分布特征不仅反映了分子二聚体的局域光学响应特性,而且还直观地揭示了分子二聚体中各个单体跃迁偶极之间的耦合方向和相位信息。分子二聚体光谱特征的变化表明,当分子通过库仑作用相干地耦合在一起时,从 STM 探针局域注入的电子激发能量迅速地被整个分子二聚体所共有,分子之间发生了量子相干能量传递。这项研究工作从实空间直观理解了分子体系的相干偶极耦合行为,为研究分子间相互作用和能量转移开辟了的新途径。

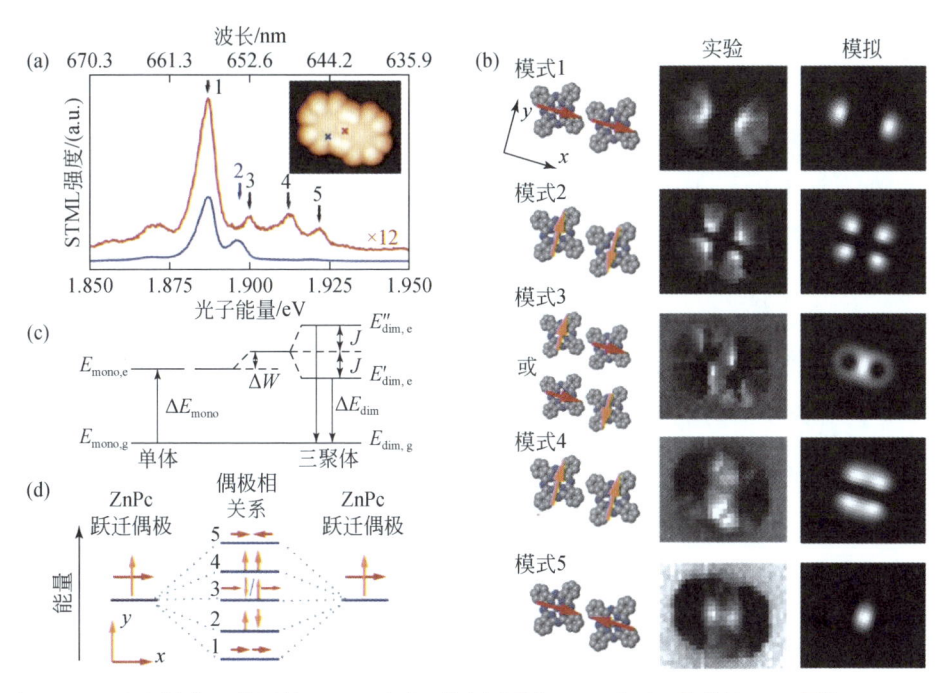

图 6.5 (a) 插图中标记位置的 STML 光谱,其中插图为 ZnPc 分子二聚体的 STM 图像;(b) ZnPc 分子二聚体跃迁偶极子的示意图、能量分辨光子图的实验结果及模拟结果;(c) 分子二聚体的激子能带图;(d) 不同相干偶极-偶极耦合模式下的激子分裂图[4]

2019 年董振超团队[28]将 STM 的单分子操纵能力、绝缘氯化钠薄层的脱耦合作用及纳腔等离激元的局域增强效应结合起来,构筑了包含 2~12 个酞菁染料分子的有序分子链结构,并且研究了通过局域隧穿电子激发的这些分子链体系的发光特性及其随链长的演化。利用亚纳米空间分辨的电致荧光成像技术,研究发现发光强度最大并且能量最低的发光峰模式对应于所有的分子偶极以共线同相的方式耦合在一起,即该发光模式对应于超辐射模式。当分子链体系中的一个分子被局域电子激发后,激发能会迅速地离域到整个分子链,形成单激子超辐射态,进而产生单光子超辐射现象。此外,他们还发现纳腔等离激元会影响单光子超辐射峰的展宽和强度及其随链长的演化行为,但不会影响通过分子间偶极耦合建立的超辐射态的内在相干特性。这些结果不仅提供了对分子体系集体模式以及它们与局域纳腔等离激元相互作用的新理解,而且也为研究分子间相互作用以及多体相互作用提供了新途径。

2. 不同种分子间的能量转移

能量从供体分子转移到受体分子的转移过程通常发生在不同种分子之间,因此研究异种供体和受体分子之间的能量转移对于理解分子间相互作用和能量转移机制具有重要意义。2016 年,Kim 团队[5]利用 STML 技术在单分子尺度下研究了镁酞菁分子(MgPc)和 H_2Pc 之间的能量转移(见图 6.6)。将 H_2Pc 和 MgPc 分子分散在覆盖有三单层 NaCl 的 Ag(111)表面上,并对比了 MgPc-H_2Pc 二聚体以及独立的 MgPc 和 H_2Pc 分子的 STML 光谱。当 MgPc 分子和 H_2Pc 分子距离较近时(<2.4nm),通过高度局域的隧穿电子激发 MgPc 分子可以看到 H_2Pc 分子的 Q_x 态的发光,并且随着分子间距离的不断减小,通过激发 MgPc 分子得到 H_2Pc 分子的 Q_x 态的发光变强,这说明能量转移的效率也相应变高。其能量转移的唯一可能机制是 MgPc 的 Q 态到 H_2Pc 的 Q_x 态的共振能量转移。

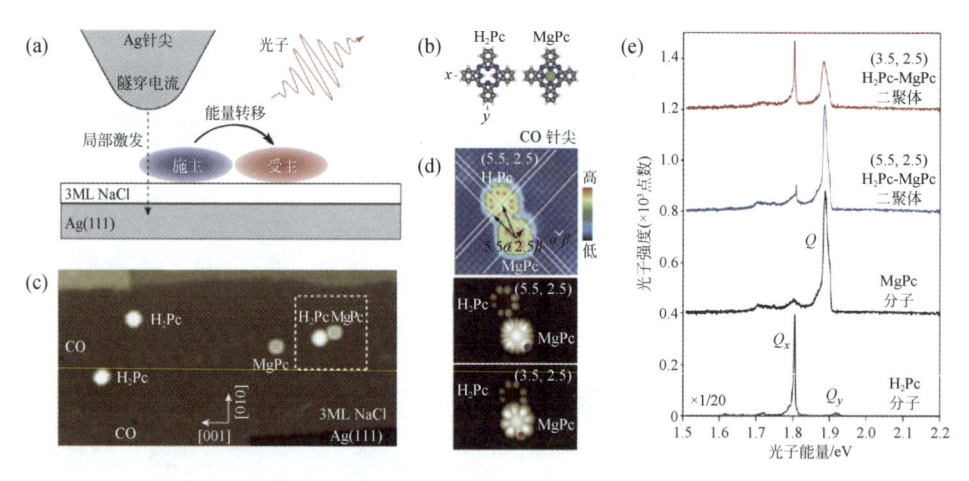

图 6.6 (a)观察两个分子之间能量传递的实验设计示意图;(b)H_2Pc 和 MgPc 分子的结构模型;(c)三层厚度的 NaCl/Ag(111)表面上 H_2Pc 和 MgPc 分子的 STM 图像;(d)图 c 中虚线区域的 STM 放大图像(顶部:CO 探针成像结果,中部和底部:金属探针成像结果)。(e)H_2Pc 分子、MgPc 分子、(3.5, 2.5)二聚体和(5.5, 2.5)二聚体的 STML 光谱[5]

2021 年,Guillaume Schull 团队[29]通过亚纳米分辨率监测多色团结构中的能量漏斗效应。在多色组合内的能量漏斗是植物有效转换太阳能的核心,该团队将三种分子:钯酞菁分子(PdPc)、ZnPc 和 H_2Pc,沉积在覆盖有三层氯化钠的 Ag(111)表面,并使用 STML 来探测组装在表面上的多体结构,模拟光合系统开发的策略(见图 6.7)。首先,研究团队测定了单个分子的 STML 光谱。PdPc,ZnPc

特征峰分别在~1.92eV，~1.90eV。H$_2$Pc 偶极子的方向不同，因而具有两个特征峰，分别是~1.81eV，~1.93eV。这些特征峰被用于推断 STM 图像中的分子种类和分析共振能量转移的模式。其次，研究团队使用 STM 针尖操作技术，由上述三种分子构建了三组不同的二聚体，研究了共振能量在两个分子之间的转移。由于分子间偶极与偶极的相互作用，供体的能量会传递给受体。文章中还指出供体分子和受体分子偶极的角度，以及二聚体内分子的间距等都会影响到共振能量转移。在二聚体的实验基础上，构建了 PdPc（供体）-ZnPc-H$_2$Pc（受体）三聚体。研究团队发现存在具有较大光学带隙带宽的 PdPc 到较小光学带隙带宽的 H$_2$Pc 之间有序的能量转移。上述研究结果表明，STML 光谱证明了部分能量由施主传递给了受主，并且能量传递与距离有很强的依赖关系。

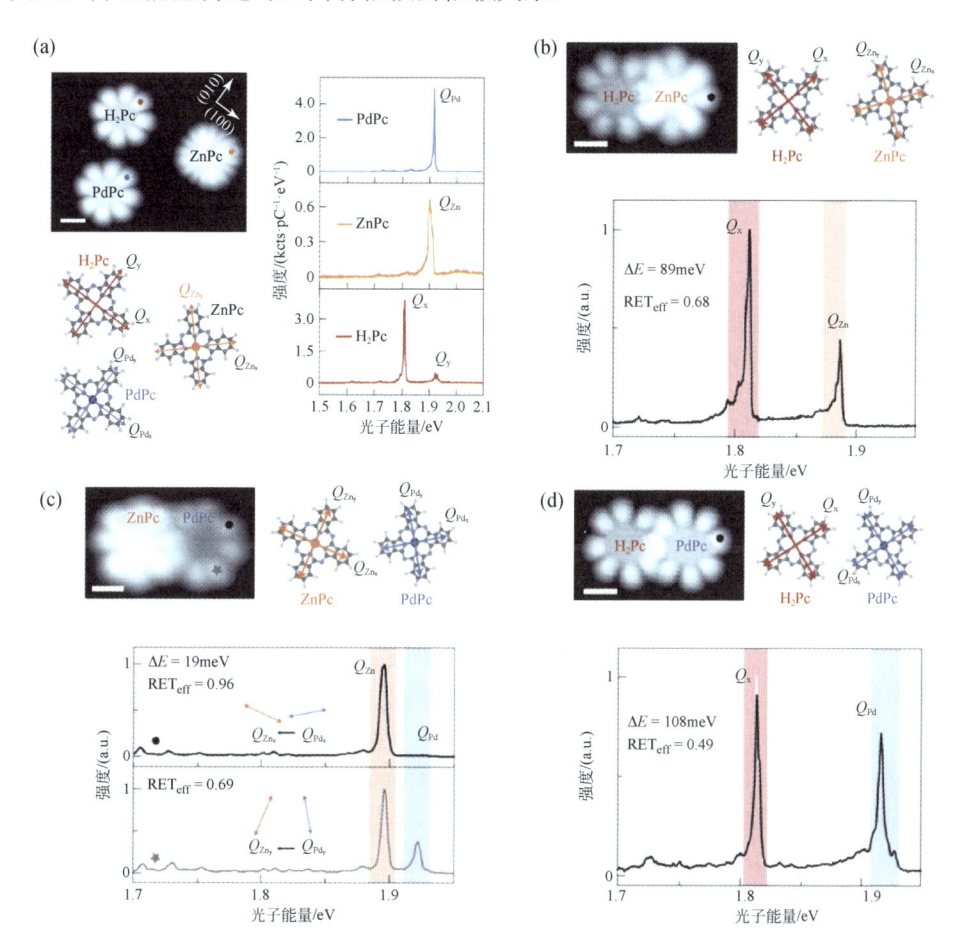

图 6.7 H$_2$Pc、ZnPc、PdPc 单分子（a）、H$_2$Pc 和 ZnPc 二聚体（b）、ZnPc 和 PdPc 二聚体（c）、H$_2$Pc 和 PdPc 二聚体（d）对应的 STM 图像、结构模型图和 STML 光谱结果[29]

2022 年，董振超团队[30]以铂酞菁分子（PtPc）（供体）和 ZnPc（受体）为模型体系，通过 STM 操纵可控地改变供体-受体分子的间距与取向等结构特征，同时监控受体分子发光强度随着分子间距减小的变化特征，从实空间成像的角度研究了分子间能量转移机制的演化过程。STML 结果显示，当分子间距较远时（≥1.7nm），供体分子可以将能量通过偶极相互作用传递给受体分子，但供体与受体分子的偶极发射过程仍是相互独立的。然而，当供体-受体中心间距减小至 1.5nm 左右，以致分子间最近邻原子间隙小于范德瓦耳斯接触时，光谱特征上出现了两个新的荧光峰，光子成像图呈现出类似于"σ反键轨道"的离域特征图案。这表明供体和受体分子沿中心连线方向的偶极以共线同相的方式相干耦合在一起，出现了双向的量子相干传能现象。另外，他们还发现量子相干传能发生与否还与分子跃迁偶极的取向密切有关，并提出了量子相干传能发生的新判据。在此基础上，董振超团队还构筑了非相干和相干传能通道能同时存在的"三聚体"结构，用于调节能量转移通道。实验发现，在一步转移过程中，相干电子能量转移通道的效率大约是非相干通道的三倍。此外，如果分子可以正确排列在分子网络中，则激发能量可以在整个网络上瞬间离域。该结果为量子相干传能提供了更为高效的直接证据。

综上所述，STML 成功实现了同种分子和异种分子聚集体之间能量转移过程的研究，获得了供受体分子之间偶极-偶极相互作用诱导的相干性能量转移机制的实验证据，为分子聚集体的设计和调控奠定了基础。

6.3　光催化反应

光催化反应是指半导体催化剂吸收光子所产生的光生电子-空穴对，在内建电场作用下发生分离，进而诱导氧化还原反应的过程。由于光催化反应能将太阳能转换为化学能，因此在清洁能源领域受到了广泛关注。先进的扫描探针技术，如 STM、Q-plus AFM 及基于 STM 的 TERS 技术，具有原子级的实空间分辨率，是研究光催化反应过程中化学键的键合和断裂等机理机制的理想手段。而扫描开尔文探针显微术（SKPM）与扫描电化学显微术（SECM）分别能够测量表面光电压和催化反应电流，是从纳米尺度解析光催化反应过程中催化剂微区的电荷分离特性与接触界面的反应动力学的有力工具。

6.3.1　单晶表面分子的光催化过程

自从 A. Fujishima 和 K. Honda 发现了二氧化钛（TiO_2）光电极可以在紫外光的照射下光解水制氢以后，TiO_2 材料的光催化性质得到了洁净氢能源、光催化降解有机污染物以及人工光合作用等领域的广泛关注。TiO_2 表面光催化反应起始于光的吸收[31-34]，TiO_2 吸收大于其带隙的光子后，则会产生电子空穴对，而电子-空穴分离后会在百飞秒量级时间范围内弛豫到导带或者是价带边上，多余的能量则会激发声子振动。而分离的电子或者是空穴会在皮秒或者是更长时间范围内与反应物相互作用，驱动反应发生。光生电子对与空穴的良好复合率和稳定性使 TiO_2 光催化剂具备显著的光催化性能，使其成为环境光催化领域万众瞩目的焦点。

多个研究团队通过发展原位光化学高分辨 STM 技术，从分子尺度系统研究了 H_2O、O_2、CO_2 等小分子在金红石型 TiO_2(110)-(1×1) 表面的吸附行为及针尖诱导的化学反应，为 TiO_2 表面的光催化活性位点及第一步反应提供了直接证据。Diebold 团队[35, 36]首先在真空环境中处理得到的 TiO_2(110) 表面，由五重配位的钛原子(5f-Ti)链和二重配位的桥氧原子(O_b)链相互交错组成。在还原性的 TiO_2(110)-(1×1) 表面，最典型的缺陷是单个 O_b 缺失形成的氧空穴（O_v），在 STM 图像上表现为亮点。O_v 会引入两个剩余电荷，使得 O_v 在吸附小分子时表现出极大的活性。此外，TiO_2(110)-(1×1) 表面另一种典型的缺陷为桥氧羟基缺陷（OH_b），OH_b 主要来源于真空腔室中的水在 O_v 位点的解离。由于氧空位对水的活性极高，在温度高于 187K 时即可以使水立刻解离形成羟基对，因此 OH_b 在 TiO_2(110)-(1×1) 表面是不可避免的。

王兵团队[37-39]利用原位的光化学 STM 技术，首次在时空间中展示了单个 H_2O 分子的光催化分解行为，并比较了与 O_v 协助的以及 STM 隧穿电子诱导的分解行为的不同。实验发现在 TiO_2(110)-(1×1) 表面，Ti^{4+} 位点是 H_2O 最稳定的吸附位，只有少数的 H_2O 会吸附在 O_v 位点。H_2O 会在 Ti^{4+} 原子分解成 OH_b 对，而 O_v 不是 H_2O 光催化活性位点。对于吸附在 Ti^{4+} 位点的 H_2O，其两个氢原子可以在 2.4eV 的电子激发下逐一脱附（见图 6.8）。原位光化学 STM 结果显示，紫外光可以使 H_2O 分解，但是效率很低，并且在 193~400nm 波长范围内水的解离效率不随光照波长的变化而变化。因此，H_2O 的光催化解离过程与针尖诱导过程不同，在紫外光照射下，H_2O 解离的初始步骤可能不是由热电子还原的，而是由光子产生的空穴氧化。杨学明团队[40, 41]也发现在 400nm 光照下，H_2O 在 R-TiO_2(110) 表面并不能发生解离。但是，在 266nm 光照下，H_2O 在这个表面却能发生解离，其结果同王兵团队的研究结果类似。同时，他们也发现，由于吸附在 Ti^{4+} 原子上 H_2O 分子之间氢键的影响，H_2O 在表面上的解离效率和水的覆盖度也有密切的关系。随着 H_2O 在 TiO_2(110) 表面覆盖度的增加，光照后桥氧上氢原子的数量在逐渐减少，表明 H_2O 覆盖度的增加能够有效地降低水解离的效率。

此外，王兵团队[42]通过在 80K 温度下的原位 STM 表征实验，首次观察到 O_2 的吸附位点为表面的 O_v 和 OH_b 等缺陷位点。并且，实验还发现通过针尖注入电子，吸附在 O_v 位点的 O_2 分子可以被 STM 针尖诱导分解，并且针尖诱导的 O_2

解离会经历一个中间态过程。在这个中间态过程中分子 O_2 会从以氧空穴为中心的平面平衡位点激发到一个倾斜结构的偏移位点。而吸附在 OH_b 位点的 O_2 比吸附在 O_v 中的 O_2 更稳定,在相对较高的针尖偏压下,仍可以稳定存在,并形成物理吸附的 $OH-O_2$ 复合体。在原位光化学 STM 实验中,也发现光生电子可以激发 O_2 在 O_v 位点分解,而 $OH-O_2$ 复合物在紫外光照射下非常稳定。

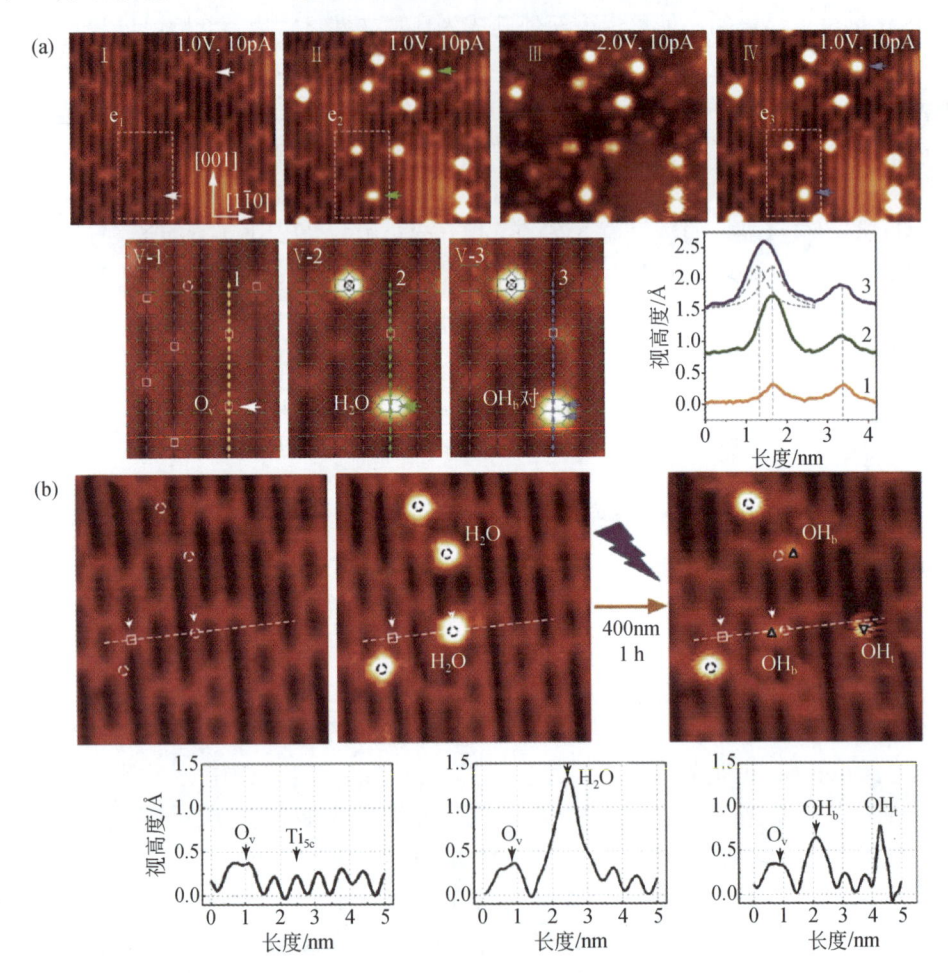

图 6.8 针尖诱导(a)及紫外光诱导(b)Ti(110)-(1×1)表面的 H_2O 分子解离的 STM 结果[37]

Lyubinetsk 团队[43]研究了 $TiO_2(110)$ 表面 H_2O 分子和 O 原子反应的两种路径。实验显示在 $TiO_2(110)$ 表面暴露氧气时会产生氧吸附原子(O_a),并且通过两种不同的途径改变 H_2O 的解离和重组化学。O_a 可以促进 H_2O 分子的解离和质子的转移,并形成末端羟基对。但根据 H_2O 和 O_a 吸附位点的不同(在相同的 Ti^{4+} 链上或相邻的 Ti^{4+} 链上),所形成的末端羟基对则可以位于 Ti^{4+} 链上或横跨 Ti^{4+} 链。在这两种途径中，H 的反向转移导致 H_2O 分子的重整和 O 原子的置乱，表现为 O_a 明显地沿 Ti^{4+} 链或跨 Ti^{4+} 链运动。

此外，王兵团队[44]从分子层面上研究了 CO_2 与 TiO_2 表面的相互作用，精确测量了 CO_2 分解成 CO 的中间过程和能量变化。实验结果显示，在低覆盖度下，O_v 是唯一稳定的吸附位点。通过 STM 针尖注入电子，可以使单个电子附着的 CO_2 分子形成激发态，进而将 CO_2 还原成 CO。CO_2 的分解是单个电子通过最低未占据轨道（LUMO）附着到分子上形成激发态，并最终诱导分解的过程。实验中还获得了 CO_2 分解的电子能级阈值为 1.8eV。

TiO_2 除作为人工光合作用的催化剂也可以用于其他光催化反应。甲醇作为非常简单的有机物，研究甲醇在 TiO_2 表面的光催化反应对于理解光催化的反应机制以及光催化剂的实际应用都具有深远的意义。在早期的研究中，Henderson 团队[45, 46]发现在 $TiO_2(110)$ 表面，甲醇主要以分子形式吸附在 Ti^{4+} 原子上。与水只有在还原性 R-$TiO_2(110)$ 表面的桥氧空位处才能发生解离不同，甲醇在桥氧空位和 Ti^{4+} 原子上都可以发生解离。2015 年，杨学明团队[40, 47-49]详细研究了 $TiO_2(110)$ 表面甲醇的光解离基元过程。其结果显示，利用 400nm 光照射甲醇覆盖的 $TiO_2(110)$ 表面，甲醇能够高效地发生解离。并且对比甲醇在 355nm 和 266nm 光照射下在 $TiO_2(110)$ 表面的解离结果发现，甲醇在 266nm 照射下的解离速率是 355nm 照射下的 100 倍，而 $TiO_2(110)$ 对 266nm 光的吸收系数比 355nm 也就高了 2～4 倍，这充分说明了光子能量对反应进程有非常显著的贡献。

王兵团队[50-52]同样利用原位的光化学 STM 技术，研究了单个 CH_3OH 分子的光催化分解行为。对于 CH_3OH 分解，实验发现 CH_3OH 在 O_v 的分解和光催化过程无关，是缺陷协助的分解行为，并在分解后 O_v 无法复原，O_v 不可能提供持续的催化活性。另一方面，实验也证实了 Ti^{4+} 原子位点是 TiO_2 表面的光化学活性位点。利用非弹性隧穿电子注入可以使 Ti^{4+} 原子位点上的 CH_3OH 分解。在波长小于 400nm 的紫外光的照射下，Ti^{4+} 上的 CH_3OH 通过质子转移到对面邻近的桥氧原子上生成 OH 而分解，这是光生空穴诱导 CH_3OH 分子的氧化分解过程。此外，研究团队在高覆盖度 CH_3OH 吸附的 $TiO_2(110)$ 表面观察到了 CH_3OH 分子在氧空穴分解与复合的可逆反应。结合理论计算，认为 Ti^{4+} 位点上迁移的 CH_3OH 和吸附在氧空穴的 CH_3OH 之间通过分子间相互作用发生了质子交换，并直接表现为吸附在氧空穴的 CH_3OH 通过脱氢和加氢方式进行分解和复合。

以上成果为了解 TiO_2 表面光催化反应提供了清晰的物理图像，解决了关于 $TiO_2(110)$-(1×1) 表面光化学活性位点以及光分解 H_2O 及甲醇等分子的第一反应过程的长期争论，为进一步设计光催化 CO_2 还原分解过程和深入理解 TiO_2 表面的光催化机制提供了分子尺度的参考信息。

6.3.2 纳米材料表界面的光催化过程

纳米材料具有较大的比表面积，一方面通过大量的表面态诱导表面能带弯曲，产生内建电场促进电荷分离，另一方面能够提供丰富的活性位点，提高光催化反应速率。深入研究纳米材料表面态对载流子动力学行为和反应动力学的作用机制、对提升光催化效率具有重要意义。扫描开尔文探针显微术（SKPM）、扫描电化学显微术（SECM）和扫描电化学池显微术（SECCM）等不仅具有空间分辨能力，而且可以表征纳米光催化剂材料的载流子动力学和反应动力学，能够为高效光催化材料设计提供依据。

1. 光催化过程的电荷分离

光催化材料的电荷分离能力直接决定了其氧化还原反应速率，进而影响太阳能-化学能的转换效率。光催化材料的表面态诱导表面相对于体相的能带弯曲，会促进光生电荷分离并引起少子在表面的积累，诱导表面电势发生变化。通过 SKPM 测量样品表面电势在光照和暗态的差值，得到样品的表面光电压（SPV），可以直观地解析光催化材料的电荷分离能力。

对于纳米晶催化剂，晶面结构与表面能带弯曲密切相关，显著影响光生电荷分离。然而，纳米晶晶面结构的异质性分布如何以及光生电荷分离情况如何往往缺乏纳米尺度的直观表征。2018 年，李灿团队[53]利用 SKPM 测量了氙灯照射前后 Cu_2O 纳米晶向光晶面和背光晶面的 SPV，分别约为 30mV 和-10mV（见图 6.9）。在氙灯照射的反方向照射 450nm 波长的激光，背光晶面的 SPV 随着激光强度增大逐渐由负变正，最终与光照晶面的 SPV 一致。这表明氙灯照射下，光生空穴和电子分别传输至向光的（001）[54]晶面和背光的（111）晶面。而在反方向的激光照射下，背光晶面累积的电子逐渐转变为空穴。结合连续性方程模拟分析，光生电荷快速分离归因于电子迁移率相比空穴迁移率高～100 倍。该研究基于 SKPM 的空间分辨能力直观地揭示了光生电荷分离的晶面结构作用机制。

纳米晶催化剂表面结构复杂，其表面态的可控调节极具挑战。通过原位生长的方式构筑同质结是有效调控表面电子结构，进而增强能带弯曲与光生电荷分离的有效技术方案之一。2017 年，李灿团队[55]运用两步法成功制备了生长金红石-锐钛矿型 TiO_2 同质结，并研究了锐钛矿颗粒尺寸对界面能级排布和光生电荷的传输和分离特性的影响。李灿团队使用 SKPM 测量了生长在 FTO 衬底上的金红石-锐钛矿同质结，并将测得的电势分布作微分得到界面电场分布，证实金红石-锐钛矿同质结内建电场高达 $1kV·cm^{-1}$。当引入波长 400nm 激发光时，TiO_2 的金红石-锐钛矿同质结的 SPV 相比纯金红石高约 6 倍。通过调控锐钛矿颗粒尺寸发现，在颗粒尺寸约为 300nm 时 TiO_2 同质结的 SPV 达到最大，这表明 TiO_2 同质结的界面电子结构有利于光生电子从金红石区域穿过界面传输至锐钛矿区域。而当颗粒尺寸小于 300nm 时，空间电荷区完全耗尽。因此，增加颗粒尺寸能增大耗尽层宽度和内建电场。该研究展示了同质结构筑和尺寸调控对于增强界面电荷分离具有重要作用。

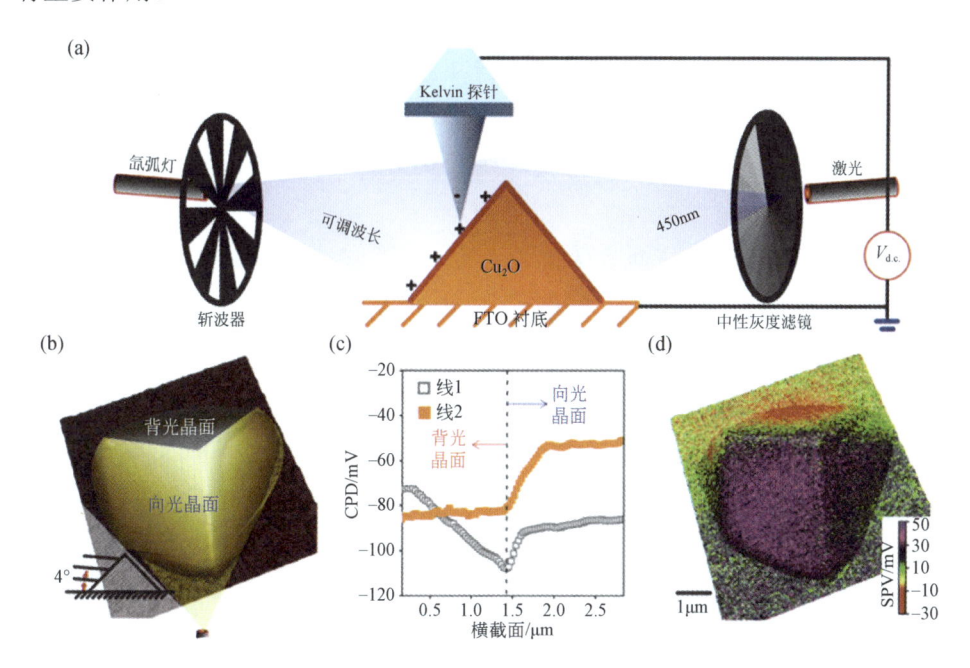

图 6.9 （a）Cu_2O 光催化剂的 SPV 测量装置；（b）Cu_2O 纳米晶的向光晶面和背光晶面的示意图；（c）不同微区的表面电势轮廓线；（d）Cu_2O 纳米晶的 SPV 分布图像[53]

构筑异质结同样是调控表面电子结构及光生电荷分离的可行方案。在调控光生电荷分离方面，不同材料的电子结构差异给予了异质结型光催化剂更大的调控空间。2014 年，Masahiro Yoshimura 团队[56]研究了 Au 纳米颗粒-ZnO 形成的异质结对能带结构与电荷转移过程的调控机制。该团队使用 SKPM 测量了通过溅射制备的 Au 纳米颗粒-ZnO 单晶异质结的 SPV。结果显示，溅射电流为 10mA 所制备的 Au 纳米颗粒-ZnO 异质结的 SPV 最高约 0.36V，而纯 ZnO 的 SPV 最低约 0.21V。该结果说明，构筑 Au 纳米颗粒-ZnO 肖特基结更有利于电荷的分离与传输。2017 年，李灿团队[57]研究了 $BiVO_4$ 纳米颗粒不同晶面沉积 MnO_x 所构筑的异质结对光生载流子分离的影响。李灿团队通过光化学法将 MnO_x 沉积于 $BiVO_4$ 单个纳米颗粒的（011）晶面，并利用 SKPM 测量了晶面微区的 SPV，发现相比于纯 $BiVO_4$ 单颗粒的（011）与（010）晶面，MnO_x-$BiVO_4$ 的（011）与（010）晶面的 SPV 信号的绝对值增强 3 倍，而（010）晶面的 SPV 信号由正变负。相比纯 BiVO$_4$ 单颗粒，MnO$_x$-BiVO$_4$ 异质结有更多的光生电子累积于（010）晶面，这主要归因于 MnO$_x$-BiVO$_4$ 异质结产生了由（010）晶面指向（011）晶面的强内建电场，构筑 MnO$_x$-BiVO$_4$ 异质结明显提升了电荷分离效率。以上研究利用 SKPM 技术展现了异质结型光催化剂的电荷分离情况及其调控机理，为材料的优化设计提供了实验依据。

综上所述，SKPM 所测得的光催化材料微区的表面光电压反映了电荷分离的微观过程，并揭示了通过调控光催化材料的界面能带结构增强光生电荷分离的新机制。表面光电压的微观表征研究有望在未来的新型光电催化材料的分子与结构设计中发挥重要指导作用。

2. 光催化过程的反应动力学

纳米光催化剂的带隙和活性位点数量对光催化反应动力学特性有着重要影响。原位表征光催化反应中固-液界面的光电流可以解析反应动力学特性与光催化剂带隙和活性位点数量的关联。SECM 和 SECCM 技术以探针作为氧化还原半反应的微电极，通过探测电解液-衬底微区的光电流，能够从微观角度获取光解水反应动力学特性。2014 年，Sandra Rondinini 团队[58]利用 SECM 研究了掺杂对 TiO$_2$ 光催化剂的相对电位和电子转移的提升作用。该团队将氢化自掺杂前后的 TiO$_2$ 纳米晶沉积于 FTO 玻璃衬底上，并使用 SECM 反馈模式测量了氧化还原反应电流。掺杂前后的 TiO$_2$ 的电流分别在-0.14V 与 0.32V 下出现明显衰减。该结果与循环伏安法所测的掺杂前后 TiO$_2$ 的氧化还原电位相吻合，这表明氢化自掺杂处理使 TiO$_2$ 纳米晶的导带边有明显上升，有利于降低 TiO$_2$-电解液界面电子传输的势垒。该工作从反应动力学角度提出了一种基于掺杂调控能带结构的方法，助力于提升 TiO$_2$ 的光催化活性。

2016 年，Joaquin Rodríguez-López 团队[59]研究了亚表面铝纳米粒子二聚体对 TiO$_2$ 光催化剂的反应活性作用机制（见图 6.10）。该团队将 TiO$_2$ 膜沉积于铝纳米粒子二聚体表面，并利用 SECM 的产生-收集模式在激发纳米二聚体表面等离子体的同时得到了光解水过程中局部的氧气析出速率，发现铝纳米粒子二聚体沉积后的 TiO$_2$ 膜的析氧速率相比普通 TiO$_2$ 膜增强了约 27.8%。这表明金属纳米粒子二聚体利用光场耦合增强特性能够提升反应动力学特性和光催化反应效率。该工作提出了一条将铝基等离子体应用于光电化学增强 TiO$_2$ 光阳极催化活性的路线。

相比 TiO$_2$，新兴的纳米光催化剂 BiVO$_4$ 具有更小的带隙，有利于增大光催化反应中的光吸收范围。2013 年，Allen Bard 团队[60]研究了 W 掺杂对 BiVO$_4$ 的光催化反应活性的影响。Allen Bard 团队将 W 掺杂前后的 BiVO$_4$ 薄膜以电沉积方法制备于 FTO 玻璃衬底上，并利用 SECM 测量了 BiVO$_4$ 和 W-BiVO$_4$ 的光电流。结果显示，光态下 W-BiVO$_4$ 的电流约为 BiVO$_4$ 的 5 倍，暗态下二者电流基本相同。

进一步测量光解水反应中氧气的生成速率,其显示 W-BiVO$_4$ 的氧气生成量明显高于未掺杂 BiVO$_4$ 的氧气生成量。此结果表明 W 掺杂优化了 BiVO$_4$ 光催化剂的带隙并提升了光解水的反应效率。该研究有助于通过掺杂适当减小光催化剂的带隙提升光解水反应效率。

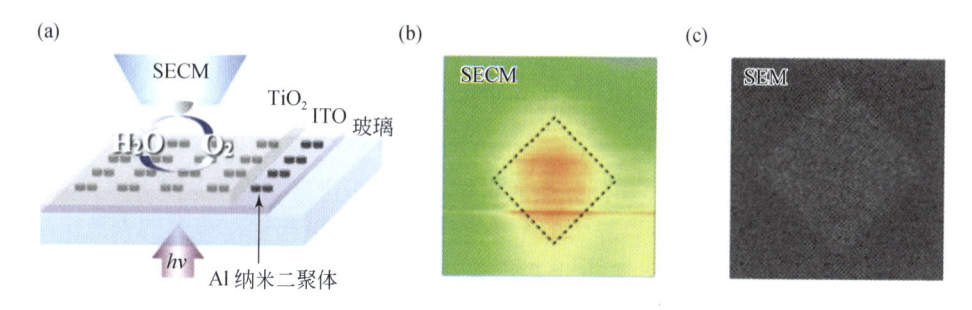

图 6.10 SECM 测量示意图(a)、沉积于铝纳米粒子二聚体的 TiO$_2$ 膜的 SECM 图像(b)和 SEM 图像(c)[59]

除了调控光催化剂的带隙,利用较高比表面积的低维纳米材料增加反应活性位点能够提升光催化反应动力学特性。2015 年,Patrick Unwin 团队[61]研究了 IrO$_x$ 纳米颗粒的不同团聚形态对光催化反应效率的影响。Patrick Unwin 团队以电沉积方法将 IrO$_x$ 纳米颗粒制备于 HOPG 衬底表面,并使用 SECCM 测量了不同团聚形态的 IrO$_x$ 纳米颗粒的光电流。结果显示尺寸较大的 IrO$_x$ 团簇的电流较低,而尺寸较小团簇的电流明显较大。此对比结果说明催化反应动力学特性随着 IrO$_x$ 团簇的尺寸减小而增强,归因于反应活性位点数量的增加。适当减小 IrO$_x$ 团簇的尺寸能有效提高光催化反应效率。该工作提出了一种通过调控纳米颗粒团簇尺寸优化反应动力学的思路。

2019 年,Caleb Hill 团队[62]研究了 p 型 WSe$_2$ 纳米片尺寸和缺陷结构对光电化学反应速率的影响。Caleb Hill 团队在透明电极 ITO 上通过机械剥离制备了 p 型 WSe$_2$ 纳米单片,并使用 SECCM 测量了样品表面不同位点的光电流。结果显示,所测位点的 WSe$_2$ 厚度越小,测得的光电流越大。这源于 WSe$_2$ 体相/低维的光电效应的差异,当光吸收层厚度小于每个界面处空间电荷层的总和时,各界面处的空间电荷层开始重叠,使 WSe$_2$-ITO 衬底界面处的光电效应与电解液-WSe$_2$ 界面处的光电效应产生竞争,因而光电流随着 WSe$_2$ 纳米片厚度减小而增大。该研究解析了纳米光催化剂尺寸与反应动力学的构效关系,为将来优化设计纳米光催化剂结构提供了重要理论指导。

综上所述,SECM 与 SECCM 能够原位测量光催化反应中的电荷传递与物质流动过程,是解析光催化剂微区电化学信息以及反应动力学机理的强大工具。该技术有望在光解水制氢等领域得到广泛的应用。

6.4 太阳能电池

太阳能电池通过光电效应把光能转换成电能，有望实现净零碳排放，在清洁能源领域有着良好的应用前景。在各类太阳能电池中，有机太阳能电池和钙钛矿太阳能电池具备高效率、低成本等优势而受到广泛关注。有机太阳能电池和钙钛矿太阳能电池是由光活性层、界面层和电极层组成的三明治结构，其主要工作过程，即光生载流子的收集，受到界面能带结构的显著影响。界面能带结构不仅由界面两侧功能层的功函数差决定，而且也受到界面态的能级和密度等因素的影响。对于钙钛矿这类离子型半导体，显著的离子迁移也对界面能带结构产生重要影响。导电原子力显微术（C-AFM）和扫描开尔文探针显微术（SKPM）能够分别测量微区光电导与表面电势，是解析纳米尺度界面载流子动力学过程以及界面能带结构对其作用机制的重要技术手段。

6.4.1 太阳能电池中的载流子动力学

太阳能电池在光电转换过程中，活性层受光激发会跃迁产生光生载流子，其收集速率是影响电池光电转换效率的重要因素。C-AFM［或称为光电导原子力显微术（pc-AFM）］在光照下通过测量电流-电压特性，即光电导，能够得到电池活性层微区的光生载流子收集特性，这给太阳能电池的性能提升提供了关键依据。

有机太阳能电池活性层的相分离情况对光生载流子的收集有着显著影响。2011年，Thuc-Quyen Nguyen 团队[63]研究了有机太阳能电池中不同共混异质体系的纳米结构与光生载流子收集的关联。Thuc-Quyen Nguyen 团队于 PEDOT：PSS/ITO 衬底上旋涂制备了四苯并卟啉（BP）：富勒烯共混薄膜，并运用 pc-AFM 于光/暗态下进行了电流扫描。结果显示作为 P 型传输层的 BP 的暗电流较高。进一步利用[6,6]-苯基-C_{61}-丁酸正丁酯（PCBNB）作为受体材料，所得共混结构的相分离界面更大，且光电流更高，这反映了相分离的优化能够进一步提升光生载流子的收集效率。此工作展示了调控活性层材料能优化给受体接触界面，从而提升有机太阳能电池的微区光生载流子收集。

对于钙钛矿太阳能电池，活性层中不同微结构会影响载流子的收集。2016年，David Ginger 团队[64]通过构筑无顶电极型的钙钛矿太阳能电池，研究了钙钛矿界面的空间异质性对载流子收集的影响。David Ginger 团队在透明电极 ITO 上分别旋涂制备了 NiO 空穴传输层与甲氨铅碘钙钛矿层，并利用 pc-AFM 对钙钛矿薄膜进行了微区光电流的测量。结果显示，钙钛矿薄膜各点的光电流相比最大光电流的比值分布于 0.04～0.44 范围。而进一步利用激光束诱导电流（LBIC）测量了全电池的光电流分布。发现不同位点的光电流比值变化较小，基本处于 0.95～1.00 范围。这说明光生载流子收集过程中的损耗主要源于钙钛矿薄膜表面的微区电学性质的差异。

钙钛矿薄膜晶粒中晶面和晶界间的差异往往会影响光电导分布的均匀性，进而显著影响光生载流子的收集。2015 年，Martin Green 团队[66]研究了钙钛矿晶面与晶界对光生载流子的不同收集特性。Martin Green 团队在透明电极 FTO 上旋涂制备了 TiO$_2$ 传输层与甲氨铅碘钙钛矿层，并分别在光/暗态下利用 C-AFM 对钙钛矿薄膜进行了微区电流的测量。结果显示，暗态下电流于-1～1pA 波动，光态下的短路电流最高达到-53pA，而在晶界处的光电流比晶面内明显更高。这反映出晶界处的光电导能力比晶面内更强，在钙钛矿晶界处的光生载流子更易被收集。钙钛矿不同晶面间存在的电学差异同样影响着光生载流子的收集。2016 年，Alexander Weber-Bargioni 团队[65]研究了钙钛矿不同晶面间的光电效应差异（见图 6.11）。该团队在 TiO$_2$/FTO 衬底上旋涂制备了 MAPbI$_{3-x}$Cl$_x$ 钙钛矿薄膜，并利

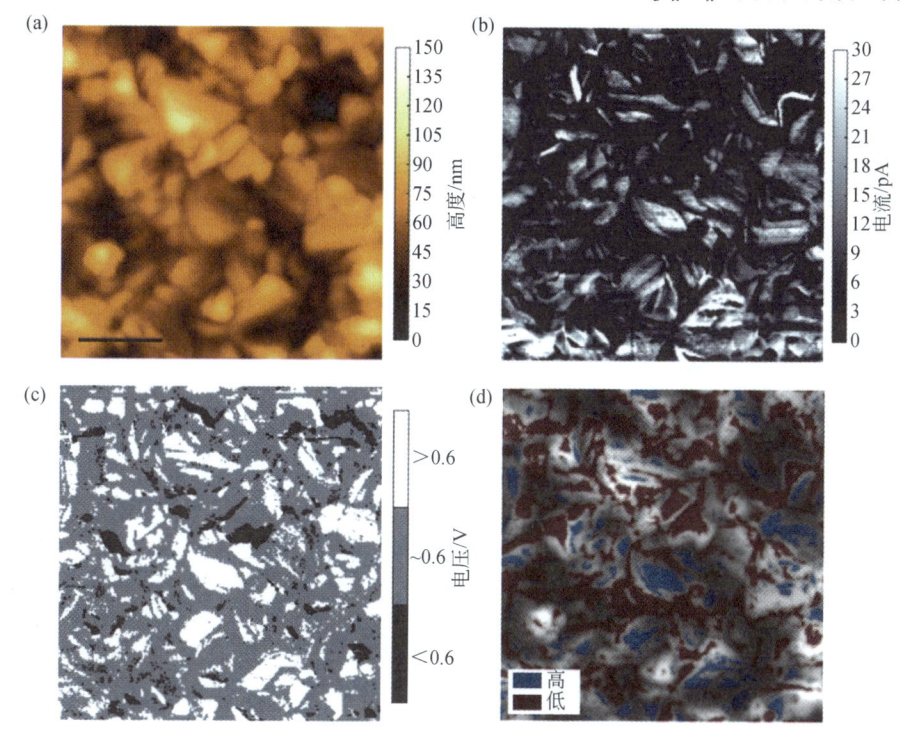

图 6.11 钙钛矿薄膜的形貌（a），短路电流（b），开路电压（c）和效率指标（短路电流与开路电压的乘积）图像（d）[65]

图中比例尺为 500nm

用 C-AFM 测量了光照下薄膜微区各点的电流-电压曲线，得到相应的开路电压、短路电流及二者乘积所得的光电转换效率的分布图像。对比形貌的方位梯度，发现不同晶面的开路电压、短路电流以及光电转换效率存在明显的异质性分布。这反映了光生载流子的收集效率与不同晶面取向有着直接关联。以上工作解析了钙钛矿晶粒中晶界和晶面对光生载流子收集的影响，为优化晶粒微结构并提升电池性能提供了重要理论指导。

C-AFM 测量技术可以帮助太阳能电池领域研究者从微观角度研究光生载流子的收集效率及其与活性层微结构的构效关系，进而帮助提升电池的光电转换性能。

6.4.2 太阳能电池中的界面能带结构

界面能带结构是指界面处电子能带的弯曲与倾斜。有机太阳能电池和钙钛矿太阳能电池中的能带结构决定了电子和空穴的漂移运动的势垒，进而主导了电池的光电转换效率。一方面，在电池中插入界面偶极层能够有效调控界面能带结构以及光生载流子的输运。另一方面，钙钛矿太阳能电池中独特的离子迁移特性对界面能带结构有着显著改变。SKPM 通过测量电池的电势分布能够定量解析界面能带结构，为解析电池的界面能带结构以及调控机理提供了重要技术手段。

在有机电池的活性层/传输层界面插入适当的界面偶极能够优化界面能带结构，进而提升载流子输运并增强电池性能。2011 年，吴宏滨团队[67]应用 SKPM 研究了界面偶极层对有机太阳能电池性能的影响机制。该团队在有机太阳能电池电子传输层插入 5nm 厚的聚合物偶极界面层，基于电池性能测试发现开路电压、短路电流和填充因子均有明显增强。进一步使用 SKPM 测量 PFN 偶极层覆盖于有机活性层的表面电势分布，发现 PFN 偶极层与有机活性层间存在约 300mV 的电势差。这表明电子传输层界面产生了显著的界面电偶极矩，改善了界面能带结构并提升了光生电子的传导。2011 年，黄劲松团队[68]通过插入铁电聚合物作为界面偶极层，实现了电池界面能带结构的优化以及性能的提升。黄劲松团队将二维铁电聚合物 P（VDF-TrFE）分别沉积并转移至有机活性层/Al 电极界面和有机活性层/ITO 电极的界面。性能测试发现插入 2 个 P（VDF-TrFE）单层后的电池效率最优（~4.9%），显著高于未加 P（VDF-TrFE）层的效率（~1.5%）。利用压电力显微术（PFM）测量了 P（VDF-TrFE）薄膜在正/负电压极化下的振幅与相位。结果显示 P（VDF-TrFE）在 P3HT：PCBM 上的自发极化方向与正电压下的极化方向相同。这证实了电池中 P（VDF-TrFE）薄膜存在正向的铁电极化效应，并有助于增强光电流。以上工作提出了利用界面偶极层优化有机太阳能电池界面能带结构并增强光生载流子输运的新思路。

界面能带结构在有机和钙钛矿太阳能电池实际工作状态下，会在光、电等外场的作用下不断发生变化，显著影响界面载流子的输运行为。然而，SKPM 是表面探测技术，研究有机和钙钛矿太阳能电池的界面能带结构多是采用去除顶电极的模型器件，难以在实际器件工作状态下穿透电极层测量包埋界面。针对电池的垂直封闭构型对测量的挑战，陈立桅团队[54, 69-71]发展了横截面 SKPM 技术，能够实现有机和钙钛矿太阳能电池工况下界面能带结构的测量。

2015 年，陈立桅团队[69]通过离子束冷冻切割技术，获得了干净平整并且保持良好工作状态的有机太阳能电池横截面（见图 6.12）。同时，利用横截面 SKPM 实现了有机太阳能电池横截面在暗态、光照和外加偏压等工况下的界面电势分布测量。短路状态下，金属电极到 ITO 透明电极的电势持续降低；而开路状态下，光照时活性层靠近 ITO 端电势抬升，使得界面能带弯曲大幅减小。这些数据表明，暗态下界面能带结构有益于光生载流子的传输和收集，能够获得较高的短路电流；而光生载流子诱导的准费米能级劈裂较大，从而获得较高的开路电压。2019 年，陈立桅团队[71]研究了钙钛矿太阳能电池中界面偶极对界面能带结构与光电转换效率的影响。他们在电子传输层/钙钛矿活性层间插入了碘离子离化后的路易斯酸富勒烯骨架（PCBB-3N-3I）作为界面偶极层。插入界面偶极层后，电池的光电转换效率由原来的 17.7%提升至 21.1%。通过横截面 SKPM 测量了短路和最大功率点下的界面电势分布。结果显示，插入 PCBB-3N-3I 界面偶极层后，电池的 PCBM/

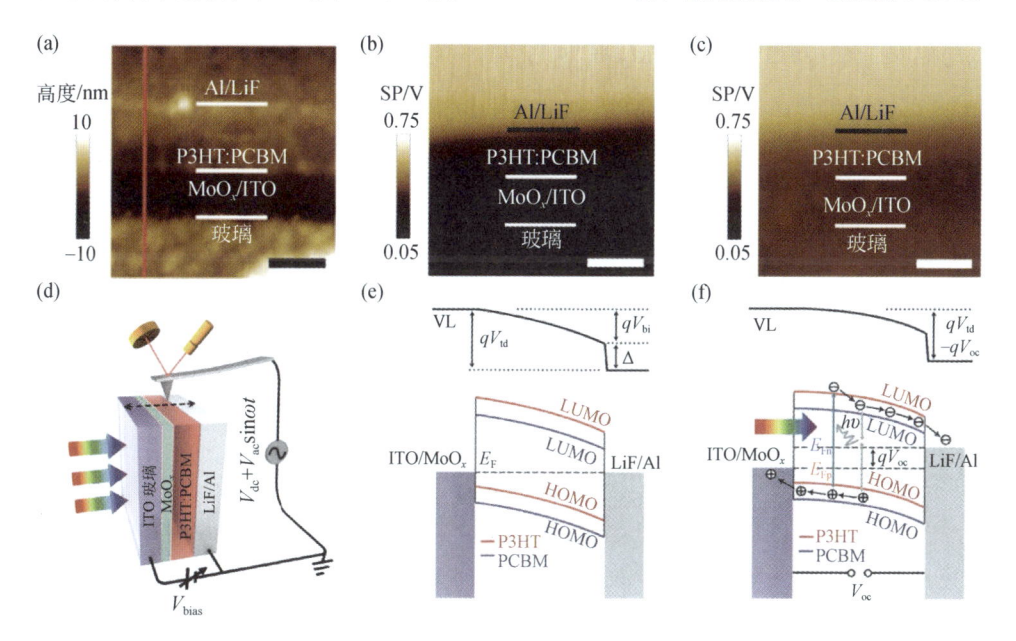

图 6.12 有机太阳能电池的横截面形貌（a）、暗态电势（b）与光态电势（c）图像；横截面 SKPM 测量示意图（d）；有机太阳能电池的暗态（e）和光态（f）能带结构[69]

钙钛矿界面的电势差显著增大。经分析 PCBB-3N-3I 界面偶极层产生的界面电场与电池内建电场方向相同，增强了界面能带弯曲，有利于光生载流子的输运。以上工作为合理利用分子偶极矩改善电池的界面能带结构提供了关键思路与可靠实证，也充分展现了横截面 SKPM 表征技术的关键作用。

钙钛矿太阳能电池中独特的离子迁移会诱导界面能带结构发生非理想弯曲，阻碍光生载流子的传输并引起电池的性能衰减。2016 年，澳大利亚新南威尔士大学的 Anita Ho-Baillie 团队[72]研究了在钙钛矿晶面与晶界的离子迁移差异以及引起的界面能带结构变化。该团队利用 SKPM 于直流偏压诱导和光/暗态切换下测量了钙钛矿薄膜 [$(FAPbI_3)_{1-x}(MAPbBr_3)_x$] 表面电势的变化。结果显示，暗态下钙钛矿薄膜晶界处的电势略低于晶面内的电势，而在持续光照 4 分钟后，晶面内的电势明显高于晶界处的电势。经分析，大量的 I 空位和 Pb、MA 空位累积于晶界处，而前者靠近导带底，后者靠近价带顶。空位离子迁移后晶界处的导带与价带弯曲程度比晶面内更大，说明离子迁移主要以钙钛矿晶界作为通路。该工作表明增加钙钛矿结晶质量同时钝化晶界，将能有效抑制电池中的离子迁移，从而有效抑制异常迟滞现象和增强器件稳定性。

虽然大量研究工作致力于抑制离子迁移对，但是合理利用离子迁移同样能够优化界面能带结构。2022 年，浙江大学陈红征团队[73]结合加热、光照和偏压等外部应力条件实现了良性的离子积累并提高了准二维钙钛矿太阳能电池的性能。陈红征团队对准二维钙钛矿太阳能电池进行了不同程度的退火、光照处理。电池性能测试发现退火+光照处理使电池的光电转换效率从 14.6%提高到 19.05%。通过 SKPM 测量了不同处理的电池的横截面电势分布。结果显示未经处理的电池横截面电势在钙钛矿区域附近较平，而仅退火处理和退火+光照处理后的电池电势在 PCBM 与钙钛矿区域附近分别呈现正向与负向的倾斜。该结果与电容电压法所测的三种钙钛矿电池的内建电势相吻合。这反映了退火和退火+光照的处理分别减小和增大了内建电场，其归因于两种处理分别产生的劣化和优化的界面离子累积，这是因为光生载流子在电极界面累积，一方面会显著降低内建电场抑制劣化离子迁移，另一方面通过静电相互作用诱导优化的离子迁移，从而显著提升了光生载流子收集效率。该工作提供了一种调控钙钛矿离子迁移、优化界面能带结构和器件性能的新思路。

综上所述，SKPM 技术能够直观揭示太阳能电池的界面能带结构及其在界面偶极和离子迁移调控下的变化，为进一步增强光生载流子输运和提升电池性能奠定了重要基础。

6.5 总结与展望

随着扫描探针显微术分辨率的不断提升及各种功能成像模式的不断涌现，人们对分子本身特性以及分子聚集态结构有了准确的认识。基于相关认识，人们进一步揭示了光电化学反应过程中的能量转移机制、化学反应路径和载流子动力学等，为能源转化效率和稳定性的大幅提升奠定了基础。值得注意的是，从亚纳米尺度的分子特性、纳米尺度的分子聚集态结构、微米尺度的载流子传输，到宏观尺度的器件行为需要跨越近十个数量级，即使最先进的扫描探针显微术也难以实现全尺度覆盖。因此，发展跨尺度研究方法，将扫描探针技术与其他多种表征技术，例如光谱、质谱、能谱等原位结合，对于进一步实现高效光电化学器件在分子尺度的精准设计具有重要意义。

参 考 文 献

[1] Berndt R, Gaisch R, Gimzewski J K, et al. Photon-emission at molecular resolution induced by a scanning tunneling microscope[J]. Science, 1993, 262: 1425-1427.

[2] Qiu X H, Nazin G V, Ho W. Vibrationally resolved fluorescence excited with submolecular precision[J]. Science, 2003, 299: 542-546.

[3] Chen C, Chu P, Bobisch C A, et al. Viewing the interior of a single molecule: Vibronically resolved photon imaging at submolecular resolution[J]. Phys Rev Lett, 2010, 105: 217402.

[4] Zhang Y, Luo Y, Zhang Y, et al. Visualizing coherent intermolecular dipole–dipole coupling in real space[J]. Nature, 2016, 531: 623-627.

[5] Imada H, Miwa K, Imai-Imada M, et al. Real-space investigation of energy transfer in heterogeneous molecular dimers[J]. Nature, 2016, 538: 364-367.

[6] Doppagne B, Chong M C, Bulou H, et al. Electrofluorochromis at the single-molecule level[J]. Science, 2018, 361: 251-255.

[7] Zhang R, Zhang Y, Dong Z C, et al. Chemical mapping of a single molecule by plasmon-enhanced raman scattering[J]. Nature, 2013, 498: 82-86.

[8] Jiang S, Zhang Y, Zhang R, et al. Distinguishing adjacent molecules on a surface using plasmon-enhanced Raman scattering[J]. Nat Nanotechnol, 2015, 10: 865-869.

[9] Chiang N, Chen X, Goubert G, et al. Conformational contrast of surface-mediated molecular switches yields Ångström-scale spatial resolution in ultrahigh vacuum tip-enhanced Raman spectroscopy[J]. Nano Lett, 2016, 16: 7774-7778.

[10] Lee J, Crampton K T, Tallarida N, et al. Visualizing vibrational normal modes of a single molecule with atomically confined light[J]. Nature, 2019, 568: 78-82.

[11] Zhang Y, Yang B, Ghafoor A, et al. Visually constructing the chemical structure of a single molecule by scanning raman picoscopy[J]. Nat Sci Rev, 2019, 6: 1169-1175.

[12] Zhong J H, Jin X, Meng L, et al. Probing the electronic and catalytic properties of a bimetallic surface with 3 nm resolution[J]. Nat Nanotechnol, 2016, 12: 132-136.

[13] Su H S, Feng H S, Zhao Q Q, et al. Probing the local generation and diffusion of active oxygen species on a Pd/Au bimetallic surface by tip-enhanced Raman spectroscopy[J]. J Am Chem Soc, 2020, 142: 1341-1347.

[14] Wang R P, Yang B, Fu Q, et al. Raman detection of bond breaking and making of a chemisorbed up-standing single molecule at single-bond level[J]. J Phys Chem Lett, 2021, 12: 1961-1968.

[15] Xu J, Zhu X, Tan S, et al. Determining structural and chemical heterogeneities of surface species at the single-bond limit[J]. Science, 2021, 371: 818-822.

[16] Zhang C, Jaculbia R B, Tanaka Y, et al. Chemical identification and bond control of π-skeletons in a coupling reaction[J]. J Am Chem Soc, 2021, 143: 9461-9467.

[17] Yang B, Chen G, Ghafoor A, et al. Sub-nanometre resolution in single-molecule photoluminescence imaging[J]. Nat Photonics, 2020, 14: 693-699.

[18] Zhu S E, Kuang Y M, Geng F, et al. Self-decoupled porphyrin with a tripodal anchor for molecular-scale electroluminescence[J]. J Am Chem Soc, 2013, 135: 15794-15800.

[19] Mühlenberend S, Schneider N L, Gruyters M, et al. Plasmon-induced fluorescence and electroluminescence from porphine molecules on GaAs（110）in a scanning tunneling microscope[J]. Appl Phys Lett, 2012, 101: 203107.

[20] Zhang L, Yu Y J, Chen L G, et al. Electrically driven single-photon emission from an isolated single molecule[J]. Nat Commun, 2017, 8: 580.

[21] Chen G, Luo Y, Gao H, et al. Spin-triplet-mediated up-conversion and crossover behavior in single-molecule electroluminescence[J]. Phys Rev Lett, 2019, 122: 177401.

[22] Kimura K, Miwa K, Imada H, et al. Selective triplet exciton formation in a single molecule[J]. Nature, 2019, 570: 210-213.

[23] Engel G S, Calhoun T R, Read E L, et al. Evidence for wavelike energy transfer through quantum coherence in photosynthetic systems[J]. Nature, 2007, 446: 782-786.

[24] Collini E, Wong C Y, Wilk K E, et al. Coherently wired light-harvesting in photosynthetic marine algae at ambient temperature[J]. Nature, 2010, 463: 644-647.

[25] Hayes D, Griffin G B, Engel G S. Engineering coherence among excited states in synthetic heterodimer systems[J]. Science, 2013, 340: 1431-1434.

[26] Hildner R, Brinks D, Nieder J B, et al. Quantum coherent energy transfer over varying pathways in single light-harvesting complexes[J]. Science, 2013, 340: 1448-1451.

[27] Doppagne B, Chong M C, Lorchat E, et al. Vibronic spectroscopy with submolecular resolution from STM-induced electroluminescence[J]. Phys Rev Lett, 2017, 118: 127401.

[28] Luo Y, Chen G, Zhang Y, et al. Electrically driven single-photon superradiance from molecular chains in a plasmonic nanocavity[J]. Phys Rev Lett, 2019, 122: 233901.

[29] Cao S, Rosławska A, Doppagne B, et al. Energy funnelling within multichromophore architectures monitored with subnanometre resolution[J]. Nat Chem, 2021, 13: 766-770.

[30] Kong F F, Tian X J, Zhang Y, et al. Wavelike electronic energy transfer in donor-acceptor molecular systems through quantum coherence[J]. Nat Nanotechnol, 2022, 17: 729-736.

[31] Guo Q, Zhou C, Ma Z, et al. Elementary photocatalytic chemistry on TiO_2 surfaces[J]. Chem Soc Rev, 2016, 45: 3701-3730.

[32] Guo Q, Ma Z, Zhou C, et al. Single molecule photocatalysis on TiO_2 surfaces[J]. Chem Rev, 2019, 119: 11020-11041.

[33] Guo Q, Zhou C, Ma Z, et al. Elementary chemical reactions in surface photocatalysis[J]. Annu Rev Phys Chem, 2018, 69: 451-472.

[34] Hussain H, Tocci G, Woolcot T, et al. Structure of a model TiO_2 photocatalytic interface[J]. Nat Mater, 2016, 16: 461-466.

[35] Diebold U, Lehman J, Mahmoud T, et al. Intrinsic defects on a $TiO_2(110)(1\times1)$ surface and their reaction with oxygen: A scanning tunneling microscopy study[J]. Surf Sci Rep, 1998, 411: 137-153.

[36] Diebold U. The surface science of titanium dioxide[J]. Surf Sci Rep, 2003, 48: 53-229.

[37] Tan S, Feng H, Ji Y, et al. Observation of photocatalytic dissociation of water on terminal Ti sites of $TiO_2(110)$-1×1 surface[J]. J Am Chem Soc, 2012, 134: 9978-9985.

[38] Ji Y, Wang B, Luo Y. GGA+U study on the mechanism of photodecomposition of water adsorbed on rutile $TiO_2(110)$ surface: Free vs. trapped hole[J]. J Phys Chem C, 2014, 118: 1027-1034.

[39] Tan S, Feng H, Zheng Q, et al. Interfacial hydrogen-bonding dynamics in surface-facilitated dehydrogenation of water on $TiO_2(110)$ [J]. J Am Chem Soc, 2019, 142: 826-834.

[40] Guo Q, Xu C, Ren Z, et al. Stepwise photocatalytic dissociation of methanol and water on $TiO_2(110)$[J]. J Am Chem Soc, 2012, 134: 13366-13373.

[41] Yang W, Wei D, Jin X, et al. Effect of the hydrogen bond in photoinduced water dissociation: A double-edged sword[J]. J Phys Chem Lett, 2016, 7: 603-608.

[42] Tan S, Ji Y, Zhao Y, et al. Molecular oxygen adsorption behaviors on the rutile $TiO_2(110)$-1×1 surface: An in situ study with low-temperature scanning tunneling microscopy[J]. J Am Chem Soc, 2011, 133: 2002-2009.

[43] Du Y, Deskins N A, Zhang Z, et al. Two pathways for water interaction with oxygen adatoms

on TiO$_2$(110)[J]. Phys Rev Lett, 2009, 102: 096102.

[44] Tan S, Zhao Y, Zhao J, et al. CO$_2$ dissociation activated through electron attachment on the reduced rutile TiO$_2$(110)-1×1 surface[J]. Phys Rev B, 2011, 84: 155418.

[45] Henderson M A, Otero-Tapia S, Castro M E. The chemistry of methanol on the TiO$_2$(110) surface: The influence of vacancies and coadsorbed species[J]. Faraday Discuss, 1999, 114: 313-329.

[46] Henderson A, Otero-Tapia S, Castro M E. Electron-induced decomposition of methanol on the vacuum-annealed surface of TiO$_2$(110)[J]. Surf Sci, 1998, 412-413: 252-272.

[47] Guo Q, Minton T K, Yang X. Elementary processes in photocatalysis of methanol and water on rutile TiO$_2$(110): A new picture of photocatalysis[J]. Chin J Catal, 2015, 36: 1649-1655.

[48] Hao Q, Wang Z Q, Wang T, et al. Role of Pt loading in the photocatalytic chemistry of methanol on rutile TiO$_2$(110)[J]. ACS Catal, 2018, 9: 286-294.

[49] Xu C, Yang W, Ren Z, et al. Strong photon energy dependence of the photocatalytic dissociation rate of methanol on TiO$_2$(110)[J]. J Am Chem Soc, 2013, 135: 19039-19045.

[50] Tan S, Feng H, Ji Y, et al. Visualizing elementary reactions of methanol by electrons and holes on TiO$_2$(110) surface[J]. J Phys Chem C, 2018, 122: 28805-28814.

[51] Feng H, Tan S, Tang H, et al. Temperature- and coverage-dependent kinetics of photocatalytic reaction of methanol on TiO$_2$(110)-(1×1) surface[J]. J Phys Chem C, 2016, 120: 5503-5514.

[52] Zheng Q, Tan S, Feng H, et al. Dynamic equilibrium of reversible reactions and migration of hydrogen atoms mediated by diffusive methanol on rutile TiO$_2$(110)-(1×1) surface[J]. J Phys Chem C, 2016, 120: 7728-7735.

[53] Chen R, Pang S, An H, et al. Charge separation via asymmetric illumination in photocatalytic Cu$_2$O particles[J]. Nat Energy, 2018, 3: 655-663.

[54] Wang C, Lai J, Chen Q, et al. In *operando* visualization of interfacial band bending in photomultiplying organic photodetectors[J]. Nano Lett, 2021, 21: 8474-8480.

[55] Gao Y, Zhu J, An H, et al. Directly probing charge separation at interface of TiO$_2$ phase junction[J]. J Phys Chem Lett, 2017, 8: 1419-1423.

[56] Lin W H, Wu J J, Chou M M C, et al. Charge transfer in Au nanoparticle–nonpolar ZnO photocatalysts illustrated by surface-potential-derived three-dimensional band diagram[J]. J Phys Chem C, 2014, 118: 19814-19821.

[57] Zhu J, Pang S, Dittrich T, et al. Visualizing the nano cocatalyst aligned electric fields on single photocatalyst particles[J]. Nano Lett, 2017, 17: 6735-6741.

[58] Minguzzi A, Sánchez-Sánchez C M, Gallo A, et al. Evidence of facilitated electron transfer on hydrogenated self-doped TiO$_2$ nanocrystals[J]. Chem Electro Chem, 2014, 1: 1415-1421.

[59] Zhou X, Gossage Z T, Simpson B H, et al. Electrochemical imaging of photoanodic water

oxidation enhancements on TiO$_2$ thin films modified by subsurface aluminum nanodimers[J]. ACS Nano, 2016, 10: 9346-9352.

[60] Cho S K, Park H S, Lee H C, et al. Metal doping of BiVO$_4$ by composite electrodeposition with improved photoelectrochemical water oxidation[J]. J Phys Chem C, 2013, 117: 23048-23056.

[61] Momotenko D, Byers J C, McKelvey K, et al. High-speed electrochemical imaging[J]. ACS Nano, 2015, 9: 8942–8952.

[62] Hill J W, Hill C M. Directly mapping photoelectrochemical behavior within individual transition metal dichalcogenide nanosheets[J]. Nano Lett, 2019, 19: 5710-5716.

[63] Guide M, Dang X D, Nguyen T Q. Nanoscale characterization of tetrabenzoporphyrin and fullerene-based solar cells by photoconductive atomic force microscopy[J]. Adv Mater, 2011, 23: 2313-2319.

[64] Eperon G E, Moerman D, Ginger D S. Anticorrelation between local photoluminescence and photocurrent suggests variability in contact to active layer in perovskite solar cells[J]. ACS Nano, 2016, 10: 10258-10266.

[65] Leblebici S Y, Leppert L, Li Y, et al. Facet-dependent photovoltaic efficiency variations in single grains of hybrid halide perovskite[J]. Nat Energy, 2016, 1: 1-7.

[66] Yun J S, Ho-Baillie A, Huang S, et al. Benefit of grain boundaries in organic–inorganic halide planar perovskite solar cells[J]. J Phys Chem Lett, 2015, 6: 875-880.

[67] He Z, Zhong C, Huang X, et al. Simultaneous enhancement of open-circuit voltage, short-circuit current density, and fill factor in polymer solar cells[J]. Adv Mater, 2011, 23: 4636-4643.

[68] Yuan Y, Reece T J, Sharma P, et al. Efficiency enhancement in organic solar cells with ferroelectric polymers[J]. Nat Mater, 2011, 10: 296-302.

[69] Chen Q, Mao L, Li Y, et al. Quantitative *operando* visualization of the energy band depth profile in solar cells[J]. Nat Commun, 2015, 6: 7745.

[70] Chen Q, Ye F, Lai J, et al. Energy band alignment in *operando* inverted structure P3HT: PCBM organic solar cells[J]. Nano Energy, 2017, 40: 454-461.

[71] Zhang M, Chen Q, Xue R, et al. Reconfiguration of interfacial energy band structure for high-performance inverted structure perovskite solar cells[J]. Nat Commun, 2019, 10: 4593.

[72] Yun J S, Seidel J, Kim J, et al. Critical role of grain boundaries for ion migration in formamidinium and methylammonium lead halide perovskite solar cells[J]. Adv Energy Mater, 2016, 6: 1600330.

[73] Lian X, Zuo L, Chen B, et al. Light-induced beneficial ion accumulation for high-performance quasi-2D perovskite solar cells[J]. Energy Environ Sci, 2022, 15: 2499-2507.

第 7 章 扫描探针显微术在生物体系中的应用

7.1 背　　景

　　对生物体系的研究可为揭示生命本质、解决生物和医学问题提供重要指导。生物的基本组成物质包括核酸、氨基酸、蛋白质、糖类、脂质等，微观尺度的生物研究对象包括细胞、组织和细菌等。其中，核酸是生物遗传信息的载体，蛋白质是细胞重要组成成分和生命活动与功能的主要承担者。细胞是构成生物体的基本结构和功能单位。其中，细胞内小分子物质和酶活性与细胞应激反应、信号转导和蛋白质活动等密切相关；细胞膜作为细胞与周围环境信息交流的主要途径，细胞膜表面电荷、物质转运和膜电位变化可提供细胞代谢和信号转导等细胞生命活动有关信息；细胞外分子、离子与细胞氧化还原状态、呼吸活性、细胞间交流和信息传递等密切相关。另外，依赖细胞自组装特性主动形成的细胞聚集体的微组织可最大限度还原在体组织的结构与功能，常作为组织工程和疾病研究的工具。细菌生物膜是在宿主体内、人工及自然环境中形成的细菌在物体表面聚集生长形成的微生物群落，其形成过程及相关机制对预防和治疗生物膜引起的疾病具有重要意义。从核酸、蛋白质、细胞、微组织和细菌等多对象、多层次进行原位、实时、动态、精准研究与生命活动相关的生物体特性可为理解生命基本过程，揭示疾病发生发展机制和筛选潜在药物提供参考。

　　相较于电子显微镜和荧光显微镜等传统生物样本表征技术，AFM、SECM、SICM 等扫描探针显微术无须对样本进行固定、染色等预处理，可避免复杂的样本前处理过程和可能的光损伤。另外，基于微/纳米尺寸的扫描探针，上述三种显微技术具有微/纳米的空间分辨率和高的时间分辨率，可在生理条件下实现对活生物样本形貌、微/纳观结构、细胞内/外化学物质和界面快速反应过程等的原位、无损、动态、精准表征，成为传统生物样本表征技术的有力补充，被广泛用于各种生物样本研究中。

7.2　生物体系专用的扫描探针显微术

　　为满足生物样本的表征需求，AFM、SECM 和 SICM 这三种扫描探针显微术在其基本组成基础上，须进一步整合一些用于生物体系表征的配件（如光学显微镜等）。另外，根据不同的待测生物样本和检测对象，须选择不同种类和尺寸的扫描探针。接下来，简要介绍应用于生物体系的三种扫描探针显微镜的主要组成。

7.2.1 生物体系 AFM

为满足生物体系表征需求，近些年出现了生物体系专用 AFM，如 Bio-AFM，其在 AFM 基本组成基础上增加了用于生物样本研究的专用装置，如与光学显微镜集成，以及使用扫描范围更大的压电控制器、温度控制流体池和测量分析程序等[1]（图 7.1）。以表征细胞为例，为可视化细胞的表面特性（如形貌）、机械性能（如杨氏模量）及机械转导现象，将 AFM 系统集成在荧光显微镜或共聚焦激光扫描显微镜上，可实现在微观尺度上细胞形态和力学特性等的表征。为控制生物样本的成像环境，保证被测样品的长期存活，可设计包括温度控制和二氧化碳浓度调节功能的液体循环流体池、封闭悬臂探头、样品和流体的样品室。为克服传统 AFM 由于悬臂探针串行机械扫描过程中造成的成像速度相对较慢以及避免 AFM 探针对脆弱生物样品造成损伤的情况，可通过修改子系统、设计高速原子力显微镜、开发小型悬臂探头和高带宽扫描仪、高带宽放大器及控制算法，将 AFM 成像速度从每秒几行提高到每秒数千行，实现生物样本动态变化的实时表征[2]。另外，AFM 还可与微流控技术相结合［如流体力显微术（FluidFM）］，实现在纳米尺度上对生物样本的分离、提取、注射等操作。该技术将 AFM 与微通道悬臂相结合，使用靠近尖端的开口空心悬臂，利用外部微流体系统施加抽吸压力，对细胞进行拾取和放置操作，该技术的精确度远高于基于针头的传统显微操作系统等。

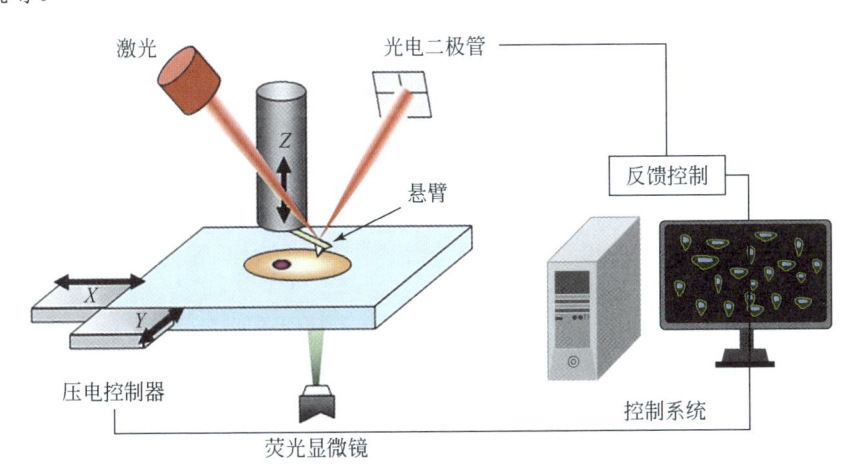

图 7.1 用于生物样本表征的 AFM 系统装置示意图[1]

7.2.2 生物体系 SECM

为进一步满足生物领域的应用研究需求，SECM 的主体系统还需搭配一些生物样本的表征配件（图 7.2）[3]。以细胞表征为例，为记录探针与细胞位置并观察其形貌，SECM 系统中需要加入倒置光学显微镜；为对细胞进行电化学表征的同时对其进行荧光成像，SECM 系统中可配置倒置荧光显微镜或荧光成像系统；为实现对活细胞的长时间观测，SECM 系统与细胞控温系统或活细胞工作站结合用于控制细胞生长环境的温度、湿度和气氛等条件；为研究细胞对药物的响应行为，可配置微管注射系统和微操作手对细胞进行局部给药；为避免 SECM 表征中细胞形貌对其化学检测信号的干扰，可使用剪切力（shear force）模块控制 SECM 探针对细胞样品表面的距离，实现对细胞表面的"恒距离"扫描。另外，当使用纳米电极作 SECM 探针对细胞表面或内部进行亚微米和纳米尺度的高分辨电化学成像时，SECM 系统需要配防震台和电磁干扰屏蔽装置，以屏蔽机械振动和电磁等对探针电流的干扰[3]。

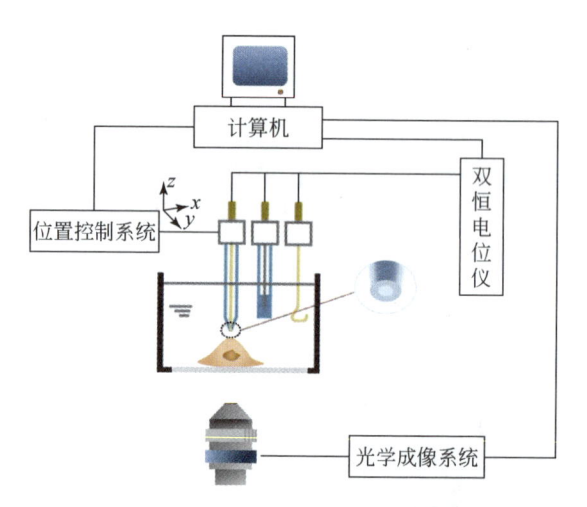

图 7.2　用于细胞研究的 SECM 系统装置示意图

7.2.3 生物体系 SICM

类似于 SECM，用于生物样本研究的 SICM 仪器系统主要由亚微米/纳米玻璃管、光学显微镜、压电控制器、电流放大器和计算机等五部分组成。如图 7.3，其中，亚微米/纳米玻璃管作 SICM 扫描的探针，用于记录待测细胞等样品的形貌等信息。例如，根据细胞研究的不同需求，光学显微镜有倒置显微镜和荧光显微镜两种配置，常规倒置显微镜用于 SICM 对细胞表征时观察细胞及定位探针和细胞之间的距离，荧光显微镜除了具有探针与细胞间的定位功能外，还可进一步记录细胞产生的荧光信息（如钙离子荧光信号）；压电控制器是确保探针扫描和精确定位的控制装置；电流放大器用于采集和放大探针检测到的微弱离子电流（一般在 pA~nA 级）；计算机及控制卡负责向压电陶瓷控制器发送扫描命令，并采集和分析扫描到的数据[4]。

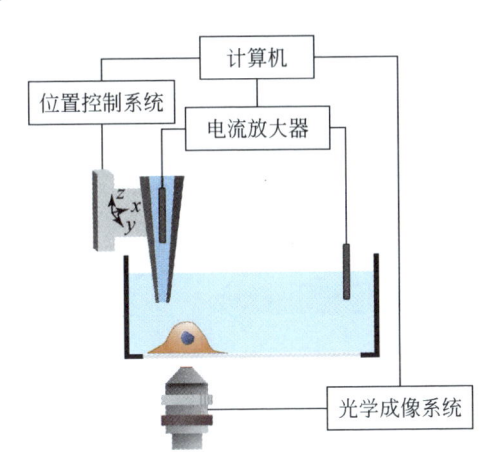

图 7.3 用于细胞研究的 SICM 系统装置示意图

7.3 扫描探针显微术在生物体系中的研究应用

按照生物体系研究对象"由小到大"的顺序，依次介绍 AFM、SECM 和 SICM 这三种扫描探针显微术在核酸、酶和蛋白、细胞、微组织及细菌生物膜等研究中的应用（图 7.4）。

7.3.1 核酸研究

核酸是由多种核苷酸聚合而成的生物大分子，包括脱氧核糖核酸（DNA）和核糖核酸（RNA），是构成生命的最基本物质之一。同时，核酸是生物遗传信息的载体，在蛋白质合成、生长、遗传、变异等重要生命现象中起决定性作用。目前，对核酸的定位和定性表征常采用原位杂交技术，该技术需将样品中的 DNA 或 RNA 与放射性同位素探针或荧光探针标记杂交后用荧光显微镜检测细胞中与探针杂交的特异核酸。另外，电子显微镜和 X 射线衍射等方法也可对核酸进行高分辨成像。但上述表征方法均需对核酸样品进行预处理，如加入荧光探针、染色、冷冻或结晶等。扫描探针显微术可原位对核酸定位，并表征核酸的超微结构等。下面以 AFM 和 SECM 两种扫描探针显微术为代表，介绍其在核酸表征中的应用。

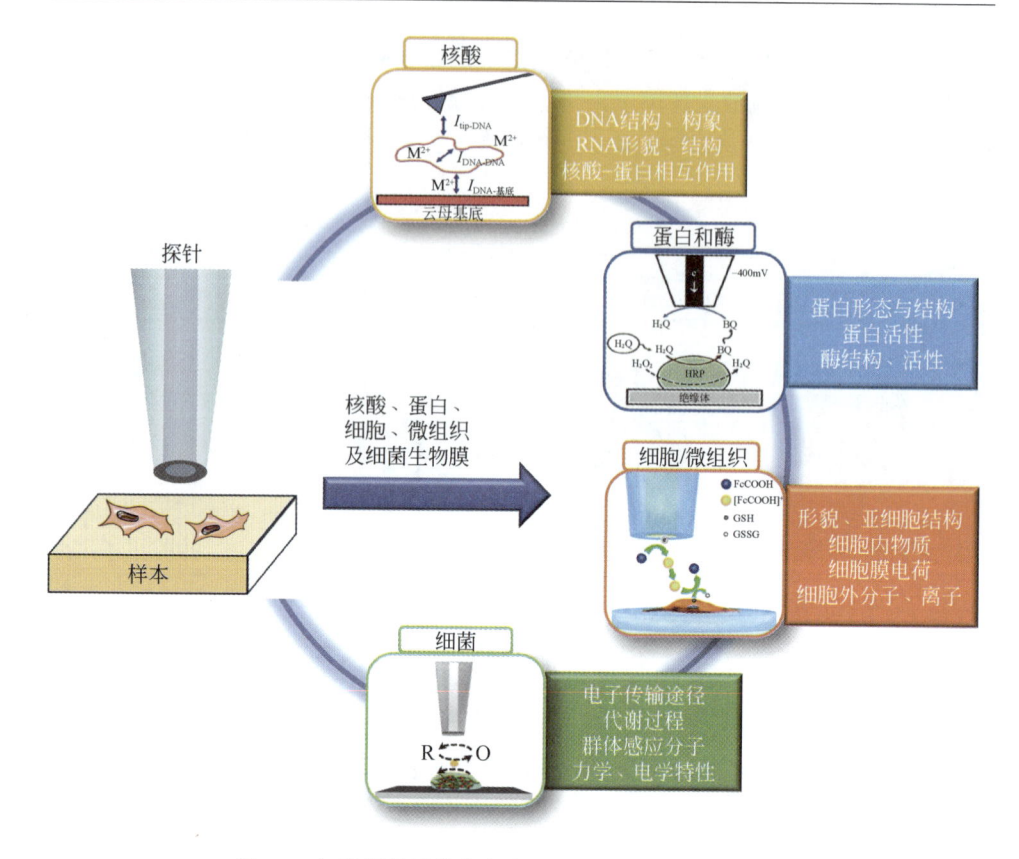

图 7.4 扫描探针显微术在生物样本研究中的应用代表

1. DNA 研究

1）AFM 在 DNA 研究中的应用

DNA 是储存、复制和传递遗传信息的主要物质，DNA 的结构表征对理解遗传过程的分子机制非常重要。基于 AFM 探针尖端原子与 DNA 表面原子间存在的相互作用力[5]，通过测量针尖与样品表面原子间的作用力可获得 DNA 表面形貌的三维信息，包括 DNA 结构的静态数据及对 DNA 结构动态变化的可视化成像。例如，1989 年 Hansma 课题组应用 AFM 对 DNA 样品表面进行了扫描，基于探针接触到 DNA 样品表面时探针尖端原子与样品表面原子间微弱的相互作用力导致的探针悬臂弯曲、扭转或振幅改变，首次应用 AFM 实现了对水溶液中玻璃基底上小牛胸腺 DNA 的成像，并发现 DNA 存在扭结结构[6]。1990 年，Weisenhorn 课题组应用 AFM 对仅 20 个碱基长的单链 DNA 进行了成像[7]。但由于当时样品制备和成像方法的限制，小的 DNA 链很容易被 AFM 针尖推动，成像效果较差。1992 年，Bustamante 课题组在空气中对质粒 DNA 分子扫描得到了可重复的 AFM

图像，清晰观察到了质粒 DNA 的三维环状结构，分辨率达分子水平[8]。为进一步提高 DNA 成像的稳定性和重复性，需要发展 DNA 样品制备技术。基于醇类使 DNA 脱水沉淀到云母表面有助于 DNA 固定的原理，Weisenhorn 和 Hansma 等课题组首次应用 AFM 的轻敲模式对云母表面的质粒 DNA 进行了成像，获得了具有较高分辨率、可重复的 DNA 结构图像[9, 10]。之后，通过在核酸溶液中加入 0.5%或 2%甲醛维持单链 DNA 的伸展状态，应用 AFM 观察到了附着在云母基底上环状 ΦX174 的单链 DNA[11]。但由于 DNA 溶于水溶液，在水溶液中稳定 DNA 成像还较难实现。1993 年，Hansma 课题组进一步发展了样品制备方法，实现了在近生理条件下对 DNA 的稳定成像[12, 13]。具体来说，该团队将 DNA 沉积在含有 HEPES 和 $MgCl_2$ 缓冲液的云母上，应用高压水流冲洗稀松散结合的 DNA，剩余的 DNA 与云母紧密结合，之后应用 AFM 实现了对水溶液中 DNA 分子的长时间无损检测[12, 13]。之后，为进一步提高 DNA 结构表征的分辨率，通过改进悬臂设计和发展 AFM 的成像模式，应用 AFM 实现了对单个 DNA 分子大沟和小沟结构的高分辨表征。如 2012 年，Hoogenboom 课题组首次使用纳米级探针在近生理条件下对质粒 DNA 两条互补的多核苷酸单链的双螺旋结构进行了可视化成像[14]。随后，Yamada 课题组使用超低噪声的频率调制-AFM（frequency modulation-AFM，FM-AFM）直接对水溶液中质粒 DNA 的整体和局部结构进行了表征，同时基于 FM-AFM 探针的纳米空间分辨率，实现了对 DNA 骨架上单个官能团分子-单个磷酸盐的成像[15]。

  AFM 也被用于表征其他 DNA（如 Z-DNA[16]、三联体-DNA[17] 和 G-四联体 DNA[18]）的结构、对 DNA 结构改变和构象变化（包括 DNA 杂交、突变和甲基化等）进行动态成像、测量 DNA-DNA 和 DNA-蛋白质间的相互作用力等，如应用 AFM 的单分子力谱研究核酸的解折叠及核酸/蛋白复合物的解离过程等。例如，Rief 课题组通过拉伸附着在金表面和 AFM 尖端间的单个双链 DNA，测量了 DNA 序列依赖性的机械性能，发现 λ 噬菌体长链双螺旋 DNA 的 B-S 转变（"B"表示 DNA 未经拉伸前的最常见构象，"S"表示过度伸展的构象）在约 65pN 拉力作用下发生，随后施加 150pN 拉力时会出现一个非平衡的熔融转变，在此转变过程中双螺旋结构 DNA 被分为单链，最后撤去所施加拉力后 DNA 双链完全重组[19]。另外，他们还对聚（dG-dC）和聚（dA-dT）DNA 进行了序列依赖性比较研究。发现与聚（dG-dC）相比，聚（dA-dT）中的 B-S 和熔融转变均在较低的力下发生，并且利用熔融转变制备的单条 dG-dC 和 dA-dT DNA 链，松弛后由于其自身互补序列可重新退火成发夹结构。对这些发夹解开的力进行统计发现 G-C 的碱基对解离力为（20±3）pN，A-T 的碱基对解离力为（9±3）pN[19]。在此基础上，Morfill 课题组研究了包含 30 个碱基对（DNA30s）和 20 个碱基对（DNA20s）的短链双螺旋 DNA 的 B-S 转变过程，并且分别在 DNA 与针尖、基底中间引入了一段聚乙二醇（PEG）来降低非特异性结合作用的影响[20]。

研究核酸与蛋白质的相互作用有助于理解基因遗传、基因表达等生命过程。枯草芽孢杆菌 DnaD 蛋白是一种重要的 DNA 结合蛋白，涉及 DNA 复制和重组。Zhang 课题组利用 AFM-单分子力谱方法研究了枯草芽孢杆菌 DnaD 蛋白及其 C 末端和 N 末端结构域与 DNA 之间的相互作用[21]。他们分别使用 5'-硫醇和 5'-生物素标记 ds-DNA（双链 DNA），实现了其在金表面的共价固定，再使用涂有链霉亲和素的 AFM 尖端对 ds-DNA 进行循环拉伸，对其进行了力的测量。结果显示，C 末端结构域可通过主动解螺旋双链结构与 DNA 结合，促进部分双链熔融而不导致 DNA 环化，而 N 末端结构域对 DNA 没有显著影响，既不导致 DNA 熔融也不导致 DNA 环化[21]。另外，适配体是一类单链 DNA 的寡核苷酸，可选择性地与靶蛋白结合，但缓冲液中金属离子的存在通常对单链 DNA 和蛋白质的亲和力有较大影响。基于此，Fang 课题组应用 AFM 从单分子水平研究了金属离子对免疫球蛋白 E (IgE) 与 DNA 适配体之间特异性相互作用的影响[22]。具体来说，他们研究了两种具有代表性的一价离子（Na^+）和二价离子（Mg^{2+}）对 IgE 与适配体结合的影响，采用的研究方法是使用 IgE 修饰基底，使用 DNA 适配体修饰 AFM 探针尖端，力的测量在基底四个不同位置进行，在针尖与基底接触面积固定的每个位置记录力-距离曲线。实验结果发现，金属离子不仅降低了 IgE 与适配体之间的单分子断裂力，同时减少了 DNA 和蛋白质之间形成的键数[22]。综上，AFM 无须标记和染色，具有纳米空间分辨率和皮牛级的灵敏度，可在生理条件下（如细胞培养液中）实现对 DNA 的精细结构、构象动态变化过程及 DNA-DNA 和 DNA-蛋白质间作用力的表征与成像 [图 7.5（a）]，已被广泛用于核酸、核酸组装体及核酸/蛋白复合物的结构研究[23]。

2）SECM 在 DNA 研究中的应用

SECM 通过记录样品溶液中电活性物质的电流/电位等信息可实现对样本局部形貌和化学信息等的精准原位表征[24]。鉴于可实现对待测样本"化学"信息表征的特点，SECM 也被用于区分单链 DNA (ss-DNA)[25]和双链 DNA (ds-DNA)[26]、研究 DNA 碱基对错配情况[27]和杂交事件[28]等。

1999 年，Bard 课题组首次应用 SECM 对 DNA 的结构进行了成像[29]。他们将 DNA 固定在云母片上，向潮湿的空气在云母片表面形成的超薄液层中加入 $Ru(NH_3)_6^{3+}$ 电对，将钨探针插入薄液层中进行扫描，得到了 DNA 样品形貌的 SECM 图像 [图 7.5（b）][29]。另外，准确识别和区分单链 DNA 和双链 DNA 对评估 DNA 损伤和变性/复性过程非常重要。2004 年，Schuhmann 课题组应用 SECM 反馈模式实现了单链 DNA 和双链 DNA 的检测[28]。他们以与 DNA 核酸骨架去质子化磷酸基团产生静电斥力的带负电的 $[Fe(CN)_6]^{3-/4-}$ 为电对，由于溶液中 $[Fe(CN)_6]^{3-/4-}$ 的扩散运动被固定在基质上的 DNA 分子所阻碍，减小了探针接近基底时 $[Fe(CN)_6]^{3-/4-}$ 的法拉第电流，根据获得的探针电流的大小判断 DNA 分子

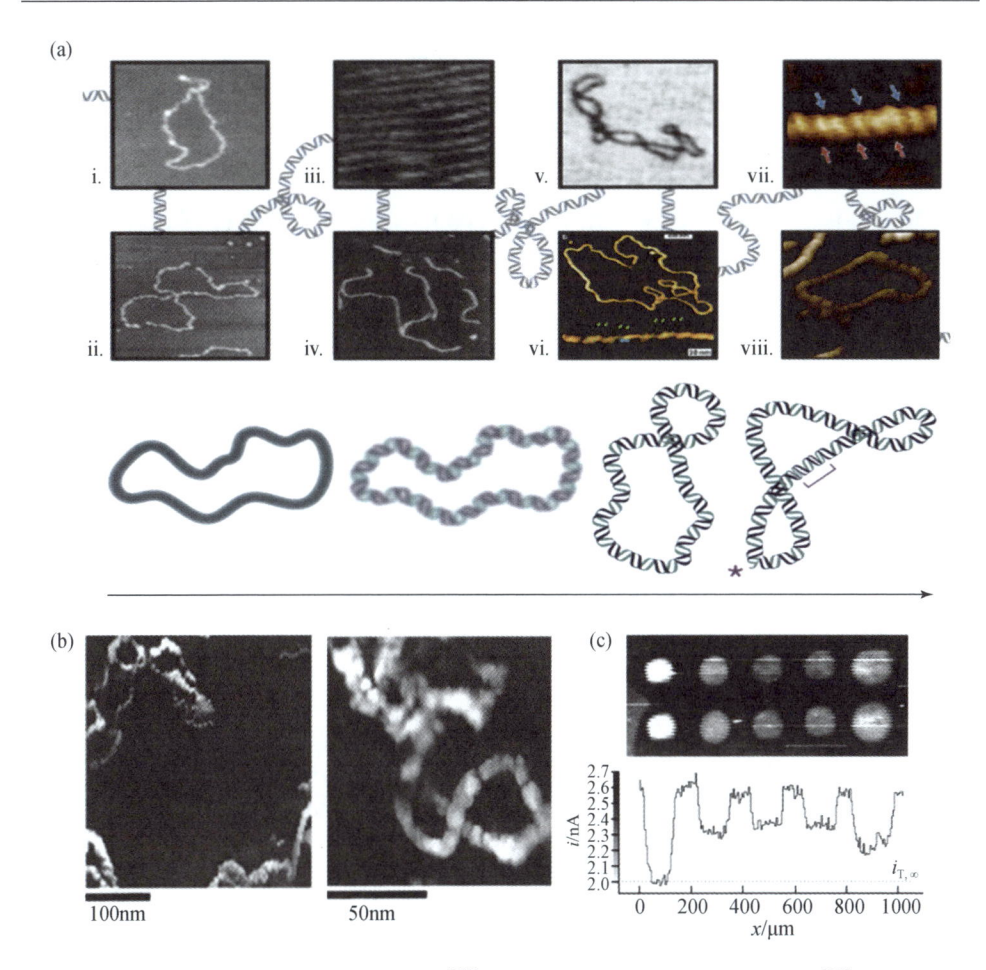

图 7.5　(a) 应用 AFM 表征 DNA 结果图[23]；(b) SECM 表征 DNA 的形貌图[29]；(c) SECM 表征的 DNA 碱基对错配结果图[30]

量的大小，进而实现了对单链和双链 DNA 分子的区分[28]。Zhou 课题组进一步以 [Fe(CN)$_6$]$^{3-/4-}$ 为 SECM 体系电对，加入杂交指示剂（如亚甲基蓝）研究了 DNA 的杂交现象[30]。他们将亚甲基蓝嵌入到固定在金基底上 DNA 双链的碱基对中，亚甲基蓝在金基底表面获得电子被还原，SECM 探针上氧化的 [Fe(CN)$_6$]$^{3-}$ 把亚甲基蓝的还原产物重新氧化成亚甲基蓝，探针上得到氧化 [Fe(CN)$_6$]$^{4-}$ 的正反馈电流，再由探针电流大小推导出嵌入 DNA 双链中亚甲基蓝的异相电子转移速率常数，得到了 DNA 样品的 SECM 图像，区分出 DNA 双链中的错配碱基对 [图 7.5 (c)][30]。2010 年，Yu 课题组以对苯二酚（hydroquinone, H$_2$Q）为氧化还原电对，提出了利用 SECM 基于发卡 DNA 和酶信号放大手段检测 DNA 的方法[31]。该方法将 3′ 末端修饰生物素的发卡 DNA 固定在基底上，当溶液中存在目标互补 DNA 时 DNA

发生互补配对,打开发卡结构,DNA 分子上修饰的生物素把链霉素修饰的辣根过氧化物酶(horseradish peroxidase,HRP)捕获到金基底表面,在 H_2O_2 存在下,H_2Q 通过 HRP 催化反应在金基底表面被氧化为苯醌(benzoquinone,BQ),生成的 BQ 在 SECM 尖端被还原,产生的还原电流被 SECM 探针检测。由于该电流跟适配体结合的目标 DNA 浓度正相关,通过该方法可实现对 17pM 目标 DNA 的检测,并对 DNA 单链之间的单碱基错配有很好的区分效果[31]。另外,DNA 双链中错配碱基对的高通量检测有助于疾病的早期诊断与预防。Kraatz 小组以 $[Fe(CN)_6]^{3-/4-}$ 为电对,应用 SECM 研究了双链 DNA 中单核苷酸的错配情况[27]。他们首先在金基底上固定了一段 DNA,之后应用 SECM 对该 DNA 片段与不同目标 DNA 链在有/无错配碱基对情况下的杂交情况进行了扫描。由 SECM 扫描图可知,当有错配碱基对存在时,探针表面的$[Fe(CN)_6]^{3-}$还原电流比完全互补的 DNA 链大,这是由于错配碱基对出现时两种 DNA 的结合不紧密,$[Fe(CN)_6]^{4-}$更容易扩散到基底表面上。因此,根据 DNA 双链中不同位置上错配碱基对对应的 SECM 图像不同,可确定 ds-DNA 是否发生错配以及错配的位置[27]。

2. RNA 研究

RNA 在遗传信息加工和蛋白质合成过程中起重要作用。RNA 分子中某些区域可自身回折进行碱基互补配对形成局部双螺旋和非互补区成环。短的双螺旋和环区域为 RNA 发卡结构,利用成像技术识别发卡结构及其相互作用对理解 RNA 的三维结构及其功能(如核酶)非常重要[32]。1992 年,Lyubchenko 等首次应用 AFM 对沉积到化学处理后云母表面上的重组病毒双链 RNA(ds-RNA)进行了成像,成功得到了 ds-RNA 分子的图像和长度测量数据,得到的 AFM 图像质量、长度和宽度分辨率均接近于传统电子显微镜的表征结果,并且 ds-RNA 在 AFM 重复扫描下稳定性良好[33]。目前,AFM 已被广泛用于 RNA 样品研究中,成为 RNA 结构可视化表征的有力工具[34]。例如,细胞中 RNA 主要以单链多核苷酸的形式存在,并能够根据核苷酸序列折叠成复杂的三级结构,应用 AFM 对单链 RNA 的高分辨成像已经实现[35, 36]。2009 年,病毒粒子调控蛋白(Rev)与 HIV-1 Rev 响应元件(Rev response element,RRE)复合物(Rev-RRE 复合物)的非均质性使其难以用传统方法对其结构进行表征,Pallesen 等应用 AFM 对 Rev 与 HIV-1 Rev 响应元件的复配相互作用进行了可视化表征[36]。由 AFM 扫描图可知,RRE 结构包括茎 I 和茎 II～V 的二级结构,整体形状与之前提出的 RRE 二级结构一致,并且 AFM 图像显示 Rev-RRE 复合体在茎和头部区域的结构的高度有所增加,这与在茎 II～V 中与高亲和力位点结合的 Rev 蛋白在 RRE 中沿着茎 I 协同结合从而引发 Rev 蛋白低聚化的结合模式一致[36]。

由于 RNA 自身结构的复杂性和脆弱性,迄今为止通过 AFM 表征折叠 RNA

中单个 RNA 碱基或更复杂 3D 折叠尚有难度，但 AFM 分辨率和样品制备方面的发展极大推进了 AFM 技术在单个 RNA 分子研究方面的应用。例如，2016 年，Moreno-Herrero 等首次应用 AFM 获得了单个 ds-RNA 分子亚螺旋的图像，其图像的高分辨率可比拟当时基于 AFM 表征的 ds-DNA 结构[37]。具体来说，他们将 ds-RNA 完全固定在云母基底上，在液体环境中对其进行扫描得到了 ds-RNA 的高分辨亚螺旋结构成像和螺旋间距的量化数据（3.1±0.3nm）。同时，为明确液体中软生物样品（如核酸）高分辨成像的影响因素，该研究小组分别采用振幅调制（amplitude modulation-AFM，AM-AFM）、驱动振幅调制（drive amplitude modulation-AFM，DAM-AFM）和跳跃模式（jumping mode plus，JM+）等三种不同的成像模式对 ds-RNA 进行了表征，得到的 ds-RNA 图像均具有高空间分辨率，并且发现在液体介质中如要获得高分辨的 AFM 图像，关键因素不是成像方式，而是探针尖端半径尺寸要足够小。通过模拟 AFM 图像预估探针的尖端半径，需要小至 2.5nm 才能区分开 RNA 的主要和次要凹槽[37]。目前，AFM 已成为 RNA 分子结构研究的关键工具，AFM 探针技术的发展为 RNA 的高灵敏度检测开辟了新途径[34, 38]。

7.3.2 蛋白质和酶的表征

蛋白质是细胞的重要组成成分，是生命活动的承担者，在催化反应、防御病原体、调节生理稳态、运输物质等过程中起重要作用。生命体内多种蛋白质催化或参与的氧化还原反应均涉及电子传递，对氧化还原蛋白质和酶等生物大分子活性和催化电子转移过程是生物电化学和生物学领域的研究热点。目前多种扫描探针显微术（如 SECM、SICM、ECAFM）已被用于各种蛋白酶催化反应动力学过程研究以及蛋白质和酶微纳结构表征中，为深入了解蛋白质的结构信息、动力学特性及蛋白质和酶等生物大分子在生命体内的生理作用和催化氧化还原反应机制提供重要参考。下面主要介绍 SECM、SICM 和 ECAFM 这三种扫描探针显微术在酶和蛋白结构、蛋白表达和活性表征等方面的应用。

1. 酶结构表征

生物体内含数千种酶，酶作为最重要的生物催化剂支配着生物的新陈代谢、营养和能量转换等多种催化过程。酶的三维结构是其发挥催化作用的基础，从微/纳观尺度原位、精确表征酶的结构对揭示酶的功能具有重要意义。AFM 具有纳米级空间分辨率，基于探针尖端与生物大分子表面之间作用力引起微悬臂的形变，被用于单个蛋白表面形貌成像和力学特性表征中。例如，Chatenay 课题组在 1992 年首次应用 AFM 对肌质网的 Ca-ATP 泵酶结晶的三维结构进行了表征，得到了该酶结晶的尺寸，提出了膜蛋白的 AFM 表征新方法[39]。随后，Takeyasu 课题组利用 AFM 的轻敲模式对人拓扑异构酶Ⅱ二聚体进行了结构成像,得到了具有大轴向孔"心脏或甜甜圈状"结构的分子图像,证实了 AFM 可用于亚分子的表征成像[40]。之后,AFM 被广泛用于多种酶(如限制性酶切酶、乙酰辅酶 A 羧化酶、葡萄糖氧化酶、辣根过氧化物酶、泛素-蛋白酶体等)的超微结构表征中,为揭示蛋白酶结构提供了重要参考[41, 42]。伴随对酶结构研究的深入,研究者并不满足于单纯对酶结构的表征,提出了对酶的超微结构和催化活性的同时表征需求。ECAFM 是集成了 SECM 和 AFM 双功能的扫描探针显微术,可实现样本表面拓扑结构纳米尺度超高分辨和电化学图像/信号的高灵敏同步采集,可对酶从微米到纳米,甚至单分子尺度的超高分辨可视化表征和活性分析,用于实时研究蛋白质-蛋白质的相互作用。例如,2003 年 Koike 课题组利用微纳加工技术在传统 AFM 的 Si_3N_4 悬臂上涂覆了 100nm 厚的金层,以镀金的 Si_3N_4 探针为 ECAFM 探针,应用 ECAFM 的轻敲模式表征了固定在镀有二氯化半胺的金/氮化硅基板上葡萄糖氧化酶(glucose oxidase,GOx)的活性和形貌,首次应用 ECAFM 对酶结构和活性进行了同时成像[43]。之后,Mizutani 课题组制备了电极半径 50nm 的探针,应用 ECAFM 对葡萄糖传感器上 GOx 的形貌和活性进行了同时成像,实现了对酶活性的高分辨成像和生物传感的稳定性分析[44]。

2. 酶活性表征

对酶活力的定量检测不仅有助于了解酶催化作用的特征,更有助于理解酶在生物代谢过程中的角色。SECM 不仅可以快速灵敏测定固定化酶反应的动力学常数,并且能直接获得酶催化活性分布的形貌信息。检测原理是当 SECM 电极探针接近目标酶时,经酶催化生成或消耗的电活性物质被 SECM 电极氧化或还原,通过 SECM 电极测得的电活性物质的氧化或还原电流实现该酶活性的间接测定[45]。例如,在酶动力学参数研究中,将 SECM 探针接近固定化的酶表面后,通过记录探针表面的氧化/还原电流与探针-酶表面距离的渐进曲线,与建立的理论反应模型拟合得到酶反应的表观米氏常数[46]。基于此原理,SECM 已被广泛用于各种酶,如 GOx、HRP、碱性磷酸酶(alkaline phosphatase,ALP)、心肌黄酶(diaphorase,Dp)的生物活性和细胞色素 C(cytochrome C,cyt C)等的表征中。接下来主要介绍 SECM 在这几种常见酶活性表征中的应用。

GOx 广泛分布于动植物和微生物中,可催化葡萄糖和氧气的反应生成 H_2O_2。对 GOx 酶活性的定量检测有助于理解其参与的葡萄糖代谢等过程。如图 7.6(a),通过检测酶催化反应中消耗 O_2 或生成 H_2O_2 的氧化/还原电流可间接测定 GOx 的催化活性。基于此原理,1992 年 Bard 课题组分别以 FcCOOH、$K_4[Fe(CN)_6]$和 H_2Q 三种氧化还原介质为电对,以半径为 4μm 左右的碳微电极为探针,首次应用 SECM 对 D-葡萄糖溶液中表面固定有 GOx 的样本进行了表征,通过记录的探针到样本表面的渐进曲线与理论模型拟合得到了 GOx 的催化反应动力学参数[47]。之后，研究者们又发展了无需氧化还原介质的 GOx 催化活性的 SECM 表征方法。例如，Ramanaviciene 课题组分别应用 SECM 的氧化还原竞争模式和产生/收集模式对表面固定有 GOx 的非导电基底上方的 O_2 和 H_2O_2 进行了电流成像，实现了对 GOx 酶活性的表征[48]。为进一步提高对 GOx 酶活性的检测灵敏度，Li 课题组将 SECM 与电致化学发光（ECL）技术相结合，对 SECM 探针微电极表面修饰 GOx，基于 GOx 催化生成的 H_2O_2 与在电极表面氧化鲁米诺作用产生的电致化学发光信号实现了对 GOx 催化活性的高灵敏检测[49]。

SECM 除了被广泛应用于 GOx 活性的表征，近来还被应用于其酶类活性的表征[50-52]。例如，HRP 广泛用于酶联免疫、免疫印迹等生物和医学实验中，HRP 催化活性的精准定量检测对其在免疫学、临床检验方面的应用具有重要意义。1993 年，Bard 课题组将 HRP 固定在碳微电极表面，通过 SECM 检测 H_2O_2 的氧化电流，得到了溶液中 H_2O_2 的浓度信息，由此计算出 HRP 对 H_2O_2 的消耗，首次实现了对 HRP 酶活性的检测[53]。此后，Mascini 课题组以 FcMeOH、FcCOOH 和 H_2Q 这三种物质为 SECM 实验体系电对，实现了对 HRP 催化活性的检测，并发现使用 H_2Q 为 SECM 体系电对时可获得比 FcMeOH 和 FcCOOH 电对高三倍以上的稳态电流信号，证实了 H_2Q 可被用作 SECM 检测 HRP 催化活性的常用电对[54]。另外，产生/收集模式和反馈模式是 SECM 检测 HRP 酶活性时常用的工作模式。在产生/收集模式中，H_2Q 被添加到溶液中，HRP 催化 H_2O_2 氧化 H_2Q 生成 BQ，BQ 在 SECM 探针上被还原产生还原电流；在反馈模式中，BQ 被添加到溶液中并被 SECM 探针还原成 H_2Q，当探针逐渐靠近 HRP 酶时，探针生成的 H_2Q 被 HRP 催化 H_2O_2 氧化生成 BQ。因此，通过记录 SECM 探针电极上还原电流的变化可得到 HRP 的催化活性信息[51]。另外，通过生物-链霉素或免疫结合方式将 HRP 链接到细胞或微组织的靶蛋白表面形成三明治结构，可通过 SECM 检测 HRP 的活性表征细胞或组织表面特异蛋白的表达。如 He 等通过 HRP 标记甲胎蛋白、癌胚抗原、神经元特异性烯醇化酶和细胞角蛋白 19 片段等四种肺癌标记物等，应用 SECM 实现了对这四种肿瘤标记物的同时检测[55]。

ALP 在多种生物细胞中均有表达，是判断细胞分化程度的标志物之一。在单细胞层次对 ALP 表达和活性的检测有助于判断细胞的分化程度。1998 年，Lunte 课题组首次应用 SECM 以对氨基苯基磷酸（*p*-amimophenyl-phosphate，PAPP）为电对，对 ALP 的催化活性进行了测量[56]。检测原理是 ALP 将 PAPP 催化脱去磷酸基团产生对氨基苯酚（*p*-aminophenol，PAP），PAP 可被 SECM 探针氧化，因此通过 SECM 测得的 PAP 氧化电流可实现对单细胞上 ALP 活性及其表达的检测。基于此原理，Matsue 课题组将宫颈癌 HeLa 细胞接种在固定有分泌性碱性磷酸酶（secreted alkaline phosphatase，SEAP）抗体的微阵列上，应用 SECM 实现了对 SEAP

活性的检测,并排除了细胞膜 ALP 酶活性对 SEAP 酶活性检测的影响[57]。类似地,他们还制备了三维培养条件下的小鼠胚胎干细胞球,利用 SECM 对细胞球向心肌细胞分化过程中 ALP 的催化活性进行了原位表征,观察到了胚胎干细胞的分化过程[52]。此外,如图 7.6(b),该课题组将 ALP 标记于人皮肤鳞癌 A431 细胞的表皮生长因子受体(EGFR)蛋白上,以 PAPP/PAP 为氧化还原电对,通过 SECM 检测 PAP 的氧化电流值,实现了对细胞膜表面 EGFR 蛋白表达的高分辨成像[58]。

细胞色素 C 作为细胞氧化磷酸化过程中的关键电子传递体,位于线粒体内膜上,和其他酶复合体组成呼吸链参与细胞的呼吸过程。细胞色素 C 催化活性的精准定量检测对了解线粒体呼吸过程中氧化磷酸化过程的电子传递具有重要意义。Zhao 课题组应用 SECM 首次检测了细胞色素 C 的活性。检测原理是,$[Fe(CN)_6]^{4-}$ 在 SECM 探针上被氧化为 $[Fe(CN)_6]^{3-}$,$[Fe(CN)_6]^{3-}$ 被镀金基底表面上的细胞色素 C 还原为 $[Fe(CN)_6]^{4-}$,通过 SECM 探针接近细胞色素 C 时 $[Fe(CN)_6]^{4-}$ 氧化电流的渐进曲线与理论反应模型拟合可得到细胞色素 C 的酶活性信息[59]。另外,心肌黄酶(又称二氢硫辛酸脱氢酶)是构成丙酮酸脱氢酶复合物之一,对其酶活性的检测有助于理解葡萄糖的代谢过程。Koike 课题组以 FcMeOH 为 SECM 电对,在探针电极表面氧化生成的 $[FcMeOH]^+$ 扩散到心肌黄酶表面,心肌黄酶利用 NADH 将 $[FcMeOH]^+$ 还原重新生成 FcMeOH,当探针接近心肌黄酶表面时探针记录的 FcMeOH 的氧化电流增加,由此间接测得心肌黄酶的活性[60]。

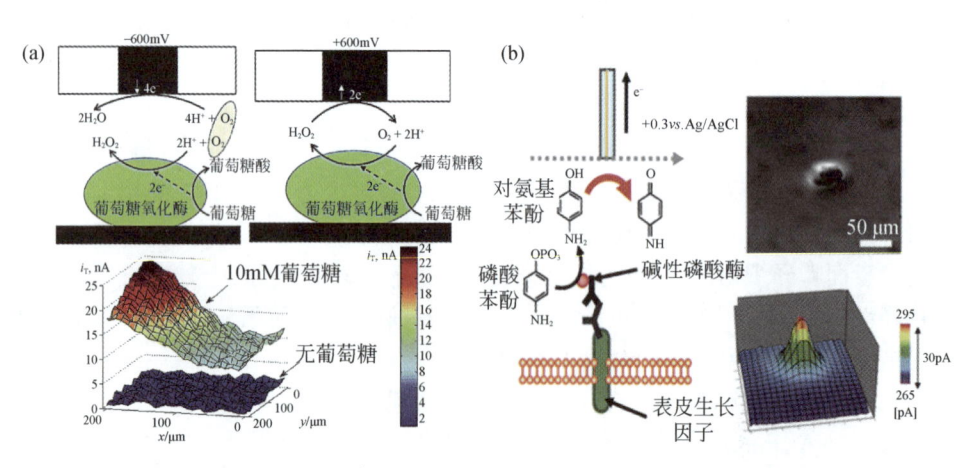

图 7.6 (a)应用 SECM 测量 GOx 酶活性的示意图及其活性 SECM 图像实例[48];(b)应用 SECM 表征细胞膜表面结合了 ALP 的 EGFR 蛋白示意图及 SECM 图像[58]

3. 蛋白质形态与结构表征

蛋白质是构成生物体细胞组织的重要成分,同时也是重要的生物标志物。目前已有多种扫描探针显微术被用于蛋白质结构及其功能活性研究中。AFM 常被用于蛋白质的形态和结构研究中。例如，Epand 课题组将脂质双分子层修饰的云母放入 AFM 流体池中，再将流感病毒血凝素的两个片段 BHA 和 FHA2 蛋白溶液注入 AFM 流体池中，之后用 AFM 轻敲模式表征了中性条件下两种蛋白与脂质双分子层的结合过程，发现其能自组装形成三聚体分子，并且当对环境进行酸化后 FHA2 蛋白的横向结合更加明显，脂质层没有受到明显干扰，而 BHA 蛋白几乎不受酸化的影响，脂质层中出现小的缺损和孔洞[61]。另外，AFM 可在液体环境中对抗体分子进行成像。例如，Yamada 课题组将单克隆 IgG 分子固定在云母片基底上，再将其放入 50mM $MgCl_2$ 溶液中，根据悬臂在其共振频率处自振荡的共振频率位移测量了探针尖端-抗体相互作用力，揭示了溶液中单克隆 IgG 分子自组装成有序的寡聚体呈现花状六聚体结构[62]。此外，蛋白的折叠结构，尤其是分子内的折叠结构对许多生理功能的实现具有重要作用。应用 AFM 可通过蛋白质分子在探针力作用下压缩拉伸过程中的力-距离曲线获得蛋白质的力学特性，用以揭示蛋白质折叠的基本特性。例如，Gaub 课题组应用 AFM 的力谱模式，通过用 AFM 悬臂尖端接近肌动蛋白表面和接触肌动蛋白表面然后缩回尖端获得了肌动蛋白的力松弛曲线，得到了单个结构域所需力为 150~300pN，并证明所需力的大小取决于拉动肌动蛋白速度的快慢[63]。因此，AFM 不仅可以实现分子构象变化的表征，也能用于研究蛋白质的力学参数。

具有更高空间分辨率的 AFM-SECM 可进一步用于单个病毒颗粒蛋白质的表征，并实现对单个病毒颗粒的检测，如基于免疫标记法标记目标蛋白，通过 AFM-SECM 检测氧化/还原物质的电流来实现病毒蛋白质的表征。例如，Michon 课题组先将莴苣花叶病毒（LMV）沉积在金基底上并用一抗标记 LMV，然后用偶联有二茂铁（Fc）的二抗标记 LMV，通过 SECM-AFM 探针测得的 Fc 氧化电流信号实现了对单个病毒颗粒蛋白质的识别，并获得了形貌图像 [图 7.7（a）][64]。细胞膜的运输和识别功能主要依赖膜表面蛋白的分布和构象变化。神经细胞、心肌细胞等可兴奋细胞中膜表面的离子通道、转运蛋白的分布和结构变化，是其发挥生理功能的结构基础。SICM 可在纯生理溶液中无损表征生物样本，非常适合于膜蛋白的研究。例如，Korchev 课题组使用尖端内径约为 13nm 的石英管为 SICM 探针对球形芽孢杆菌表层蛋白进行了表征，证实 SICM 可清楚识别单个蛋白质分子。并且，对样品重复扫描得到了相同图像，说明 SICM 探针没有破坏细菌表面的蛋白质层，可对活细胞上的单个蛋白质进行高分辨成像，并跟踪它们随时间的重组过程[65]。此外，Baker 课题组将 SICM 和膜片钳技术联用，以玻璃管电极为探针，其中玻璃管通道通过距离-电流曲线对细胞膜磷脂双分子层进行成像，另一个玻璃管通道检测离子通道活性，实现了对 αHLs 通道蛋白在细胞膜磷脂双分子层分布的成像，并检测了离子通道蛋白的重排过程 [图 7.7（b）][66]。

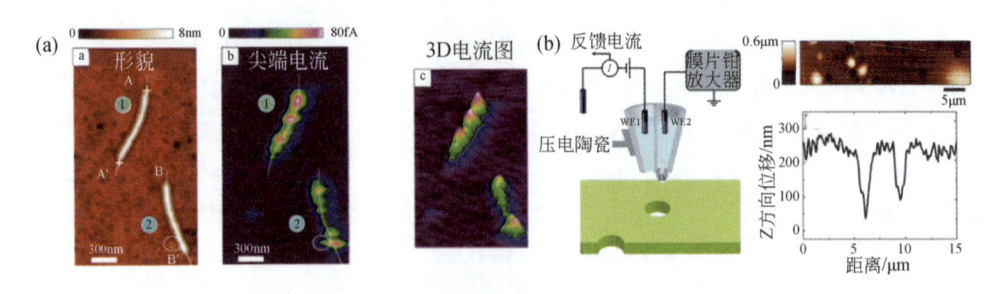

图7.7 （a）应用SECM-AFM表征病毒形貌结果图[64]；（b）应用SICM双管离子通道探针表征αHLs通道蛋白形貌原理图和结果图[66]

4. 蛋白质活性表征

癌症等疾病中细胞膜表面与药物转运相关的蛋白会影响药物的转运，影响治疗效果。例如，癌细胞膜上的多药耐药蛋白1（multidrug resistance-associated protein，MRP1）是造成癌细胞耐药的重要耐药蛋白之一，通过细胞内的谷胱甘肽与化疗药物（如阿霉素、依托泊苷、长春新碱等）形成共轭复合物，将化疗药物外排出细胞，进而让癌细胞对其耐受[67]。因此，对细胞膜表面蛋白活性的表征对疾病病理研究和药物开发具有重要作用。传统荧光方法主要对膜蛋白的表达进行表征，无法得到膜蛋白功能活性的原位信息。SECM可利用细胞本身释放的氧化/还原物质检测细胞膜上特定蛋白的活性。例如，应用SECM记录细胞外排的GSH与溶液中电对的氧化还原反应的表观速率常数可实现对MRP1功能活性的原位表征[68]。Bard课题组以甲萘醌为氧化还原电对，应用SECM对MRP1单克隆抗体或选择性抑制剂作用下Hela细胞中甲萘醌-GSH共轭物的外排动力学过程进行了表征，发现在MRP1单克隆抗体或选择性抑制剂甲萘醌刺激下，Hela细胞的GSH外排异质率参数比单纯的甲萘醌刺激组明显降低，确定了甲萘醌是MRP1的底物，并实现了对MRP1活性的实时表征[68]。之后，Mauzeroll课题组以FcCH$_2$OH为电对表征了Hela细胞表面MRP1的功能活性。检测原理是，当FcCH$_2$OH通过细胞膜进入细胞内后，与细胞内的GSH通过MRP1被转运到细胞外，将SECM探针表面氧化的[FcCH$_2$OH]$^+$还原，使探针上记录的FcCH$_2$OH氧化电流信号增加，通过得到的电流值与探针-细胞之间距离的渐近曲线与理论模型拟合可得到GSH与FcCH$_2$OH的氧化还原反应速率常数，间接得到了Hela细胞MRP1功能活性的信息[图7.8（a）][69]。之后，Li课题组进一步应用SECM原位表征了模拟不同乳腺癌阶段力学微环境下乳腺癌细胞MRP1的功能活性。他们首先比较了三种常用的氧化还原电对（[Ru(NH$_3$)$_6$]Cl$_3$、FcCH$_2$OH、FcCOOH）检测细胞GSH水平的可行性，证实了FcCOOH在不干扰癌细胞释放GSH情况下可作为SECM体系的氧化还原电对。之后应用SECM分别对不同基质刚度上培养的两种乳腺癌细胞

（MCF-7 和 MDA-MB-231）表面的 MRP1 功能活性进行了实时、定量表征。通过构建乳腺癌细胞-SECM 探针有限元分析模型获得了乳腺癌细胞释放的 GSH 与 FcCOOH 氧化还原反应的表观速率常数 k，由此得到了 MRP1 外排 GSH 的功能活性数据，证实了细胞力学微环境可调控乳腺癌细胞 MRP1 的功能活性，影响 MRP1 对化疗药物（长春新碱）的外排能力，并发现基质刚度对不同种类的乳腺癌细胞 MRP1 功能活性的影响不同，证实了细胞外基质刚度对癌细胞耐药性的影响[图 7.8（b）][70]。

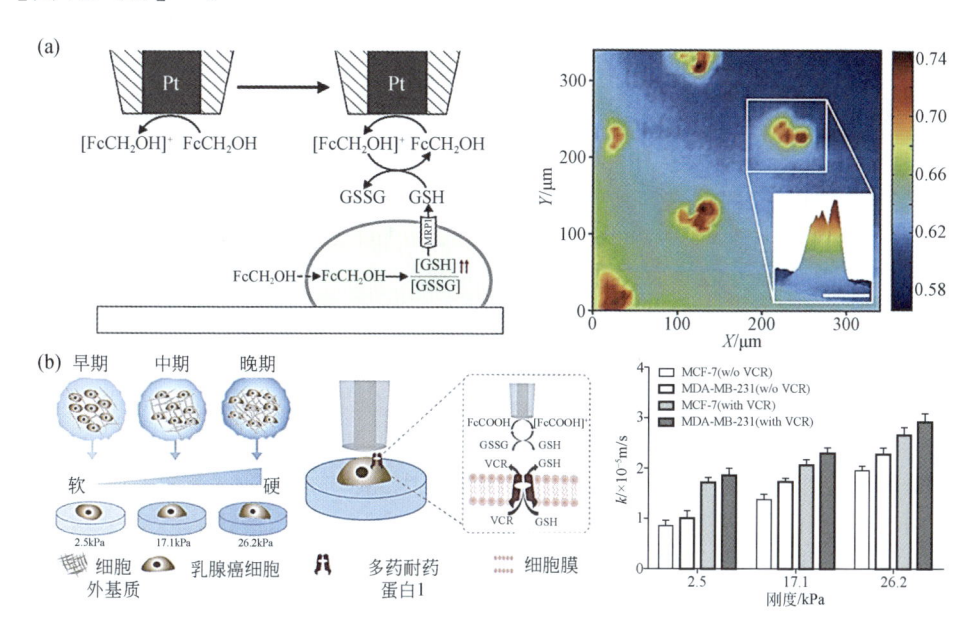

图 7.8 （a）应用 SECM 以 $FcCH_2OH$ 为电对检测 Hela 细胞 MRP1 活性[69]；（b）应用 SECM 以 FcCOOH 为电对检测不同基质刚度聚丙烯酰胺水凝胶上乳腺癌细胞 MRP1 活性的原理示意图和实验结果图[70]

7.3.3 细胞研究

细胞是构成生物体的基本结构和功能单位。细胞的形态、结构与其生理功能相互影响，密切相关。细胞内的小分子物质含量和酶活性反映细胞的应激反应、信号转导和蛋白质活动等；细胞膜作为细胞与周围环境信息交流的重要界面，膜上离子通道和离子泵活性调控细胞内外电位差和细胞表面电荷，改变细胞的电学性质及其生理行为；细胞的力学特性影响细胞对胞外力学刺激的感知和转导过程，导致细胞增殖、分化和迁移等行为差异。因此，针对细胞形态、结构与功能相关性的研究一直是细胞生物学和生命科学各领域的研究重点。近年来，扫描探针显微术因其可实现对细胞形貌、生化和物理等特性无损和高时空分辨表征的特点被广泛用于细胞研究中。下面主要介绍 AFM、SECM、SICM 这三种技术在细胞研究中的应用。

1. 细胞形貌和亚细胞结构表征

表征细胞形貌和亚细胞结构可获得细胞状态和骨架（如肌动蛋白、应力纤维）等信息。与光学显微镜和扫描电子显微镜相比，扫描探针显微术可对活细胞的形貌和结构进行原位扫描和成像，避免复杂的样本前处理过程和可能的光损伤，因此被广泛用于各种细胞和亚细胞形貌和结构的表征中。如 AFM 应用氮化硅探针纳米尖端对液相或气相环境中的样品表面进行扫描，可得到各种微生物、细胞和亚细胞的形貌和结构信息，纵向空间分辨率可达 0.01nm。例如，高洪菲等应用 AFM 对低转移卵巢癌细胞 HO-8910 和高转移卵巢癌细胞 HO-8910PM 的亚细胞结构进行了扫描，得到了细胞培养、细胞印片和薄层细胞制片等技术对细胞铺展形貌和尺寸的影响，并证实与正常宫颈细胞相比，HO-8910 和 HO-8910PM 具有细胞核增大、细胞质分散和多细胞核易聚集的特点[71]。另外，以纳米玻璃管为探针的 SICM 技术可在水溶液中对细胞表面进行非接触扫描，与 AFM 技术相比，SICM 可减少探针接触对细胞造成的干扰。如图 7.9（a），Schäffer 课题组应用 SICM 和 AFM 对同一细胞进行了表面扫描[72]。结果显示，应用 AFM 对成纤维细胞和心肌细胞成像时，探针施加到细胞表面的微弱力影响了细胞的形貌，而 SICM 扫描结果可原位无损反映细胞样品本身的真实形貌。因此，在非接触和无损细胞表征方面 SICM 比 AFM 更具优势，被广泛用于多种细胞表面亚细胞结构（如微绒毛结构 [图 7.9（b）][73]、心肌细胞肌节结构[74]、神经细胞突触结构[75] 等）的原位表征中。例如，Gorelik 课题组应用 SICM 对心力衰竭细胞模型中心肌细胞表面的横管结构进行了高分辨成像，实现了横管和 Z 线结构比例的定量表征[76, 77] [图 7.9（c）]。他们还将 SICM 用于上皮细胞团簇和心肌组织中细胞形貌的原位表征中，并分析了细胞在组织行使功能过程中的特性和作用[78-80]。另外，针对三维结构组织扫描的挑战，他们应用 SICM 分别对猪主动脉内、外的细胞进行了成像，验证了血液流动对内皮细胞排列和形貌的影响 [图 7.9（d）][80]。

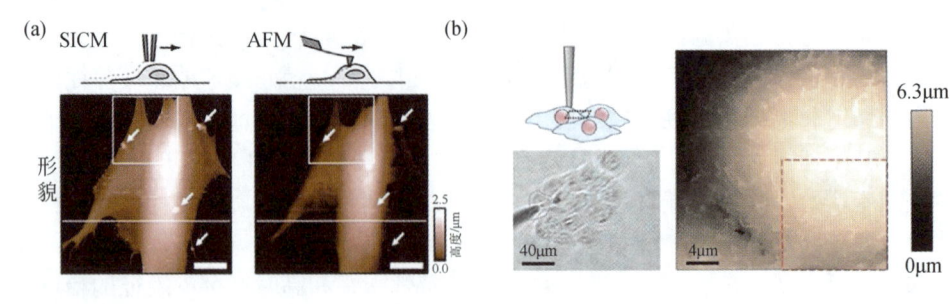

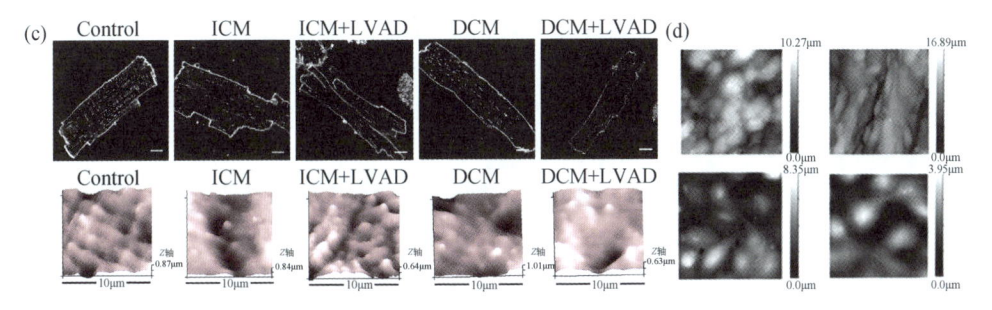

图 7.9 （a）应用 SICM 和 AFM 对同一成纤维细胞表面的扫描结果图[72]；（b）SICM 对 A431 细胞表面脊状微绒毛的表征结果图[73]；（c）SICM 对心力衰竭病人心肌细胞表面结构的表征结果图[76]；（d）SICM 对猪主动脉内、外曲面的表征结果图[80]

细胞形貌的动态变化与其迁移、分化和能量代谢等行为密切相关，并可直接反映细胞的骨架和生理状态。应用扫描探针显微术可非标记地对活细胞的形貌进行连续表征，实现对细胞形貌和结构动态变化过程的原位成像。SECM 通常以微米电极作为探针，通过控制探针扫描细胞表面时由探针-细胞间距离改变引起的探针电流变化可实现对细胞表面形貌的电流成像。由于 SECM 可在生理溶液中对生物样品表面进行非接触的无损表征，SECM 被用于多种活细胞形貌变化的动态表征中。例如，Ding 课题组以直径 5μm 的铂微电极为探针，以溶液中的氧气为电对，应用 SECM 原位记录了人胸腺癌（T24）细胞受温度影响的形貌动态变化过程。如图 7.10（a），他们每 5 分钟记录 T24 细胞周围的氧气还原电流图像 1 次，得到了 156 分钟内 T24 细胞受温度影响的形貌动态变化，证实了细胞形貌变化具有与细胞凋亡早期一致的变化规律[81]。另外，SECM 的成像分辨率取决于其探针尺寸和扫描速度，可通过使用更小尺寸的电极为探针并降低扫描速度实现更高分辨率的细胞表面成像。例如，Matysik 课题组使用直径 300nm 的铂电极为 SECM 探针，对大鼠肾上皮细胞进行了 195 分钟动态变化的高分辨成像[82]。

SICM 技术以微米或纳米尺寸的玻璃管电极为探针，具有调制、跳跃等多种扫描模式。相比于 SECM，SICM 更适用于对高纵横比样品表面形貌和亚细胞结构的高分辨、动态表征。例如，Korchev 课题组应用 SICM 对蟾蜍肾表皮细胞 20μm×20μm 的局部区域进行每 50 秒一次表面结构的动态扫描，成功追踪了细胞表面微绒毛的形成过程以及形成期、稳定期和消退期等生命周期，验证了微绒毛生成速度与其生长高度的关系[83]。他们还应用 SICM 对尺寸 200nm 乳胶粒子作用下肺泡上皮细胞的表面结构进行了快速成像，原位观测了纳米颗粒与细胞膜交互的动态过程，为原位研究纳米粒子与细胞膜交互作用提供了 SICM 表征新手段[图 7.10（b）][84]。

AFM 使用具有纳米尖端的氮化硅为探针，可在生理条件下对细胞表面形貌和微结构进行突破光学衍射限制（>180nm）的高分辨成像，因此常被用于对亚细胞结构及细胞膜表面细微结构纳观尺度的高分辨表征，得到细胞和细胞膜表面的超微结构信息。例如，Zhou 课题组应用 AFM 表征了固定在样本基底上 HCT-116 细胞的层状脂肪物、微丝和微绒毛结构，由 AFM 高分辨图像得到了微绒毛和微绒毛簇的动态变化，实现了对尺寸范围在 5～9nm 肌动蛋白丝的成像[85]。同时，他们应用 AFM 探针对微绒毛结构施加了 1～10nN 的力学加载，原位检测了力学刺激下微绒毛的即时变化，为肌动蛋白细胞骨架的基本生物学功能提供了参考[图 7.10（c）][85]。

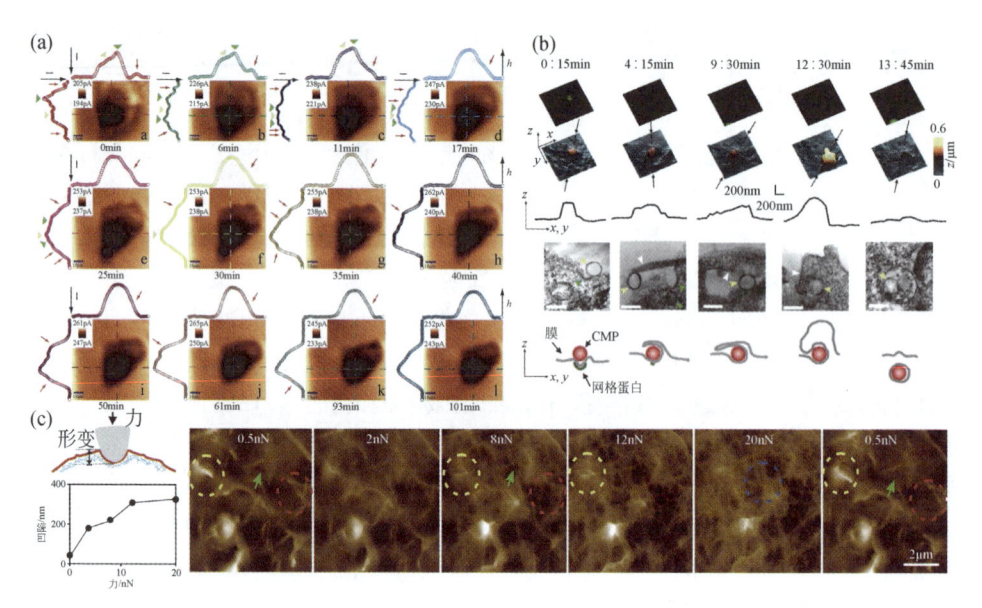

图 7.10 （a）应用 SECM 连续 156 分钟记录 T24 细胞形貌动态变化的电流图[81]；（b）应用 SICM 表征羟基修饰乳胶粒子与 AT1 肺泡上皮细胞的动态交互作用[84]；（c）应用 AFM 表征 HCT-116 细胞的肌动蛋白纤维动态变化结果图[85]

2. 细胞内物质的检测

检测细胞内的小分子物质（如氧气、活性氧/活性氮、葡萄糖等）和酶活性等可为理解复杂细胞微环境中细胞的应激反应、信号转导和蛋白质活动等特性提供重要参考[86, 87]。电化学检测方法具有高选择性、高检测灵敏度和低检测限及无须标记等优点，因此成为细胞内外物质检测的有力手段。其中，以固体微/纳米电极和玻璃微/纳米电极为探针的 SECM 和 SICM 技术是具有高时空分辨的微区电化学测量技术，被广泛用于细胞内各种分子的检测中[88]。

1）氧气的检测

植物通过光合作用吸收光能，把二氧化碳和水转化为有机物，释放出氧气。1990 年，Bard 课题组首次应用 SECM 观察到了女贞科植物叶片表面打开气孔的形貌和光照下伊乐藻叶上表面由光合作用产生氧气的还原电流,得到了植物叶片表面气孔的分布信息,首次实现了植物光合作用生成氧气过程的原位观测[89]。之后,Jackson 课题组应用 SECM 原位表征了光照情况下白花紫露草叶片上保卫细胞气孔的打开和光合作用释放氧气的过程,进一步得到了光合作用电子传递过程中氧气的释放速率和浓度分布,实现了对单个保卫细胞中光合作用电子传输产生极微氧气通量的检测[90]。另外,Ding 课题组应用 SECM 对重金属 Cd^{2+} 作用下芥菜气孔释放氧气过程的变化进行了原位表征,发现 Cd^{2+} 作用后植株的气孔密度降低、气孔尺寸变大,并且单个气孔上方的氧气释放量低于对照组植株,说明 Cd^{2+} 的胁迫可降低植株光合作用生成氧气的量,证实 Cd^{2+} 对植物光合作用的影响[91]。除了研究植物细胞光合作用外,SECM 还被用于表征哺乳动物细胞的呼吸活性,如应用 SECM 探针记录细胞周围溶液中氧气的还原电流(较低的氧气还原电流表明细胞对氧气消耗大,呼吸活性强)来表征活细胞的呼吸活性[92]。例如,1998年 Matsue 课题组首次应用 SECM 对人的结肠癌细胞(SW-480 细胞)的呼吸活性进行了原位表征,并研究了呼吸抑制剂氰化物对细胞活性的影响[93],为哺乳动物活细胞呼吸活性的原位表征提供了 SECM 方法。

2)活性氧物质的检测

活性氧物质(reactive oxygen species,ROS)和活性氮物质(reactive nitrogen species,RNS)是细胞在有氧代谢过程中产生的具有活泼化学性质的中间代谢产物。细胞内 ROS/RNS 的产生与清除对维持细胞的氧化还原状态和介导氧化还原信号起关键作用。例如,巨噬细胞在吞噬过程中释放的 ROS/RNS 物质对免疫系统病原体的清除效率十分重要。基于此,Mirkin 课题组用干扰素-γ和脂多糖(IFN-γ/LPS)刺激 RAW 267.7 巨噬细胞模拟体内的炎症活化,应用 SECM 原位表征和量化了 RAW 267.7 细胞单个吞噬溶酶体中四种主要 ROS/RNS 物质(H_2O_2、$ONOO^-$、$NO·$ 和 NO_2^-)的含量,并通过计时电流法检测到单个吞噬溶酶体中这四种 ROS/RNS 物质浓度随时间的动态变化,发现 RAW 267.7 细胞吞噬溶酶体产生的主要 ROS/RNS 物质是 $ONOO^-$ 和 $NO·$,为研究巨噬细胞吞噬作用的内在规律提供了参考[94]。另外,肿瘤的发生、发展进程与癌细胞内高水平的 ROS/RNS 有关,他们应用 SECM 表征了正常乳腺细胞(MCF-10A)和转移性乳腺癌细胞(MDA-MB-231 和 MDA-MB-468)中四种关键的 ROS/RNS 分子(H_2O_2、$ONOO^-$、$NO·$ 和 NO_2^-)的相对浓度及动态变化,发现转移性乳腺癌细胞内 ROS/RNS 的生成速率更快,与肿瘤转移能力存在很强的相关性,为侵袭性三阴性乳腺癌肿瘤的早期诊断提供了潜在的 SECM 检测方法[图 7.11(a)][95]。

3)葡萄糖的检测

葡萄糖是细胞的能量来源和新陈代谢的中间产物,并在细胞通信的信号转导途径中起重要作用。癌细胞中葡萄糖代谢从氧化磷酸化到糖酵解代谢的转变是癌症进展的重要标志，对癌细胞的葡萄糖代谢特征识别对癌症的治疗具有重要意义。Rapino 课题组利用葡萄糖氧化酶修饰的 SECM 探针监测了人乳腺上皮细胞（MCF10A）附近的葡萄糖浓度，获得了单个 MCF10A 细胞的代谢活性信息，发现细胞摄取的葡萄糖浓度在 13μM 左右，为研究细胞代谢状态及其对外部刺激的代谢反应和癌症疾病机制提供了参考[96]。Pourmand 课题组以内壁修饰有葡萄糖氧化酶的纳米玻璃管为 SICM 探针，测定了人成纤维细胞（human fibroblast）、转移性乳腺癌细胞（MDA-MB-231）和非转移性乳腺癌细胞（MCF-7）的葡萄糖浓度，根据 SICM 探针测定不同细胞中与葡萄糖浓度依赖的离子电流变化，发现转移性乳腺癌细胞中葡萄糖水平比另外两种细胞高 2 倍以上，证实了转移性癌细胞需要更多的葡萄糖用于细胞的增殖与侵袭［图 7.11（b）][97]。

4）酶活性的表征

（1）过氧化物酶的表征

过氧化物酶是广泛存在于各种动物、植物和微生物体内的一类氧化酶，以 H_2O_2 为电子受体直接氧化酚类或胺类化合物，具有消除 H_2O_2 和酚类胺类毒性的双重作用。定量表征过氧化物酶催化反应的动力学过程对理解与之相关的细胞功能具有重要意义。Kamada 课题组基于细胞内过氧化物酶在 H_2O_2 存在下催化二茂铁甲醇氧化生成二茂铁甲醇阳离子反应的原理，应用 SECM 表征了芹菜组织表面过氧化物酶的分布和活性，发现在芹菜茎和一些维管束周围区域含有较多的过氧化物酶[98]。Jin 课题组用洋地黄皂苷将细胞膜穿孔，以氢醌和 H_2O_2 作为酶的底物，氢醌通过微孔被胞内的过氧化物酶转化为苯醌，利用 SECM 对从细胞内扩散到细胞表面的苯醌通量进行了检测，实现了对细胞内过氧化物酶活性的量化表征，为过氧化物酶活性的测定提供了高特异性和高灵敏的 SECM 检测方法[99]。

（2）烟酰胺腺嘌呤二核苷酸醌氧化还原酶的表征

烟酰胺腺嘌呤二核苷酸（NADPH）醌氧化还原酶（NQO）是一种对细胞具有保护功能的 Nrf2 靶标酶，可保护细胞免受醌类氧化还原循环的有害影响。另外，NQO 在许多癌细胞中过度表达，被认为是潜在的癌症生物标志物。鉴于此，Matsumae 等基于铁氰化物和甲萘醌双指示剂氧化还原循环和放大电流响应的原理，应用 SECM 对加入甲萘醌后单个 Hela 细胞周围亚铁氰化物的生成率进行了检测，实现了对 Hela 细胞内 NQO 活性及其代谢物水平的监测。研究结果发现，10μM 甲萘醌对 NQO 活性的检测效果最佳，证实了 SECM 结合双氧化还原指示剂体系可实现对单细胞内酶活性的精确检测[100]。

（3）细胞色素 C 氧化酶活性的表征

细胞色素 C 氧化酶（COX）作为电子传递链的末端电子受体，其主要功能是将细胞色素 C 的电子传递给氧气，完成呼吸链的最终步骤，负责偶联氧化磷酸化与 ATP 生成。编码 COX 的线粒体或细胞核基因的突变会导致 COX 的错误组装，

COX 缺乏会导致婴儿和青少年严重的肌肉无力，心脏、肝脏和肾脏疾病以及脑损伤，甚至导致死亡。因此，发展快速有效、成本低廉和早期诊断的分析方法对于及时干预，减轻病人症状以及避免长期残疾至关重要。Kuss 课题组提出一种基于 SECM 的高效分析方法，他们以成纤维细胞为模型细胞系，基于定量氧化还原介质 N, N, N', N'-甲基对苯二胺（TMPD）与 COX 在细胞内相互作用产生的电流变化结合数值模拟方法研究了单个成纤维细胞 TMPD/TMPD$^{+·}$ 的表观异质性速率常数，反映活成纤维细胞中 COX 的活性［图 7.11（c）］[101]。他们的研究发现，

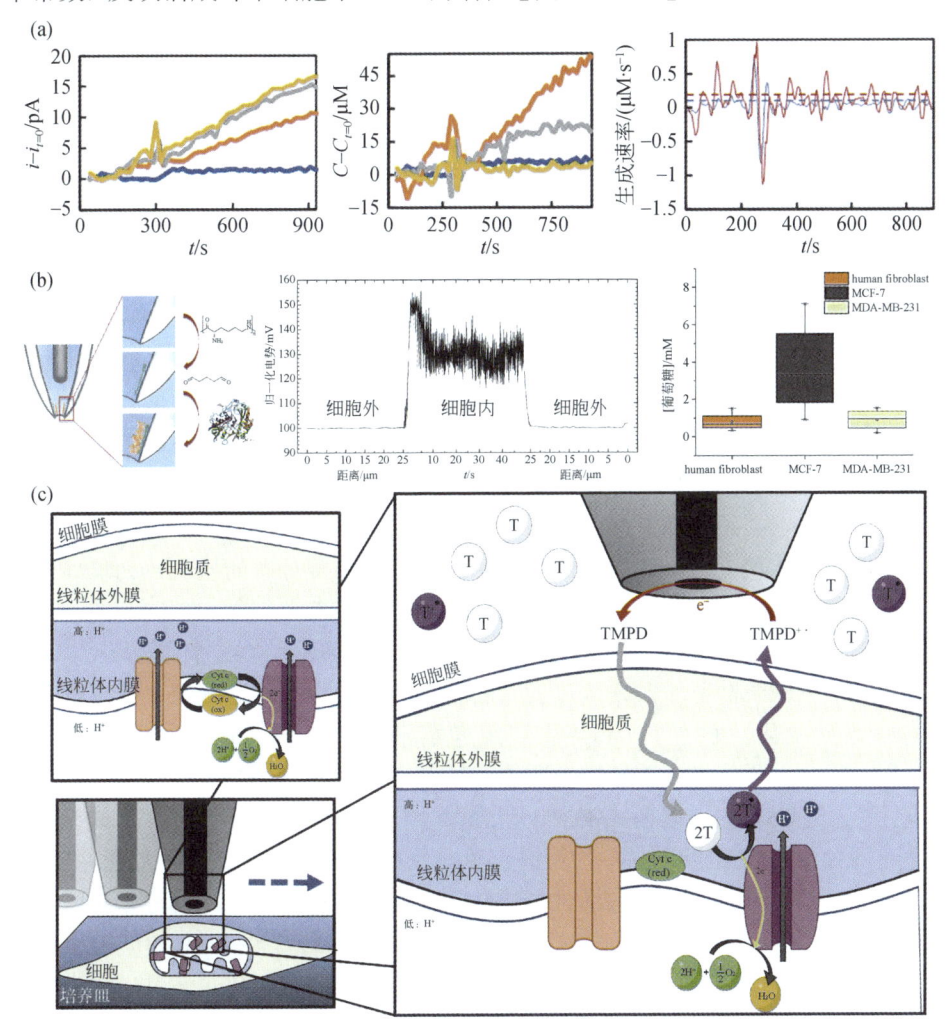

图 7.11 （a）SECM 对活化的 RAW 267.7 巨噬细胞吞噬酶体内 H_2O_2、$ONOO^-$、$NO·$ 和 NO_2^- 的探针尖端电流随时间变化曲线，浓度变化曲线和生成速率曲线的检测[95]；（b）以纳米玻璃管内修饰葡萄糖氧化酶为探针对不同细胞系中细胞内葡萄糖水平的 SICM 检测[97]；（c）应用 SECM 检测在 TMPD 存在下细胞内 COX 的电化学反应示意图[101]

SCO1 核编码基因缺陷的成纤维细胞中 TMPD/TMPD$^{+\bullet}$的再生要显著慢于健康细胞，成功区分了正常和功能失调形式的 COX，为诊断人类细胞中 COX 的活性提供了 SECM 方法。

3. （模拟）细胞膜上的电荷转移与物质传输

细胞膜表面具有大量带有电荷的信号蛋白和受体蛋白，控制生物分子物质的转运，使细胞膜表面带电荷。同时，细胞膜将细胞外液和细胞内液分隔开来，使膜内外形成电势差（膜电位）[102]。因此，表征细胞膜的表面电荷、物质转运和膜电位变化可提供细胞代谢和信号转导等细胞生命活动的有关信息，为研究细胞生理和病理状态提供参考。扫描探针显微术因其高时空分辨和检测灵敏度被广泛用于细胞膜表面蛋白和电荷转移过程的研究中。

通过对单个膜结构（如纳米孔、囊泡）上分子转运过程的监测，可实现在多个分子转运通过膜时对目标分子的高选择性检测，解释复杂的分子转运机制。SECM 可用于研究细胞膜外的分子转运过程，例如根据分子转运类型的不同，分别采用产生/收集模式、诱导模式或反馈模式这三种工作模式表征分子在细胞膜上的转运过程［图 7.12（a）］。例如，使用 SECM 的产生/收集模式（SG/TC），通过对探针施加膜电位或产生跨膜浓度梯度来驱动物质的膜转运过程，实现对生物膜分子转运过程研究[103]。例如，Whiteley 课题组应用 SECM 的 SG/TC 工作模式对细菌膜上产生代谢物质群体感应分子——绿脓杆菌素（PYO）的浓度进行了表征，得到了生物膜表面还原态 PYO 的浓度梯度，证实该浓度梯度可在溶液形成几百微米的扩散层，实现了对群体感应和生物膜代谢物质浓度分布的检测，为群体感应分子在调节细菌氧化还原稳态和代谢消耗方面提供了参考[104]。SECM 的诱导模式也常用于细胞膜生物分子的被动传输过程研究中，通过在 SECM 探针施加氧化/还原电位使细胞表面分子的跨膜平衡过程受到扰动，由探针电极收集诱导物质的细胞膜通量变化。例如，Ding 课题组向溶液体系加入可透过细胞膜的电对（FcMeOH），采用 SECM 诱导模式原位表征了 Cd^{2+}对活细胞膜通透性影响的动态过程[105]。SECM 的反馈模式常用于研究分子在细胞膜上的转运过程，其检测原理是通过对探针施加电压使氧化/还原介质在探针和细胞之间发生氧化/还原反应，实现对细胞外排分子或膜蛋白活性的检测。例如，向待测细胞电解液中加入可透过细胞膜的氧化还原介质［如二茂铁甲醇（FcCH$_2$OH）］，并在探针电极上施加 FcCH$_2$OH 的氧化电位，使 FcCH$_2$OH 在 SECM 探针表面氧化生成其氧化态物质［FcCH$_2$OH］$^+$。当探针向细胞表面渐进时，探针表面生成的[FcCH$_2$OH]$^+$扩散至细胞表面并被细胞产生的还原性分子［如谷胱甘肽（GSH）］重新还原为 FcCH$_2$OH，使探针电流上升。通过记录的探针正反馈曲线与建立的理论模拟曲线拟合，得到细胞 GSH 的外排通量信息[106]。另外，细胞膜的物质运输和电荷变化发生在极其狭窄的空间内（如突触间隙），对探针的精确定位和对突触间释放物质变化的准确、快速检测对检测方法提出了更高的要求。Shen 课题组以纳米尺寸的玻璃管电极为 SECM 探针，并在探针界面形成不相溶的有机相/水两相界面，将玻璃管探针定位于神经细胞突触附近，应用电位法检测了非电化学活性的神经递质乙酰胆碱的扩散限制电位，根据最大安培峰值电流值计算得到了单细胞释放乙酰胆碱的浓度（2.7±1.0μM），实现了对单个神经细胞乙酰胆碱浓度释放过程动力学的检测[107][图 7.12（b）]。此外，Gogotsi 课题组应用铂修饰的纳米碳电极为 SECM 探针，用于细胞定位和检测细胞膜内外的物质传输，并结合电位测量模式测量了膜电位由负值变到较低正值的变化过程[108]。

  AFM 具有纳米尺度空间分辨率，可在生理溶液中对细胞膜表面的生物分子进行成像，也常被用于细胞膜表面分子变化和表面电势研究中。例如，Shang 课题组通过 AFM 原位表征了红细胞膜内和膜外表面的结构，通过膜蛋白的高分辨图像得到了膜蛋白在红细胞膜中的位置，证实红细胞的跨膜蛋白并不突起于细胞膜外，而在细胞膜内形成了致密的蛋白质结构，为红细胞膜功能相关的血液疾病治疗研究提供了参考[109]。另外，将扫描开尔文探针显微镜（scanning Kelvin probe microscopy，SKPM）与 AFM 联合，可实现对单个天然膜蛋白形态和细胞膜表面电势的同时表征[110]。例如，Leonenko 课题组使用 SKPM 和 AFM 技术联合研究了表面活性剂作用下肺组织表面的电势分布情况，发现胆固醇可扰乱脂质双分子层的组装，导致表面活性剂功能的失效。在无胆固醇情况下，AFM 结果显示磷脂分子双层堆积的高度结构化，SKPM 图像结果表明小堆积磷脂的电位约为 100mV，大堆积磷脂的电位可达 200mV。在含高浓度胆固醇情况下，AFM 结果显示磷脂的堆积信号缺失，并呈现单分子排列[111]。SKPM 表征结果显示在靠近突起的单分子层中电位没有明显改变，说明高胆固醇改变了肺表面活性剂的可逆单分子-双分子层转化，该研究为肺组织表面电势变化导致的肺功能受损和临床可能的治疗靶点提供了参考[111]。

  传统的 AFM 只能提供细胞膜的表面结构和形貌信息，无法提供细胞膜有关的化学或电化学特性信息。近年来，将 AFM 与 SECM 技术联合可实现对样本表面微区拓扑结构和电化学特性的高分辨同步采集，被用于探究细胞膜蛋白受体与其他物质相互作用时细胞膜的电荷分布和离子流等多个参数[112]。例如，细胞和功能性支架基底界面间的吸附等特性可为理解细胞膜铺展、黏附、增殖、迁移和异质性提供重要参考。Higgins 课题组以聚苯乙烯磺酸盐（PPS）和聚-3,4-乙烯二氧噻吩（PEDOT）修饰的 Si_xN_y/SiO_2 为 AFM-SECM 探针，通过施加不同电势偏压来改变聚合物的黏附能力，测量了不同电势下小鼠成纤维细胞（L929）在探针涂层 PEDOT：PPS 界面上的黏附力变化，证实了在-0.6V 下细胞与探针之间的强黏附力作用和+0.8V 下的弱黏附力作用，证实了单细胞和分子水平的黏附机制受氧化还原性质变化的影响[113]。另外，在 AFM 表征样本时，扫描探针与样品表面间的物理接触可能会损害样品表面的精细结构。SICM 对样本表面扫描时，基于探针的跳跃模式不接触细胞表面，可作为一种无损的扫描探针显微术用于生理环境下对活细胞膜形貌和动态变化的原位表征。例如，He 课题组发展了一种基于电势的双管纳米探针的 SICM 技术（P-SICM），应用跳跃模式检测了探针尖端附近的开路电位变化，比较了正常（Mela-A）和癌变（B16）皮肤细胞膜受到高浓度 K^+ 刺激时的形貌和膜表面电势分布，并通过有限元法数值模拟绘制了电荷表面电位分布变化，证实了癌细胞 B16 可耐受高的 K^+ 浓度，发现了单细胞膜表面电位异质性的动态变化［图 7.12（c）][114]。

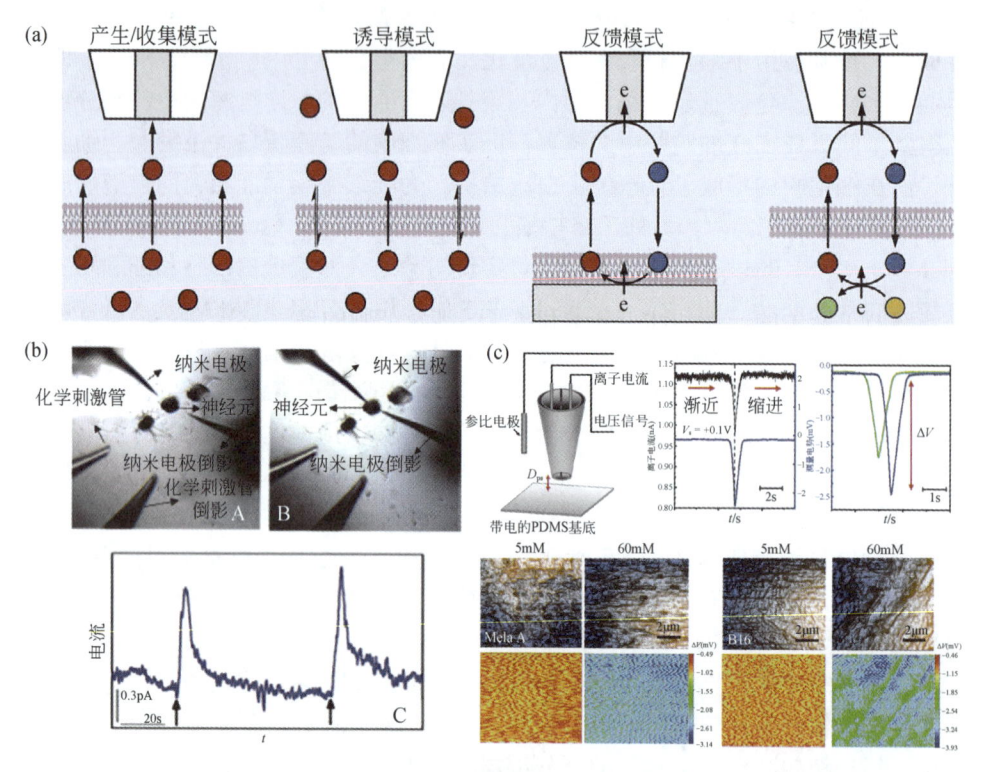

图 7.12 （a）SECM 的产生/收集、诱导、反馈模式下对膜转运过程研究的原理示意图；（b）应用 SECM 对细胞胞吐的乙酰胆碱的检测[107]；（c）应用 SICM 检测单个细胞膜表面电位异质性的动态变化[114]

4. 细胞外分子、离子和膜表面电荷

细胞外分子（如活性氧/活性氮、谷胱甘肽、氧气、神经递质）、离子（如 K^+、Ca^{2+}）以及细胞膜表面电荷与细胞氧化还原状态、呼吸活性、细胞间交流和信息传递等特性密切相关。原位检测细胞所释放或消耗的分子和离子可为理解细胞功能和它在细胞群体内发挥的作用提供重要信息。具有高时空分辨的 SECM 和 SICM 可精确、动态监测各种细胞外分子、离子和膜表面电荷等,因此被广泛应用于与细胞生理和病理过程的相关研究中。

1) SECM 在检测细胞外氧化还原分子中的应用

细胞附近的氧气浓度可反映细胞的呼吸活性,基于 SECM 探针记录细胞周围溶液中溶解氧的还原电流可实现对细胞附近氧气浓度的定量检测,因此 SECM 成为原位检测细胞呼吸活性的有力工具。基于此原理,Komatsu 课题组首次应用 SECM 通过测量细胞附近的氧气还原电流,表征了心肌细胞的耗氧量[115];Matsue 课题组应用 SECM 对藻类原生质体、乳腺癌球体牛胚胎周围的氧气进行了扫描,揭示了生物样品尺寸和其呼吸活动间的关系;Schuhmann 课题组将 SECM 的氧化还原竞争模式和等高模式结合,通过探针的剪切力信号实现了探针相对细胞位置的精准控制,实现了对 PC12 细胞外氧气分布的电化学成像[116];Bertotti 课题组应用 SECM 记录了单个 HS578T 细胞上方的氧气还原电流值,得到了 HS578T 细胞周围的氧气分布图,获得了细胞的氧气消耗速率信息[117]。

细胞释放的活性氧物质(ROS,如 O_2^-、H_2O_2)和活性氮物质(RNS,如 NO、$ONOO^-$ 和 OH^-)是细胞代谢(如 NAPDH 氧化酶、一氧化氮合酶、代谢酶的氧化解毒过程)产生的一类活性小分子和离子,涉及细胞的多种信号通路和生理/病理过程,对细胞释放的 ROS/RNS 物质进行检测对于了解慢性炎症相关疾病、肿瘤发生、药物疗效和细胞间通信等机理具有重要意义。SECM 也被广泛用于各种细胞释放的 ROS/RNS 物质的检测中,如应用 SECM 对加入多种外源物质(如 Ag^+、Cd^{2+}、顺铂、二茂铁甲醇、H_2O_2、ZnO 纳米颗粒等)后各种细胞释放的 ROS 物质含量进行了实时监测,研究了细胞外刺激物对细胞氧化还原状态的影响。Ding 课题组将人膀胱 T24 细胞暴露于热灭活的泌尿道致病性大肠杆菌 GR-12 细菌,应用 SECM 原位表征了加入大肠杆菌后 T24 细胞活性氧的释放过程。他们的实验结果表明,暴露细菌 115 分钟后,T24 细胞产生的 ROS 物质增加了 45%[118]。此外,他们还应用 SECM 的反馈模式对加入顺铂后 T24 细胞外释放的 H_2O_2 进行了原位定量检测,发现经顺铂诱导 T24 细胞凋亡并导致细胞外排大量的 H_2O_2,显著加速了 ROS 的演化周期[119]。之后,为减少探针施加 O_2 和 H_2O_2 的氧化/还原电位对细胞本身消耗 O_2 和释放 H_2O_2 的影响,He 课题组发展了 SECM 可编程脉冲电位工作模式,分别以 FcMeOH、O_2 和 H_2O_2 为电对,在探针上轮流施加三个物质对应的氧化或还原电位,在一个扫描脉冲波段内实现了对 MCF-7 细胞的形貌、呼吸活性和 H_2O_2 释放过程的同时原位表征[120]。Li 课题组进一步应用 SECM 的可编程脉冲电位模式实现了对心肌组织在正常生理和药物作用后(异丙肾上腺素和普洛萘尔)的形貌、呼吸活性和 H_2O_2 释放过程的原位、动态、定量表征[121]。之后,他们又应用 SECM 的可编程脉冲电位模式实现了对肝癌细胞铁死亡早期的动态过

程中氧气消耗和 H_2O_2 产生过程的定量表征，为早期铁死亡过程提供了重要的原位数据参考［图 7.13（a）］[122]。此外，他们还应用 SECM 监测了基质刚度依赖的小胶质细胞对炎症信号激活过程中 ROS 水平的变化，有助于神经退行性疾病中小胶质细胞早期和过度激活的神经炎症诊断[123]。

谷胱甘肽（GSH）是细胞内氧化还原代谢循环中含量最丰富的还原态物质，是细胞氧化还原状态的重要标志物。但 GSH 本身没有电化学活性，难以对它直接进行电化学检测。针对此问题，Bard 课题组以甲萘醌为电对，通过检测酵母细胞在甲萘醌刺激后外排的 GSH-甲萘醌复合物，首次应用 SECM 实现了对酵母细胞外排 GSH 动力学过程的原位表征[124]。之后，Mauzeroll 课题组基于 $FcCH_2OH$ 和 GSH 的氧化还原反应，以 $FcCH_2OH$ 为 SECM 体系电对，通过测定人宫颈癌 HeLa 细胞表面 $FcCH_2OH$ 的氧化电流间接测定了 HeLa 细胞外排的 GSH 含量[125]。近期，Li 课题组进一步以不能透过细胞膜的 FcCOOH 为电对，对不同刚度基质上原代心肌细胞外排的 GSH 进行了定量分析，阐明了细胞外基质刚度对心肌细胞氧化还原状态的影响［图 7.13（b）］[126]。

突触囊泡释放神经递质的胞吐过程是神经细胞间信息传递的主要方式，研究囊泡胞吐过程不仅有助于探索神经细胞功能和意识的活动规律，并且对神经退行性疾病的研究与防治具有重要意义。将 SECM 的纳米电极探针插入单个神经细胞的突触间隙内，通过对探针施加不同电位，可监测突触释放极小量的多巴胺、肾上腺素、去甲肾上腺素等多种神经递质的含量。例如，Ewing 课题组利用碳纳米电极记录了 PC12 细胞在胞吐事件中囊泡释放的电化学活性的儿茶酚胺，得到了细胞化学释放动态过程的定量信息[127, 128]。另外，囊泡释放的神经递质还包括一些非电活性物质。为拓宽 SECM 对非电活性物质的检测应用，Shen 课题组应用纳米管电极在稳态电势下记录了非电化学活性物质（如血清素、γ-氨基丁酸谷氨酸等）多种神经递质的电流-时间曲线，得到了突触释放这些物质的动力学和浓度，并首次对突触内释放的非氧化还原活性的神经递质（如乙酰胆碱）进行了检测，实现了单个突触释放泡囊数量和非电活性物质的成功检测［图 7.13（c）］[129]。同年，该课题组又报道了应用 SECM 对神经细胞间通信的关键信息（如神经递质的胞外浓度、细胞通透性、Ca^{2+} 对体细胞释放依赖性、囊泡密度、释放分子数量和释放动力学等）的原位表征，为理解细胞胞吐作用机制提供近了重要参考[107]。

2）SECM 对细胞外离子的检测应用

（1）钾离子

K^+ 浓度是维持细胞电解质平衡的关键因素，参与神经信号的传递，促进肌肉收缩。电刺激可改变细胞的膜电位，并激活细胞膜上的一些离子传递通道。He 课题组以修饰有 MWCNTs 的离子载体聚氯乙烯薄膜纳米玻璃管为 SECM 探针，通过在电极上施加恒偏置电压，应用 SECM 检测了不同癌细胞系（MCF-7、

MDA-MB-231、SK-BR-3 细胞）细胞外的 K$^+$ 水平，发现 MCF-7 细胞在受到电刺激后产生的 K$^+$ 外流最明显，表明 MCF-7 膜上可能存在更多受膜电位调节的电压门控钾离子通道，通过原位检测细胞外的 K$^+$ 浓度反映了细胞 K$^+$ 通道的状态，对了解微环境对细胞的影响具有重要意义[130][图 7.13（d）]。

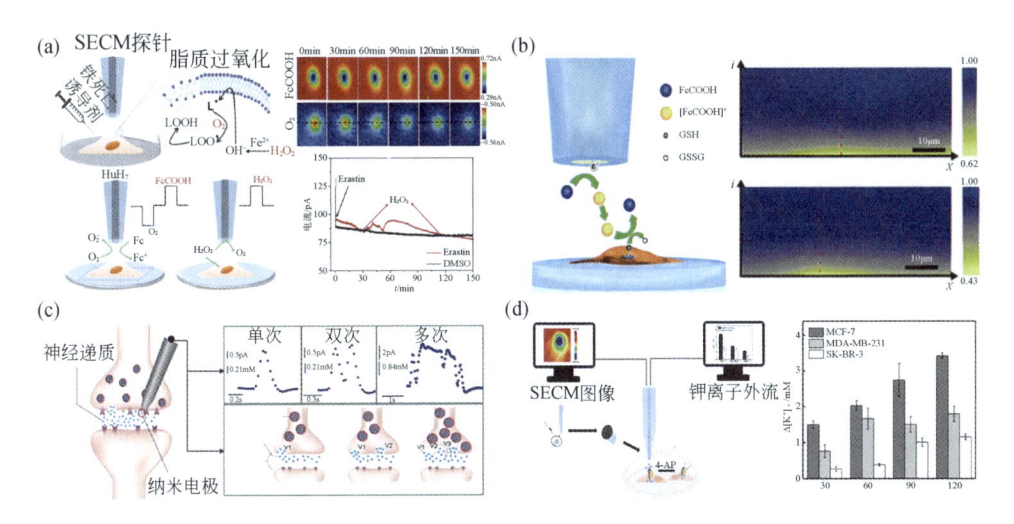

图 7.13 （a）应用 SECM 检测肝癌细胞铁死亡过程呼吸活性和 H$_2$O$_2$ 释放的示意图和结果[122]；（b）应用 SECM 检测心肌细胞外排 GSH 的示意图和深度扫描结果图[126]；（c）应用 SECM 检测单个突触神经递质释放过程的示意图和电流结果图[129]；（d）SECM 对不同电刺激作用下细胞内 K$^+$ 水平的检测结果[130]

（2）钙离子

Ca^{2+} 是一种重要的信号分子，与细胞的许多重要功能有关，如酶活性、附着、迁移、组织形态、代谢过程、信号转导和复制等，并参与心肌和神经细胞的电生理过程。另外，Ca^{2+} 还可调控骨修复阶段中细胞（如间充质干细胞、成骨细胞、破骨细胞）的增殖分化，通过促进骨缺损处新血管生成，促进生长因子释放调节成骨。Berger 课题组应用 ETH1001 钙离子选择性液体膜修饰的纳米玻璃管为 SECM 探针，应用 SECM 研究了蛋白刺激剂、抑制剂和钙调节释放药物对牛皮质骨切片表面骨吸收破骨细胞表面 Ca^{2+} 释放的影响，实现了对成骨细胞持续稳态释放 Ca^{2+} 的检测，并发现阻断骨切片表面 Ca^{2+} 流出的药物可为抑制破骨细胞过度活化和骨丢失提供新的治疗策略[131]。

5. 细胞其他物理特性的表征

1）电学特性

细胞的离子通道影响细胞膜电位，细胞的表面电荷反映机体的免疫状态等。

因此，原位表征细胞的电学特性（如细胞膜表面离子通道、表面电荷和动作电位等）对研究其功能具有重要意义。应用扫描探针显微技术（如 SECM、SICM、ECAFM）可实现对细胞膜离子通道、表面电荷、搏动状态等的原位、精准表征。

（1）细胞膜表面离子通道的表征

离子通道是细胞膜上控制离子进出的功能蛋白。作为离子进入细胞的重要途径，离子通道在细胞生命活动中起到离子吸收、渗透压调控、电冲动形成和信号转导等多种重要的生理功能。通过检测细胞膜表面离子通道活性可了解细胞通过离子通道调节物质交换的能力，有助于以离子通道为靶标进行药物设计和研究离子通道的空间结构与开关机制。另外，细胞表面精细结构中离子通道的分布对细胞的电信号转导和电偶合具有重要作用。为克服膜片钳技术对细胞表面离子通道研究空间定位的局限，Gorelik 课题组将 SICM 与膜片钳技术相结合，利用 SICM 探针本身可作为膜片钳电极并可实现精准定位的优点，实现了对细胞表面离子通道的精准表征[132]。他们的工作首先应用 SICM 控制纳米玻璃管探针对细胞表面进行非接触扫描，获得了细胞膜表面微结构的高分辨图像，之后控制探针使其精确定位于细胞膜表面区域，利用该探针作为膜片钳的记录电极实现了对细胞膜表面结构的高分辨成像和电生理信号记录，相比较传统的膜片钳技术，提高了对细胞膜表面 L-型钙通道活性的检测概率，证明了肌膜表面活性钠离子通道分布的不均匀性，为细胞膜表面离子通道的空间定位和功能研究提供了新方法[132]。另外，将 SICM 与 SECM 联用可实现对细胞膜通透性和细胞膜表面离子浓度的同步表征[133]。例如，Matsue 课题组以含碳微电极和玻璃管电极的双管电极为探针，应用 SECM-SICM 联用技术对脂肪细胞进行了三维尺度的电化学和离子电流成像[133]。首先，他们应用跳跃模式记录了电极到脂肪细胞表面的 SECM 渐进曲线，同时由测得的 $FcCH_2OH$ 氧化电流信号得到了细胞膜表面局部区域的膜通透性信息，再由 SICM 探针记录的离子电流变化得到了细胞表面的纳观形貌，在纳观尺度上实现了对细胞膜通透性和表面离子浓度的同时表征[133]。以上研究证实 SECM 和 SICM 技术是细胞膜表面离子通道、膜通透性和形貌的原位、精准和高时空分辨研究的有力工具。

（2）细胞膜表面电荷的表征

表面电荷决定了从生物分子组合到复杂生命形式（如细胞）的结构与功能，对细胞通信、表面黏附、营养物质吸收、细胞生长和分裂等过程产生直接影响，因此细胞膜表面电荷分布的可视化定量表征对研究细胞功能具有重要意义。传统材料表面电荷的表征技术（如 Zeta 电位仪）只能得到样本表面宏观和平均的电荷分布信息，无法得到样本（特别是生物样本）表面微区和局部的电荷分布信息。由 SICM 探针接近基底时离子电流与探针-基底间区域的双电层的厚度和离子电流的整流现象（ion current rectification，ICR）有关，因此可通过 SICM 离子电流反映基底的表面电荷分布，进而实现对样本表面电荷局部分布非接触式的原位表征与成像。如图 7.14（a），Unwin 课题组应用 SICM 实现了对人毛发角质细胞表面电荷分布和形貌的纳米尺度成像，并将 SICM 实验结果与有限元理论模型数据相拟合，得到了细胞表面局部电荷的定量信息[134]。实验结果表明，未经处理的毛发角质细胞表面负电荷均匀分布，漂白处理后的毛发角质细胞表面出现负电荷非常高的区域，而漂白后使用护发产品处理后的毛发角质细胞出现表面电荷均匀性整体增加趋势，为毛发理化性质研究提供了实验佐证，也为细胞表面电荷的原位、定量和可视化表征提供了 SICM 表征新技术[134]。

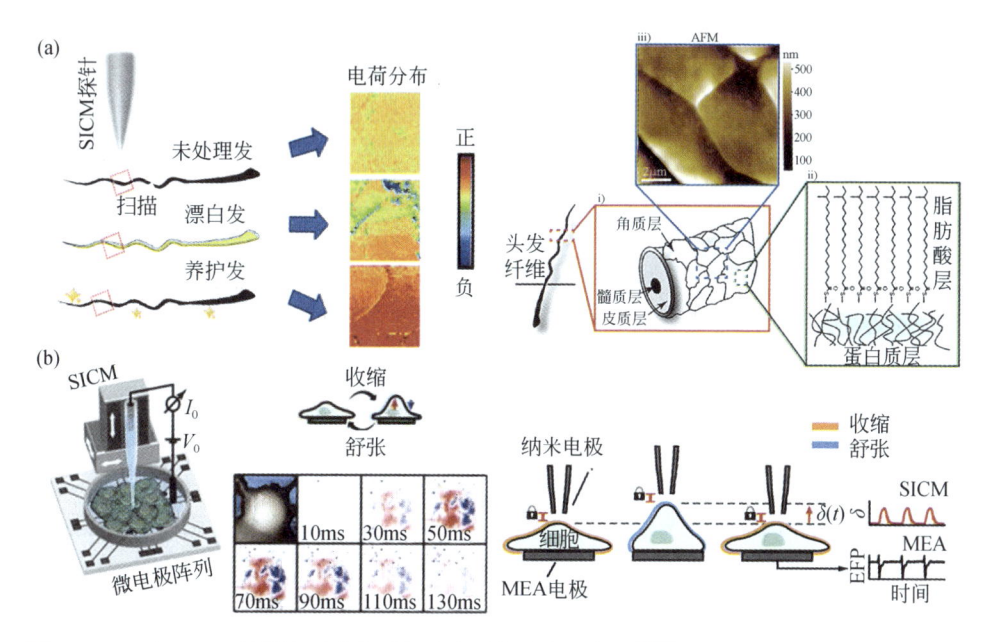

图 7.14 （a）SICM 检测人毛发角质细胞表面的电荷分布图[134]；（b）SICM 与微电极阵列联合实现对心肌细胞收缩活动的超快速成像[74]

（3）搏动状态的表征

心肌细胞的搏动状态与其活性和电生理功能密切相关。通过将 SECM 探针置于心肌细胞表面，记录探针周围的氧化/还原电对的电流变化可得到心肌搏动的电流曲线，进而获得心肌的收缩舒张数据，实现对心肌细胞搏动状态的原位无损表征[135, 136]。例如，Komatsu 课题组以 $K_4[Fe(CN)_6]$ 为电对，应用 SECM 检测了加入三磷酸腺苷（ATP）和心脏毒性剂阿司咪唑刺激后大鼠心肌细胞的搏动速率变化，得到了心肌细胞在添加 ATP 后跳动持续时间的波动情况及添加阿司咪唑后心肌细胞的运动波动情况，为心肌细胞的药理和毒理作用研究提供了参考[136]。Li 课题组以 FcCOOH 为氧化还原电对，应用 SECM 原位检测了异丙肾上腺素和普萘洛尔加入后心肌组织的搏动频率变化，将 SECM 原位表征的研究体系从心肌细胞拓展到心肌组织水平[121]。另外，SICM 技术也被用于细胞搏动的原位表征中[74]。如图 7.14（b），Schaffer 课题组通过将 SICM 与微电极阵列联合实现了对心肌细胞收缩情况的非接触式、原位和高达 200μs/帧速的超快速成像，并基于 SICM 电流数据重构得到了细胞的三维形态和收缩参数（如最大位移、时间延迟等），获得了肌球蛋白 II 抑制剂对心肌细胞收缩形态动力学影响的可视化结果[74]。

2）力学特性

细胞感知和转导外力刺激，外力刺激广泛参与并影响了细胞的增殖、分化和迁移等特性。原位检测细胞的力学特性对理解细胞迁移、硬度感知、胚胎发育和细胞分化等过程具有重要意义。AFM 通过控制探针接触细胞后，利用柔性的悬臂梁将探针针尖与细胞间的作用力信号转化为悬臂梁挠度从而获得探针与样品间的力-位置曲线和力-时间曲线等，具有在较大的力测量范围内对力和形变快速反馈的优点，是用于测定细胞力学特性的最常用工具[137]。例如，癌细胞具有通过产生细胞硬度变化影响其迁移行为的特性，应用 AFM 的力学模型可绘制出细胞力曲线用以表征细胞硬度，实现对肿瘤细胞和正常细胞的区分[138]。Gimzewski 课题组使用 AFM 表征了肺、乳腺和胰腺转移癌患者体液中提取的癌细胞的硬度，发现癌转移细胞的硬度比良性细胞软 70%以上。因此，即使癌细胞显示出相似的形状，通过细胞力学特性分析也可将其与正常细胞区分开[138]。Zhang 课题组通过 AFM 测试得到了细胞表面的力曲线，绘制出癌细胞表面上 CD20（B 细胞淋巴瘤细胞膜上高表达的靶蛋白）纳观尺度的分子分布图[139]。他们首先在 ROR1（特异性的细胞表面标记物）的荧光引导下，将偶联有利妥昔单抗（抗 CD20 的单克隆抗体）的 AFM 尖端移至癌细胞上方，检测利妥昔单抗与 CD20 在癌细胞表面的相互作用，通过细胞表面局部的力曲线阵列得到了 CD20 在癌细胞上的分布图，实现了从纳观尺度对癌细胞上靶蛋白分布的表征。

SICM 也被用于细胞膜局部力学特性的表征[140]。通过对 SICM 玻璃管探针后部施加气体压力后测得的细胞膜表面形变，可间接得到细胞的表观杨氏模量值，在亚细胞尺度实现对细胞表面局部力学特性的非接触测量[140]。例如，Tilman 课题组通过对 SICM 玻璃管探针后端施加气体压力，通过探针尖端气体对细胞膜表面施加局部压力引起的形貌变化间接得到了细胞膜的力学特性，并且发现迁移的成纤维细胞的中心区域最柔软，这与由渗透性溶胀引起的细胞迁移趋势一致[141]。Dinelli 课题组应用 SICM-AFM 联用技术，由 SICM 玻璃管探针对鼠成纤维细胞施加恒定压力引起细胞膜形变，通过分析电流位移曲线间接表征了鼠成纤维细胞膜表面局部的杨氏模量值。结果表明，在同一细胞中成纤维细胞边缘的杨氏模量值比细胞核区域高 10 倍，证实了细胞不同区域硬度不同的现象[140]。

7.3.4 微组织表征

微组织是细胞在特定培养条件下，依赖其自身自组装特性主动形成的细胞聚集体，一般直径在 100～500μm 之间，主要包括细胞类球体（cell spheroid）、细胞聚集体（cell aggregate）和细胞膜片（cell sheet）等[142, 143]。与传统二维（2D）细胞培养模型相比，微组织既保留了天然细胞生长的物质结构基础，又能模拟体内细胞生长的三维微环境，可最大限度还原在体组织的结构与功能，常作为组织工程和疾病研究工具[144]。传统用于微组织表征的光学方法（如荧光显微镜）需要对样本固定和染色，但微组织厚度较厚，常引起荧光染料扩散不均匀导致的结果偏差，另外，有关微组织的生化信息也较少。近年来，各种扫描探针显微术被用于微组织形貌、化学信息等的原位无损表征。下面主要介绍 AFM、SECM、SICM 这三种技术在微组织形貌、呼吸活性、搏动、膜蛋白表达等的表征应用。

1. AFM 对微组织的表征应用

AFM 具有高空间分辨率，常用于微组织表面的细微结构、粗糙度和机械性能等表征中。例如，Gronwald 课题组应用 AFM 表征了牙齿组织的表面形貌，证实纳米金刚石悬浮液清洁后的牙齿组织表面相较于用水清洁的牙齿组织表面具有更少的摩擦和磨损情况[145]。子宫内膜表面粗糙度的变化对于胚胎植入和维持妊娠至关重要，Conlan 课题组应用 AFM 表征了子宫内膜表面的粗糙度，发现子宫内膜细胞表面的粗糙度在核和细胞质区存在差异，并在孕酮处理后，从微尺度和纳米尺度上观察到了内膜表面粗糙度显著增加的现象[146]。脑组织相对于人体其他组织具有更为复杂的结构异质性（如复杂交错的灰质和白质区域和功能以及更高的柔软度），这种组织复杂性对实验表征技术提出了挑战。Van Vliet 课题组应用 AFM 在微观尺度上进行了脑组织蠕变顺从性和力松弛实验，证实脑组织机械力随时间变化，为了解大脑机械性能和仿生材料设计提供了参考[147]。

2. SECM 对微组织的表征应用

SECM 由于其对样品表面形貌和化学信息无损、非接触和原位表征的特点，近年来被越来越多地用于微组织形貌和化学特性的研究中[148, 149]。下面主要介绍 SECM 在微组织的呼吸活性、搏动和细胞膜蛋白表达等方面的表征应用。

1）呼吸活性表征

氧气消耗是活体组织最基础的生化特性，是新陈代谢必不可少的关键环节。评估组织耗氧量的变化可反映组织的生存能力和代谢活性等基本信息。基于 SECM 探针上测得的组织溶液中氧气的还原电流值可实现对组织周围溶解氧浓度分布的测定，进而实现组织呼吸活性的表征。例如，Takahashi 课题组应用 SECM

对直径在 32.8~166.6μm 的大鼠原代肝细胞球的耗氧量进行了原位、非接触表征。实验结果发现，70μm 的细胞球耗氧量最大，并随球体直径增大肝细胞球的耗氧量降低；进一步结合与厌氧呼吸有关的乳酸脱氢酶 A 基因表达检测，推断出直径 70μm 以上的细胞球合并有厌氧呼吸甚至细胞坏死的情况，最终筛选出体外实验效果最佳的肝细胞球直径 [图 7.15（a）][150]。另外，Parthasarathy 课题组将肝癌 HepG2 微组织分别培养在含有和不含半乳糖修饰的聚乙烯醇明胶水凝胶支架上，应用 SECM 探针记录了 HepG2 微组织周围 $K_4[Fe(CN)_6]$ 的氧化电流值，得到了水凝胶支架上微组织形貌的图像，再以氧气为氧化还原介质得到了微组织的形貌和呼吸活性的 SECM 图像，由二者的电流差值分析得到了肝癌 HepG2 微组织呼吸活性的定量信息[151]。他们的结果显示，半乳糖修饰的水凝胶支架上的微组织比无半乳糖修饰支架上的微组织具有更好的代谢活性，因此推断半乳糖可能有利于肝组织的再生[151]。Li 课题组应用 SECM 结合在探针电极上施加可编程的脉冲波形电位技术，以 FcCOOH 为氧化还原电对，实现了对体外心肌组织的形貌和呼吸活性的同时且长时间的追踪与电化学成像。结果表明，异丙肾上腺素作用下心肌组织的呼吸活性增强，普萘洛尔作用下心肌组织的呼吸活性减弱[121, 152]。

缺氧是实体肿瘤的主要特征之一，并与癌症的不良预后有关。评估肿瘤细胞球的耗氧量可为癌症预后判断提供参考。然而，利用磷光猝灭和氧敏感电极等传统方法表征微组织的氧气代谢时，需要化学标记或将电极插入球体中，这可能在功能和结构上对微组织造成破坏。SECM 可无损测定微组织的氧气代谢情况，如 Gac 课题组应用 SECM 的恒高度扫描模式，对培养在 PDMS 微阵列中的 HeLa 肿瘤细胞球周围的氧气还原电流进行了检测，发现随着探针与细胞球之间距离的缩短，细胞球表面的氧气还原电流逐渐下降，说明 HeLa 细胞球对氧气的消耗造成了细胞球周围氧气浓度梯度的存在。随后，作者将这种 SECM 的氧气测量方法应用于组织的活死测定，将直径约为 370μm 的 HeLa 细胞球暴露于 50%乙醇中 45 分钟，正如预期，溶液中距离 HeLa 细胞球的任何高度都没有发现氧气浓度的消耗，证实药物作用后微组织不再存活[153]。另外，Shiku 课题组应用 SECM 研究了有/无坏死样核心的 MCF-7 乳腺癌细胞球状体的耗氧率，评估了球体内部结构的变化是否影响其氧代谢行为[154]。MCF-7 球体核心的氧气供应受到了球体尺寸的限制，每个球体体积的耗氧率随球体半径的增加而减小，但坏死样核心的形成并没有显著影响其氧代谢，为肿瘤组织的存活研究提供了原始数据[154]。

细胞增殖和分化过程中伴随有明显的呼吸活性和生物合成能力的增加。Matsue 课题组应用 SECM 通过连续监测人乳腺癌细胞（MCF-7）球状体在顺铂、5-氟尿嘧啶和紫杉醇三种抗癌药物持续作用 5 天后的呼吸活性变化，观察到了乳腺癌肿瘤球对药物的敏感性耗氧率。实验结果表明，与球体体积评价结果和常规比色法测定结果相比，SECM 结果显示肿瘤细胞球对药物的敏感性更高，说明

SECM 适于评估球体的药物敏感性。此外，将通过球形培养的 3D 结果与在烧瓶的 2D 和胶原凝胶的 3D 中培养的细胞结果相比，发现二维培养细胞的药物敏感性比三维培养的细胞具有更明显的耗氧率[155]。

2）搏动的表征

体外心肌组织模型模拟在体心肌组织的生理和结构特征，是研究心脏生理、病理机制研究和新药药效及毒性筛查的重要工具。但在体外心肌组织研究中，与心肌组织代谢活动和电生理状态相关的三个重要指标［呼吸活性、氧化应激（如 H_2O_2 水平）、搏动频率］对外源刺激的快速反应，与心肌组织的实时状态密切相关，容易受到检测方法本身的干扰。使用传统的表征手段无法原位检测到这三个指标，需要一种非侵入的检测手段原位表征心肌组织的三个参数。SECM 可实现高时空分辨的原位、无标记检测活细胞或组织消耗或释放化学小分子物质，是体外心肌组织的呼吸活性、H_2O_2 水平和搏动频率原位表征的理想工具。近期，Li 课题组将 SECM 与可编程脉冲电位技术相结合，原位实时表征了药物作用下体外心肌组织的呼吸活性、H_2O_2 水平、搏动频率的即时响应行为。他们以 FcCOOH 为电对、应用 SECM 原位表征了正常生理条件下和使用药物后（β-受体激动剂异丙肾上腺素和抑制剂普萘洛尔）心脏组织的收缩频率，同时以氧气和 H_2O_2 为电对，原位监测了心肌组织在药物作用前后呼吸活性和组织外 H_2O_2 水平的动态变化[121]。结果显示，加入异丙肾上腺素后心肌组织的耗氧量增加，收缩频率加快，H_2O_2 释放水平增加；加入普萘洛尔后，心肌组织的耗氧量和收缩频率降低，而 H_2O_2 水平没有明显变化，证实了 β-肾上腺素受体的激活和抑制对心脏组织代谢和电生理活动的直接影响[121]。之后，他们进一步以[Ru(NH$_3$)$_6$]Cl$_3$ 为氧化还原电对，原位表征了电刺激后心肌组织搏动频率的实时变化。SECM 结果显示心肌组织搏动频率的最小值与电场强度和电能呈负相关，且收缩频率的变化幅度随电场强度的增大而增大［图 7.15（b）][152]。

3）细胞膜蛋白的表征

微组织的表面蛋白是细胞生物膜所含的蛋白（也称膜蛋白），在生物体多种生命活动中起着重要作用，如细胞增殖和分化、能量转换、信号转导及物质运输等。由于这些蛋白常常是表面抗原，能和特异的抗体结合实现细胞识别，因此细胞的识别功能决定于膜表面的蛋白质，如肿瘤细胞膜上存在特异性的 ALP 表达。在此背景下，Zhao 和 Zhang 课题组在 SECM 铂微电极探针上施加 PAP 的氧化电位将其氧化成对醌亚胺，通过检测对醌亚胺的氧化电流实现了对乳腺癌 MCF-7 细胞球和成纤维细胞球表面 ALP 的检测，实现了对两种细胞的鉴别［图 7.15（c）][156]。

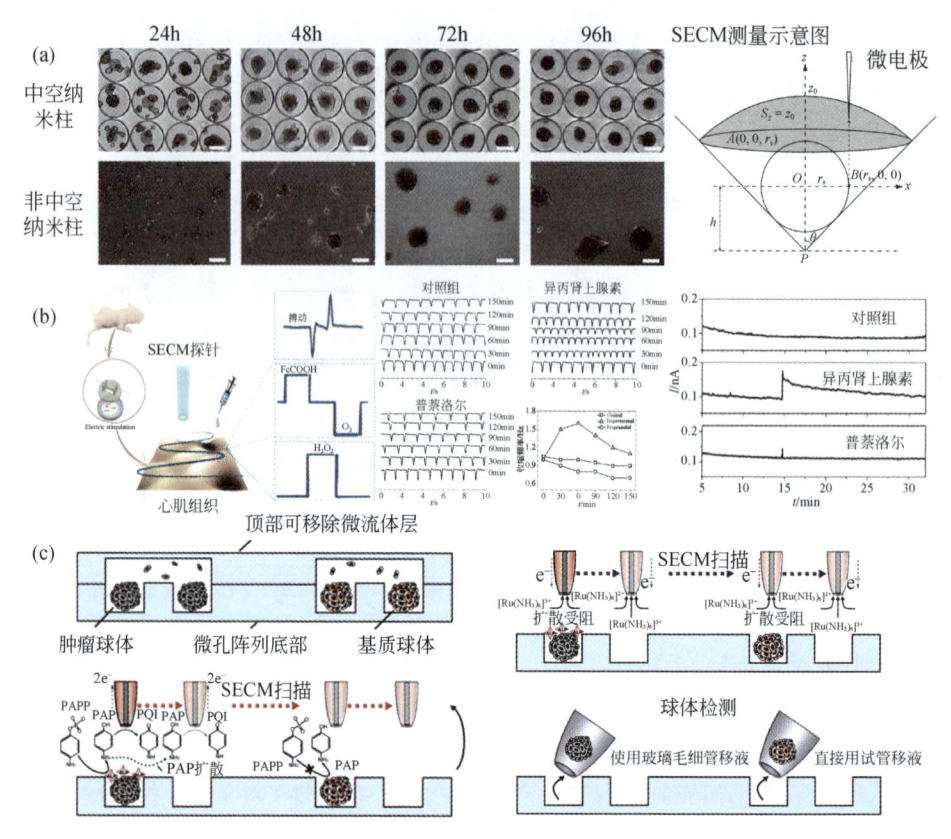

图 7.15 （a）SECM 对大鼠原代肝细胞球耗氧量的检测[150]；（b）SECM 对心肌组织耗氧量、膜通透性和搏动水平的检测[152]；（c）SECM 对乳腺癌 MCF-7 细胞球形貌和 ALP 活性的检测[156]

酪氨酸酶（TyR）是一种可控制黑色素的含铜酶，可作为黑色素瘤预后诊断的高选择性指标。因此，检测皮肤组织的 TyR 表达可实现对黑色素瘤的准确识别。基于此，Girault 课题组将 SECM 与软刷状微电极探针结合，在软探针温和接触模式和恒定高度模式下，采用 HRP 标记的抗 TyR 免疫分析法对皮肤组织表面的 TyR 进行了扫描。通过催化四甲基联苯胺（TMB）氧化形成的氧化产物（TMBox）在微电极表面的还原，检测 TMBox 的还原电流得到了正常皮肤、黑色素瘤 II 期（非转移性）和III期（转移性）皮肤微组织上 TyR 分布的电流图[157]。实验结果证实，II 期皮肤微组织样品上的 TyR 表达水平最高，正常皮肤微组织上的 TyR 水平较低，III 期组织上 TyR 的表达水平最低，并且由 SECM 方法得到的 TyR 分布极性与文献报道一致，证明了 SECM 可作为诊断黑色素瘤和判断其分期的新方法[157]。

3. SICM 对微组织的表征应用

SICM 特别适用于液体环境中软组织样本表面精细结构的原位表征。如 Ushiki

课题组利用 SICM 的跳跃模式在磷酸盐缓冲溶液中对气管和肾脏等卷曲组织样品表面进行了原位表征，并将 SICM 表征图与相同样品干燥后的 SEM 表征图对比，证实 SICM 更适合于软组织样品三维表面结构表征，是在生理液体条件下对细胞和组织样本表面结构高分辨成像的有力工具［图 7.16（a）］[158]。另外，传统 SICM 系统中使用压电陶瓷控制扫描精度，主要适用于样本表面较小范围的扫描成像（100μm×100μm×10μm），不适用于微组织和毫米、厘米尺度等较大面积样本的表征。针对此问题，Schaffer 课题组发展了一种 Macro-SICM 平台，扫描范围可达 25mm×25mm×0.25mm，使在更大空间尺度上表征不同样本表面成为可能［图 7.16（b）][159]。他们通过在 Macro-SICM 系统中安装两个基于线性传感的微定位装置（每个装置移动范围为 25mm），两个装置安装在彼此顶部，并沿横向（x，y）扫描方向移动样品，玻璃管探针由一个大范围（0.25mm）移动的 z 轴压电扫描器控制，可在垂直方向上自动逼近样品，可结合后退/跳跃模式记录组织的形貌。其基本原理是，探针垂直接近样品表面并实时监测离子电流，当离子电流达到预设触发水平（"离子电流触发"，低于初始电流的 0.5%～1%）时探针上抬，然后将样品横向移动至样品上方的下一点，同时 z 轴压电陶瓷在离子电流触发点的传感器位置给出样品的形貌图像，重复该程序完成了整个样本的扫描。他们应用 Macro-SICM 平台实现了毫米级别的牛舌及五叶虫的后翅等宏观组织样品的扫描［图 7.16（c）］，并用于上皮伤口愈合中机体细胞的迁移研究中[159]［图 7.16（d）］。

7.3.5 细菌生物膜的研究

细菌生物膜（bacterial biofilm）由细菌细胞和胞外基质构成，是细菌在物体表面聚集生长形成的微生物群落，可在宿主体内、人工及自然环境中（如人类口腔、医用导管和伤口表面等）形成。生物膜的形成是一个复杂的动态过程，主要包括黏附、增殖、成熟和脱落四个阶段[160-164]。生物膜中的细菌被多糖、胞外 DNA 等多种胞外聚合物（extracellular polymeric substances，EPS）包裹，对细菌起到保护作用，使其对抗生素反应不敏感，从而可能产生抗生素耐药性。因此，了解生物膜的形成过程及相关机制对预防和治疗生物膜引起的疾病具有重要意义[165-167]。

在生物膜形成过程中，细菌会释放（或消耗）与微生物发育和繁殖活动有关的物质，如代谢物、氧气（O_2）、群体感应（quorum sensing，QS）分子等，使生物膜所处微环境中的离子浓度、pH 和氧气含量等发生改变。原位动态表征与生物膜形成和微生物相互作用相关的重要参数（如生物膜形貌、代谢物、O_2、离子浓度和表面电荷等）可为理解信号分子所对应生物膜形成的过程、生物膜的形成机制和微生物的相互作用机制等提供重要参考[168-172]。具有高时空分辨的 SECM、AFM、SICM 等技术可表征细菌形貌和化学信息，因此被广泛用于各种细菌生物膜（如变形链球菌、金黄色葡萄球菌、大肠杆菌、沙门氏菌、希瓦氏菌）的研究中[104, 169, 173]。下面主要举例介绍 SECM、AFM 和 SICM 这三种技术在细菌生物膜研究中的应用。

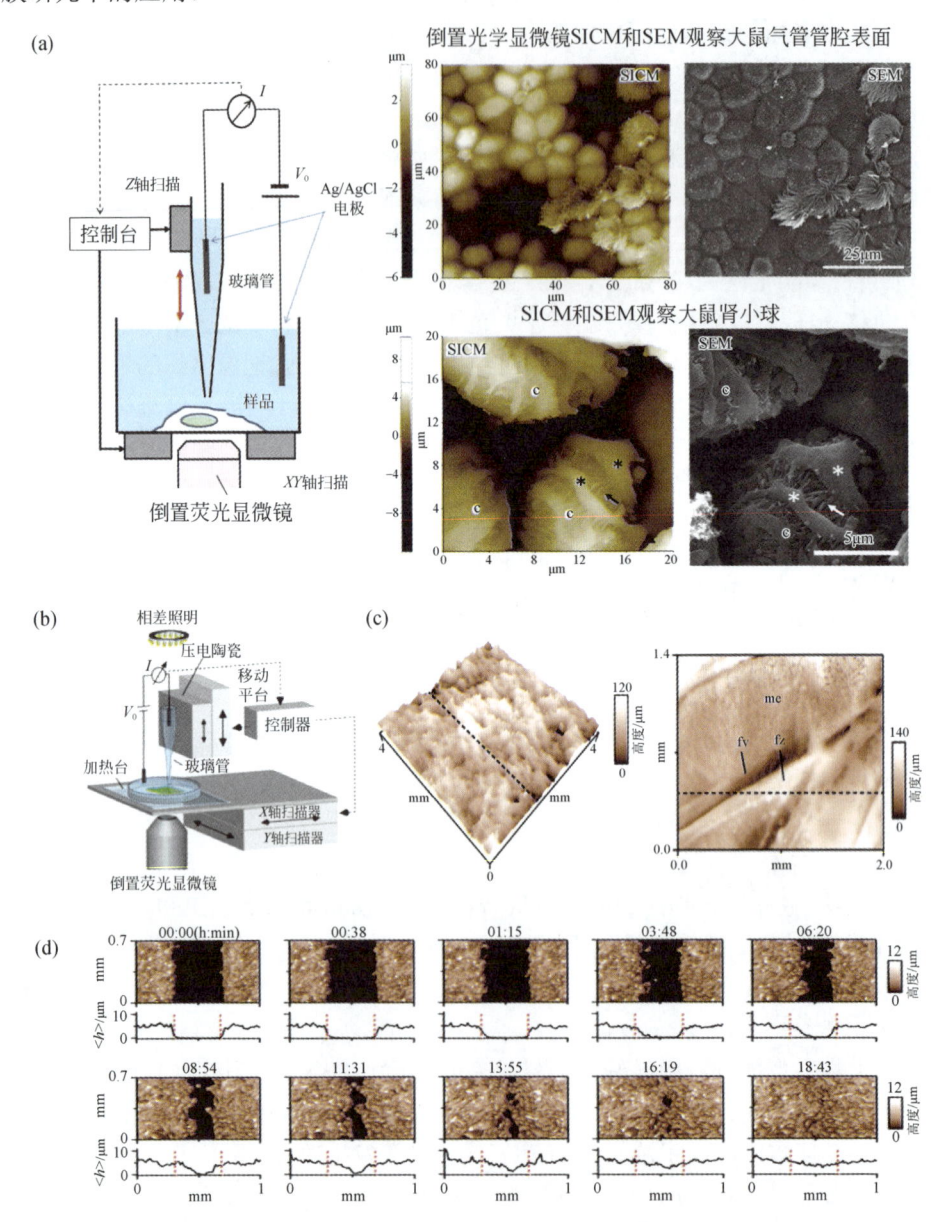

图 7.16 （a）应用 SICM 对气管组织和肾脏组织的表征结果[158]；（b）Macro-SICM 结构示意图[159]；（c）应用 Macro-SICM 对毫米级别的牛舌和五叶虫后翅的原位表征结果[159]；（d）应用 Macro-SICM 对上皮细胞迁移过程的原位表征结果图[159]

1. SECM 在生物膜研究中的应用

信号小分子（如 O_2、H_2O_2、乳酸、群体感应分子等）和离子（如 Ca^{2+}、Fe^{2+}等）涉及生物膜形成过程中的多个重要步骤。例如，H_2O_2 在微生物代谢中起重要作用，由几种好氧细菌产生并参与酶催化反应，同时也是炎症过程中的关键活性氧物质（ROS）之一[174]；群体感应（QS）分子被称为细胞间通信信号，QS 分子的激活可诱导基因表达来调节细菌群落之间的相互作用[175]；氧气含量可反映生物膜的稳定性或材料的抗菌作用，从而阐明抗菌作用的机理；金属离子（如 Fe^{2+} 和 Ca^{2+}）被一些细菌在微生物代谢中利用，分泌代谢副产物作为信号分子。另外，多种细菌还将蔗糖或葡萄糖代谢成乳酸并产生酸性环境，导致生物膜微环境中的 pH 变化。因此，分析信号分子和离子的动态变化对研究生物膜行为和了解生物膜形成过程至关重要。如图 7.17 所示，研究者们应用 SECM 检测生物膜附近释放（或消耗）的化学物质（包括 O_2、H_2O_2、乳酸、群体感应分子等），用以揭示生物膜形成的过程与信号分子间的关系。接下来，按照检测目标物的分类分别介绍 SECM 在细菌生物膜中的表征应用。

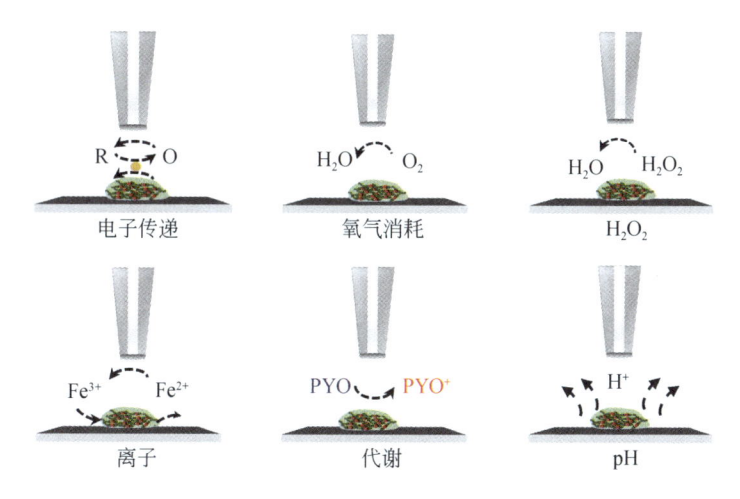

图 7.17 应用 SECM 研究生物膜的多种信号分子示意图

一些氧化/还原电对可穿过细胞外膜，并在微生物细胞呼吸链中充当电子受体，在细胞周质中重新产生的氧化/还原电对使 SECM 探针测得的氧化/还原电流信号增强。因此，应用 SECM 可测定微生物的呼吸代谢活性，进而得到微生物细胞的胞外电子传递途径[176]。例如，Oyamatsu 课题组通过在溶液中加入铁氰化钾，基底的微生物可通过呼吸代谢作用将其还原成亚铁氰化钾，在电极上施加亚铁氰化钾的氧化电位时被氧化为铁氰化钾，通过测得的氧化电流得到了大约 100 个细菌的呼吸反应信息[163]。Ramanavicius 等利用 SECM 对比了菲醌、苯醌、1,10-邻二氮杂菲-5,6-二酮、2,6-二氯酚靛酚钠等四种电对的电子传递能力，发现菲醌的转移电子能力最强且对酿酒酵母的毒性最小，可用作研究酵母细胞代谢过程中电子传递物质[177]。以上研究工作表明在生物燃料电池和微生物金属腐蚀等领域可应用 SECM 原位监测并分析微生物的呼吸代谢活性和电子转移途径。

氧气分子（O_2）是影响细菌生理和行为的重要因素。生物膜由于呼吸作用产生的氧气消耗会导致生物膜附近的氧气浓度梯度改变。因此，表征生物膜附近的氧气浓度可反映生物膜的呼吸活性和抗生素耐受性等性质。应用 SECM 测定生物膜周围溶液中的氧气还原电流可原位监测生物膜的呼吸活性。例如，Whiteley 课题组应用 SECM 对铜绿假单胞菌（*Pseudomonas aeruginosa*）生物膜上方的 O_2 还原电流进行了原位检测，由生物膜附近氧气分布的电化学成像得到了 O_2 在生物膜上方的浓度梯度，发现生物膜会在几分钟内产生从表面延伸数百微米的缺氧区[178]。另外，生物膜表面的氧气消耗也在一定程度上反映了生物膜的形成过程。Zhang 课题组首先在培养了 7 天的腐败希瓦氏菌（*Shewanella putrefaciens*）生物膜表面划痕，应用 SECM 原位表征了培养 14 天后 *S. putrefaciens* 生物膜自我修复情况及其对矿化层腐蚀防护性能的影响。利用 SECM 的氧气竞争模式对划痕区域的氧气浓度进行了表征，发现 Q235 钢表面的阴极腐蚀反应导致探针表面氧气的还原电流减少，证实 *S. putrefaciens* 生长产生的矿物层可保护不锈钢表面免受腐蚀的影响［图 7.18（a）][179]。

葡萄糖消耗以及过氧化氢、乳酸等微生物的代谢过程与生物膜形成过程中细菌的活性存在直接联系。Koley 课题组以表面修饰有葡萄糖氧化酶（glucose oxidase，GOD）的双管微电极为 SECM 探针，应用 SECM 表征了变形链球菌（*Streptococcus mutans*）生物膜形成过程中葡萄糖的消耗情况，发现剩余葡萄糖浓度的降低是由于生物膜对葡萄糖的消耗，生物膜周围约 600μm 区域为葡萄糖消耗区［图 7.18（b）][180]。此外，SECM 还被用于研究共生或疾病相关多微生物群落的相互作用。如 Koley 课题组应用 SECM 的产生/收集模式检测了格氏链球菌（*Streptococcus gordonii*）及其共生菌变形链球菌 *S. mutans* 生物膜表面的代谢产物。如图 7.18（c），*S. gordonii* 代谢葡萄糖转化为乳酸并在 O_2 存在下产生 H_2O_2，应用 SECM 检测 H_2O_2 的浓度发现 *S. gordonii* 产生的 H_2O_2 可抑制 *S. mutans* 的生长，进而控制 *S. mutans* 的数量[181]。该研究证实了变形链球菌对口腔生物膜中其他细菌物种生存和代谢行为的影响，并为其他多微生物群落相互作用研究提供了新的 SECM 表征方法。另外，一些微生物膜可导致或促进材料的腐蚀和破坏，产生微生物腐蚀（microbiologically influenced corrosion，MIC）现象。例如，铜生金球菌（*Metallosphaera cuprina*）可通过氧化有机物和金属硫化物获得能量，而在养分不足时 *M. cuprina* 对 Fe^{2+} 的代谢可促进不锈钢表面腐蚀。由于传统电化学技术只能提供平均的电化学信息，微生物与腐蚀材料之间 MIC 机制信息较少。Zhang 课题组利用 SECM 研究了 *M. cuprina* 在 304 不锈钢表面 MIC 过程中的作用[182]。他们应用 SECM 对生物膜形貌和氧气浓度分布进行了表征，发现 *M. cuprina* 生物膜对 Fe^{2+} 的消耗随养分浓度的降低而增加：在没有营养物质情况下，Fe^{2+} 被用作能源；当饥饿程度增加时，不锈钢上的点蚀会增强。该研究提出的 SECM 技术较传统电化学技术可提供局部形态和电化学信息，为研究 MIC 机制提供了新思路。

QS 信号分子的激活依赖于微生物的种群密度，并影响微生物的生理和生化特性。例如，绿脓杆菌素（PYO）是一种由铜绿假单胞菌分泌的具有氧化还原活性的次级代谢物，也是铜绿假单胞菌致病的重要毒力因子。Bard 课题组应用 SECM 研究了铜绿假单胞菌 *P. aeruginosa* 的群体感应现象，应用 SECM 产生/收集模式对生物膜表面的 PYO 浓度进行了表征［图 7.18（d）］，得到了生物膜表面高浓度还原态 PYO 的浓度梯度，并证实该浓度梯度可在溶液中延伸几百微米[183, 184]。该研究对 PYO 在维持细菌氧化还原稳态并调节生物膜养分消耗方面的作用提供了证明。

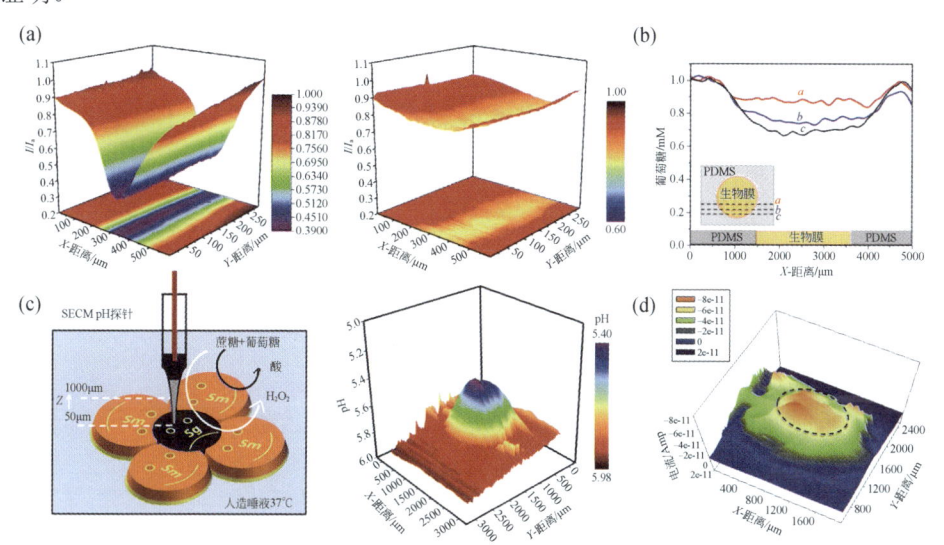

图 7.18 （a）*S. putrefaciens* 生物膜自愈合过程涂层划痕的 SECM 电流图[179]；（b）SECM 检测生物膜表面葡萄糖浓度的变化[180]；（c）SECM 表征 *S. mutans* 和 *S. gordonii* 生物膜表面 pH 和 H_2O_2 示意图，以及加入蔗糖后细菌生物膜表面 pH 表征[181]；（d）*P. aeruginosa* 生物膜表面 PYO 浓度的 SECM 电流图[183]

SECM 也可检测生物膜表面的 pH。巴氏杆菌（*Sporosarcina pasteurii*）通过水解尿素在 Ca^{2+} 存在下形成沉淀，会导致细菌周围局部的 pH 升高。因此，Koley 课题组使用 Ca^{2+} 选择性微电极和 Pt-Pt-聚苯胺双微电极用作 SECM 探针，原位表征了 *S. pasteurii* 生物膜钙化过程中 pH 和 Ca^{2+} 浓度的分布变化，发现细菌细胞膜两侧的 pH 变化可反映细菌细胞膜的通透性[185]。Pohl 课题组基于抗坏血酸的质子化和去质子化过程对大肠杆菌细胞膜脂质双分子层的渗透性进行了表征，发现抗坏血酸在脂质双分子层的酸性反式侧质子化形成抗坏血酸穿过脂质双分子层，从而造成近膜区域的 pH 降低。他们应用 SECM 对 pH 梯度进行了表征，得到了抗坏血酸浓度分布并计算得到脂质双分子层的渗透性[186]。

2. AFM 在细菌和生物膜研究中的应用

AFM 的液相成像技术可实现近生理条件下对活细胞的动态研究，其中动态模式是目前用于细菌成像的主要模式，可同时表征细菌的形貌和机械特性，但在分辨率及数据采集速度方面有一定局限性[187]。结合力谱技术的 AFM 可对生物目标物之间的相互作用力进行表征，依靠检测力-距离曲线可获得相互作用力。曲线服从 Poisson 分布，因此可从单细胞水平定量并直观测定特异性的作用力，如细菌与基底之间和细菌之间的黏附力学特性研究[188]。例如，Sullan 课题组利用 AFM 研究了变异链球菌与唾液凝集素间的黏附作用，发现有 10 个以上的 P1 蔗糖非依赖性黏附素和 gp340 糖蛋白分子介导的强作用力约为 500pN [图 7.19（a）][189]。Van der Mei 课题组利用 AFM 对放线菌和链球菌的黏附力学进行了研究，发现不可集聚的细菌间作用力为 1N，而可集聚细菌间的特异性作用力为不可集聚细菌间作用力的 3~4 倍[190]。基于 AFM 的力谱技术可为理解细菌间的黏附行为及相互作用研究提供重要信息。

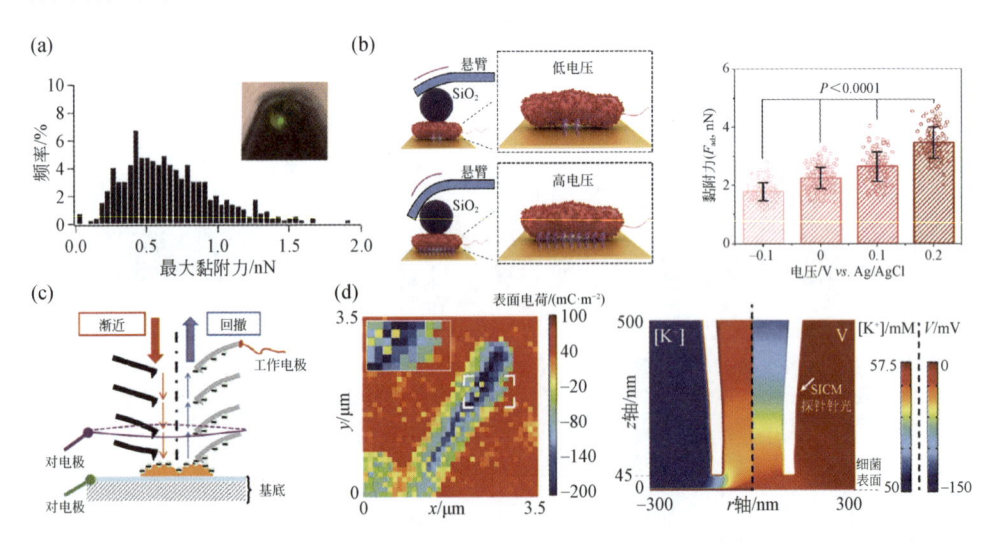

图 7.19 （a）*S. mutans-SAG* 相互作用的黏附力直方图和断裂长度直方图[189]；（b）不同电极电位下利用 ESCFS 测量细菌黏附力的示意图和单个希瓦氏菌与电极作用的平均最大黏附力[191]；（c）AFM 测量细菌表面电荷示意图[192]；（d）大肠杆菌表面局部电荷密度的 SICM 图像和基于 FEM 的脉冲电位 SICM 在带电表面的仿真结果[194]

电化学方法也可与 AFM 力谱技术结合研究细菌与电极基底之间的黏附作用力。例如，He 课题组通过集成三电极电化学检测和倒置光学显微镜于 AFM 中，构建了原位电化学单细胞力谱（in situ electrochemical single-cell force spectroscopy，ESCFS）系统，该系统能精确检测细菌培养基中真实代谢条件下单个希瓦氏菌（Shewanella oneidensis）与电极相互作用的黏附力（nN 级别）[图 7.19（b）]，并基于原位力-距离曲线、理论模型拟合和黏附力统计分析，解释了单个希瓦氏菌 MR-1 在不同电子转移过程下的完整黏附行为[191]。AFM 与电化学方法结合除检测样品高度和刚度外，还可对细菌表面电荷的特性进行表征。如 Dhahri 课题组通过研究 AFM 探针尖端远离样品接触区过程中悬臂的偏转变化，即 BL-force 信号变化（代表了 AFM 探针与样品间的相互作用力），表征了细菌表面的电荷密度变化[图 7.19（c）][192]。另外，AFM 也可结合电化学阻抗技术研究细菌所引起的微生物腐蚀过程。例如，Pehkonen 课题组研究了两种硫酸盐还原细菌对不锈钢 AISI316 的微生物腐蚀作用，使用 AFM 分析了单个细菌的形貌和高度以及由细菌造成的局部点蚀形貌的变化过程，并使用电化学阻抗技术表征了腐蚀处的电极/生物膜/溶液界面的电化学特性[193]。

3. SICM 在细菌和生物膜研究中的应用

细菌膜特性和细胞外的电荷分布在生物膜形成和营养物质吸收过程中起重要作用。研究者通过 Zeta 电位和电泳测量发现革兰氏阳性细菌和革兰氏阴性细菌都具有净的负表面电荷，并通过 AFM 探测了细菌细胞表面的电荷分布[192]。但由于细菌细胞存在异质性，组内单个物种之间电荷密度大小均不同，无法获得准确的单细胞表面电荷分布以及细胞膜的离子通透性。

SICM 可通过玻璃管电极无损表征细菌细胞表面的电荷分布和细胞膜的离子通透性。例如，Unwin 课题组应用 SICM 扫描了革兰氏阴性大肠杆菌（Escherichia coli）和革兰氏阳性枯草芽孢杆菌（Bacillus subtilis）的细胞外电荷环境，实现了单个细菌分泌 EPS 层上电荷分布的可视化，并发现革兰氏阳性菌枯草芽孢杆菌 B. subtilis 表面较大肠杆菌 E. coli 具有更高的表面负电荷[图 7.19（d）]，并应用有限元模型对影响界面电荷和离子通量的机制进行了模拟分析[194]。该研究为表征细菌表面局部电荷分布提供了 SICM 微区原位表征和模拟的新方法。另外，SICM 作为细菌细胞膜表面电荷的表征方法未来也可用于研究细菌细胞表面离子通道的分析中，进而可将各种细菌行为与细菌-微环境界面内的离子动力学联系起来。

7.4 总结与展望

本章节依次介绍了 AFM、SECM 和 SICM 这三种扫描探针显微术在生物体系研究中的应用，包括在核酸结构、酶和蛋白（结构、表达和活性）、细胞（形貌和超微结构、细胞内小分子、细胞膜表面蛋白和电荷转移过程、细胞外分子和离子、细胞膜离子通道、表面电荷和搏动状态、力学特性）、微组织（形貌、呼吸活性、搏动、膜蛋白表达）以及细菌生物膜研究中的应用（详见表 7.1）。

表 7.1　扫描探针显微术在生物体系研究中的应用代表小结

研究对象	研究对象分类	研究参数	具体研究参数	研究方法	参考文献
核酸	DNA	形貌和结构	单链 DNA 结构	AFM	[6]，[7]
			质粒 DNA 三维环状结构	AFM	[8]，[9]，[10]，[14]
		DNA 解离过程	DNA 分子构象转变	AFM	[20]，[21]
		核酸-蛋白质相互作用	DNA-蛋白质亲和力	AFM	[22]，[23]
		理化性质	DNA 分子量	SECM	[28]
		DNA 碱基错配	DNA 杂交	SECM	[27]，[30]，[31]
	RNA	形貌和结构	双链 RNA 结构成像和长度	AFM	[33]
			单个 RNA 分子亚螺旋结构	AFM	[37]
			单链 RNA 茎环结构	AFM	[36]
酶和蛋白质	酶	形貌和结构	Ca-ATP 泵酶	AFM	[39]
			拓扑异构酶 II α 二聚体	AFM	[40]
		活性	过氧化物酶	ECAFM	[43]，[99]
			葡萄糖氧化酶	ECAFM, SECM	[44]，[47]，[48]，[49]
			辣根过氧化物酶	SECM	[53]，[54]，[51]
			碱性磷酸酶	SECM	[56]，[57]，[57]
			细胞色素 C	SECM	[59]
			二氢硫辛酸脱氢酶	SECM	[60]
	蛋白质	形貌和结构	血凝素片段	AFM	[61]
			免疫球蛋白 G	AFM	[62]

续表

研究对象	研究对象分类	研究参数	具体研究参数	研究方法	参考文献
酶和蛋白质	蛋白质	形貌和结构	病毒颗粒蛋白	AFM	[64]
			芽孢杆菌表层的蛋白	SICM	[65]
			α-凝血素通道蛋白	SICM	[66]
		力学特性	肌动蛋白	AFM	[63]
		活性	多药耐药蛋白1	SECM	[68], [69], [70]
细胞	细胞形貌和亚细胞结构	形貌和结构	微绒毛	SICM	[73]
			心肌细胞肌节结构	SICM	[74], [76], [77]
			神经细胞突触结构	SICM	[75]
			细胞形貌动态变化	SECM	[81], [82], [83], [84]
	细胞内物质	小分子物质	氧气	SECM	[89], [90], [91], [93]
			过氧化氢（H_2O_2）、过氧亚硝基（$ONOO^-$）、一氧化氮自由基（$NO·$）、亚硝酸根（NO_2^-）	SECM	[94], [95]
			葡萄糖	SECM, SICM	[96], [97]
		酶活性	过氧化物酶	SECM	[98], [99]
			烟酰胺腺嘌呤二核苷酸醌氧化还原酶	SECM	[100]
			细胞色素 C 氧化酶	SECM	[101]
	细胞膜/模拟细胞膜上的电荷转移与物质	膜物质转运	乙酰胆碱	SECM	[104]
		膜蛋白	红细胞膜蛋白	AFM	[109]
		膜表面电势	肺组织表面电势分布	AFM-KPFM	[110]
			膜表面电荷变化	SICM	[114]
	细胞外分子、离子和膜表面电荷	细胞氧化还原状态和小分子	氧气	SECM	[115], [116], [117]
			过氧化氢	SECM	[118], [119], [120], [120], [121], [123]
			谷胱甘肽	SECM	[124], [125], [126]
			神经递质	SECM	[127], [128], [129]
		细胞外离子	钾离子	SECM	[130]
			钙离子		[131]
	细胞物理特性	电学特性	细胞膜表面离子通道	SICM-膜片钳	[132]
				SECM-SICM	[133]

续表

研究对象	研究对象分类	研究参数	具体研究参数	研究方法	参考文献
细胞	细胞物理特性	电学特性	细胞膜表面电荷	SICM	[134]
			搏动状态	SECM	[121]，[136]，[152]
				SICM	[74]
		力学特性	硬度、杨氏模量	AFM	[138]
				SICM	[141]
				SICM-AFM	[140]
微组织		呼吸活性	氧气	氧气消耗	SECM	[150]，[151]，[153]，[154]
		搏动	心肌微组织	心肌细胞搏动		[121]，[152]
		细胞膜蛋白	乳腺癌（MCF-7）细胞球	碱性磷酸酶（ALP）		[156]
			黑色素瘤皮肤组织	酪氨酸酶（TyR）		[157]
	微组织表面精细结构		软组织样品表面结构	气管、肾脏组织	SICM	[158]
			毫米尺度大面积样本	牛舌组织、五叶虫后翅		[159]
细菌生物膜		E. coli	电子传输途径	呼吸链电子受体	SECM	[163]，[176]
		P. aeruginosa	代谢过程	氧气	SECM	[178]
		S. putrefaciens		氧气	SECM	[179]
		S. mutans		葡萄糖	SECM	[180]
		S. gordonii/S. mutans		H_2O_2	SECM	[181]
		M. cuprina		Fe^{2+}	SECM	[182]
		P. aeruginosa	群体感应分子	PYO	SECM	[183]，[184]
		S. pasteurii	pH	pH	SECM	[185]，[186]
		S. mutans/唾液凝集素	力学特性	黏附作用	AFM	[189]，[190]，[191]
		S. oneidensis				
		R. wratislaviensis	电学特性	表面电荷	AFM	[192]，[193]
		硫酸盐还原菌				
		E. coli/B. subtilis			SICM	[194]

未来为进一步拓宽扫描探针显微术在生物体系的应用研究，发展可对多种生物样本和目标物的实时、原位、动态表征是扫描探针显微术的重要发展方向，具体可在以下几方面进一步发展：①研发多功能、多通道的新型扫描探针：发展新型多功能扫描探针显微镜探针［如离子选择性电极和化学或生物分子（如酶）等修饰的电极作探针］，提高探针在生物体系检测中的稳定性和抗干扰能力，将促进扫描探针显微术在生物体系离子等生理参数及更多生化分子的检测应用；将纳米孔技术和不同种类和形状的纳米电极作为扫描探针显微镜的探针，并开发相应降低电磁干扰的方法，可进一步提高其对核酸、蛋白及细胞内外物质检测的时间和空间分辨率；将多通道（如双通道、四通道等）的微/纳米电极作探针，可实现扫描探针显微术对生物体系多参数、高通量的同时检测功能。②快速扫描功能的开发：目前商用扫描探针显微镜的扫描速度还不能完全满足生物样本（如细胞）的变化和对细胞释放物质的快速、灵敏检测，未来可通过硬件设计和软件开发进一步提高仪器的高扫速功能，如结合基于优化算法的数字图像处理技术和智能软件实现快速扫描和智能扫描功能，用以捕捉生物体系的快速变化过程。③生物体系更全面信息的同时获取功能：为实现生物体系更多信息的同时捕捉，更系统全面得到生物样本的多方面信息和更好地解释复杂的生物学过程，可将扫描探针显微术联用（如 AFM-SECM、SECM-SICM 联用）或将它们与其他仪器（如拉曼光谱、质谱等）联用，利用多个仪器从多方面表征生物样本的多面信息，为生物、医学领域中复杂体系问题的研究提供生物样本更为全面的原位表征数据参考。④与微流控技术和器官芯片技术的联合：将扫描探针显微术的研究对象进一步拓展到临床组织、类器官等，实现对更大尺度范围内组织结构和功能的原位表征，将对理解如肿瘤发生发展、组织生物活力或大范围组织功能变化等过程提供更多参考。

参 考 文 献

[1] Gavara N. A beginner's guide to atomic force microscopy probing for cell mechanics [J]. Microsc Res Tech, 2017, 80(1): 75-87.

[2] Xia F, Youcef-Toumi K. Review: Advanced atomic force microscopy modes for biomedical research [J]. Biosensors, 2022, 12(12): 1116.

[3] 李亚北, 叶朝阳, 刘禹霖, 等. 扫描电化学显微镜在生物医学领域的应用研究进展 [J]. 中国科学: 化学, 2021, 51(3): 337-358.

[4] 郎瑾新, 李亚北, 杨耀维, 等. 扫描离子电导显微镜在细胞表征中的应用研究 [J]. 中国科学: 化学, 2019, 49(6): 844-860.

[5] Billingsley D J, Bonass W A, Crampton N, et al. Single-molecule studies of DNA transcription using atomic force microscopy [J]. Phys Biol, 2012, 9(2): 021001.

[6] Lindsay S M, Nagahara L A, Thundat T, et al. STM and AFM images of nucleosome DNA

under water [J]. J Biomol Struct Dyn, 1989, 7(2): 279-287.
[7] Weisenhorn A L, Gaub H E, Hansma H G, et al. Imaging single-stranded DNA, antigen-antibody reaction and polymerized langmuir-blodgett films with an atomic force microscope [J]. Scanning Microsc, 1990, 4(3): 511-516.
[8] Bustamante C, Vesenka J, Tang C L, et al. Circular DNA-molecules imaged in air by scanning force microscopy [J]. Biochemistry-US, 1992, 31(1): 22-26.
[9] Weisenhorn A L, Maivald P, Butt H J, et al. Measuring adhesion, attraction, and repulsion between surfaces in liquids with an atomic-force microscope [J]. Phys Rev B, 1992, 45(19): 11226-11232.
[10] Hansma H G, Vesenka J, Siegerist C, et al. Reproducible imaging and dissection of plasmid DNA under liquid with the atomic force microscope [J]. Science, 1992, 256(5060): 1180-1187.
[11] Hansma H G, Sinsheimer R L, Li M Q, et al. Atomic force microscopy of single-stranded and double-stranded DNA [J]. Nucleic Acids Res, 1992, 20(14): 3585-3590.
[12] Bezanilla M, Bustamante C J, Hansma H G, et al. Improved visualization of DNA in aqueous buffer with the atomic force microscope [J]. Scanning Microsc, 1993, 7: 1145-1148.
[13] Bezanilla M, Drake B, Nudler E, et al. Motion and enzymatic degradation of DNA in the atomic force microscope [J]. Biophys J, 1994, 67(6): 2454-2459.
[14] Leung C, Bestembayeva A, Thorogate R, et al. Atomic force microscopy with nanoscale cantilevers resolves different structural conformations of the DNA double helix [J]. Nano Lett, 2012, 12(7): 3846-3850.
[15] Ido S, Kimura K, Oyabu N, et al. Beyond the helix pitch: Direct visualization of native DNA in aqueous solution [J]. ACS Nano, 2013, 7(2): 1817-1822.
[16] Kominami H, Kobayashi K, Yamada H. Molecular-scale visualization and surface charge density measurement of z-DNA in aqueous solution [J]. Sci Rep, 2019, 9(1): 1-7.
[17] Tiner W J, Potaman Sr V N, Sinden R R, et al. The structure of intramolecular triplex DNA: Atomic force microscopy study [J]. J Mol Biol, 2001, 314(3): 353-357.
[18] Klejevskaja B, Pyne A L, Reynolds M, et al. Studies of g-quadruplexes formed within self-assembled DNA mini-circles [J]. Chem Commun (Camb), 2016, 52(84): 12454-12457.
[19] Gaub H E, Rief M, Clausen-Schaumann H. Sequence-dependent mechanics of single DNA molecules [J]. Nat Struct, 1999, 6(4): 346-349.
[20] Morfill J, Kühner F, Blank K, et al. B-s transition in short oligonucleotides [J]. Biophys J, 2007, 93(7): 2400-2409.
[21] Zhang W, Machón C, Orta A, et al. Single-molecule atomic force spectroscopy reveals that dnad forms scaffolds and enhances duplex melting [J]. J Mol Biol, 2008, 377(3): 706-717.
[22] Jiang Y, Wang J, Fang X, et al. Study of the effect of metal ion on the specific interaction

[22] between protein and aptamer by atomic force microscopy [J]. J Nanosci Nanotechnol, 2004, 4(6): 611-615.

[23] Main K H S, Provan J I, Haynes P J, et al. Atomic force microscopy—A tool for structural and translational DNA research [J]. APL Bioeng, 2021, 5(3): 031507.

[24] Conzuelo F, Schulte A, Schuhmann W. Biological imaging with scanning electrochemical microscopy [J]. P Roy Soc A-Math Phy, 2018, 474(2218): 20180409.

[25] Turcu F, Schulte A, Hartwich G, et al. Imaging immobilised ssdna and detecting DNA hybridisation by means of the repelling mode of scanning electrochemical microscopy (secm) [J]. Biosens Bioelectron, 2004, 20(5): 925-932.

[26] Yamashita K, Takagi M, Uchida K, et al. Visualization of DNA microarrays by scanning electrochemical microscopy (secm) [J]. Analyst, 2001, 126(8): 1210-1211.

[27] Diakowski P M, Kraatz H B. Detection of single-nucleotide mismatches using scanning electrochemical microscopy [J]. ChemComm, 2009, (10): 1189-1191.

[28] Turcu F, Schulte A, Hartwich G, et al. Label-free electrochemical recognition of DNA hybridization by means of modulation of the feedback current in secm [J]. Angew Chem Int Edit, 2004, 43(26): 3482-3485.

[29] Fan F R F, Bard A J. Imaging of biological macromolecules on mica in humid air by scanning electrochemical microscopy [J]. P Natl Acad Sci USA, 1999, 96(25): 14222-14227.

[30] Wain A J, Zhou F M. Scanning electrochemical microscopy imaging of DNA microarrays using methylene blue as a redox-active intercalator [J]. Langmuir, 2008, 24(9): 5155-5160.

[31] Zhang Z, Zhou J, Tang A, et al. Scanning electrochemical microscopy assay of DNA based on hairpin probe and enzymatic amplification biosensor [J]. Biosens Bioelectron, 2010, 25(8): 1953-1957.

[32] Lyubchenko Y L, Shlyakhtenko L S, Ando T. Imaging of nucleic acids with atomic force microscopy [J]. Methods, 2011, 54(2): 274-283.

[33] Lyubchenko Y L, Jacobs B L, Lindsay S M. Atomic force microscopy of reovirus dsrna—A routine technique for length measurements [J]. Nucleic Acids Res, 1992, 20(15): 3983-3986.

[34] Schön P. Imaging and force probing RNA by atomic force microscopy [J]. Methods, 2016, 103: 25-33.

[35] Guo P. The emerging field of rna nanotechnology [J]. Nat Nanotechnol, 2010, 5(12): 833-842.

[36] Pallesen J, Dong M, Besenbacher F, et al. Structure of the HIV-1 rev response element alone and in complex with regulator of virion (rev) studied by atomic force microscopy [J]. FEBS J, 2009, 276(15): 4223-4232.

[37] Ares P, Fuentes-Perez M E, Herrero-Galan E, et al. High resolution atomic force microscopy of double-stranded RNA [J]. Nanoscale, 2016, 8(23): 11818-11826.

[38] Schön P. Atomic force microscopy of RNA: State of the art and recent advancements [J]. Semin Cell Dev Biol, 2018, 73: 209-219.

[39] Lacapère J J, Stokes D L, Chatenay D. Atomic force microscopy of three-dimensional membrane protein crystals. Ca-Atpase of Sarcoplasmic Reticulum [J]. Biophys J, 1992, 63(2): 303-308.

[40] Nettikadan S R, Furbee C S, Muller M T, et al. Molecular structure of human topoisomerase ii alpha revealed by atomic force microscopy [J]. Journal of Electron Microscopy, 1998, 47(6): 671-677.

[41] Casero E, Vázquez L, Parra-Alfambra A M, et al. AFM, SECM and QCM as useful analytical tools in the characterization of enzyme-based bioanalytical platforms [J]. Analyst, 2010, 135(8): 1878-1903.

[42] Neelam, Chhillar A K, Rana J S. Enzyme nanoparticles and their biosensing applications: A review [J]. Analytical Biochemistry, 2019, 581: 113345.

[43] Kueng A, Kranz C, Lugstein A, et al. Integrated AFM—SECM in tapping mode: Simultaneous topographical and electrochemical imaging of enzyme activity [J]. Angew Chem Int Edit, 2003, 42(28): 3238-3240.

[44] Hirata Y, Yabuki S, Mizutani F. Application of integrated secm ultra-micro-electrode and AFM force probe to biosensor surfaces [J]. Bioelectrochemistry, 2004, 63(1): 217-227.

[45] Wittstock G, Wilhelm T, Bahrs S, et al. Secm feedback imaging of enzymatic activity on agglomerated microbeads [J]. Electroanalysis, 2001, 13(8-9): 669-675.

[46] Preet A, Lin T E. A review: Scanning electrochemical microscopy (secm) for visualizing the real-time local catalytic activity [J]. Catalysts, 2021, 11(5): 597.

[47] Pierce D T, Unwin P R, Bard A J. Scanning electrochemical microscopy. 17. Studies of enzyme-mediator kinetics for membrane- and surface-immobilized glucose oxidase [J]. Anal Chem, 1992, 64(17): 1795-1807.

[48] Morkvenaite-Vilkonciene I, Ramanaviciene A, Ramanavicius A. Redox competition and generation-collection modes based scanning electrochemical microscopy for the evaluation of immobilised glucose oxidase-catalysed reactions [J]. RSC Advances, 2014, 4(91): 50064-50069.

[49] Lei R, Stratmann L, Schäfer D, et al. Imaging biocatalytic activity of enzyme—polymer spots by means of combined scanning electrochemical microscopy/electrogenerated chemiluminescence [J]. Anal Chem, 2009, 81(12): 5070-5077.

[50] Patel N, Davies M C, Heaton R J, et al. A scanning probe microscopy study of the physisorption and chemisorption of protein molecules onto carboxylate terminated self-assembled monolayers [J]. Applied Physics A, 1998, 66(1): S569-S577.

[51] Morkvenaite-Vilkonciene I, Ramanaviciene A, Kisieliute A, et al. Scanning electrochemical microscopy in the development of enzymatic sensors and immunosensors [J]. Biosens Bioelectron, 2019, 141: 111411.

[52] Matsumae Y, Arai T, Takahashi Y, et al. Evaluation of the differentiation status of single embryonic stem cells using scanning electrochemical microscopy [J]. ChemComm, 2013, 49(58): 6498-6500.

[53] Horrocks B R, Schmidtke D, Heller A, et al. Scanning electrochemical microscopy. 27. Enzyme ultramicroelectrodes for the measurement of hydrogen peroxide at surfaces [J]. Anal Chem, 1993, 65(24): 3605-3617.

[54] Laschi S, Palchetti I, Marrazza G, et al. Enzyme-amplified electrochemical hybridization assay based on PNA, LNA and DNA probe-modified micro-magnetic beads [J]. Bioelectrochemistry, 2009, 76(1): 214-220.

[55] Ning X, Xiong Q, Zhang F, et al. Simultaneous detection of tumor markers in lung cancer using scanning electrochemical microscopy [J]. J Electroanal Chem, 2018, 812: 101-106.

[56] Tang H T, Lunte C E, Halsall H B, et al. P-aminophenyl phosphate: An improved substrate for electrochemical enzyme immnoassay [J]. Analytica Chimica Acta, 1998, 214: 187-195.

[57] Torisawa Y S, Ohara N, Nagamine K, et al. Electrochemical monitoring of cellular signal transduction with a secreted alkaline phosphatase reporter system [J]. Anal Chem, 2006, 78(22): 7625-7631.

[58] Takahashi Y, Miyamoto T, Shiku H, et al. Electrochemical detection of epidermal growth factor receptors on a single living cell surface by scanning electrochemical microscopy [J]. Anal Chem, 2009, 81(7): 2785-2790.

[59] Gunawan C A, Nam E V, Marquis C P, et al. Scanning electrochemical microscopy of cytochrome c peroxidase through the orientation-controlled immobilisation of cytochrome c [J]. ChemElectroChem, 2016, 3(7): 1150-1156.

[60] Yamada H, Fukumoto H, Yokoyama T, et al. Immobilized diaphorase surfaces observed by scanning electrochemical microscope with shear force based tip-substrate positioning [J]. Anal Chem, 2005, 77(6): 1785-1790.

[61] Epand R F, Yip C M, Chernomordik L V, et al. Self-assembly of influenza hemagglutinin: Studies of ectodomain aggregation by *in situ* atomic force microscopy [J]. Biochim Biophys Acta, 2001, 1513(2): 167-175.

[62] Ido S, Kimiya H, Kobayashi K, et al. Immunoactive two-dimensional self-assembly of monoclonal antibodies in aqueous solution revealed by atomic force microscopy [J]. Nat Mater, 2014, 13(3): 264-270.

[63] Rief M, Gautel M, Oesterhelt F, et al. Reversible unfolding of individual titin immunoglobulin

domains by AFM [J]. Science, 1997, 276(5315): 1109-1112.

［64］Nault L, Taofifenua C, Anne A, et al. Electrochemical atomic force microscopy imaging of redox-immunomarked proteins on native potyviruses: From subparticle to single-protein resolution [J]. ACS Nano, 2015, 9(5): 4911-4927.

［65］Shevchuk A I, Frolenkov G I, Sanchez D, et al. Imaging proteins in membranes of living cells by high-resolution scanning ion conductance microscopy [J]. Angew Chem Int Ed Engl, 2006, 45(14): 2212-2216.

［66］Shi W Q, Zeng Y H, Zhou L S, et al. Membrane patches as ion channel probes for scanning ion conductance microscopy [J]. Faraday Discuss, 2016, 193: 81-97.

［67］Cole S P. Targeting multidrug resistance protein 1 (MRP1, ABCC1): Past, present, and future [J]. Annu Rev Pharmacol Toxicol, 2014, 54: 95-117.

［68］Koley D, Bard A J. Inhibition of the MRP1-mediated transport of the menadione-glutathione conjugate (thiodione) in Hela cells as studied by secm [J]. P Natl Acad Sci USA, 2012, 109(29): 11522-11527.

［69］Kuss S, Polcari D, Geissler M, et al. Assessment of multidrug resistance on cell coculture patterns using scanning electrochemical microscopy [J]. P Natl Acad Sci USA, 2013, 110(23): 9249-9257.

［70］Kuermanbayi S, Yang Y, Zhao Y, et al. *In situ* monitoring of functional activity of extracellular matrix stiffness-dependent multidrug resistance protein 1 using scanning electrochemical microscopy [J]. Chem Sci, 2022, 13(35): 10349-10360.

［71］高洪菲, 韩毅敏. 妇科肿瘤细胞的不同制备手段对AFM分析结果的影响 [J]. 临床肿瘤学杂志, 2014, 19(05): 421-425.

［72］Rheinlaender J, Geisse N A, Proksch R, et al. Comparison of scanning ion conductance microscopy with atomic force microscopy for cell imaging [J]. Langmuir, 2011, 27(2): 697-707.

［73］Ida H, Takahashi Y, Kumatani A, et al. High speed scanning ion conductance microscopy for quantitative analysis of nanoscale dynamics of microvilli [J]. Anal Chem, 2017, 89(11): 6015-6020.

［74］Simeonov S, Schaffer T E. Ultrafast imaging of cardiomyocyte contractions by combining scanning ion conductance microscopy with a microelectrode array [J]. Anal Chem, 2019, 91(15): 9648-9653.

［75］Novak P, Li C, Shevchuk A I, et al. Nanoscale live-cell imaging using hopping probe ion conductance microscopy [J]. Nat Methods, 2009, 6(4): 279-281.

［76］Sanchez-Alonso J L, Loucks A, Schobesberger S, et al. Nanoscale regulation of l-type calcium channels differentiates between ischemic and dilated cardiomyopathies [J]. Ebio Medicine,

2020, 57: 102845.

[77] Gorelik J, Ali N N, Shevchuk A I, et al. Functional characterization of embryonic stem cell-derived cardiomyocytes using scanning ion conductance microscopy [J]. Tissue engineering, 2006, 12(4): 657-667.

[78] Zhang Y, Gorelik J, Sanchez D, et al. Scanning ion conductance microscopy reveals how a functional renal epithelial monolayer maintains its integrity [J]. Kidney International, 2005, 68(3): 1071-1077.

[79] Miragoli M, Moshkov A, Novak P, et al. Scanning ion conductance microscopy: A convergent high-resolution technology for multi-parametric analysis of living cardiovascular cells [J]. Journal of The Royal Society Interface, 2011, 8(60): 913-925.

[80] Potter C M, Schobesberger S, Lundberg M H, et al. Shape and compliance of endothelial cells after shear stress *in vitro* or from different aortic regions: Scanning ion conductance microscopy study [J]. PLoS One, 2012, 7(2): e31228.

[81] Zhang M M N, Long Y T, Ding Z F. Filming a live cell by scanning electrochemical microscopy: Label-free imaging of the dynamic morphology in real time [J]. Chemistry Central Journal, 2012, 6.

[82] Bergner S, Wegener J, Matysik F M. Simultaneous imaging and chemical attack of a single living cell within a confluent cell monolayer by means of scanning electrochemical microscopy [J]. Anal Chem, 2011, 83(1): 169-177.

[83] Gorelik J, Shevchuk A I, Frolenkov G I, et al. Dynamic assembly of surface structures in living cells [J]. Proc Natl Acad Sci USA, 2003, 100(10): 5819-5822.

[84] Novak P, Shevchuk A, Ruenraroengsak P, et al. Imaging single nanoparticle interactions with human lung cells using fast ion conductance microscopy [J]. Nano Letters, 2014, 14(3): 1202-1207.

[85] Liu L, Wei Y H, Liu J Y, et al. Spatial high resolution of actin filament organization by peakforce atomic force microscopy [J]. Cell Proliferat, 2020, 53(1).

[86] Yang B C Y, Shi J. Reactive oxygen species (ROS)-based nanomedicine [J]. Chem Rev, 2019, 119(8): 4881-4985.

[87] Lyu Y P K. Recent advances of activatable molecular probes based on semiconducting polymer nanoparticles in sensing and imaging [J]. Adv Sci, 2017, 4(6): 1600481.

[88] Polcari D, Dauphin-Ducharme P, Mauzeroll J. Scanning electrochemical microscopy: A comprehensive review of experimental parameters from 1989 to 2015 [J]. Chem Rev, 2016, 116(22): 13234-13278.

[89] Lee C, Kwak J, Bard A J. Application of scanning electrochemical microscopy to biological samples [J]. Proc Natl Acad Sci USA, 1990, 87(5): 1740-1743.

[90] Tsionsky M, Cardon Z G, Bard A J, et al. Photosynthetic electron transport in single guard cells as measured by scanning electrochemical microscopy [J]. Plant Physiol, 1997, 113: 895-901.

[91] Zhu R, Macfie S M, Ding Z. Cadmium-induced plant stress investigated by scanning electrochemical microscopy [J]. J Exp Bot, 2005, 56(421): 2831-2838.

[92] Nebel M, Grützke S, Diab N, et al. Visualization of oxygen consumption of single living cells by scanning electrochemical microscopy: The influence of the Faradaic tip reaction [J]. Angew Chem Int Ed, 2013, 52(24): 6335-6338.

[93] Yasukawa T, Kondo Y, Uchida I, et al. Imaging of cellular activity of single cultured cells by scanning electrochemical microscopy [J]. Chem Lett, 1998, 27(8): 767-768.

[94] Hu K, Li Y, Rotenberg S A, et al. Electrochemical measurements of reactive oxygen and nitrogen species inside single phagolysosomes of living macrophages [J]. J Am Chem Soc, 2019, 141(11): 4564-4568.

[95] Li Y, Hu K, Yu Y, et al. Direct electrochemical measurements of reactive oxygen and nitrogen species in nontransformed and metastatic human breast cells [J]. J Am Chem Soc, 2017, 139: 13055-13062.

[96] Soldà A, Valenti G, Marcaccio M, et al. Glucose and lactate miniaturized biosensors for SECM-based high-spatial resolution Analysis: A comparative study [J]. ACS Sens, 2017, 2(9): 1310-1318.

[97] Nascimento R A, Özel R E, Mak W H, et al. Single cell "glucose nanosensor" verifies elevated glucose levels in individual cancer cells [J]. Nano Lett, 2016, 16(2): 1194-1200.

[98] Zhou H, Shiku H, Kasai S, et al. Mapping peroxidase in plant tissues by scanning electrochemical microscopy [J]. Bioelectrochemistry, 2001, 54: 151-156.

[99] Gao N, Wang X, Li L, et al. Scanning electrochemical microscopy coupled with intracellular standard addition method for quantification of enzyme activity in single intact cells [J]. Analyst, 2007, 132(11): 1139-1146.

[100] Matsumae Y, Takahashi Y, Ino K, et al. Electrochemical monitoring of intracellular enzyme activity of single living mammalian cells by using a double-mediator system [J]. Anal Chim Acta, 2014, 842: 20-26.

[101] Thind S, Lima D, Booy E, et al. Cytochrome C oxidase deficiency detection in human fibroblasts using scanning electrochemical microscopy [J]. Proc Natl Acad Sci USA, 2024, 121(1): e2310288120.

[102] Muller D J. AFM: A nanotool in membrane biology [J]. Biochemistry-US, 2008, 47(31): 7986-7998.

[103] Bard A J, Mirkin M V. Scanning Electrochemical Microscopy[M]. Boca Raton, USA: CRC Press, 2022.

[104] Zhou Y, Zhang J, Zhao Y, et al. Bacterial biofilm probed by scanning electrochemical microscopy: A review [J]. ChemElectroChem, 2022, 9(19): e202200470.

[105] Filice F P, Ding Z. Analysing single live cells by scanning electrochemical microscopy [J]. Analyst, 2019, 144(3): 738-752.

[106] Li Y, Ye Z, Liu Y, et al. Research advances of scanning electrochemical microscopy in biomedical field [J]. SCIENTIA SINICA Chimica, 2021, 51(1674-7224): 337.

[107] Welle Theresa M, Alanis K, Colombo M L, et al. A high spatiotemporal study of somatic exocytosis with scanning electrochemical microscopy and nanoities electrodes [J]. Chemical Science, 2018, 9(22): 4937-4941.

[108] Hu K, Gao Y, Wang Y, et al. Platinized carbon nanoelectrodes as potentiometric and amperometric secm probes [J]. Journal of Solid State Electrochemistry, 2013, 17(12): 2971-2977.

[109] Wang H, Hao X, Shang Y, et al. Preparation of cell membranes for high resolution imaging by AFM [J]. Ultramicroscopy, 2010, 110(4): 305-312.

[110] Drolle E, Negoda A, Hammond K, et al. Changes in lipid membranes may trigger amyloid toxicity in alzheimer's disease [J]. PLoS ONE, 2017, 12(8): e0182197.

[111] Hane F, Moores B, Amrein M, et al. Effect of SP-Con surface potential distribution in pulmonary surfactant: Atomic force microscopy and Kelvin probe force microscopy study [J]. Ultramicroscopy, 2009, 109(8): 968-973.

[112] Shi X, Qing W, Marhaba T, et al. Atomic force microscopy-scanning electrochemical microscopy (AFM-SECM) for nanoscale topographical and electrochemical characterization: Principles, applications and perspectives [J]. Electrochimica Acta, 2020, 332: 135472.

[113] Knittel P, Zhang H, Kranz C, et al. Probing the pedot: PSS/cell interface with conductive colloidal probe AFM-SECM [J]. Nanoscale, 2016, 8(8): 4475-4481.

[114] Chen F, Panday N, Li X, et al. Simultaneous mapping of nanoscale topography and surface potential of charged surfaces by scanning ion conductance microscopy [J]. Nanoscale, 2020, 12(40): 20737-20748.

[115] Hirano Y, Kodama M, Shibuya M, et al. Analysis of beat fluctuations and oxygen consumption in cardiomyocytes by scanning electrochemical microscopy [J]. Analytical biochemistry, 2014, 447: 39-42.

[116] Nebel M, Grutzke S, Diab N, et al. Microelectrochemical visualization of oxygen consumption of single living cells [J]. Faraday Discuss, 2013, 164: 19-32.

[117] Santos C S, Kowaltowski A J, Bertotti M. Single cell oxygen mapping (scom) by scanning electrochemical microscopy uncovers heterogeneous intracellular oxygen consumption [J]. Sci Rep, 2017, 7(1): 11428.

[118] Zhao X, Lam S, Jass J, et al. Scanning electrochemical microscopy of single human urinary bladder cells using reactive oxygen species as probe of inflammatory response [J]. Electrochem commun, 2010, 12(6): 773-776.

[119] Zhang M M, Long Y, Ding Z. Cisplatin effects on evolution of reactive oxygen species from single human bladder cancer cells investigated by scanning electrochemical microscopy [J]. J Inorg Biochem, 2012, 108: 115-122.

[120] Wu T, Ning X, Xiong Q, et al. *In situ* monitoring reactive oxygen species released by single cells using scanning electrochemical microscopy with a specifically designed multi-potential step waveform [J]. Electrochim Acta, 2022, 403: 139638.

[121] Li Y, Ye Z, Zhang J, et al. *In situ* and quantitative monitoring of cardiac tissues using programmable scanning electrochemical microscopy[J]. Anal Chem, 2022, 94(29): 10515-10523.

[122] Zhao Y, Li Y, Kuermanbayi S, et al. *In situ* and quantitatively monitoring the dynamic process of ferroptosis in single cancer cells by scanning electrochemical microscopy [J]. Anal Chem, 2023, 95(3): 1940-1948.

[123] Liu Y, Zhang J, Li Y, et al. Matrix stiffness-dependent microglia activation in response to inflammatory cues: *In situ* investigation by scanning electrochemical microscopy [J]. Chem Sci, 2023, 15(1): 171-187.

[124] Mauzeroll J, Bard A J. Scanning electrochemical microscopy of menadione-glutathione conjugate export from yeast cells [J]. P Natl Acad Sci USA, 2004, 101(21): 7862-7867.

[125] Kuss S, Cornut R, Beaulieu I, et al. Assessing multidrug resistance protein 1-mediated function in cancer cell multidrug resistance by scanning electrochemical microscopy and flow cytometry [J]. Bioelectrochemistry, 2011, 82(1): 29-37.

[126] Li Y, Lang J, Ye Z, et al. Effect of substrate stiffness on redox state of single cardiomyocyte: A scanning electrochemical microscopy study [J]. Anal Chem, 2020, 92(7): 4771-4779.

[127] Gu C, Ewing A G. Simultaneous detection of vesicular content and exocytotic release with two electrodes in and at a single cell [J]. Chem Sci, 2021, 12(21): 7393-7400.

[128] Gu C, Zhang X, Ewing A G. Comparison of disk and nanotip electrodes for measurement of single-cell amperometry during exocytotic release [J]. Anal Chem, 2020, 92(15): 10268-10273.

[129] Shen M, Qu Z, Deslaurier J, et al. Single synaptic observation of cholinergic neurotransmission on living neurons: Concentration and dynamics [J]. J Am Chem Soc, 2018, 140(25): 7764-7768.

[130] Liao Y, Jing T, Zhang F, et al. *In situ* monitoring of extracellular K^+ using the potentiometric mode of scanning electrochemical microscopy with a carbon-based potassium ion-selective

tip [J]. Anal Chem, 2022, 94(9): 4078-4086.

[131] Berger C E M, Rathod H, Gillespie J I, et al. Scanning electrochemical microscopy at the surface of bone-resorbing osteoclasts: Evidence for steady-state disposal and intracellular functional compartmentalization of calcium [J]. J Bone Miner Res, 2001, 16(11): 2092-2102.

[132] Bhargava A, Lin X, Novak P, et al. Super-resolution scanning patch clamp reveals clustering of functional ion channels in adult ventricular myocyte [J]. Circ Res, 2013, 112(8): 1112-1120.

[133] Takahashi Y, Ida H, Matsumae Y, et al. 3D electrochemical and ion current imaging using scanning electrochemical-scanning ion conductance microscopy [J]. Phys Chem Chem Phys, 2017, 19(39): 26728-26733.

[134] Maddar F M, Perry D, Brooks R, et al. Nanoscale surface charge visualization of human hair [J]. Anal Chem, 2019, 91(7): 4632-4639.

[135] Hirano Y, Kodama M, Shibuya M, et al. Analysis of beat fluctuations and oxygen consumption in cardiomyocytes by scanning electrochemical microscopy [J]. Anal Biochem, 2014, 447: 39-42.

[136] Okumura S, Hirano Y, Maki Y, et al. Analysis of time-course drug response in rat cardiomyocytes cultured on a pattern of islands [J]. Analyst, 2018, 143(17): 4083-4089.

[137] Stylianou A, Lekka M, Stylianopoulos T. AFM assessing of nanomechanical fingerprints for cancer early diagnosis and classification: From single cell to tissue level [J]. Nanoscale, 2018, 10(45): 20930-20945.

[138] Cross S E, Jin Y S, Rao J, et al. Nanomechanical analysis of cells from cancer patients [J]. Nature Nanotechnology, 2007, 2(12): 780-783.

[139] Li M, Xiao X, Liu L, et al. Nanoscale mapping and organization analysis of target proteins on cancer cells from B-cell lymphoma patients [J]. Exp Cell Res, 2013, 319(18): 2812-2821.

[140] Pellegrino M, Pellegrini M, Orsini P, et al. Measuring the elastic properties of living cells through the analysis of current-displacement curves in scanning ion conductance microscopy [J]. Pflugers Arch, 2012, 464(3): 307-316.

[141] Rheinlaender J, Schäffer T E. Mapping the mechanical stiffness of live cells with the scanning ion conductance microscope [J]. Soft Matter, 2013, 9(12): 3230-3236.

[142] Edmondson R, Broglie J J, Adcock A F, et al. Three-dimensional cell culture systems and their applications in drug discovery and cell-based biosensors [J]. Assay Drug Dev Technol, 2014, 12(4): 207-218.

[143] Ravi M, Paramesh V, Kaviya S R, et al. 3D cell culture systems: Advantages and applications [J]. J Cell Physiol, 2015, 230(1): 16-26.

[144] Laschke M W, Menger M D. Life is 3D: Boosting spheroid function for tissue engineering [J].

Trends Biotechnol, 2017, 35(2): 133-147.

[145] Gronwald H, Mitura K, Volesky L, et al. The influence of suspension containing nanodiamonds on the morphology of the tooth tissue surface in atomic force microscope observations [J]. Biomed Res Int, 2018, 2018: 9856851.

[146] Francis L W, Lewis P D, Gonzalez D, et al. Progesterone induces nano-scale molecular modifications on endometrial epithelial cell surfaces [J]. Biol Cell, 2009, 101(8): 481-493.

[147] Canovic E P, Qing B, Mijailovic A S, et al. Characterizing multiscale mechanical properties of brain tissue using atomic force microscopy, impact indentation, and rheometry [J]. J Vis Exp, 2016, (115).

[148] Polcari D, Dauphin-Ducharme P, Mauzeroll J. Scanning electrochemical microscopy: A comprehensive review of experimental parameters from 1989 to 2015 [J]. Chem Rev, 2016, 116(22): 13234-13278.

[149] Lazenby R, White R. Advances and perspectives in chemical imaging in cellular environments using electrochemical methods [J]. Chemosensors, 2018, 6(2).

[150] Takahashi R, Zhou Y, Horiguchi Y, et al. Noninvasively measuring respiratory activity of rat primary hepatocyte spheroids by scanning electrochemical microscopy [J]. Journal of bioscience and bioengineering, 2014, 117(1): 113-121.

[151] Vasanthan K S, Sethuraman S, Parthasarathy M. Electrochemical evidence for asialoglycoprotein receptor-mediated hepatocyte adhesion and proliferation in three dimensional tissue engineering scaffolds [J]. Anal Chim Acta, 2015, 890: 83-90.

[152] Ye Z, Li Y, Zhao Y, et al. Effect of exogenous electric stimulation on the cardiac tissue function *in situ* monitored by scanning electrochemical microscopy [J]. Analytical Chemistry, 2023, 95(10): 4634-4643.

[153] Sridhar A, De Boer H L, Van Den Berg A, et al. Microstamped petri dishes for scanning electrochemical microscopy analysis of arrays of microtissues [J]. PLoS One, 2014, 9(4): e93618.

[154] Mukomoto R, Nashimoto Y, Terai T, et al. Oxygen consumption rate of tumour spheroids during necrotic-like core formation [J]. Analyst, 2020, 145(19): 6342-6348.

[155] Torisawa Y S, Takagi A, Shiku H, et al. A multicellular spheroid-based drug sensitivity test by scanning electrochemical microscopy [J]. Oncol Rep, 2005, 13(6): 1107-1112.

[156] Zhao L, Shi M, Liu Y, et al. Systematic analysis of different cell spheroids with a microfluidic device using scanning electrochemical microscopy and gene expression profiling [J]. Anal Chem, 2019, 91(7): 4307-4311.

[157] Lin T E, Bondarenko A, Lesch A, et al. Monitoring tyrosinase expression in non-metastatic and metastatic melanoma tissues by scanning electrochemical microscopy [J]. Angew Chem

Int Ed Engl, 2016, 55(11): 3813-3816.

[158] Nakajima M, Mizutani Y, Iwata F, et al. Scanning ion conductance microscopy for visualizing the three-dimensional surface topography of cells and tissues [J]. Seminars in Cell & Developmental Biology, 2018, 73: 125-131.

[159] Schierbaum N, Hack M, Betz O, et al. Macro-sicm: A scanning ion conductance microscope for large-range imaging [J]. Anal Chem, 2018, 90(8): 5048-5057.

[160] Caniglia G, Kranz C. Scanning electrochemical microscopy and its potential for studying biofilms and antimicrobial coatings [J]. Anal. Bioanal. Chem, 2020, 412(24): 6133-6148.

[161] Bjarnsholt T, Buhlin K, Dufrêne Y, et al. Biofilm formation—What we can learn from recent developments[Z]. Wiley Online Library. 2018: 332-345.

[162] Vestby L K, Grønseth T, Simm R, et al. Bacterial biofilm and its role in the pathogenesis of disease [J]. Antibiotics, 2020, 9(2): 59.

[163] Kaya T, Nagamine K, Oyamatsu D, et al. Fabrication of microbial chip using collagen gel microstructure [J]. Lab Chip, 2003, 3(4): 313-317.

[164] Jamal M, Ahmad W, Andleeb S, et al. Bacterial biofilm and associated infections [J]. J Chin Med Assoc, 2018, 81(1): 7-11.

[165] Kang C H, Kwon Y J, So J S. Bioremediation of heavy metals by using bacterial mixtures [J]. Ecol Eng, 2016, 89: 64-69.

[166] Tian X, Zhao F, You L, et al. Interaction between *in vivo* bioluminescence and extracellular electron transfer in shewanella woodyi via charge and discharge [J]. Phys Chem Chem Phys, 2017, 19(3): 1746-1750.

[167] Kanematsu H, Barry D M. Formation and Control of Biofilm in Various Environments [M]. Berlin: Springer, 2020.

[168] Huang L, Li Z, Lou Y, et al. Recent advances in scanning electrochemical microscopy for biological applications [J]. Materials, 2018, 11(8): 1389.

[169] Sismaet H J, Goluch E D. Electrochemical probes of microbial community behavior [J]. Annu Rev Anal Chem (Palo Alto Calif), 2018, 11: 441-461.

[170] Islam R, Le Luu H T, Kuss S. Electrochemical approaches and advances towards the detection of drug resistance [J]. J. Electrochem, 2020, 167(4): 045501.

[171] Schorr N B, Gossage Z T, Rodríguez-López J. Prospects for single-site interrogation using *in situ* multimodal electrochemical scanning probe techniques [J]. Curr Opin Electrochem, 2018, 8: 89-95.

[172] Polcari D, Dauphin-Ducharme P, Mauzeroll J. Scanning electrochemical microscopy: A comprehensive review of experimental parameters from 1989 to 2015 [J]. Chem. Rev, 2016, 116(22): 13234-13278.

[173] Amemiya S, Bard A J, Fan F R F, et al. Scanning electrochemical microscopy [J]. Annu Rev Anal Chem, 2008, 1: 95-131.

[174] Erttmann S F, Gekara N O. Hydrogen peroxide release by bacteria suppresses inflammasome-dependent innate immunity [J]. Nat. Commun, 2019, 10(1): 3493.

[175] Darch S E, Koley D. Quantifying microbial chatter: Scanning electrochemical microscopy as a tool to study interactions in biofilms [J]. Proc Math Phys Eng Sci, 2018, 474(2220): 20180405.

[176] 田晓春, 吴雪娥, 詹东平, 等. 扫描电化学显微镜用于研究生物膜微环境的电子传递 [J]. 物理化学学报, 2019, 35(01): 22-27.

[177] Ramanavicius A, Morkvenaite-Vilkonciene I, Kisieliute A, et al. Scanning electrochemical microscopy based evaluation of influence of pH on bioelectrochemical activity of yeast cells—Saccharomyces cerevisiae [J]. Colloids Surf B Biointerfaces, 2017, 149: 1-6.

[178] Alexander K D, Jin Z, Whiteley M. Micron scale spatial measurement of the O_2 gradient surrounding a bacterial biofilm in real time [J]. mBio, 11(5): e02536-02520.

[179] Lou Y, Chang W, Cui T, et al. Microbiologically influenced corrosion inhibition of carbon steel via biomineralization induced by shewanella putrefaciens [J]. NPJ Mater. Degrad, 2021, 5(1): 59.

[180] Jayathilake N M, Koley D. Glucose microsensor with covalently immobilized glucose oxidase for probing bacterial glucose uptake by scanning electrochemical microscopy [J]. Anal Chem, 2020, 92(5): 3589-3597.

[181] Joshi V S, Sheet P S, Cullin N, et al. Real-time metabolic interactions between two bacterial species using a carbon-based pH microsensor as a scanning electrochemical microscopy probe [J]. Anal Chem, 2017, 89(20): 11044-11052.

[182] Qian H C, Chang W W, Cui T Y, et al. Multi-mode scanning electrochemical microscopic study of microbiologically influenced corrosion mechanism of 304 stainless steel by thermoacidophilic archaea [J]. Corros Sci, 2021, 191: 109751.

[183] Koley D, Ramsey M M, Bard A J, et al. Discovery of a biofilm electrocline using real-time 3D metabolite analysis[J]. Proc Natl Acad Sci USA, 2011, 108(50): 19996-20001.

[184] Connell J L, Kim J, Shear J B, et al. Real-time monitoring of quorum sensing in 3D-printed bacterial aggregates using scanning electrochemical microscopy [J]. Proceedings of the National Academy of Sciences, 2014, 111(51): 18255-18260.

[185] Harris D, Ummadi J G, Thurber A R, et al. Real-time monitoring of calcification process by sporosarcina pasteurii biofilm [J]. Analyst, 2016, 141(10): 2887-2895.

[186] Hannesschlaeger C, Pohl P. Membrane permeabilities of ascorbic acid and ascorbate [J]. Biomolecules, 2018, 8(3): 73.

［187］ Zhang S, Aslan H, Besenbacher F, et al. Quantitative biomolecular imaging by dynamic nanomechanical mapping [J]. Chem Soc Rev, 2014, 43(21): 7412-7429.

［188］ 王蕊盖, 刘梦齐, 蒋丽. 原子力显微镜在细菌黏附力学研究中的应用 [J]. 国际口腔医学杂志, 2019, 46(6): 687-692.

［189］ Sullan R M A, Li J K, Crowley P J, et al. Binding forces of streptococcus mutans P1 adhesin [J]. ACS Nano, 2015, 9(2): 1448-1460.

［190］ Postollec F, Norde W, De Vries J, et al. Interactive forces between co-aggregating and non-co-aggregating oral bacterial pairs [J]. J Dent Res, 2006, 85(3): 231-237.

［191］ Zhang S, Wang L, Wu L, et al. Deciphering single-bacterium adhesion behavior modulated by extracellular electron transfer [J]. Nano Letters, 2021, 21(12): 5105-5115.

［192］ Marlière C, Dhahri S. An *in vivo* study of electrical charge distribution on the bacterial cell wall by atomic force microscopy in vibrating force mode [J]. Nanoscale, 2015, 7(19): 8843-8857.

［193］ Sheng X, Ting Y P, Pehkonen S O. The influence of sulphate-reducing bacteria biofilm on the corrosion of stainless steel AISI 316 [J]. Corros Sci, 2007, 49(5): 2159-2176.

［194］ Cremin K, Jones B A, Teahan J, et al. Scanning ion conductance microscopy reveals differences in the ionic environments of gram-positive and negative bacteria [J]. Anal Chem, 2020, 92(24): 16024-16032.

第 8 章　扫描探针显微术在微纳加工中的应用

8.1　背　　景

微纳制造技术是集成电路、微纳机电系统、微全分析及传感器件等高端制造领域的核心技术，是大国核心竞争力的标志。目前在工业上使用的微纳制造技术都是从传统光刻工艺发展而来，微纳功能结构的最小特征尺寸接近 1nm。但是，光刻设备极其昂贵，分辨率几乎达到了物理极限，且国外对中国实行严格的光刻技术封锁。此外，光刻技术必须使用光刻胶，再将光刻胶上的微纳结构转移至功能材料晶圆表面，而高端的光刻胶也是"卡脖子"材料。因此，寻找高精度、低成本、直接成形的新型微纳加工技术，满足特定的技术需求具有重要意义。

扫描探针显微术（scanning probe microscopy，SPM）由于具有高空间分辨率、能实现纳米级甚至原子尺度的表面测量及高精度成像，是微纳制造领域的重要表征方法。同时，SPM 也可以作为微纳操纵技术在功能材料表面进行直写微纳加工，进而发展出一系列的 SPM 微纳加工技术。比如，STM 技术可以实现单原子操控而形成各种原子级精度的微观结构[1,2]，AFM 可以通过敲击、刻划和铣削等方式直接在功能材料表面进行微纳精度的机械加工[3,4]。又如，基于 STM、AFM 仪器的"蘸水笔（dip pen）"技术可在功能材料表面进行微纳精度的表面滴涂以及通过特异性吸附进行表面图案化[5-7]。然而，在探针的制备技术和机械强度方面，基于物理成形原理的扫描探针直写加工方法受加工材料的导电性、柔性、脆性、硬度，以及环境洁净度和真空度等方面影响，均存在一定的局限性。

电化学加工操作简单、过程可控，既可通过电沉积的方式进行增材制造，又可通过电解或电化学诱导刻蚀/腐蚀等方式进行减材制造，在微纳加工领域具有重要的一席之地[8,9]。电化学微纳加工的关键科学和技术问题在于将电化学及其偶联反应限制在微纳米尺度，从而确保加工精度。尽管扫描探针电化学直写技术不适宜大规模批量生产，但在原理论证、工艺优化、器件原型评估和个性定制等方面有独特优势。这里介绍几类基于扫描探针电化学的微纳加工直写方法，希冀读者体会其中的科学思维方法，完善现有技术，发展相关新原理和新方法。

8.2 增材制造

电化学增材制造是采用电镀、电铸、电聚合等电沉积原理进行电化学 SPM 直写加工的、实验条件温和的 3D 打印技术。Kolb 课题组率先将 STM 用于在 Au(111) 基底上制作纳米级的 Cu 阵列[1,10]。为了使金属铜在电解质溶液中保持稳定,在 Au(111) 基底上施加了一个恒定的偏置电压(+0.1V vs. Cu^{2+}/Cu),同时 STM 探针上施加一个极化电势(−0.3V vs. Cu^{2+}/Cu)预沉积铜。位移控制系统独立于电化学控制系统,在探针上施加电势脉冲,产生隧道电流作为位移反馈信号,驱动探针向 Au(111) 基底运动。当探针与基底间距足够小时,由于二者金属内聚能的差异,探针上预沉积的 Cu 原子向 Au(111) 基底表面转移,形成 Cu 纳米结构。Kolb 及其合作者的初衷是测量单原子的电导,却不经意论证了扫描探针电化学微纳增材制造的可行性,渐次发展成为一种很有潜力的电化学 3D 打印技术。下面详细介绍两种典型的扫描探针电化学 3D 打印技术。

8.2.1 扫描微电解池技术

扫描微电解池技术采用一个具有微米或者纳米级的尖端开口的毛细管作为扫描探针,内置参比电极和对电极,逼近一个导电基底(工作电极),构成一个扫描微电解池。控制探针的运动轨迹,同时向基底施加合适的电势,就可以通过电沉积的方式制作 3D 微纳米结构或者进行表面图案化。这种技术名称很多,比如扫描微液滴(scanning microdrop)技术[11]、弯液面限域 3D 电沉积(meniscus-confined three-dimensional electrodeposition)技术[12]、扫描电化学池显微术(scanning electrochemical cell microscopy)[13]等。它们共性的特征在于扫描探针是个移动的电解池,我们姑且定义这种技术为扫描微电解池(scanning micro-electrolytic cell)技术。

具有代表性的研究工作是来自美国伊利诺伊大学 Yu 课题组(见图 8.1)[12,14,15]。他们采用聚焦离子束在微纳米尺度的毛细管尖端进行刻蚀,不仅可以很好地保持溶液的流体机械稳定性,而且可以通过控制运动的速率、电沉积的电流密度等工艺参数来调节弯液面的尺寸(最小可达数纳米),保证微纳加工的精度。由于在加工过程中,毛细管尖端处的电流密度竟可超过 $10^{11} A/m^2$,保证了金属电沉积结构的致密性。控制探针的运行轨迹,就可得到各种直立、倾角、转角等线型的铜互连线;使探针按照预设轨迹运动,则可制备出更为复杂的 3D 微纳米金属结构。

由于金属结构具有良好的自支撑性能,扫描微电解池技术是一种典型的电化学 3D 打印技术。其优点是打印墨水是水溶液,整个工艺流程在常温常压下进行,设备简单,成本低,具有特定的应用价值。然而,其精度主要取决于探针尺寸及相关工艺参数。由于缺乏优化的镀液体系，超强电流密度下电沉积过程与运动速率、探针-基底间距等工艺条件之间的耦合关系尚不明了，虽然能够制作出一些精巧的 3D 微纳结构，但鲜有加工结构与预设结构之间的公差分析，其加工精度和批量一致性还有待深入研究。只有解决加工过程的可控性，才能使之成为一种实用性的 3D 打印技术。

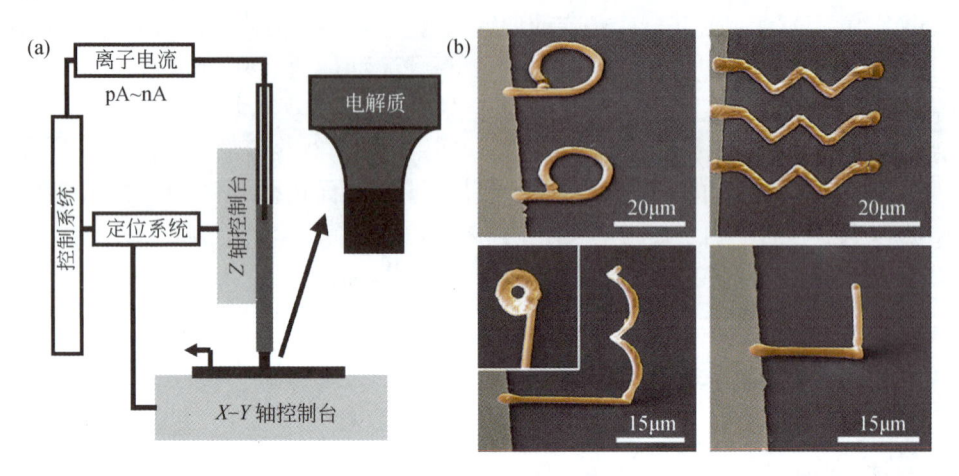

图 8.1 （a）扫描微电解池技术构筑 Cu 纳米线的装置示意图；（b）扫描微电解池技术构筑的具有直立、倾角、转角等线型结构的铜互连线[14]

除了金属电沉积，一切可通过电化学方式进行的材料沉积原理（比如电聚合[16, 17]、电化学诱导的沉淀反应和结晶过程等[18-20]）均适用于扫描微电解池技术。为了防止尖端电解质溶液中水分的挥发，这类实验必须在饱和的湿度下进行。笔者曾经反其道而行之，采用扫描微电解池技术，通过电毛细现象，施加电极电势调控微液滴的表面张力，控制微液滴表面溶剂水的挥发速率，在金微电极对之间沉积了含有氧化还原物种的固体溶液微晶体（见图 8.2）[18,21,22]。由于 $Fe(CN)_6^{3-/4-}$ 与 NaCl 的晶格常数的差值小于 15%，所以当水分挥发时，微液滴中的支持电解质 NaCl 逐渐达到过饱和状态而形成 NaCl 晶体，同时 $Fe(CN)_6^{3-/4-}$ 占据部分 $NaCl_6^{5-}$ 晶格单元，形成 $Fe(CN)_6^{3-/4-}$/NaCl 固体溶液微晶体。由于 $Fe(CN)_6^{3-/4-}$ 与 $NaCl_6^{5-}$ 的价态不匹配，在固体溶液微晶体的晶格内形成 Na^+ 离子空位，使之具有离子导电性。同时，$Fe(CN)_6^{3-/4-}$ 具有氧化还原活性，当发生氧化还原反应时，Na^+ 离子就会在晶格位点或者晶格间隙发生扩散，以维持体系的电中性。因此，这类固溶体晶体具有与液态溶液媲美的离子传输和电荷转移性质，是一种很有潜力的固体电化学材料。从加工的角度看，这个实验证明了扫描微电解池技术可作为一种点加工方法进行功能材料的组装、电子线路的连接和修复等。

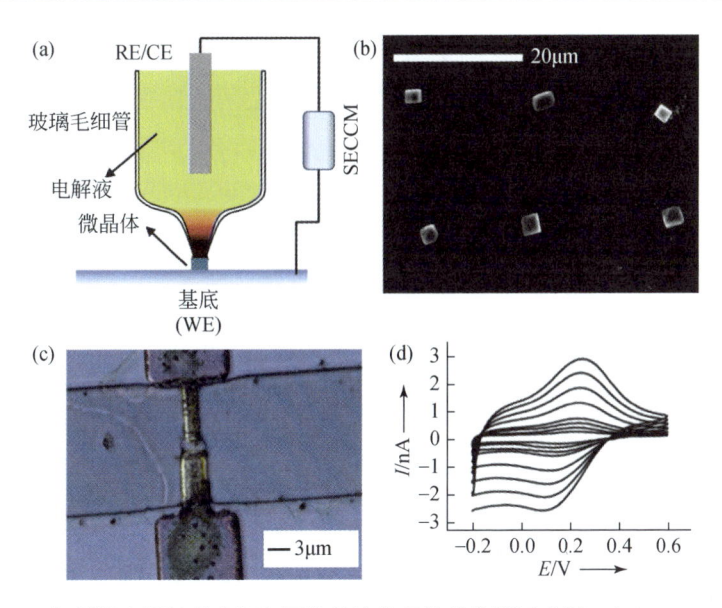

图 8.2 （a）扫描微电解池技术沉积固体溶液微晶体的装置示意图；（b）Fe(CN)$_6^{3-/4-}$/NaCl 固体溶液微晶体的 SEM 图像；（c）在 Au 微电极对间隙构筑的 Fe(CN)$_6^{3-/4-}$/NaCl 固体溶液微晶体；（d）Fe(CN)$_6^{3-/4-}$/NaCl 固体溶液微晶体的循环伏安行为[21]

8.2.2 扫描电化学显微术

直接采用扫描电化学显微术在溶液中做增材制造，由于探针和基底之间溶液内部的物质扩散问题，一般加工精度都很低。这里介绍一种提高加工精度的办法——化学聚焦法（chemical lens）[23]，在电解质溶液中加入可与银离子发生络合反应的配体（如 NH$_3$），当银电极上发生阳极溶解时，进入电解质溶液的银离子（Ag$^+$）就与 NH$_3$ 发生络合反应，生成银氨络离子 Ag(NH$_3$)$_2^+$。由于 Ag(NH$_3$)$_2^+$ 的还原电势比 Ag$^+$ 更负，因此只需控制基底电势在二者的还原电势之间，就可以使扩散到电极表面的、尚未和 NH$_3$ 络合的、游离的 Ag$^+$ 发生还原反应。因为溶液中 NH$_3$ 分子的量远远大于阳极溶解的 Ag$^+$ 的量，而且 Ag(NH$_3$)$_2^+$ 的络合常数很大，即络合反应的速率很快，因此游离的 Ag$^+$ 被限域在一个很小的空间内，相当于通过这个随后的偶联络合反应进行了一次"聚焦"，从而大幅度提高了加工精度。显然，加工精度取决于金属离子与配体之间络合作用的强弱、配体的浓度、金属离子的扩散系数（D）以及探针-基底的间距（d），亦即阳极溶解的金属离子扩散至基底表面所需要的时间 $t = d^2/\pi D$。遗憾的是，这些工艺参数并没有得到系统的研究，导致这项技术未能够得到实际应用。

需要指出的是，金属电沉积的方法，比如电镀或者电铸过程，必须有合适的镀液体系。如果没有添加剂的参与，很难得到均匀、致密、光洁的金属结构。而采用电聚合所构筑的聚合物，由于没有相关支撑材料同步沉积，基本没有机械强度。电化学 3D 打印要成为一种实用化的微纳增材制造技术，首先必须解决材料的机械强度问题。此外，电化学反应和探针运动之间的偶联关系也应深入研究，以保证微纳加工精度的可控性。

8.3 减材制造

顾名思义，减材制造就是将材料除去，是一种自上而下的成形方式。对于减材制造，最典型的电化学方式就是阳极溶解、腐蚀或者电化学偶联的化学刻蚀。同样地，要保证加工精度，就必须把电化学反应及其偶联的化学过程限制在微纳米的尺度范围之内。如前所述，由于探针和基底之间电势分布和扩散传质等问题，直接采用扫描探针电化学技术进行材料加工，其精度很难得到有效控制。为了实现可控加工，研究者们也采用了相应的对策，下面介绍两种典型方法。

8.3.1 超短电势脉冲技术

超短电势脉冲（ultra-short voltage pulse，USVP）技术是由德国马普研究所的 Schuster 教授发明的一种基于 STM 的电化学微纳加工技术，其原理如图 8.3 所示[24, 25]。任何一个电极反应体系都有其自身的时间分辨率，即电极/溶液界面双电层电容（C）和电阻（R）所构成的 RC 电路的时间常数（$\tau=RC$）。当探针逼近基底时，探针与基底之间的局域电势分布不均匀，电阻和电容也是距离的函数。因此，探针的形状及其与基底之间的间距会影响基底局部区域的时间常数。基底局部区域对外加极化的响应快慢也不同。显然，当给探针和基底之间施加一个特定周期（T）的电势脉冲时，只有 τ 小于 T 的区域才会有 Faraday 电流响应。另一方面，在这个 RC 电路之中，基底/溶液界面的不同区域所感应的电极电势也不一样，针尖正下方的区域的阳极溶解速率最快，边缘及以外的区域阳极溶解速率迅速衰减。Schuster 及其合作者采用 10 纳秒级的超短电势脉冲，实现了微纳米尺度的区域选择性的阳极溶解，从而控制了加工精度。控制探针电极的运动轨迹就可制造 3D 微纳功能结构。

由于被加工对象是金属，需要避免基底的自溶解和探针电极上的金属电沉积问题。在实际的实验中，要在基底上施加一个阴极保护的电压偏置，防止基底的自溶解；探针上施加的脉冲电势的反向幅值应足以使沉积在上面的基底材料溶解，同时避免自身阳极溶解，确保探针的良性工作状态。原理论证实现之后，还要研究各种工艺条件对加工精度和效率的影响，尤其是在制备具有一定深宽比的 3D 微纳结构时，更要考虑探针电极和基底之间的电势分布和物质传递问题。

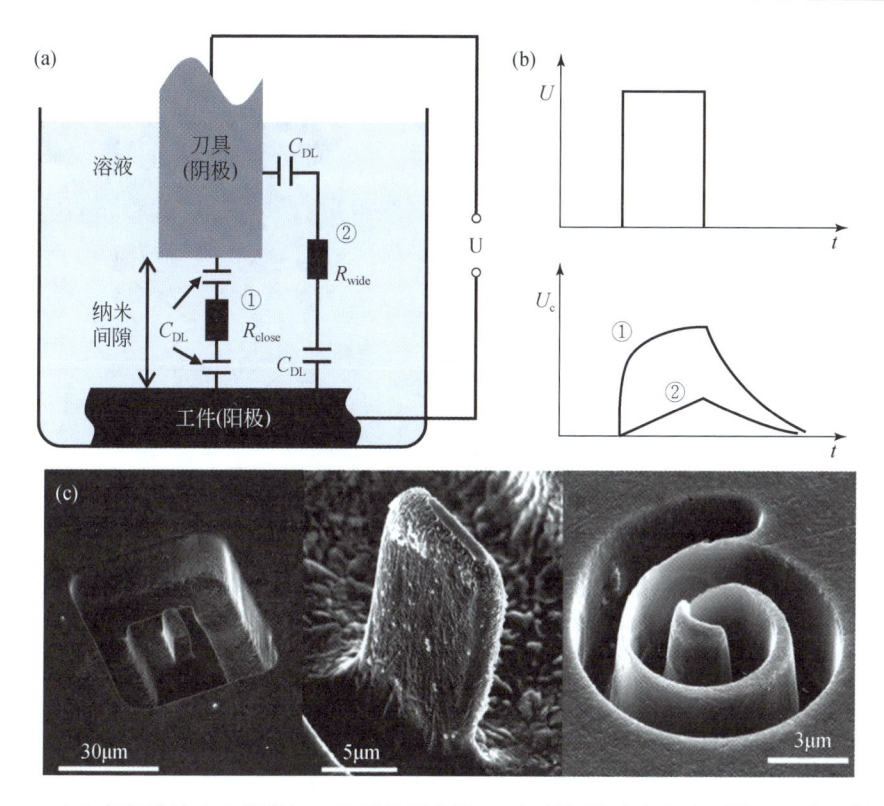

图 8.3 （a）超短脉冲电化学微加工的原理示意图；（b）超短脉冲充电时，图（a）中工件不同位置的电位变化趋势；（c）利用超短脉冲电化学微加工技术得到的金属微结构[24]

由于电极电势分布的不均一性和电解质溶液中的自由扩散，加工具有特定间距、直角转角的直立阵列结构具有一定的工艺难度。笔者采用多因素中心复合实验法系统地研究了探针运动速度、探针-基底间距、温度、脉冲电势工作周期、脉冲电势幅值、电解质浓度等因素组成的三组关联性变量（v, d; T, k; E_1, E_2, c）对 USVP 加工精度和效率的影响，快速优化了工艺参数，制备了具有一定深宽比结构的直立的铜柱阵列（见图 8.4）[26]。

需要指出的是，USVP 的精髓在于通过脉冲电势的周期或者频率，实现被加工基底的区域选择性的阳极溶解。因此，采用 USVP 的电化学调控方法，结合电化学加工中常使用的阵列电极、模板电极和线切割等工作模式，可以大幅度提高 USVP 的加工效率或加工精度。

8.3.2 约束刻蚀剂层技术

约束刻蚀剂层技术（confined etchant layer technique，CELT）是由厦门大学田昭武院士于 20 世纪 90 年代初提出的一种电化学微纳加工技术[27-29]。以经典的

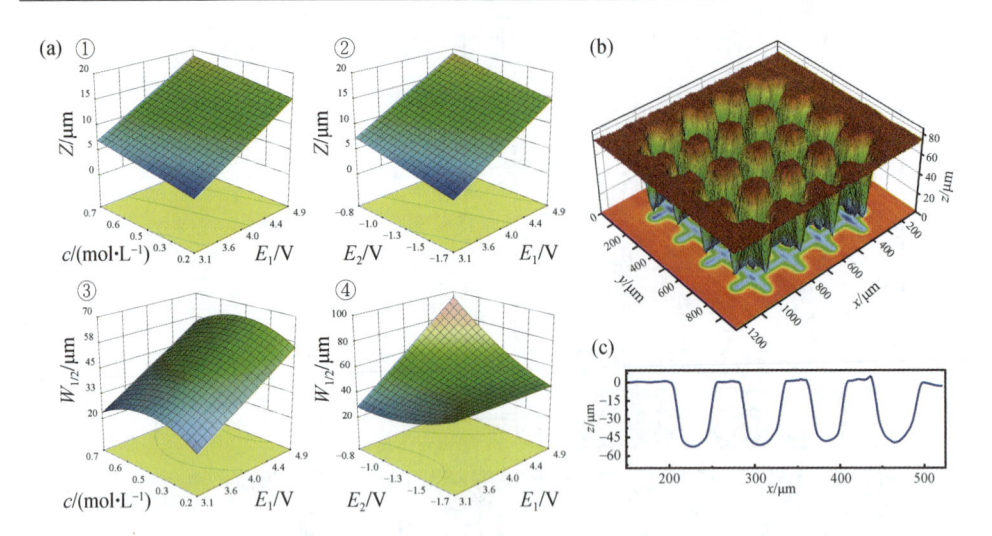

图 8.4 (a) 电解质 Na_2SO_4 浓度 c、脉冲周期的高电位 E_1、脉冲周期的低电位 E_2 对刻蚀深度和刻蚀轮廓的响应面分析：①c 和 E_1 对刻蚀深度 z 的影响，②E_1 和 E_2 对刻蚀深度 Z 的影响，③c 和 E_1 对刻蚀半宽度 $W_{1/2}$ 的影响，④E_1 和 E_2 对刻蚀半宽度 $W_{1/2}$ 的影响，其中 E_1 保证 Cu 工件的局部阳极腐蚀，E_2 保证微电极上产生的沉积物的溶解；(b) 利用超短脉冲电化学微加工技术得到的高深宽比铜柱微阵列结构；(c) 铜柱微阵列结构表面的轮廓图[26]

GaAs 约束刻蚀体系为例 (见图 8.5)，其基本的化学原理包括三个反应：①在探针电极（工具电极）表面通过电化学方法生成刻蚀剂 Br_2；②溶液中含有可与 Br_2 发生反应的约束剂（如 L-胱氨酸），通过这个随后化学反应，将刻蚀剂在溶液中的扩散距离约束在电极表面微纳米尺度的空间范围之内；③将探针电极逼近至所加工的 GaAs 晶圆表面，使约束刻蚀剂层接触到 GaAs 晶圆，发生局域的化学刻蚀反应，得到相应的结构。具体的化学反应如下：

(1) 电化学反应：
$$2Br^- \longrightarrow Br_2 + 2e^- \qquad (8\text{-}1)$$

(2) 约束反应：
$$5Br_2 + RSSR + 6H_2O \longrightarrow 2RSO_3H + 10H^+ + 10Br^- \qquad (8\text{-}2)$$

(3) 刻蚀反应：
$$3Br_2 + GaAs + 3H_2O \longrightarrow Ga^{3+} + AsO_3^{3-} + 6H^+ + 6Br^- \qquad (8\text{-}3)$$

如果电解质溶液中约束剂的浓度远远大于电化学生成的刻蚀剂的浓度，那么约束反应就可假定为准一级反应，电极表面的扩散层厚度可表示为：$\delta = (D/k)^{1/2}$，其中 D 为电化学生成的刻蚀剂在溶液中的扩散系数，k 为约束反应的动力学速率。假定 D 为 $10^{-5} cm^2/s$，当 k 为 $10^9 s^{-1}$ 时约束剂的扩散层厚度为 1nm，可见 CELT 理论上具有纳米级的加工精度。CELT 的基本原理就是电化学里常见的 EC 偶联反应，充分反映了老一辈电化学家深厚的学术造诣和高超智慧。

第 8 章 扫描探针显微术在微纳加工中的应用

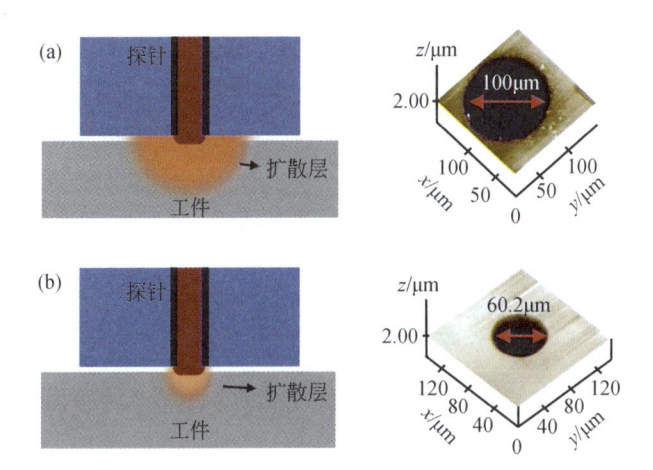

图 8.5 约束刻蚀剂层原理验证：(a) 无约束剂时扩散层厚度及其刻蚀效果；(b) 存在约束剂时的扩散层厚度及其刻蚀效果[29]

笔者采用扫描电化学显微术的产生/收集模式和电流反馈模式研究了 GaAs 晶圆约束刻蚀体系的反应动力学性质，获取了其反应动力学参数，进而采用变形几何法拟合了相关的工艺实验结果，获得了刻蚀去除函数和反应动力学参数之间的内在关系 [见图 8.6（a）][30-34]。在掌握约束刻蚀体系的反应热力学和动力学参数

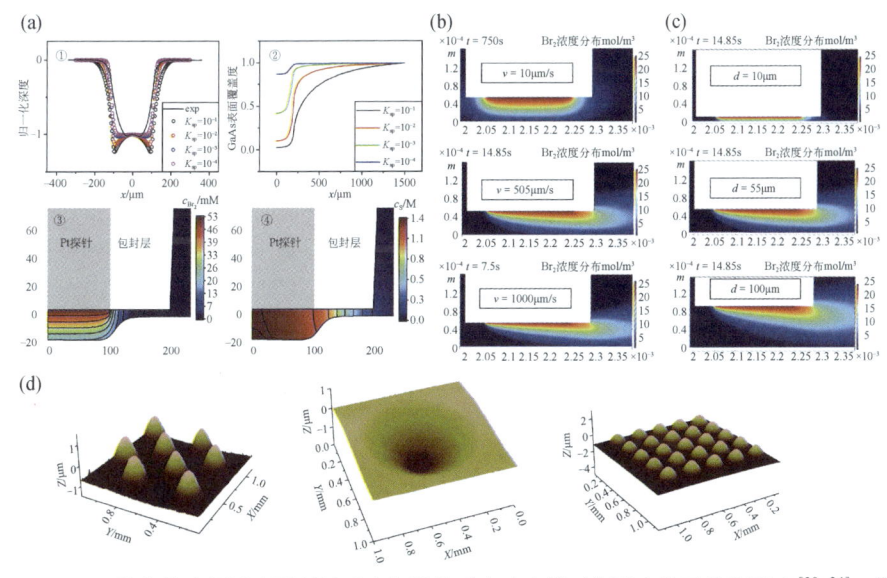

图 8.6 （a）数值仿真解析表面刻蚀反应与钝化反应动力学对刻蚀去除函数的影响[30, 34]：①不同钝化反应速率条件下，GaAs 的刻蚀剖面，②不同钝化反应速率下，钝化膜的表面覆盖度，③刻蚀剂的表面浓度分布，④刻蚀产物的表面浓度分布，（b）不同运动条件下，探针运动速度对刀具与工件间微区内刻蚀剂 Br_2 浓度分布的影响[35]；（c）不同探针-基底间距条件下，探针运动速度对刀具与工件间微区内刻蚀剂 Br_2 浓度分布的影响[35]；（d）GaAs 晶圆表面的 3D 微纳结构：凸正弦微透镜阵列，凹型圆锥微结构，凸半椭球阵列[36]

的基础之上,通过数学建模与数值仿真,研究了在电化学加工慢速直线运动和折返运动条件下,探针电极表面刻蚀剂反应浓度与探针-基底间距、探针运动速度等参数之间的关系[见图 8.6(b)][35, 36]。在全面掌握去除函数与相关工艺参数的内在关联性的基础之上,就可实现真正的可控加工,比如各种正则结构、非正则图形,甚至任意型面结构的三维微纳结构[见图 8.6(d)][36, 37]。

8.4 总结与展望

扫描探针电化学技术在微纳加工领域有诸多研究,一方面是由于探针本身的尺寸很小,可满足微纳尺度加工的基本需求;另一方面,电化学可通过金属电沉积、电聚合和电化学诱导的沉积反应等方式实现增材制造,也可通过阳极溶解、电化学诱导的化学腐蚀等方式实现减材制造。必须指出的是,电化学微纳加工的关键科学和技术问题在于把电化学及其偶联反应限制在微纳米尺度。本章介绍的几种典型的案例都是围绕这一问题展开的,希望能够给读者提供有益的借鉴。当一种方法完成了原理论证之后,还必须针对特定的电化学体系,从化学原理、工艺原理和加工装备三个方面展开更为深入细致的研究,获得可定量分析的材料去除函数,确保微纳加工的精度和效率,才能使之成为一种真正的实用化技术。虽然扫描探针电化学直写技术效率较低、没有规模化加工能力,但它在原理和工艺研究、原型器件性能论证、模板成形技术的母版制作等方面均有着重要的现实价值,值得进一步深入研究。

参 考 文 献

[1] Kolb D M, Ullmann T W. Nanofabrication of small copper clusters on gold(111) electrodes by a scanning tunneling microscope[J]. Science, 1997, 275: 1097-1099.

[2] Engelmann G E, Ziegler J C, Kolb D M. Nanofabrication of small palladium clusters on Au(111) electrodes with a scanning tunnelling microscope[J]. J Electrochem Soc, 1998, 145: L33-L35.

[3] Yan Y, Hu Z, Zhao X, et al. Top-down nanomechanical machining of three-dimensional nanostructures by atomic force microscopy[J]. Small, 2010, 6(6): 724-728.

[4] Liu W, Yan Y, Hu Z, et al. Study on the nano machining process with a vibrating AFM tip on the polymer surface[J]. Appl Surf Sci, 2012, 258(7): 2620-2626.

[5] Piner R D, Zhu J, Xu F, et al. "Dip-pen" nanolithography[J]. Science, 1999, 283: 661-663.

[6] Kim K H, Moldovan N, Espinosa H D. A nanofountain probe with Sub-100 nm molecular writing resolution[J]. Small, 2005, 1(6): 632-635.

[7] Salaita K, Wang Y, Mirkin C A. Applications of dip-pen nanolithography[J]. Nat Nanotechnol, 2007, 2: 146-155.

[8] Zhan D, Han L, Zhang J, et al. Confined chemical etching for electrochemical machining with nanoscale accuracy[J]. Acc Chem Res, 2016, 49(11): 2596-2604.

[9] Zhan D, Han L, Zhang J, et al. Electrochemical micro/nano-machining: Principles and practices[J]. Chem Soc Rev, 2017, 46(5): 1526-1544.

[10] Binnig G, Rohrer H. In touch with atoms[J]. Rev Mod Phys, 1999, 71: 324-330.

[11] Sakairi M, Sato F, Gotou Y, et al. Development of a novel microstructure fabrication method with co-axial dual capillary solution flow type droplet cells and electrochemical deposition[J]. Electrochimica Acta, 2008, 54(2): 616-622.

[12] Hu J, Yu M F. Meniscus-confined three-dimensional electrodeposition for direct writing of wire bonds[J]. Science, 2010, 329: 313-315.

[13] Ebejer N, Schnippering M, Colburn A W, et al. Localized high resolution electrochemistry and multifunctional imaging: Scanning electrochemical cell microscopy[J]. Anal Chem, 2010, 82: 9141-9145.

[14] Yu L, Zhang X Y, Xu D D, et al. Dynamic "scanning-mode" meniscus confined electrodepositing and micropatterning of individually addressable ultraconductive copper line arrays [J]. J Phys Chem Lett, 2018, 9, 2380-2387.

[15] Suryavanshi A P, Hu J, Yu M F. Meniscus-controlled continuous fabrication of arrays and rolls of extremely long micro-and nano-fibers[J]. Adv Mater, 2008, 20(4): 793-796.

[16] Kim J T, Seol S K, Pyo J, et al. Three-dimensional writing of conducting polymer nanowire arrays by meniscus-guided polymerization[J]. Adv Mater, 2011, 23(17): 1968-1970.

[17] Laslau C, Williams D E, Kannan B, et al. Scanned pipette techniques for the highly localized electrochemical fabrication and characterization of conducting polymer thin films, microspots, microribbons, and nanowires[J]. Adv Funct Mater, 2011, 21(24): 4607-4616.

[18] Zhan D, Yang D, Zhu Y, et al. Fabrication and characterization of nanostructured ZnO thin film microdevices by scanning electrochemical cell microscopy[J]. Chem Commun, 2012, 48(93): 11449-11451.

[19] Chen X, Eckhard K, Zhou M, et al. Electrocatalytic activity of spots of electrodeposited noble-metal catalysts on carbon nanotubes modified glassy carbon[J]. Anal Chem, 2009, 81: 7597-7603.

[20] Zhan D, Yang D, Yin B S, et al. Electrochemical behaviors of single microcrystals of iron Hexacyanides/NaCl solid solution[J]. Anal Chem, 2012, 84(21): 9276-9281.

[21] Yang D, Han L, Yang Y, et al. Solid-state redox solutions: Microfabrication and electrochemistry [J]. Angew Chem Int Ed, 2011, 50: 8679-8682.

[22] Huang D, Zhu Y, Su Y Q, et al. Dielectric-dependent electron transfer behaviour of cobalt hexacyanides in a solid solution of sodium chloride[J]. Chem Sci, 2015, 6(11): 6091-6096.

[23] Borgwarth K, Heinze J. Increasing the resolution of the scanning electrochemical microscope using a chemical lens: Application to silver deposition[J]. J Electrochem Soc, 1999, 146: 3285-3289.

[24] Kirchner V, Xia X, Schuster R. Electrochemical nanostructuring with ultrashort voltage pulses[J]. Acc Chem Res, 2001, 34: 371-377.

[25] Schuster R, Kirchner V, Allongue P, et al. Electrochemical micromachining[J]. Science, 2000, 289: 98-101.

[26] Han L, Ma Z, Wang C, et al. Micromachining of predesigned perpendicular copper micropillar array by scanning electrochemical microscopy[J]. Electrochimica Acta, 2023, 442.

[27] Tian Z, Fen Z, Tian Z, et al. Confined etchant layer technique for two-dimensional lithography at high resolution using electrochemical scanning tunnelling microscopy[J]. Faraday Discuss, 1992, 94: 37-44.

[28] Zhang L, Ma X Z, Zhuang J L, et al. Microfabrication of a diffractive microlens array on n-GaAs by an efficient electrochemical method[J]. Adv Mater, 2007, 19(22): 3912-3918.

[29] Zu Y, Xie L, Mao B, et al. Studies on silicon etching using the confined etchant layer technique[J]. Electrochimica Acta, 1998, 43: 1683-1690.

[30] Zhang J, Jia J, Han L, et al. Kinetic investigation on the confined etching system of n-type gallium arsenide by scanning electrochemical microscopy[J]. J Phys Chem C, 2014, 118(32): 18604-18611.

[31] Lai J, Yuan D, Huang P, et al. Kinetic investigation on the photoetching reaction of n-Type GaAs by scanning electrochemical microscopy[J]. J Phys Chem C, 2016, 120(30): 16446-16452.

[32] Zhang J, Lai J, Wang W, et al. Etching kinetics of III–V semiconductors coupled with surface passivation investigated by scanning electrochemical microscopy[J]. J Phys Chem C, 2017, 121(18): 9944-9952.

[33] Zhang J, Sartin M M, Guo J, et al. Tip–substrate distance-dependent etching process of III–V semiconductors investigated by scanning electrochemical microscopy[J]. J Phys Chem C, 2019, 123(42): 25712-25718.

[34] Han L, Wang Y, Sartin M M, et al. Chemical etching processes at the dynamic GaAs/electrolyte interface in the electrochemical direct-writing micromachining[J]. ACS Appl Electron Mater, 2021, 3(1): 437-444.

[35] Han L, Jia Y, Cao Y, et al. The coupling effect of slow-rate mechanical motion on the confined etching process in electrochemical mechanical micromachining[J]. Sci China Chem, 2018, 61(6): 715-724.

[36] Han L, Hu Z, Sartin M M, et al. Direct nanomachining on semiconductor wafer by scanning

electrochemical microscopy[J]. Angew Chem Int Ed, 2020, 59(47): 21129-21134.

[37] Han L, Zhao X, Hu Z, et al. Tip current/positioning close-loop mode of scanning electrochemical microscopy for electrochemical micromachining[J]. Electrochem Commun, 2017, 82: 117-120.